R. E. BARLOW · F. PROSCHAN

STATISTISCHE THEORIE DER ZUVERLÄSSIGKEIT

MATHEMATISCHE LEHRBÜCHER UND MONOGRAPHIEN

HERAUSGEGEBEN VON DER
AKADEMIE DER WISSENSCHAFTEN DER DDR
ZENTRALINSTITUT FÜR MATHEMATIK UND MECHANIK

II. ABTEILUNG

MATHEMATISCHE MONOGRAPHIEN

BAND 49

STATISTISCHE THEORIE DER ZUVERLÄSSIGKEIT

VON

R. E. BARLOW · F. PROSCHAN

AKADEMIE-VERLAG · BERLIN
1978

RICHARD E. BARLOW · FRANK PROSCHAN

STATISTISCHE THEORIE DER ZUVERLÄSSIGKEIT

Wahrscheinlichkeitstheoretische Modelle

In deutscher Sprache herausgegeben von

Prof. Dr. PETER FRANKEN
Humboldt-Universität zu Berlin

Mit 58 Abbildungen

AKADEMIE-VERLAG · BERLIN
1978

Translation from English language edition:
Richard E. Barlow, University of California at Berkeley,
and
Frank Proschan, Florida State University
Statistical Theory of Reliability and Life Testing
Probability Models

Deutsche Übersetzung:
Dr. E. Knauer (Kapitel I, II, III)
Dipl.-Math. U. Arndt (Kapitel IV, V, VIII und Anhang)
Dipl.-Math. B.-M. Kirstein (Kapitel VI, VII)

Erschienen im Akademie-Verlag, 108 Berlin, Leipziger Straße 3—4

Lizenznummer: 202 . 100/410/78
Gesamtherstellung: VEB Druckerei „Thomas Müntzer", 582 Bad Langensalza
Bestellnummer: 762 232 5 (6438) · LSV 1075
Printed in GDR
DDR 48,— M

VORWORT

Das vorliegende Buch ist der erste Teil einer zweibändigen Monographie über Zuverlässigkeit und Lebensdauerprüfungen. Es konzentriert sich auf wahrscheinlichkeitstheoretische Aspekte der Zuverlässigkeitstheorie, während der in der Vorbereitung befindliche zweite Band vorwiegend die statistischen Verfahren für Zuverlässigkeitsuntersuchungen und Lebensdauerprüfungen behandelt, wobei die im vorliegenden Band entwickelten wahrscheinlichkeitstheoretischen Hilfsmittel benutzt werden.

Im Mittelpunkt stehen aktuelle Probleme der Zuverlässigkeitstheorie, die gegenwärtig Gegenstand der Forschung sind. Der Begriff des monotonen Systems durchzieht als roter Faden den Inhalt des Buches. Es werden verschiedene Klassen von Lebensdauerverteilungen, die auf eine natürliche Weise in Zuverlässigkeitsmodellen auftreten, systematisch untersucht: nämlich Verteilungen mit solchen Eigenschaften wie wachsende mittlere Ausfallrate, neu ist besser als gebraucht, fallende mittlere restliche Lebensdauer usw. Diese Namen deuten bereits an, daß jede dieser Klassen eine realistische Beschreibung physikalischer Eigenschaften erlaubt, die in Zuverlässigkeitsuntersuchungen auftreten. Ferner werden verschiedene Typen positiver Abhängigkeit zwischen Zufallsvariablen betrachtet, die eine realistischere Modellierung der bei Zuverlässigkeitsuntersuchungen in der Regel auftretenden Sachverhalte gestatten, so werden z. B. Schranken und Ungleichungen für die Voraussage der System-Lebensdauer unter der Annahme hergeleitet, daß die Lebenszeiten der Komponenten „assoziiert" sind (vgl. Kapitel 2 und § 4, Kapitel 5). Üblicherweise wird in diesem Zusammenhang eine wesentlich einschränkendere Forderung der Unabhängigkeit der Komponenten gestellt. Es ist bemerkenswert, daß diese neuen Klassen von Verteilungen und diese neuen Abhängigkeitsbegriffe Anwendungen auch außerhalb der Zuverlässigkeitstheorie haben.

Obwohl die meisten dargestellten Gebiete der Zuverlässigkeitstheorie ein Gegenstand der aktuellen Forschung sind, unterscheidet sich das Buch seinem Aufbau nach von einer Forschungsmonographie. Es wurde eine Vielzahl von Übungsaufgaben aufgenommen, die die im Haupttext dargelegten Theorien und Methoden veranschaulichen, erläutern und ergänzen sollen. Die Darstellung ist im wesentlichen in sich abgeschlossen; die Definitionen und Sätze aus anderen Gebieten der Mathematik werden nicht nur erwähnt, sondern mit erforderlichen Details vorgestellt. Schließlich sollen zahlreiche praktische und numerische Beispiele den Leser davon überzeugen, daß die dargelegten theoretischen Resultate nicht von allgemeiner Bedeutung, sondern auch bei der Behandlung konkreter Probleme nützlich sind.

Im Buch wird eine Reihe von Resultaten aus unserer 1965 erschienenen Monographie „Mathematical Theory of Reliability" (Wiley) in verbesserter Form wiedergegeben. Es wird gezeigt, daß einige dort unter der Annahme der wachsenden Ausfallrate hergeleiteten Abschätzungen und Ungleichungen auch unter schwächeren Voraussetzungen wie „wachsende mittlere Ausfallrate" und „neu ist besser als gebraucht" gültig sind. Frühere Ergebnisse für Systeme mit unabhängigen Komponenten lassen sich auf den Fall übertragen, wenn die Lebenszeiten der Komponenten lediglich assoziiert sind.

Die Leser unserer 1965 erschienenen Monographie werden feststellen, daß das vorliegende Buch eine Reihe neuer Gebiete behandelt. Das sind neuere Resultate aus der Theorie monotoner Strukturen, die Theorie der Extremwertverteilungen, Fehlerbaumanalyse, Theorie der Verfügbarkeit, Schockmodelle, multivariate Exponentialverteilung von Marshall-Olkin und verschiedene Typen positiver Abhängigkeit zwischen Zufallsvariablen. Andererseits wurde eine Reihe von Gebieten, die in der 1965-er Monographie behandelt wurden, nicht in das neue Buch aufgenommen.

Wer benötigt dieses Buch? Der ursprünglichen Verlockung, diese Frage mit „jedermann und jede Bibliothek" zu beantworten, widerstehend, nehmen wir wesentlich bescheidener und realistischer an, daß das Buch für Fachleute auf dem Gebiet der Zuverlässigkeit und der Operationsforschung wie auch für Statistiker, die sehen wollen, wie die Statistik in technischen Wissenschaften angewendet werden kann, von Nutzen sein wird. Der Text eignet sich als Grundlage für eine ein- bis zweisemestrige Vorlesung für Studenten verschiedener Ausbildungsrichtungen, die jedoch eine Grundvorlesung in Wahrscheinlichkeitstheorie und Statistik gehört haben. Obwohl eine Reihe relativ moderner mathematischer und statistischer Hilfsmittel verwendet wird, braucht sich der Leser mit bescheidenen Kenntnissen in Wahrscheinlichkeitstheorie und Statistik nicht zu fürchten; alle moderneren mathematischen und statistischen Begriffe und Sätze werden eingeführt und in einem für ihre Anwendungen auf Zuverlässigkeitsprobleme erforderlichen Umfang erläutert. Der an möglichen technischen Anwendungen interessierte Leser kann die Lektüre des Buches mit den im Anhang betrachteten Beispielen beginnen.

Welche Gebiete werden in diesem Buch behandelt? In den Kapiteln 1 und 2 diskutieren wir die deterministischen und stochastischen Eigenschaften monotoner Strukturen. Die Bedeutung dieses Begriffes erklärt sich dadurch, daß praktisch alle in Anwendungen vorkommenden Systeme monotone Strukturen sind. Die Darstellung ist an vielen Stellen allgemeiner als die übliche, da die Unabhängigkeit der Systemkomponenten nicht unbedingt gefordert wird.

Im Kapitel 3 wird der Begriff der Ausfallrate eingeführt und seine Nützlichkeit bei der Beschreibung verschiedener Arten der Alterung gezeigt. Ferner werden verschiedene wohlbekannte parametrische Familien von Lebensdauerverteilungen vorgestellt. Es werden die wichtigen Klassen von Verteilungen mit wachsender (fallender) Ausfallrate beschrieben. Es werden Grundeigenschaften der Exponentialverteilung hergeleitet, da diese Verteilung eine fundamentale Rolle in der Zuverlässigkeitstheorie und bei Lebensdauerprüfungen spielt; insbesondere werden viele dieser Eigenschaften zur Herleitung von statistischen Verfahren im zweiten Band benötigt.

Das Kapitel 4 ist der systematischen Untersuchung verschiedener Klassen von Lebensdauerverteilungen, die auf Alterungsbegriffen beruhen, gewidmet. Es wird nachgewiesen, daß die Lebensdauerverteilungen monotoner Systeme, deren Komponenten wachsende Ausfallraten haben, den wesentlichen Bestandteil der Klasse von Verteilungen mit wachsender mittlerer Ausfallrate bilden. Es wird gezeigt, daß gewisse Schockmodelle, in denen die durch einzelne Schocks hervorgerufenen Schäden eine kumulative Wirkung haben, ebenfalls zu dieser Klasse von Verteilungen führen. Danach untersuchen wir die Eigenschaften von Verteilungen, die im Ergebnis der Durchführung verschiedener für die Zuverlässigkeitsuntersuchungen wichtige Operationen innerhalb dieser Klassen entstehen (z. B. Faltung, Mischung, Bildung monotoner Systeme usw.). Abschließend werden Schranken für die Systemzuverlässigkeit hergeleitet, die auf partieller Information über die Lebensdauerverteilungen der Komponenten beruhen.

Im Kapitel 5 werden verschiedene Aspekte der Abhängigkeit zwischen den Komponenten behandelt. Als erstes wird die wichtige mehrdimensionale Exponentialverteilung von Marshall-Olkin eingeführt. Danach werden verschiedene Begriffe der positiven Abhängigkeit zwischen Zufallsvariablen untersucht und Beziehungen zwischen ihnen hergeleitet. In der Praxis kann man oft eine positive Abhängigkeit zwischen Lebenszeiten von Teilsystemen beobachten; sie entsteht infolge der Tatsache, daß die Teilsysteme den gleichen Umgebungsbedingungen ausgesetzt sind, von der gleichen Energiequelle abhängen, dem gleichen Regimewechsel unterliegen usw.

Im Kapitel 6 werden die grundliegenden Hilfsmittel zur Analyse verschiedener Instandhaltungsstrategen, insbesondere die Erneuerungstheorie, bereitgestellt. Weiterhin geben wir eine zusammenfassende Darstellung gewisser Klassen von Verteilungen, z. B. „neu ist besser als gebraucht", die für die Untersuchung von Instandhaltungsstrategien von grundlegender Bedeutung sind.

Im Kapitel 7 beschäftigen wir uns mit den Auswirkungen verschiedener Instandhaltungsstrategien auf eine solche wichtige Systemkenngröße wie die Verfügbarkeit. Wie geben Berechnungsverfahren für die Systemzuverlässigkeit für den Fall an, wenn Ersatzkomponenten vorhanden sind und die ausgefallenen Komponenten repariert werden. Schließlich stellen wir ein allgemeines Optimierungsmodell und einen allgemeinen Algorithmus für seine Behandlung vor, die bei der Lösung einer Reihe praktischer Probleme der Bestimmung der optimalen Ersatzteilsätze bzw. der optimalen Redundanz verwendet werden.

Im Kapitel 8 werden Grenzverteilungen für verschiedene Systemtypen bei unbeschränkt wachsender Anzahl von Komponenten hergeleitet. Diese Resultate können für große Systeme zur Approximation der Lebensdauerverteilung des Systems durch eine geeignete Extremwert-Verteilung benutzt werden.

Der Anhang weicht vom mathematischen Stil der ersten acht Kapitel ab. Er beinhaltet einige ausgewählte technische Anwendungen der vorangehenden Theorie. Die monotonen Systeme werden als Ereignisbäume dargestellt. Diese Darstellung ist nützlich bei der Beschreibung eines komplexen Systems in der mathematischen Sprache des Buches. Sie ist auch nützlich bei der rechentechnischen Realisierung.

Die Kapitel 1, 2, 3, 4, 6 und 7 können als Grundlage einer Einführungsvorlesung über mathematische Methoden der Zuverlässigkeitstheorie dienen. Dem an mathematischen Hilfsmitteln für die Systementwicklung und Erhöhung der Systemzuverlässigkeit interessierten Leser empfehlen wir die Kapitel 1, 2, 3 und den Anhang. Dem an Instandhaltungsproblemen interessierten Leser wird die Kapitelfolge 1, 2, 3, 6 und 7 empfohlen. Dem Leser, der sich für die multivariaten Verteilungen und Abhängigkeitsbegriffe interessiert, empfehlen wir die Kapitel 1, 2, 3 und 5. Der theoretisch orientierte Leser, der sich für neue Forschungsgebiete interessiert, wird die Kapitelfolge 1, 2 ,4 und 8 als nützlich empfinden.

Die Formeln werden in jedem Kapitel paragraphenweise numeriert. So ist also die Formel (2.3) die dritte Formel des Paragraphen 2 des jeweiligen Kapitels. Dieses System der Numerierung wird auch auf Definitionen, Korollare, Lemmata, Ergebnisse, Bemerkungen und Beispiele angewandt. So sind z. B. im Kapitel 8, § 1 die Nummern 1.1, 1.2, 1.3 und 1.4 Beispiele, danach folgt die Definition 1.5, das Lemma 1.6, usw. Die Abbildungen werden kapitel- und paragraphenweise numeriert; so ist die Abbildung 3.5.2 die zweite Abbildung im § 5 Kapitel 3. Die Aufgaben, die mit einem „Sternchen" versehen sind, sind schwieriger als die übrigen; die mit einem Sternchen gekennzeichneten Paragraphen können bei der ersten Lektüre übergangen werden.

Wir möchten uns an dieser Stelle für die Unterstützung, die uns durch das Air Force Office of Scientific Research (AFOSR Grant 71-2058), das Office of Naval Research (N00014-69-A-0200-1036) und durch die Boeing Scientific Research Laboratories gewährt wurde, bedanken. Insbesondere möchten wir Bruce McDonald und Seymour Selig von der ONR, David Osteyee von der AFOSR und Burton H. Colvin von der BSRL für die Förderung und Unterstützung danken. Ferner sind wir James D. Esary, Myles Hollander, George Kimeldorf, Howard Lambert, Albert W. Marshall, Ingram Olkin, Sheldon Ross, I. Richard Savage, Nozer Singpurwalla, Erwin Straub und Ronald Wolff für Hilfe und Ratschläge dankbar. Wir danken Linda Betters, Barbara Brewer, Noreen Revelli und Karen Stine für die sorgfältige Anfertigung des Manuskripts.

Berkeley, Kalifornien — Richard E. Barlow

Tallahasee, Florida — Frank Proschan

INHALTSVERZEICHNIS

KAPITEL 1

STRUKTUREIGENSCHAFTEN MONOTONER SYSTEME[1])

In diesem Kapitel betrachten wir die strukturellen Beziehungen zwischen einem System und seinen Komponenten, d. h. solche Beziehungen, die *deterministischer* Natur sind. Im nächsten Kapitel behandeln wir grundlegende Aspekte der Zuverlässigkeit von Systemen, die ihrem Wesen nach selbstverständlich *stochastisch* sind. In beiden Kapiteln, mit Ausnahme des Punktes 3.4 des Kapitels 1 betrachten wir das System in einem festen Zeitpunkt und sprechen vom gegenwärtigen Zustand des Systems. Es wird angenommen, daß der gegenwärtige Zustand des Systems nur von den gegenwärtigen Zuständen seiner Komponenten abhängt. In den folgenden Kapiteln untersuchen wir dynamische Modelle, in denen die Zeit eine entscheidende Rolle spielt. Im Anhang betrachten wir Probleme, die bei der rechentechnischen Realisierung von Resultaten der Theorie monotoner Strukturen für komplexe Systeme auftreten. Der Anhang enthält noch weitere Anwendungen monotoner Strukturen. Generell benutzen wir die Begriffe „System" und „Struktur" im gleichen Sinne.

§ 1. Systeme und ihre Komponenten

In den Kapiteln 1 und 2 unterscheiden wir zwischen zwei Zuständen, dem Funktionszustand und dem Ausfallzustand. Das gilt sowohl für das System als auch für jede Komponente. Zur Kennzeichnung des Zustandes der i-ten Komponente ordnen wir der Komponente i die binäre Indikatorvariable x_i zu:

$$x_i = \begin{cases} 1 & \text{— die Komponente } i \text{ ist funktionsfähig,} \\ 0 & \text{— die Komponente } i \text{ ist ausgefallen,} \end{cases}$$

für $i = 1, \ldots, n$, wobei n die Anzahl der Komponenten des Systems ist. Analog kennzeichnet die binäre Variable φ den Zustand des Systems[2]):

$$\varphi = \begin{cases} 1 & \text{— das System ist funktionsfähig,} \\ 0 & \text{— das System ist ausgefallen.} \end{cases}$$

(Eine *binäre Variable* (*Funktion*) nimmt nur die Werte 0 oder 1 an.)

---

[1]) In Anlehnung an die deutsch-sprachige Fachliteratur wurde der Begriff „coherent structure" mit „monotone Struktur" übersetzt. In einigen Quellen wird anstelle von „Komponente" auch der Begriff „Element" benutzt (Anm. der Red.).

[2]) Die Tatsache, daß man nur die Zustände 0 und 1 zuläßt, ist eine echte Einschränkung, da es mehrere Stufen der Funktionsunfähigkeit geben kann. In der jüngsten Zeit zeichnet sich ein gewisser Fortschritt bei der Behandlung monotoner Strukturen ab, bei denen sowohl die Komponenten als auch das System endlich viele Zustände annehmen können (vgl. Barlow (1977), S. Ross (1977), El-Neweihi et. al. (1977)). (Anm. d. Red.).

Wir nehmen an, daß der Zustand des Systems vollständig durch die Zustände seiner Komponenten bestimmt wird, so daß wir schreiben können:

$$\varphi = \varphi(\boldsymbol{x}) ,$$

wobei $\boldsymbol{x} = (x_1, \ldots, x_n)$ ist.
Die Funktion $\varphi(\boldsymbol{x})$ wird als *Strukturfunktion des Systems* bezeichnet. Da die Kenntnis der Strukturfunktion gleichwertig mit der Kenntnis des Systems ist, benutzen wir häufig den Kurzbegriff „Struktur φ“ anstelle von „Struktur mit der Strukturfunktion φ“. Die Anzahl der Komponenten n des Systems wird als *Ordnung* des Systems bezeichnet.

1.1. Beispiel. Eine *Serienstruktur*(-schaltung) (Abb. 1.1.1) ist genau dann funktionsfähig, wenn jede ihrer Komponenten funktionsfähig ist. Die Strukturfunktion wird bestimmt durch $\varphi(\boldsymbol{x}) = \prod_{i=1}^{n} x_i = \min(x_1, \ldots, x_n)$.

Abb. 1.1.1. Serienschaltung

1.2. Beispiel. Eine *Parallelstruktur*(-schaltung) (Abb. 1.1.2) ist genau dann funktionsfähig, wenn wenigstens eine Komponente funktionsfähig ist. Die Strukturfunktion wird bestimmt durch

$$\varphi(\boldsymbol{x}) = \coprod_{i=1}^{n} x_i = \max(x_1, \ldots, x_n) ,$$

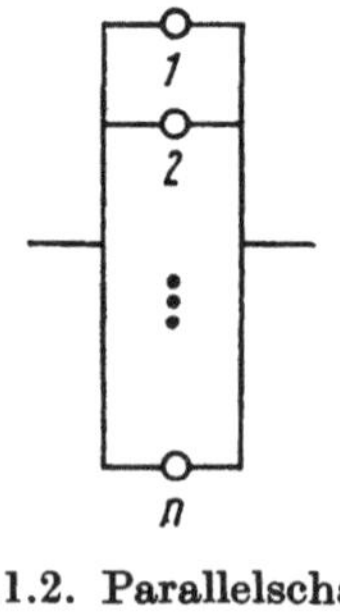

Abb. 1.1.2. Parallelschaltung

wobei wir die Bezeichnungen

$$\coprod_{i=1}^{n} x_i \equiv 1 - \prod_{i=1}^{n} (1 - x_i) ,$$

$$x_1 \amalg x_2 = 1 - (1 - x_1)(1 - x_2)$$

verwenden. Es sei bemerkt, daß $\coprod$ und $\amalg$ in der gleichen Beziehung zueinander stehen wie $\sum$ und $+$. $\amalg$ und $+$ wirken auf Paare, wogegen $\coprod$ und $\sum$ auf Indexmengen wirken.

1.3. Beispiel. Eine *k-aus-n-Struktur* ist genau dann funktionsfähig, wenn wenigstens k der n Komponenten funktionsfähig sind. Die Strukturfunktion wird für $k < n$

bestimmt durch

$$\varphi(\boldsymbol{x}) = \begin{cases} 1 & \text{falls } \sum_{i=1}^{n} x_i \geqq k\,, \\ 0 & \text{falls } \sum_{i=1}^{n} x_i < k\,, \end{cases}$$

beziehungsweise durch

$$\varphi(\boldsymbol{x}) = \prod_{i=1}^{n} x_i \quad \text{für} \quad k = n\,,$$

wobei

$$\varphi(\boldsymbol{x}) = (x_1, \dots x_k) \amalg (x_1 \dots x_{k-1} x_{k+1}) \amalg \dots \amalg (x_{n-k+1} \dots x_n)$$
$$\equiv \max \{(x_1 \dots x_k), (x_1 \dots x_{k-1} x_{k+1}), \dots, (x_{n-k+1} \dots x_n)\}$$

gilt für $1 \leqq k \leqq n$ und jede Auswahl von k der n Variablen x_i genau einmal vorkommt.

1.4. Bemerkung. Eine Serienstruktur (Beispiel 1.1) ist eine n-aus-n-Struktur und eine Parallelstruktur (Beispiel 1.2) ist eine 1-aus-n-Struktur.

Zur weiteren Veranschaulichung einer k-aus-n-Struktur betrachten wir den Spezialfall einer 2-aus-3-Struktur mit der Strukturfunktion

$$\varphi(\boldsymbol{x}) = x_1 x_2 \amalg x_1 x_3 \amalg x_2 x_3$$
$$\equiv x_1 x_2 x_3 + x_1 x_2 (1 - x_3) + x_1 (1 - x_2)\, x_3 + (1 - x_1)\, x_2 x_3\,.$$

Dabei kommt jede Komponente nur für Zwecke der Analyse mehrfach vor; physikalisch ist jede Komponente nur einmal vorhanden.

Ein Flugzeug, das genau dann funktionsfähig ist, wenn wenigstens zwei seiner drei Triebwerke funktionsfähig sind, stellt eine 2-aus-3-Struktur dar (Abb. 1.1.3).

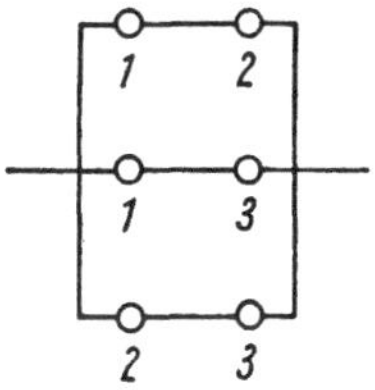

Abb. 1.1.3. 2-aus-3-Struktur

1.5. Beispiel. Ein weiteres Beispiel stellt ein Hi-fi-Stereosystem dar, das aus folgenden Komponenten besteht:

(a) FM-Tuner,
(b) Plattenspieler,
(c) Verstärker,
(d) Lautsprecher A,
(e) Lautsprecher B.

Wir sehen das System als funktionsfähig an, wenn wir über den Tuner Musik empfangen können (mono oder stereo) oder Schallplatten abspielen können. Das Systemdiagramm ist in Abb. 1.1.4 dargestellt. Die Strukturfunktion wird bestimmt durch

$$\varphi(\boldsymbol{x}) = (x_1 \amalg x_2)\, x_3 (x_4 \amalg x_5)\,.$$

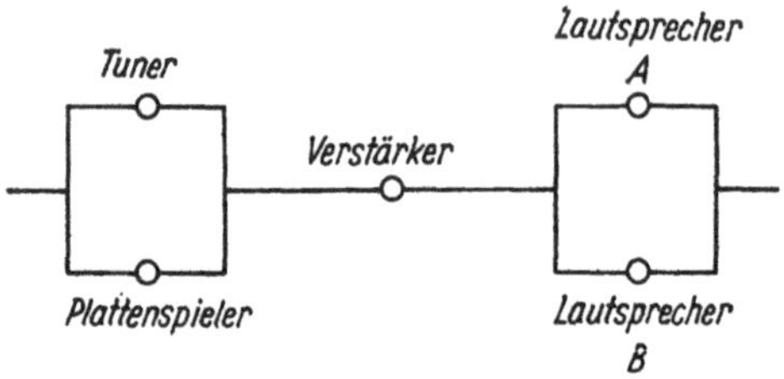

Abb. 1.1.4. Hi-fi-System

Jede Komponente eines physikalischen Systems realisiert eine bestimmte nützliche Funktion. Das gibt zu folgender Definition Anlaß:

1.6. Definition. Die i-te Komponente ist *irrelevant* bezüglich der Struktur φ, wenn φ konstant in x_i ist, d. h., es gilt $\varphi(1_i, \boldsymbol{x}) = \varphi(0_i, \boldsymbol{x})$ für alle $(\cdot_i, \boldsymbol{x})$[1]. Im anderen Falle ist die i-te Komponente *relevant* bezüglich der Struktur φ.

Beispielsweise ist die Komponente 2 irrelevant bezüglich der in Abb. 1.1.5 dargestellten Struktur.

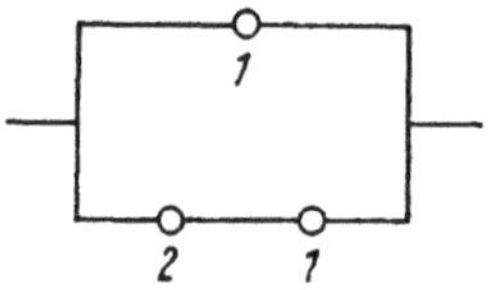

Abb. 1.1.5. Beispiel einer irrelevanten Komponente

Es wird sich zeigen, daß die folgende *Pivotentwicklung* der Strukturfunktion ein fundamentales Hilfsmittel für die induktive Beweisführung darstellt.

1.7. Lemma. *Für jede Strukturfunktion φ der Ordnung n gilt die folgende Identität:*

$$\varphi(\boldsymbol{x}) = x_i\varphi(1_i, \boldsymbol{x}) + (1 - x_i)\,\varphi(0_i, \boldsymbol{x}) \qquad \textit{für alle } \boldsymbol{x}\ (i = 1, \dots, n)\,. \tag{1.1}$$

Der *Beweis* bleibt dem Leser überlassen (Übung 1).

Das Lemma 1.7 gestattet es, Strukturfunktionen der Ordnung n durch Strukturfunktionen der Ordnung $n - 1$ auszudrücken. Durch wiederholte Anwendung gelangen wir zu der Darstellung

$$\varphi(\boldsymbol{x}) = \sum_{\boldsymbol{y}} \prod_{j=1}^{n} x_j^{y_j}(1 - x_j)^{1-y_j}\,\varphi(\boldsymbol{x})\,, \tag{1.2}$$

wobei sich die Summe über alle binären Vektoren $\boldsymbol{y}$ der Ordnung n erstreckt und $0^0 \equiv 1$ ist.

1.8. Beispiel. Es sei $\varphi(x_1, x_2) = x_1x_2$ die Strukturfunktion eines Seriensystems aus zwei Komponenten. Dann lautet die Darstellung (1.2) explizit

$$\begin{aligned}\varphi(x_1, x_2) = {} & x_1(1 - x_1)^0 x_2(1 - x_2)^0 \cdot 1 + x_1\,(1 - x_1)^0 x_2^0(1 - x_2) \cdot 0 \\ & + x_1^0(1 - x_1)\,x_2(1 - x_2)^0 \cdot 0 + x_1^0(1 - x_1)\,x_2^0(1 - x_2) \cdot 0 = x_1x_2\,.\end{aligned}$$

---

[1]) Zur Schreibweise:

$$\begin{aligned}(1_i, \boldsymbol{x}) &\equiv (x_1, \dots, x_{i-1}, 1, x_{i+1}, \dots, x_n)\,,\\ (0_i, \boldsymbol{x}) &\equiv (x_1, \dots, x_{i-1}, 0, x_{i+1}, \dots, x_n)\,,\\ (\cdot_i, \boldsymbol{x}) &\equiv (x_1, \dots, x_{i-1}, \cdot, x_{i+1}, \dots, x_n)\,.\end{aligned}$$

1.9. Definition. Es sei die Struktur φ gegeben. Wir definieren die zu φ *duale Struktur* φ^D durch

$$\varphi^D(\boldsymbol{x}) = 1 - \varphi(\boldsymbol{1} - \boldsymbol{x}),$$

wobei $\boldsymbol{1} - \boldsymbol{x} = (1 - x_1, \dots, 1 - x_n)$ ist.

Der Begriff der dualen Struktur ist nützlich bei der Analyse von Systemen, deren Komponenten zwei Arten von Ausfällen haben können, wie das zum Beispiel in Relaissystemen und Sicherheitsüberwachungssystemen der Fall ist (vgl. § 3).

Beispiel. Das duale System zu einem Serien-(Parallel-)System aus n Komponenten ist ein Parallel-(Serien-)System aus n Komponenten. Allgemein ist die duale Struktur zu einer k-aus-n-Struktur eine $(n - k + 1)$-aus-n-Struktur.

Übungen

1. Man beweise das Lemma 1.7.
2. Man beweise, daß eine Strukturfunktion φ genau dann wachsend[1]) ist, wenn $\varphi(1_i, \boldsymbol{x})$ und $\varphi(0_i, \boldsymbol{x})$ wachsend sind und $\varphi(1_i, \boldsymbol{x}) \geqq \varphi(0_i, \boldsymbol{x})$ für alle $(\cdot_i, \boldsymbol{x})$ gilt.
3. Man beweise die Gleichung (1.2).

§ 2. Monotone Strukturen

Es würde sich um ein ganz ungewöhnliches (bzw. schlecht konstruiertes) physikalisches System handeln, wenn es durch Wiederherstellung einer seiner Komponenten (d. h. durch Ersetzen einer ausgefallenen Komponente durch eine funktionsfähige) ausfallen würde (d. h. vom Funktionszustand in den Ausfallzustand übergehen würde). Somit beschränken wir uns auf die Betrachtung von Strukturfunktionen, die in jedem Argument monoton wachsend sind. Ebenso werden wir zur Vermeidung von Trivialitäten soweit möglich solche Systeme außer Betracht lassen, deren Zustand nicht von den Zuständen ihrer Komponenten abhängt.

2.1. Definition. Ein System heißt *monoton*, wenn (a) seine Strukturfunktion φ wachsend[1]) ist und (b) jede Komponente relevant ist.

In Übung 1 soll bewiesen werden, daß für eine monotone Struktur $\varphi(\boldsymbol{0}) = 0$ und $\varphi(\boldsymbol{1}) = 1$ gelten.

Bei den meisten Untersuchungen genügt es, das System nur durch seine Strukturfunktion zu beschreiben. In solchen Fällen sprechen wir von dem „monotonen System φ". In wenigen Fällen ist es erforderlich, auch die spezielle Menge C von Komponenten des monotonen Systems hervorzuheben. Wir sprechen dann vom monotonen System (C, φ). Die Menge C besteht aus natürlichen Zahlen, mit denen die Komponenten durchnumeriert sind.

2.2. Beispiel. Alle verschiedenen monotonen Strukturen (bis auf Permutationen der Komponenten) der Ordnung 1, 2 und 3 sind in Abb. 1.2.1 dargestellt.

---

[1]) Wir verwenden den Begriff „wachsend" anstelle von „nichtfallend" und „fallend" anstelle von „nichtwachsend". Eine Funktion $f(x_1, \dots, x_n)$ heißt wachsend, wenn f in jedem Argument wachsend ist.

Einige grundlegende Ergebnisse folgen für monotone Strukturen unmittelbar aus der Definition.

2.3. Satz. *Es sei φ eine monotone Struktur aus n Komponenten. Dann gilt für jedes $\boldsymbol{x} = (x_1, \dots, x_n)$ die Ungleichung*

$$\prod_{i=1}^{n} x_i \leqq \varphi(\boldsymbol{x}) \leqq \coprod_{i=1}^{n} x_i . \tag{2.1}$$

Ordnung 1. $\varphi(\boldsymbol{x}) = x_1$

Ordnung 2. $\varphi(\boldsymbol{x}) = x_1 x_2$

$\varphi(\boldsymbol{x}) = x_1 \amalg x_2$

Ordnung 3. $\varphi(\boldsymbol{x}) = x_1 x_2 x_3$

$\varphi(\boldsymbol{x}) = x_1 \amalg x_2 \amalg x_3$

$\varphi(\boldsymbol{x}) = x_1 (x_2 \amalg x_3)$

$\varphi(\boldsymbol{x}) = x_1 \amalg x_2 x_3$

$\varphi(\boldsymbol{x}) = x_1 x_2 \amalg x_1 x_3 \amalg x_2 x_3$

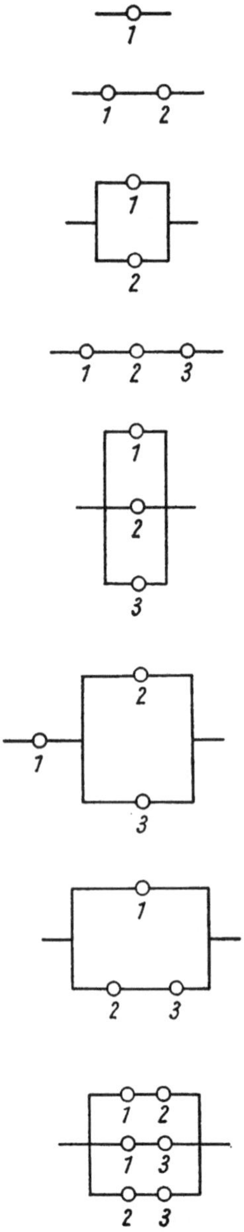

Abb. 1.2.1. Monotone Strukturen der Ordnungen 1, 2, 3

Beweis. Es sei $\prod_{i=1}^{n} x_i = 1$. Dann gilt $x_1 = x_2 = \ldots = x_n = 1$. Somit ist $\varphi(\boldsymbol{x}) = 1$ gemäß Übung 1, und die linke Ungleichung ist bewiesen.

Es sei $\coprod_{i=1}^{n} x_i \equiv 1 - \prod_{i=1}^{n} (1 - x_i) = 0$. Dann gilt $x_1 = \ldots = x_n = 0$. Somit ist $\varphi(\boldsymbol{x}) = 0$ gemäß Übung 1, und die rechte Ungleichung ist bewiesen. ▮

Satz 2.3 sagt aus, daß die Funktionsfähigkeit eines monotonen Systems nach unten durch die Funktionsfähigkeit eines Seriensystems und nach oben durch die Funktionsfähigkeit eines Parallelsystems begrenzt ist.

Wir benutzen die Schreibweisen

$$\boldsymbol{x} \amalg \boldsymbol{y} \equiv (x_1 \amalg y_1, \ldots, x_n \amalg y_n)\,,$$

und

$$\boldsymbol{x} \cdot \boldsymbol{y} \equiv (x_1 y_1, \ldots, x_n y_n)\,.$$

2.4. Satz. *Es sei φ eine monotone Struktur. Dann gilt*

(a) $\varphi(\boldsymbol{x} \amalg \boldsymbol{y}) \geqq \varphi(\boldsymbol{x}) \amalg \varphi(\boldsymbol{y})$,

(b) $\varphi(\boldsymbol{x} \cdot \boldsymbol{y}) \leqq \varphi(\boldsymbol{x})\, \varphi(\boldsymbol{y})$.

In (a) *gilt die Gleichheit für alle $\boldsymbol{x}$ und alle $\boldsymbol{y}$ genau dann, wenn es sich um eine Parallelstruktur handelt.*

In (b) *gilt die Gleichheit für alle $\boldsymbol{x}$ und für alle $\boldsymbol{y}$ genau dann, wenn es sich um eine Serienstruktur handelt.*

Beweis. Es ist $x_i \amalg y_i \geqq x_i\ \forall i$, so daß $\varphi(\boldsymbol{x} \amalg \boldsymbol{y}) \geqq \varphi(\boldsymbol{x})$ gilt, da φ wachsend ist. Analog ist $x_i \amalg y_i \geqq y_i\ \forall i$, so daß $\varphi(\boldsymbol{x} \amalg \boldsymbol{y}) \geqq \varphi(\boldsymbol{y})$ gilt. Daraus folgt

$$\varphi(\boldsymbol{x} \amalg \boldsymbol{y}) \geqq \max\,[\varphi(\boldsymbol{x}), \varphi(\boldsymbol{y})] \equiv \varphi(\boldsymbol{x}) \amalg \varphi(\boldsymbol{y})\,.$$

Analog läßt sich (b) beweisen.

Handelt es sich um ein Seriensystem, so gilt $\varphi(\boldsymbol{x} \cdot \boldsymbol{y}) = \prod_{i=1}^{n} x_i y_i = \prod_{i=1}^{n} x_i \prod_{i=1}^{n} y_i = \varphi(\boldsymbol{x})\, \varphi(\boldsymbol{y})$, womit die Gleichung in (b) bewiesen wäre. Bei einem Parallelsystem läßt sich auf analoge Weise die Gleichheit in (a) beweisen. Der Beweis der Notwendigkeit der Bedingungen für die Gleichheit in (a) und (b) bleibt dem Leser überlassen (Übung 8, § 3). ▮

Der Satz 2.4 sagt aus, daß eine Redundanz auf dem Komponentenniveau stets effektiver ist als eine Redundanz auf dem Systemniveau. Dieses Prinzip ist allen Entwicklungsingenieuren wohlbekannt.

Übungen

1. Man zeige, daß eine in jedem Argument wachsende Strukturfunktion φ genau dann wenigstens eine relevante Komponente besitzt, wenn

$$\varphi(\boldsymbol{0}) = 0 \quad \text{und} \quad \varphi(\boldsymbol{1}) = 1\,.$$

2. Man beweise, daß die zu einer monotonen Struktur duale Struktur ebenfalls monoton ist.

3. Es sei φ eine monotone Struktur, und seien $\boldsymbol{x}^{(1)}, \dots, \boldsymbol{x}^{(k)}$ die Zustandsvektoren der Komponenten. Dann gilt

(a) $\varphi\left(\coprod_{i=1}^{k} \boldsymbol{x}^{(i)}\right) \geqq \coprod_{i=1}^{k} \varphi(\boldsymbol{x}^{(i)})$,

(b) $\varphi\left(\prod_{i=1}^{k} \boldsymbol{x}^{(i)}\right) \leqq \prod_{i=1}^{k} \varphi(\boldsymbol{x}^{(i)})$.

(Verallgemeinerung von Satz 2.4).

§ 3. Darstellung monotoner Systeme durch Pfade und Schnitte

Es erweist sich als sehr zweckmäßig, monotone Strukturen auf verschiedene Weisen darzustellen. Wir benötigen zunächst die folgende Terminologie.

3.1. Definitionen. Es bezeichne $\boldsymbol{x}$ den Zustand einer Menge von Komponenten $C = \{1, \dots, n\}$. Dann definieren wir $C_0(\boldsymbol{x}) = \{i \mid x_i = 0\}$ und $C_1(\boldsymbol{x}) = \{i \mid x_i = 1\}$. Es wird angenommen, daß die Struktur (C, φ) monoton ist.

Ein *Pfadvektor* ist ein Vektor $\boldsymbol{x}$, für den $\varphi(\boldsymbol{x}) = 1$ gilt. Die entsprechende *Pfadmenge* (Pfad) ist $C_1(\boldsymbol{x})$.

Ein *minimaler Pfadvektor* ist ein Pfadvektor $\boldsymbol{x}$ für den $\boldsymbol{y} < \boldsymbol{x} \Rightarrow \varphi(\boldsymbol{y}) = 0$ gilt.[1]) Die entsprechende *minimale Pfadmenge* ist $C_1(\boldsymbol{x})$. Physikalisch stimmt eine minimale Pfadmenge mit der Menge von Elementen überein, deren Funktionsfähigkeit die Funktionsfähigkeit des ganzen Systems sichert.

Ein *Schnittvektor* ist ein Vektor $\boldsymbol{x}$, für den $\varphi(\boldsymbol{x}) = 0$ gilt.

Ein *minimaler Schnittvektor* ist ein Schnittvektor $\boldsymbol{x}$, für den $\boldsymbol{y} > \boldsymbol{x} \Rightarrow \varphi(\boldsymbol{y}) = 1$ gilt. Die entsprechende minimale Schnittmenge (minimaler Schnitt) ist $C_0(\boldsymbol{x})$. Physikalisch ist eine minimale Schnittmenge gleich einer minimalen Menge von Elementen, deren Ausfall den Ausfall des ganzen Systems bewirkt.

Ist $\boldsymbol{x}$ ein Pfadvektor und gilt $\boldsymbol{y} \geqq \boldsymbol{x}$, dann folgt $\varphi(\boldsymbol{y}) = 1$, wobei $\boldsymbol{y} \geqq \boldsymbol{x}$ mit $y_i \geqq x_i$ $(i = 1, \dots, n)$ äquivalent ist. Ist $\boldsymbol{x}$ ein Schnittvektor und $\boldsymbol{y} \leqq \boldsymbol{x}$, so gilt $\varphi(\boldsymbol{y}) = 0$. Wir veranschaulichen diese Begriffe an Beispielen.

3.2. Beispiel. Die *Brückenschaltung* ist in Abb. 1.3.1 dargestellt. Die minimalen Pfadmengen sind:

$$P_1 = \{1, 4\}, \quad P_2 = \{2, 5\}, \quad P_3 = \{1, 3, 5\}, \quad P_4 = \{2, 3, 4\}.$$

Die minimalen Schnittmengen sind:

$$K_1 = \{1, 2\}, \quad K_2 = \{4, 5\}, \quad K_3 = \{1, 3, 5\}, \quad K_4 = \{2, 3, 4\}.$$

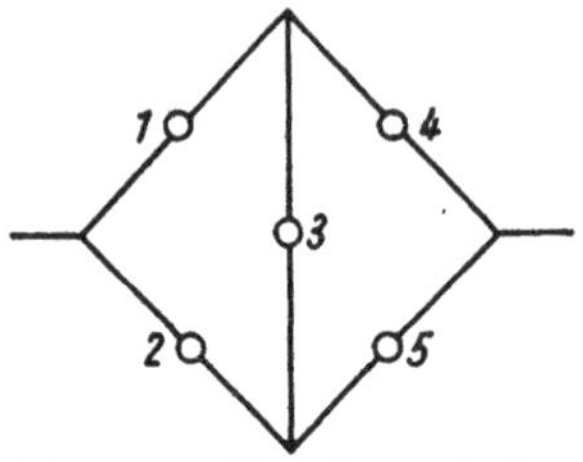

Abb. 1.3.1. Brückenschaltung

[1]) $\boldsymbol{y} < \boldsymbol{x}$ bedeutet $y_i \leqq x_i$ $(i = 1, \dots, n)$ und $y_i < x_i$ für wenigstens ein i.

Der j-ten minimalen Pfadmenge P_j einer monotonen Struktur φ kann man eine binäre Funktion mit den Argumenten x_i, $i \in P_j$ zuordnen

$$\varrho_j(\boldsymbol{x}) = \prod_{i \in P_j} x_i \,, \tag{3.1}$$

die den Wert 1 annimmt, wenn alle Komponenten in der minimalen Pfadmenge funktionieren, und 0 sonst ($j = 1, \ldots, p$, wobei p die Anzahl der minimalen Pfadmengen von φ ist). Wir bezeichnen ϱ_j als j-te *minimale Pfadserienstruktur*, da ϱ_j offenbar die Strukturfunktion einer Serienstruktur der Komponenten der j-ten Pfadmenge ist.

Da die betrachtete Struktur genau dann funktioniert, wenn wenigstens eine der minimalen Pfadstrukturen funktioniert, erhalten wir die Identität

$$\varphi(\boldsymbol{x}) \equiv \coprod_{j=1}^{p} \varrho_j(\boldsymbol{x}) \equiv 1 - \prod_{j=1}^{p} [1 - \varrho_j(\boldsymbol{x})] \,, \tag{3.2}$$

die die betrachtete Struktur als Parallelstruktur der minimalen Pfadserienstrukturen darstellt.

Analog können wir der j-ten minimalen Schnittmenge K_j einer monotonen Struktur φ eine binäre Funktion mit Argumenten x_i, $i \in K_j$, zuordnen

$$\varkappa_j(\boldsymbol{x}) = \coprod_{i \in K_j} x_i \,, \tag{3.3}$$

die den Wert 0 annimmt, wenn alle Komponenten der j-ten minimalen Schnittmenge ausfallen, und 1 sonst ($j = 1, \ldots, k$, wobei k die Anzahl der minimalen Schnittmengen von φ ist). Wir bezeichnen die Struktur $\varkappa_i$ als j-te *minimale Parallelschnittstruktur*, da $\varkappa_i$ die Strukturfunktion der Parallelstruktur der Komponenten der j-ten Schnittmenge ist.

Da die betrachtete Struktur genau dann ausfällt, wenn wenigstens eine der minimalen Schnittstrukturen ausfällt, erhalten wir die folgende Identität

$$\varphi(\boldsymbol{x}) \equiv \prod_{j=1}^{k} \varkappa_j(\boldsymbol{x}) \,, \tag{3.4}$$

die die betrachtete Struktur als Serienstruktur der minimalen Parallelschnittstrukturen darstellt.

Im Anhang geben wir einen Algorithmus an, der sich für die Realisierung auf einem Rechner eignet und alle minimalen Schnitte und/oder alle minimalen Pfade monotoner Strukturen liefert.

3.3. Darstellung der Brückenschaltung. In Beispiel 3.2 wurden die Brückenschaltung dargestellt und ihre minimalen Pfade und Schnitte angegeben. Unter Benutzung von (3.2) und der minimalen Pfadmengen können wir die Brückenschaltung als eine Parallel-Serienstruktur darstellen:

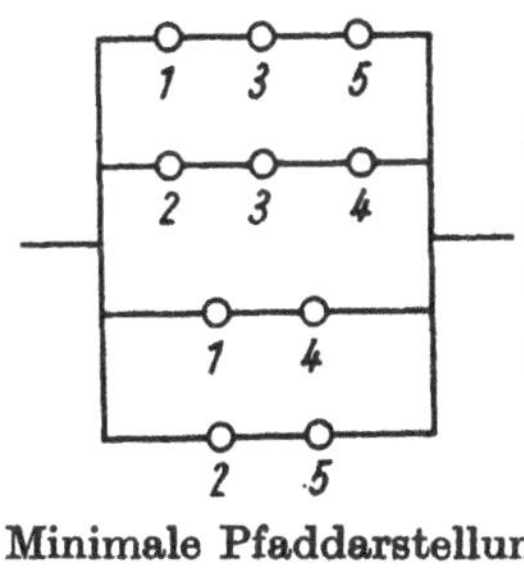

$$\varrho_1 = x_1x_3x_5$$
$$\varrho_2 = x_2x_3x_4$$
$$\varrho_3 = x_1x_4$$
$$\varrho_4 = x_2x_5$$

Abb. 1.3.2. Minimale Pfaddarstellung der Brückenschaltung

Analog können wir die Brückenschaltung unter Benutzung von (3.4) und der minimalen Schnittmengen als Serien-Parallelstruktur darstellen:

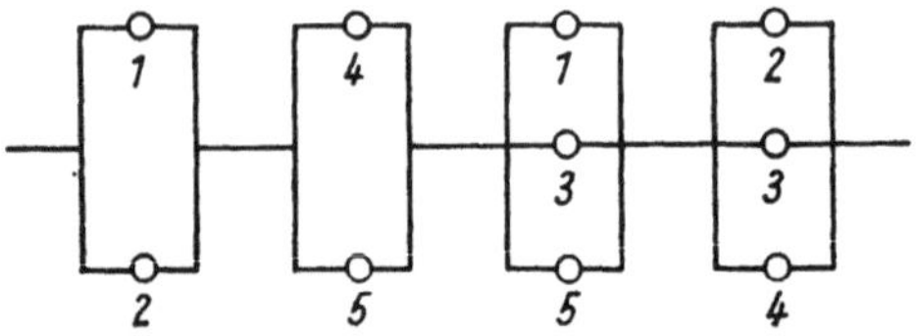

$$\varkappa_1 = 1 - (1 - x_1)(1 - x_2)$$
$$\varkappa_2 = 1 - (1 - x_4)(1 - x_5)$$
$$\varkappa_3 = 1 - (1 - x_1)(1 - x_3)(1 - x_5)$$
$$\varkappa_4 = 1 - (1 - x_2)(1 - x_3)(1 - x_4)$$

Abb. 1.3.3. Minimale Schnittdarstellung der Brückenschaltung

Sind die minimalen Schnitte (oder die minimalen Pfade) gegeben, so kann jedes monotone System wie in den obigen „Schaltkreisdiagrammen“ dargestellt werden. Eine andere Darstellung als *Ereignisbaum* mit UND- und ODER-Gliedern ist im Anhang dargestellt. Diese Darstellung wird bei der *Fehlerbaumanalyse* benutzt.

3.4. Die Zeit bis zum Systemausfall. Bislang haben wir Systeme aus Komponenten zu einem festen Zeitpunkt betrachtet. Jetzt betrachten wir das Zeitverhalten von Systemen, die aus mehreren Komponenten bestehen. Jede Komponente (und das System selbst) arbeitet solange, bis sie zu einem bestimmten Zeitpunkt ausfällt. Es werden keine Reparaturen durchgeführt. Wir werden sehen, daß der Gültigkeitsbereich der Identität (3.2) von binären Werten auf die ganze positive Halbachse ausgedehnt werden kann. In Kapitel 3 diskutieren wir zufällige Lebenszeiten.

Wir erinnern an die folgenden Identitäten, die für binäre Variablen $x_1, \dots, x_n$ (aber nicht notwendig für allgemeine Variablen) gelten:

$$\prod_{i=1}^{k} x_i \equiv \min(x_1, \dots, x_k),$$

$$\coprod_{i=1}^{k} x_i \equiv \max(x_1, \dots, x_k).$$

Somit können wir die Identitäten (3.2) bzw. (3.4) folgendermaßen umschreiben

$$\varphi(\boldsymbol{x}) \equiv \max_{1 \leq j \leq p} \varrho_j(\boldsymbol{x}) \equiv \max_{1 \leq j \leq p} \min_{i \in P_j} x_i, \tag{3.5}$$

$$\varphi(\boldsymbol{x}) \equiv \min_{1 \leq j \leq k} \varkappa_j(\boldsymbol{x}) \equiv \min_{1 \leq j \leq k} \max_{i \in K_j} x_i. \tag{3.6}$$

Die Identitäten (3.5) und (3.6) haben einen Sinn nicht nur für die binären Variablen, die den Zustand der Komponenten kennzeichnen, sondern auch für die Lebenszeiten der Komponenten. Es sei t_i die Lebensdauer (Ausfallzeitpunkt) der i-ten Komponente für $i = 1, \dots, n$. $\tau_\varphi(\boldsymbol{t})$ sei die Lebensdauer der Struktur als Funktion der Ausfallzeiten der Komponenten. Es gilt der folgende

3.5. Satz. *Ist φ eine monotone Struktur mit den minimalen Pfadmengen $P_1, \dots, P_p$ und den minimalen Schnittmengen $K_1, \dots, K_k$, so gilt*

$$\max_{1 \leq j \leq p} \min_{i \in P_j} t_i \equiv \tau_\varphi(\boldsymbol{t}) \equiv \min_{1 \leq j \leq k} \max_{i \in K_j} t_i. \tag{3.7}$$

Beweis. Die erste Identität folgt aus: (a) Ein monotones System fällt aus, wenn die letzte minimale Pfadserienstruktur des Systems ausfällt. (b) Eine Serienstruktur fällt aus, wenn die erste Komponente ausfällt.

Die zweite Identität folgt aus: (c) Ein monotones System fällt aus, wenn die erste minimale Schnittparallelstruktur des Systems ausfällt. (d) Eine Parallelstruktur fällt aus, wenn die letzte Komponente ausfällt. ▮

Der Satz 3.5 besagt, daß der Definitionsbereich und der Wertebereich der Funktion φ, wie sie in (3.5) bzw. (3.6) für binäre Argumente eingeführt wurden, auf die reelle Achse ausgedehnt werden können.

3.6. Duale monotone Strukturen. Es sei eine Struktur φ gegeben. In 1.8 wurde die duale Struktur vermittels

$$\varphi^D(\boldsymbol{x}) = 1 - \varphi(\mathbf{1} - \boldsymbol{x}) .$$

eingeführt. Man erkennt leicht, daß, wenn $\boldsymbol{x}$ ein Pfadvektor für φ ist, so ist $\mathbf{1} - \boldsymbol{x}$ ein Schnittvektor für φ^D und umgekehrt. Somit sind minimale Pfadmengen für φ gleichzeitig minimale Schnittmengen für φ^D und umgekehrt (Übung 9). Diese Betrachtungen sind nützlich für die Analyse von Schaltsystemen und einigen Typen von Sicherheitsüberwachungssystemen.

Beispiel: Relaisstrukturen. Relais können auf zwei verschiedene Weisen, nämlich beim Schließen und beim Öffnen, ausfallen. Analog unterliegen Schaltkreise, die aus solchen Relais aufgebaut sind, den gleichen Arten von Ausfällen. Wir betrachten das schematische Diagramm für den in Abb. 1.3.4 dargestellten Schaltkreis.

Es sei $x_i = 1$, wenn das i-te Relais einwandfrei auf ein Schließkommando reagiert, d. h. wenn es schließt, und 0 im anderen Falle. Es sei $\varphi = 1$, wenn der Schaltkreis einwandfrei auf ein Schließkommando reagiert, d. h. wenn er schließt, und 0 im anderen Falle. Dann stellt $\varphi(\boldsymbol{x}) = x_1(x_2 \amalg x_3)$ die Strukturfunktion dar, die die einwandfreie Reaktion des Systems auf ein Schließkommando repräsentiert.

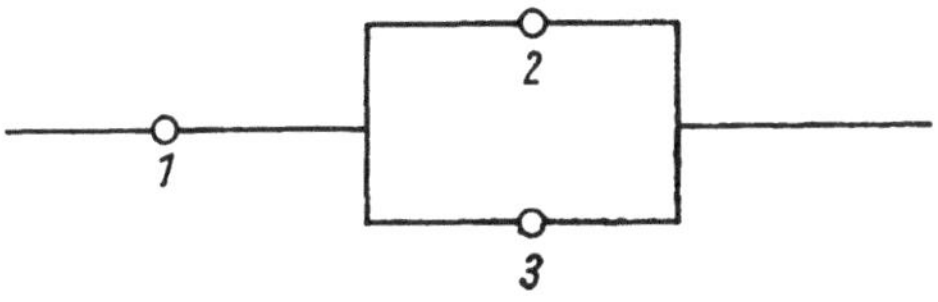

Abb. 1.3.4. Relaisschaltkreis

Weiterhin sei $y_i = 1$, wenn das i-te Relais einwandfrei auf ein Öffnungskommando reagiert, d. h. wenn es öffnet, und 0 im anderen Falle. Es sei $\psi = 1$, wenn der Schaltkreis einwandfrei auf ein Öffnungskommando reagiert, d. h. wenn er öffnet, und 0 im anderen Falle. Dann ist $\psi(\boldsymbol{y}) = y_1 \amalg (y_2 y_3) = \varphi^D(\boldsymbol{y})$ die zu φ duale Strukturfunktion und stellt die Strukturfunktion dar, die die einwandfreie Reaktion des Systems auf ein Öffnungskommando repräsentiert.

Es ist interessant und bemerkenswert, daß sowohl Ausfälle beim Öffnen als auch Ausfälle beim Schließen unter Verwendung der gleichen Strukturfunktion φ analysiert werden können.

3.7. Relative Wichtigkeit von Komponenten. Die Komponenten eines gegebenen monotonen Systems können vom Standpunkt ihres Einflusses auf die Funktionsfähigkeit des Systems von unterschiedlicher Wichtigkeit sein. Ist beispielsweise eine Komponente mit dem Rest des Systems in Serie geschaltet, dann scheint sie mindestens genauso wichtig zu sein wie jede andere Komponente des Systems. Es ist zweifelsohne für den Entwickler und für den Zuverlässigkeitsanalytiker von Wert, ein quantitatives Maß für die Wichtigkeit jeder einzelnen Komponente des Systems zu besitzen.

Wie wichtig ist die Komponente i für die Funktionsfähigkeit des Systems? Zunächst nehmen wir an, daß der Zustand jeder übrigen Komponente $(\cdot_i, \boldsymbol{x})$ gegeben ist. Ist $\varphi(1_i, \boldsymbol{x}) = 1$, während $\varphi(0_i, \boldsymbol{x}) = 0$ ist, d. h., es gilt

$$\varphi(1_i, \boldsymbol{x}) - \varphi(0_i, \boldsymbol{x}) = 1\,, \tag{3.8}$$

so würden wir die Komponente i für wichtiger halten, als wenn $\varphi(1_i, \boldsymbol{x}) = 1 = \varphi(0_i, \boldsymbol{x})$ oder $\varphi(1_i, \boldsymbol{x}) = 0 = \varphi(0_i, \boldsymbol{x})$ wäre. Im ersten Falle, wenn (3.8) gilt, bestimmt der Zustand der Komponente i, ob das System funktioniert oder nicht, wogegen im anderen Falle, wenn (3.8) nicht gilt, der Zustand der Komponente i für die Funktionsfähigkeit des Systems ohne Bedeutung ist. Wenn (3.8) gilt, bezeichnen wir $(1_i, \boldsymbol{x})$ als einen *kritischen Pfadvektor für* i und $C_1(1_i, \boldsymbol{x})$ als die entsprechende *kritische Pfadmenge für* i. Wir führen die Größe

$$n_\varphi(i) = \sum_{\{\boldsymbol{x}|x_i=1\}} [\varphi(1_i, \boldsymbol{x}) - \varphi(0_i, \boldsymbol{x})] \tag{3.9}$$

ein, die die Gesamtanzahl der kritischen Pfadvektoren für i (oder äquivalent die Gesamtanzahl der kritischen Pfadmengen für i) darstellt.

Die obigen Betrachtungen führen auf das folgende plausible Maß für die *strukturelle Wichtigkeit der Komponente* i:

$$I_\varphi(i) = \frac{1}{2^{n-1}}\, n_\varphi(i) = \frac{1}{2^{n-1}} \sum_{\{\boldsymbol{x}|x_i=1\}} [\varphi(1_i, \boldsymbol{x}) - \varphi(0_i, \boldsymbol{x})]\,. \tag{3.10}$$

$I_\varphi(i)$ stellt den Anteil der kritischen Pfadvektoren für i an den insgesamt 2^{n-1} Zustandsvektoren mit $x_i = 1$ dar.

Somit können wir für eine gegebene Struktur φ die Komponenten nach ihrer strukturellen Wichtigkeit ordnen, indem wir die Werte $I_\varphi(1), \ldots, I_\varphi(n)$ ordnen.

Beispiele. (a) Es sei φ eine 2-aus-3-Struktur. Dann ist $I_\varphi(1) = 1/2^2 \cdot 2 = 1/2$, da unter den vier Zustandsvektoren 100, 101, 110, 111 zwei kritische Pfadvektoren für die Komponente 1 vorkommen (101 und 110).

Aus Symmetriegründen gilt ebenso $I_\varphi(2) = I_\varphi(3) = 1/2$.

(b) Es sei $\varphi(\boldsymbol{x}) = x_1(x_2 \amalg x_3)$. Dann gilt $I_\varphi(1) = 1/2^2 \cdot 3 = 3/4$, da unter den vier Zustandsvektoren 100, 101, 110, 111 drei kritische Pfadvektoren für die Komponente 1 vorkommen (101, 110 und 111).

Es ist $I_\varphi(2) = 1/2^2 \cdot 1 = 1/4$, da unter den vier Zustandsvektoren 010, 011, 110, 111 nur ein kritischer Pfadvektor für die Komponente 2, nämlich 110 vorkommt. Aus Symmetriegründen ist ebenfalls $I_\varphi(3) = 1/4$.

Die Komponente 1 ist also wesentlich wichtiger als die Komponenten 2 oder 3. Das war zu erwarten, da die Komponente 1 mit dem Rest des Systems in Serie geschaltet ist.

Eine ähnliche Analyse der strukturellen Wichtigkeit kann mit den Begriffen Schnittvektoren und Schnittmengen erfolgen. Die Beziehung (3.8) impliziert gleichzeitig, daß (a) $(1_i, \boldsymbol{x})$ ein Pfadvektor und (b) $(0_i, \boldsymbol{x})$ ein Schnittvektor ist. Wir können somit $(0_i, \boldsymbol{x})$ als *kritischen Schnittvektor für* i und $C_0(0_i, \boldsymbol{x})$ als entsprechende *kritische Schnittmenge für* i bezeichnen. Somit wird klar, daß die *Anzahl der kritischen Schnittmengen für* i *gleich der Anzahl der kritischen Pfadmengen für* i ist. Die gemäß (3.10) berechnete strukturelle Wichtigkeit kann also (a) als Anteil der kritischen Pfadvektoren für i an den insgesamt 2^{n-1} Zustandsvektoren mit $x_i = 1$ oder (b) als Anteil der kritischen Schnittvektoren für i an den 2^{n-1} Zustandsvektoren mit $x_i = 0$ betrachtet werden.

Übungen

Anmerkung: Schwierige Übungen sind mit einem Stern gekennzeichnet.

1. Man bestimme alle Pfadvektoren und alle Schnittvektoren der Brückenschaltung aus Beispiel 3.2.
2. Man bestimme die minimalen Pfad- und Schnittdarstellungen der folgenden monotonen Strukturen:

   (a) 2-aus-3-System,
   (b) 3-aus-4-System,
   (c) Seriensystem aus drei Komponenten,
   (d) Parallelsystem aus drei Komponenten.

3. Man beweise, daß eine minimale Pfad-(Schnitt-)menge eines monotonen Systems gleichzeitig eine minimale Schnitt-(Pfad-)menge des dualen Systems darstellt.
4. (a) Es seien $P_1, \dots, P_r$ die minimalen Pfadmengen einer monotonen Struktur (C, φ), deren jede Komponente relevant ist. Dann gilt $C = \bigcup_{j=1}^{r} P_j$.

   (b) Es seien $K_1, \dots, K_s$ die minimalen Schnittmengen einer monotonen Struktur (C, φ), deren jede Komponente relevant ist. Dann gilt $C = \bigcup_{j=1}^{s} K_j$.

*5. (a) Es seien $P_1, \dots, P_r$ nichtleere Mengen von Komponenten, von denen keine eine Teilmenge einer anderen ist. Es sei $C = \bigcup_{j=1}^{r} P_j$. Schließlich sei $\varphi(\boldsymbol{x}) = 1$ genau dann, wenn $C_1(\boldsymbol{x}) \supseteq P_j$[1] für ein $j = 1, \dots, r$; sonst sei $\varphi(\boldsymbol{x}) = 0$. Dann ist (C, φ) eine monotone Struktur mit den minimalen Pfadmengen $P_1, \dots, P_r$.

   (b) Es seien $K_1, \dots, K_s$ nichtleere Mengen von Komponenten, von denen keine eine Teilmenge einer anderen ist. Es sei $C = \bigcup_{j=1}^{s} K_j$. Schließlich sei $\varphi(\boldsymbol{x}) = 1$ genau dann, wenn $C_0(\boldsymbol{x}) \supseteq K_j$ für ein $j = 1, \dots, s$. Dann ist φ eine monotone Struktur, die aus der Komponentenmenge C besteht und deren minimale Schnittmengen $K_1, \dots, K_s$ sind.

*6. (a) Man zeige: Ist P eine minimale Pfadmenge und $Q \subset P$, so ist Q^c (die Komplementmenge von Q) eine Schnittmenge.

   (b) Man zeige: Ist K eine minimale Pfadmenge und $L \subset K$, so ist L^c eine Pfadmenge

7. Man bestimme alle verschiedenen monotonen Strukturfunktionen der Ordnung 4. (Hinweis: Man verwende die Übung 5 (a) oder (b).)
8. Man beweise, daß die Gleichheit in Satz 2.4 (a) nur dann gilt, wenn eine Parallelstruktur vorliegt.
   Man beweise, daß die Gleichheit in Satz 2.4 (b) nur dann gilt, wenn eine Serienstruktur vorliegt.
9. Es seien $K_1, K_2, \dots, K_k (P_1, P_2, \dots, P_p)$ die minimalen Schnitt-(Pfad-)mengen der monotonen Struktur φ, und sei f eine reellwertige Funktion der natürlichen Zahlen $1, 2, \dots, n$. Man beweise, daß

$$\min_{1 \le j \le k} \max_{i \in K_j} f(i) = \max_{1 \le j \le p} \min_{i \in P_j} f(i)$$

   gilt.

---

[1]) $A \subseteq B$ bedeutet, daß die Menge A in der Menge B enthalten ist. $A \subset B$ bedeutet, daß A echt in B enthalten ist.

10. Eine monotone Struktur habe die folgenden minimalen Pfadmengen:

$$\begin{array}{llll} \{1, 2\} & \{2, 3, 4\} & \{2, 4, 5\} & \{3, 4, 5\} \\ \{1, 3\} & \{2, 3, 5\} & \{2, 4, 6\} & \{3, 4, 6\} \\ & \{2, 3, 6\} & \{2, 5, 6\} & \{3, 5, 6\} \\ & & & \{4, 5, 6\}\,. \end{array}$$

Man bestimme die Anzahl der kritischen Pfade für jede Komponente. Man zeige, daß $I_\varphi(1) < I_\varphi(2)$ ist, obwohl 1 in mehr minimalen Pfadmengen mit zwei Komponenten vorkommt als 2.

11. Man zeige: Stellt die Komponente i selbst eine minimale Pfadmenge mit einem Element dar, dann ist sie strukturell wichtiger als jede Komponente, die nicht selbst eine minimale Pfadmenge mit einem Element darstellt.

12. Man berechne die strukturelle Wichtigkeit der Komponenten der Brückenschaltung aus dem Beispiel 3.2.

§ 4. Moduln monotoner Systeme

In der praktischen Zuverlässigkeitsanalyse wird oft so verfahren, daß zunächst die Zuverlässigkeit jedes der disjunkten Teilsysteme des Gesamtsystems bestimmt wird und dann die Zuverlässigkeit des Gesamtsystems aus den Zuverlässigkeiten der Teilsysteme berechnet wird. Um solche Verfahren und verwandte Rechenverfahren, die Schranken für die Systemzuverlässigkeit liefern, untersuchen zu können, müssen wir präzis den Modulbegriff definieren. In der Technik wird darunter eine Gesamtheit von Komponenten, die als ein Ganzes ersetzt werden können, verstanden.

4.1. Definition. Das monotone System (A, χ) ist ein *Modul* des monotonen Systems (C, φ), wenn $\varphi(\boldsymbol{x}) = \psi[\chi(\boldsymbol{x}^A), \boldsymbol{x}^{A^c}]$[1]), wobei ψ eine monotone Strukturfunktion ist und $A \subseteq C$ gilt. Die Menge $A \subseteq C$ wird als eine *modulare Menge* von (C, φ) bezeichnet. Wenn $A \subset C$ gilt, so ist (A, χ) ein *echter Modul* von (C, φ).

Intuitiv ist ein Modul (A, χ) von (C, φ) ein monotones Teilsystem, das so funktioniert, als ob es eine Komponente darstellen würde. Die Kenntnis, ob χ gleich 1 oder 0 ist, ist bei der Bestimmung des Wertes von φ ebenso informativ wie die Kenntnis der Werte von x_i für jedes i aus A. Im üblichen Funktionsdiagramm eines Systems können wir einen Modul dadurch identifizieren, daß er eine Teilmenge von Komponenten darstellt, zu der eingangs- und ausgangsseitig je ein Anschluß führt.

Es ist sofort klar, daß jede Komponente und ihre Indikatorfunktion einen Modul darstellen.

4.2. Beispiel. Wir betrachten das monotone System (C, φ), wobei $C = \{1, \dots, 5\}$ und $\varphi(\boldsymbol{x}) = x_1(x_2 \amalg x_3)(x_4 \amalg x_5)$ ist. Dann ist (A, χ) ein Modul von (C, φ), wobei

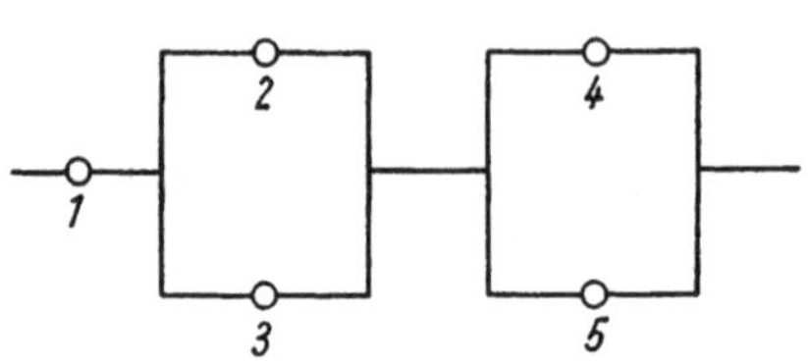

Abb. 1.4.1. Beispiel des Hi-fi-Systems

[1]) Es sei A eine Teilmenge von C. Dann bezeichnet (a) $\boldsymbol{x}^A$ den Vektor mit den Elementen x_i, $i \in A$ und (b) A^c die zu A komplementäre Teilmenge von C.

$A = \{2, 3\}$ die modulare Menge und $\chi(\boldsymbol{x}^A) = x_2 \amalg x_3$ die modulare monotone Strukturfunktion ist. Wir können schreiben

$$\varphi(\boldsymbol{x}) = \psi(\chi(\boldsymbol{x}^A), \boldsymbol{x}^{A^c}) = x_1 \cdot \chi \cdot (x_4 \amalg x_5)\,.$$

Andere Moduln sind:

$$(\{4, 5\}, x_4 \amalg x_5)$$
$$(\{2, 3, 4, 5\}, (x_2 \amalg x_3) \cdot (x_4 \amalg x_5))$$
$$(\{1, 2, 3\}, x_1 \cdot (x_2 \amalg x_3))$$
$$(\{1, 4, 5\}, x_1 \cdot (x_4 \amalg x_5))\,.$$

Es verbleiben lediglich die aus den einzelnen Komponenten und dem System selbst gebildeten Moduln.

In der Praxis führt der Prozeß der Entwicklung eines Systems automatisch auf eine modulare Zerlegung des Systems, d. h. auf eine Zerlegung des Systems in disjunkte Moduln.

4.3. Definition. Eine *modulare Zerlegung* eines monotonen Systems (C, φ) ist eine Menge disjunkter Moduln $\{(A_1, \chi_1), \ldots, (A_r, \chi_r)\}$ in Verbindung mit einer *Organisationsstruktur* ψ

(a) $C = \bigcup_{i=1}^{r} A_i$, mit $A_i \cap A_j = \emptyset$ für $i \neq j$;

(b) $\varphi(\boldsymbol{x}) \equiv \psi[\chi_1(\boldsymbol{x}^{A_1}), \chi_2(\boldsymbol{x}^{A_2}), \ldots, \chi_r(\boldsymbol{x}^{A_r})]\,.$ (4.1)

In der Praxis ist oft eine modulare Zerlegung eines monotonen Systems gegeben, und es erweist sich als sinnvoll, eine *Verfeinerung* der Zerlegung vorzunehmen, indem wir jeden Modul der Originalzerlegung in kleinere Moduln zerlegen. Es ist klar, daß eine Verfeinerung einer Zerlegung des monotonen Systems (C, φ) selbst eine Zerlegung von (C, φ) darstellt. In der Praxis erfolgen die Verfeinerungen folgendermaßen. Ein System wird in seine Hauptuntersysteme zerlegt. Jedes Hauptuntersystem wird in Komponenten zerlegt. Jede Komponente wird in Teile zerlegt. Die Zuverlässigkeit jedes Teils wird aus einem Handbuch oder aus Beobachtungsergebnissen bestimmt. Daraus wird die Zuverlässigkeit jeder Komponente errechnet. Bei bekannter Zuverlässigkeit jeder Komponente können wir die Zuverlässigkeit von jedem Untersystem berechnen. Schließlich errechnen wir aus den Zuverlässigkeiten der Untersysteme die Zuverlässigkeit des Systems. In § 4 des Kapitels 2 werden wir erkennen, wie untere Schranken der Zuverlässigkeit des Systems von zunehmender Genauigkeit gewonnen werden können, indem schrittweise Verfeinerungen der Originalstruktur vorgenommen werden.

Übungen

1. Wenn A eine modulare Menge ist, ist dann auch A^c notwendigerweise eine modulare Menge?
2. Es sei (A, χ) ein Modul von (C, φ). Unter der Voraussetzung $\chi(\boldsymbol{x}_1^A) = 1$, $\chi(\boldsymbol{x}_0^A) = 0$ gilt
$$\varphi(\boldsymbol{x}_1^A, \boldsymbol{x}) \equiv \varphi(1^A, \boldsymbol{x})\,, \qquad \varphi(\boldsymbol{x}_0^A, \boldsymbol{x}) \equiv \varphi(0^A, \boldsymbol{x})\,.$$
3. (a) Man bestimme alle Moduln vom Beispiel in Abb. 1.4.2.
   (b) Man bestimme alle Moduln vom Beispiel 3.2.
4. Man gebe eine modulare Zerlegung und ihre schrittweise Verfeinerung für das System aus Übung 3 an.

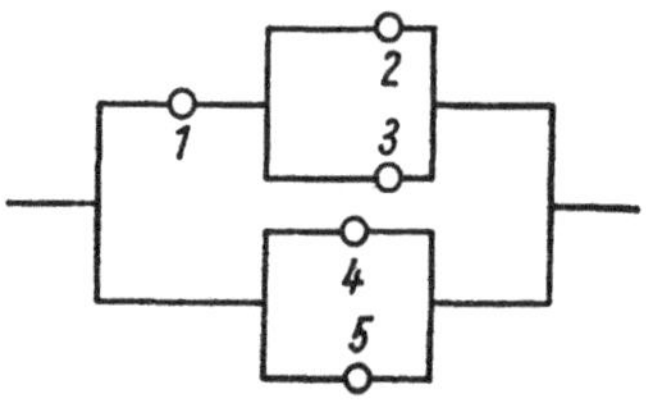

Abb. 1.4.2. Beispiel

5. Man zeige, daß die einzigen Moduln in einer k-aus-n-Struktur mit $1 < k < n$ die einzelnen Komponenten und die Struktur selbst sind. Gilt das auch dann, wenn $k = 1$ oder $k = n$ ist?
6. Die Struktur (C, φ) sei monoton.
   (a) Es sei $\varkappa_j$ die j-te minimale Schnittstruktur mit der zugehörigen Schnittmenge K_j $(j = 1, \ldots, k)$. Unter der Voraussetzung $K_1 \cap \bigcup_{j=2}^{k} K_j = \emptyset$ ist $(K_1, \varkappa_1)$ ein Modul von (C, φ). (E ist die leere Menge.)
   (b) Es sei ϱ_j die j-te minimale Pfadstruktur mit der zugehörigen Pfadmenge P_j $(j = 1, \ldots, p)$. Unter der Voraussetzung $P_1 \cap \bigcup_{j=2}^{p} P_j = \emptyset$, ist (P_1, ϱ_1) ein Modul von (C, φ).
7. Man zeige, daß die duale Struktur eines Moduls einer monotonen Struktur ein Modul der dualen Struktur ist.
8*. Es seien (A, χ), (B, λ) Moduln eines monotonen Systems (C, φ) mit $A \subset B$. Dann ist (B, λ) ein Modul von (A, χ).

§ 5. Bemerkungen und Literaturhinweise

§ 1. Der von uns in Definition 1.6 eingeführte Begriff einer relevanten Komponente hatte in den früheren Arbeiten [Esary-Proschan (1962), Esary-Proschan (1963a), Birnbaum-Esary (1965), B-P (1965) usw.] die Bezeichnung wesentliche Komponente. Wir haben es vorgezogen, diesen letzteren Begriff zu vermeiden, da „wesentliche" Komponenten im Sinne der früheren Veröffentlichungen nicht wesentlich für die Funktionsfähigkeit eines Systems sein müssen. Solche Komponenten sind jedoch *relevant* bei der Feststellung, ob das System funktionsfähig ist oder nicht.

§ 2. Die Definition einer monotonen Struktur (coherent structure, vgl. Fußnote 1 Seite 1) und die Herleitung ihrer grundlegenden Eigenschaften gehen auf Birnbaum-Esary-Saunders (1961) zurück. In B.-P. (1965) wurde die Bezeichnung „monotonic structure" anstelle von „coherent structure" bei Birnbaum-Esary-Saunders (1961) verwendet.

Das im Satz 2.4(a) formulierte Ergebnis war den mit Zuverlässigkeitsfragen beschäftigten Entwicklungsingenieuren intuitiv seit langem bekannt. Der von uns angeführte einfache Beweis stammt aus Esary-Marshall-Proschan (1970).

§ 3. Die minimalen Pfad- und Schnittdarstellungen aus § 3 kommen bei Birnbaum-Esary-Saunders (1961) vor. Der Satz 3.5 stammt von Esary und Marshall (1970). Die strukturelle Wichtigkeit wird bei Birnbaum (1969) definiert.

§ 4. Die mathematische Formulierung des Modulbegriffes und die Herleitung der Eigenschaften von Modulen gehen auf Birnbaum und Esary (1969) zurück. Das wichtigste Ergebnis ihrer Arbeit ist der sogenannte Satz von drei Moduln:

Es sei (C, φ) ein monotones System. A_1, A_2, A_3 seien nichtleere disjunkte Mengen mit der Eigenschaft, daß $A_1 \cup A_2$ und $A_2 \cup A_3$ modulare Mengen sind. Dann gilt:

(a) A_1, A_2 und A_3 sind modulare Mengen.
(b) $A_1 \cup A_2 \cup A_3$ ist eine modulare Menge.
(c) Die Moduln χ_{A_1}, χ_{A_2}, χ_{A_3} stellen entweder Serien- oder Parallelstrukturen dar.
(d) $A_1 \cup A_3$ ist eine modulare Menge.

KAPITEL 2

ZUVERLÄSSIGKEIT MONOTONER SYSTEME

In Kapitel 1 haben wir die deterministischen Aspekte von Strukturen, insbesondere von monotonen Strukturen behandelt. Im vorliegenden Kapitel stellen wir Beziehungen zwischen der Zuverlässigkeit des Systems und den Zuverlässigkeiten seiner Komponenten her. Es werden Methoden zur Bestimmung der exakten Zuverlässigkeit des Systems behandelt. Da es für komplexe Systeme oft schwierig oder unmöglich ist, die Zuverlässigkeit exakt zu bestimmen, geben wir brauchbare Schranken für die Zuverlässigkeit des Systems an, die auf den Zuverlässigkeiten der minimalen Pfade oder Schnitte basieren.

Im § 1 beschränken wir uns auf den Fall stochastisch unabhängiger Komponenten. Danach betrachten wir den allgemeineren Fall, daß die Komponenten in einem noch zu präzisierenden Sinne stochastisch „assoziiert" sind. Dieses statistische Modell läßt sich insbesondere in der häufig auftretenden Situation anwenden, wenn die Komponenten einer gemeinsamen Belastung unterliegen.

§ 1. Zuverlässigkeit von Systemen mit unabhängigen Komponenten

In diesem Paragraphen *nehmen wir an, daß die Komponenten stochastisch unabhängig sind.* Der Zustand X_i der i-ten Komponente ist zufällig mit

$$P[X_i = 1] = p_i = EX_i{}^{1)} \qquad \text{für } i = 1, \dots, n\,. \tag{1.1}$$

Wie in Kapitel 1 ist $\boldsymbol{X} = (X_1, X_2, \dots, X_n)$. Wir bezeichnen die Wahrscheinlichkeit p_i dafür, daß i funktionsfähig ist, als die *Zuverlässigkeit* von i. Analog wird die *Zuverlässigkeit des Systems* durch

$$P[\varphi(\boldsymbol{X}) = 1] = h = E\varphi(\boldsymbol{X}) \tag{1.2}$$

bestimmt.

Unter der Annahme, daß die Komponenten unabhängig sind, läßt sich die Zuverlässigkeit des Systems als Funktion der Zuverlässigkeiten der Komponenten darstellen:

$$h = h(\boldsymbol{p})\,.$$

Gilt $p_1 = p_2 = \dots = p_n = p$, so benutzen wir das Symbol $h(p)$. Wir bezeichnen $h(\boldsymbol{p})$ (oder im Falle gleicher Komponenten $h(p)$) als die *Zuverlässigkeitsfunktion* der Struktur φ. Sind die Komponenten nicht unabhängig, so ist die Zuverlässigkeit des Systems in der Regel keine Funktion von $\boldsymbol{p}$ allein; in diesem Falle wird die Bezeichnung $h(\boldsymbol{p})$ nicht benutzt.

---

1) EX bezeichnet den Erwartungswert der Variablen X.

Wir betrachten einige Beispiele. Die Serienstruktur $\varphi(\boldsymbol{x}) = \prod_{i=1}^{n} x_i$ aus dem Beispiel 1.1, Kapitel 1, hat die Zuverlässigkeitsfunktion $h(\boldsymbol{p}) = \prod_{i=1}^{n} p_i$. Die Parallelstruktur $\varphi(\boldsymbol{x}) = \coprod_{i=1}^{n} x_i$ aus dem Beispiel 1.2, Kapitel 1, hat die Zuverlässigkeitsfunktion $h(\boldsymbol{p}) = \coprod_{i=1}^{n} p_i \equiv 1 - \prod_{i=1}^{n} (1 - p_i)$. Das Hi-fi-System (Beispiel 1.5, Kapitel 1) hat die Zuverlässigkeitsfunktion $h(\boldsymbol{p}) = (p_1 + p_2 - p_1p_2)\, p_3(p_4 + p_5 - p_4p_5)$. Unter der Annahme $p_1 = p_2 = \dots = p_n = p$ besitzt das k-aus-n-System (es ist $\varphi(\boldsymbol{x}) = 1$ genau dann, wenn $\sum_{i=k}^{n} x_i \geqq k$ ist, vgl. das Beispiel 1.3 aus Kapitel 1) die Zuverlässigkeitsfunktion

$$h(p) = \sum_{i=k}^{n} \binom{n}{i} p^i (1 - p)^{n-i}\,.$$

Grafisches Beispiel. In der Abb. 2.1.1 sind die Zuverlässigkeitsfunktionen $h(p)$ für folgende Systeme mit drei identischen Komponenten dargestellt:

(a) Seriensystem: $h(p) = p^3$.
(b) 2-aus-3-System: $h(p) = 3p^2(1 - p) + p^3$.
(c) Parallelsystem: $h(p) = 1 - (1 - p)^3$.

Einige grundlegende Beziehungen für die Systemzuverlässigkeit. Aus dem Lemma 1.7 im Kapitel 1 können wir sofort die entsprechende Pivotentwicklung der Zuverlässigkeitsfunktion gewinnen.

1.1. Lemma. *Für die Zuverlässigkeitsfunktion gilt die folgende Identität:*

$$h(\boldsymbol{p}) = p_i h(1_i, \boldsymbol{p}) + (1 - p_i)\, h(0_i, \boldsymbol{p}) \qquad \text{für } i = 1, \dots, n\,. \tag{1.3}$$

Beweis. Wegen (1.1) aus Kapitel 1 und der Unabhängigkeit der Komponenten gilt $h(\boldsymbol{p}) = E\varphi(\boldsymbol{X}) = EX_iE\varphi(1_i, \boldsymbol{X}) + (1 - EX_i)\, E\varphi(0_i, \boldsymbol{X})$. Die Gleichung (1.3) folgt daraus unmittelbar. ▮

Aus (1.3) ergibt sich, daß $h(\boldsymbol{p})$ multilinear, d. h. linear in jedem p_i ist. Im Falle $p_1 = p_2 = \dots = p_n = p$ stellt $h(p)$ ein Polynom in p dar.

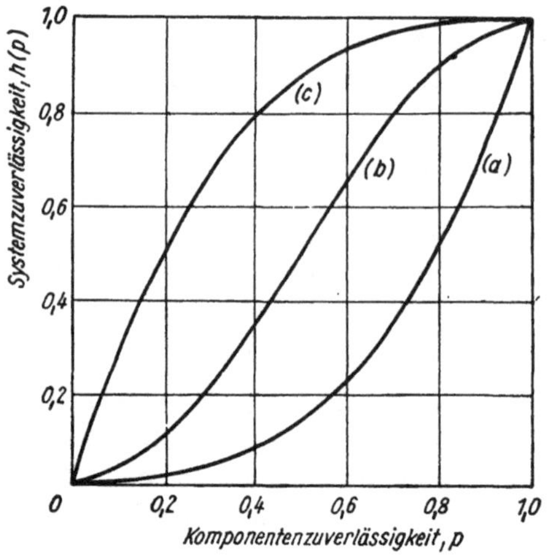

Abb. 2.1.1. Systemzuverlässigkeit in Abhängigkeit von der Komponentenzuverlässigkeit für Systeme aus 3 Komponenten

Wir erinnern daran, daß monotone Strukturen wachsende Strukturfunktionen besitzen. Die entsprechende Monotoniebeziehung für Zuverlässigkeitsfunktionen wird durch den folgenden Satz 1.2 zum Ausdruck gebracht.

1.2. Satz. *Es sei $h(\boldsymbol{p})$ die Zuverlässigkeitsfunktion einer monotonen Struktur. Dann ist $h(\boldsymbol{p})$ streng monoton wachsend in jedem p_i für $\mathbf{0} \ll \boldsymbol{p} \ll \mathbf{1}$*[1].

Beweis. Aus (1.3) folgt

$$\frac{\partial h}{\partial p_i} = h(1_i, \boldsymbol{p}) - h(0_i, \boldsymbol{p}), \tag{1.4}$$

also gilt

$$\frac{\partial h}{\partial p_i} = E[\varphi(1_i, \boldsymbol{X}) - \varphi(0_i, \boldsymbol{X})]. \tag{1.5}$$

Da φ wachsend ist, gilt $\varphi(1_i, \boldsymbol{x}) - \varphi(0_i, \boldsymbol{x}) \geqq 0$. Außerdem ist $\varphi(1_i, \boldsymbol{x}^0) - \varphi(0_i, \boldsymbol{x}^0) = 1$ für ein gewisses $\boldsymbol{x}^0$, da jede Komponente relevant ist. Wegen $\mathbf{0} \ll \boldsymbol{p} \ll \mathbf{1}$, kommt $\boldsymbol{x}^0$ als Wert von $\boldsymbol{X}$ mit positiver Wahrscheinlichkeit vor. Somit ist $E[\varphi(1_i, \boldsymbol{X}) - \varphi(0_i, \boldsymbol{X})] > 0$, woraus das gewünschte Ergebnis folgt. ▮

Im Satz 2.4 des Kapitels 1 war für Strukturfunktionen gezeigt worden, daß eine Redundanz auf Komponentenebene effektiver als auf Systemebene ist. Entsprechendes gilt auch für die Zuverlässigkeitsfunktionen.

1.3. Satz. *Es sei h die Zuverlässigkeitsfunktion eines monotonen Systems. Dann gilt*

(a) $h(\boldsymbol{p} \amalg \boldsymbol{p}') \geqq h(\boldsymbol{p}) \amalg h(\boldsymbol{p}')$,

(b) $h(\boldsymbol{p} \cdot \boldsymbol{p}') \leqq h(\boldsymbol{p})\, h(\boldsymbol{p}')$,

für alle $\mathbf{0} \leqq \boldsymbol{p} \leqq \mathbf{1}$, $\mathbf{0} \leqq \boldsymbol{p}' \leqq \mathbf{1}$. In (a) *gilt die Gleichheit für alle $\boldsymbol{p}, \boldsymbol{p}'$ genau dann, wenn es sich um ein Parallelsystem handelt. In* (b) *gilt die Gleichheit für alle $\boldsymbol{p}, \boldsymbol{p}'$ genau dann, wenn es sich um ein Seriensystem handelt.*

Beweis. Es seien $X_1, \ldots, X_n, X_1', \ldots, X_n'$ untereinander unabhängige binäre zufällige Variablen mit $P[X_i = 1] = p_i$, $P[X_i' = 1] = p_i'$. Dann folgt aus dem Satz 2.4(a) des Kapitels 1 die Beziehung

$$\begin{aligned} &h(\boldsymbol{p} \amalg \boldsymbol{p}') - h(\boldsymbol{p}) \amalg h(\boldsymbol{p}') \\ &= \sum_{\boldsymbol{x}} \sum_{\boldsymbol{x}'} [\varphi(\boldsymbol{x} \amalg \boldsymbol{x}') - \varphi(\boldsymbol{x}) \amalg \varphi(\boldsymbol{x}')]\, P[\boldsymbol{X} = \boldsymbol{x}]\, P[\boldsymbol{X}' = \boldsymbol{x}'] \geqq 0, \end{aligned}$$

aus der sich (a) ergibt. Auf analoge Weise erhält man (b).

In den beiden Ungleichungen (a) und (b) folgt die hinreichende Bedingung für die Gleichheit aus der entsprechenden hinreichenden Bedingung für die Gleichheit im Satz 2.4 des Kapitels 1. Gilt $\mathbf{0} \ll \boldsymbol{p} \ll \mathbf{1}$ und $\mathbf{0} \ll \boldsymbol{p}' \ll \mathbf{1}$, so ist $P[\boldsymbol{X} = \boldsymbol{x}] > 0$ für alle $\boldsymbol{x}$ und $P[\boldsymbol{X}' = \boldsymbol{x}'] > 0$ für alle $\boldsymbol{x}'$. Somit folgt in den beiden Ungleichungen (a) und (b) die notwendige Bedingung für die Gleichheit aus der entsprechenden notwendigen Bedingung für die Gleichheit im Satz 2.4 des Kapitels 1. ▮

Beispiel. Es sei das in Abb. 2.1.2(a) dargestellte System aus identischen Komponenten mit der Zuverlässigkeitsfunktion $h(p) = p[2p - p^2]$ gegeben. Durch Verdopplung des ganzen Systems (Parallelschaltung) ergibt sich die Zuverlässigkeitsfunktion

$$h(p) \amalg h(p) = 1 - [1 - p(2p - p^2)]^2 .$$

[1]) $\boldsymbol{a} \ll \boldsymbol{b} \leftrightarrow a_i < b_i$ für alle i.

Verdoppelt man die Komponenten einzeln, so ergibt sich die Zuverlässigkeitsfunktion

$$h(p \amalg p) = [2p - p^2]\,[1 - (1 - p)^4]\,.$$

Die beiden Zuverlässigkeitsfunktionen sind in Abb. 2.1.2(b) dargestellt. Wie im Satz 1.3 allgemein bewiesen wurde, übersteigt $h(p \amalg p)$ tatsächlich $h(p) \amalg h(p)$ für alle Werte von p.

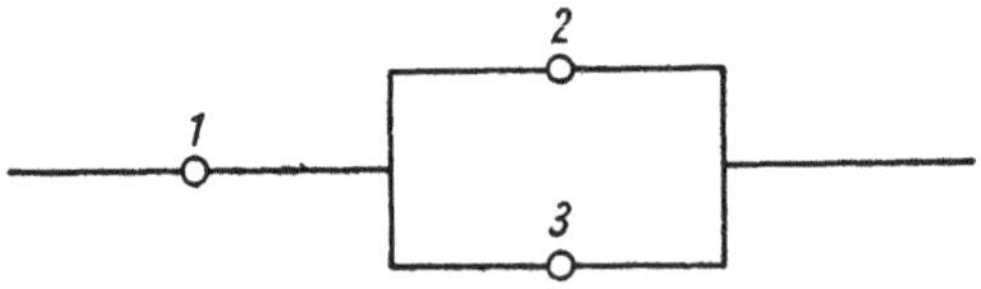

Abb. 2.1.2. (a) Dreikomponentensystem

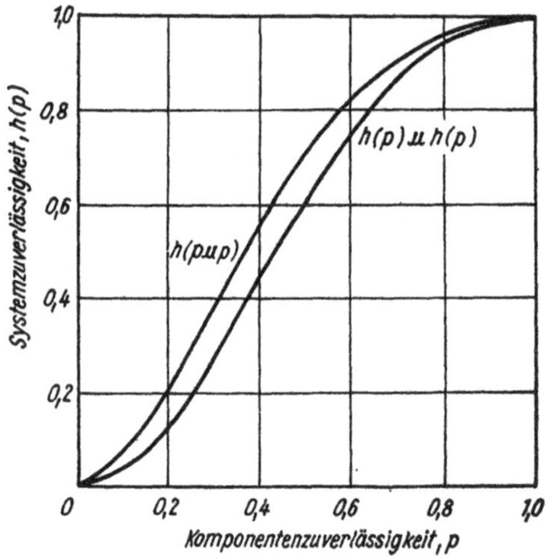

Abb. 2.1.2. (b) Redundanz auf Komponentenebene gegenüber der Redundanz auf Systemebene

Berechnung der exakten Zuverlässigkeit eines Systems. Die im Kapitel 1 hergeleiteten minimalen Schnitt- und Pfaddarstellungen stellen ein Mittel für die systematische Berechnung der Zuverlässigkeit eines jeden monotonen Systems dar. Aus (3.2) und (3.4) im Kapitel 1 erhalten wir

$$\varphi(\boldsymbol{x}) = \coprod_{j=1}^{p} \prod_{i \in P_j} x_i \tag{1.6}$$

und

$$\varphi(\boldsymbol{x}) = \prod_{j=1}^{k} \coprod_{i \in K_j} x_i\,. \tag{1.7}$$

Entwickelt man die rechten Seiten zu multinomialen Ausdrücken in den x_i und benutzt man die Idempotenz der x_i (d. h. $x_i^2 = x_i$), so läßt sich die Zuverlässigkeit des Systems einfach durch die Bestimmung des Erwartungswertes berechnen. Es ergibt sich

$$h(\boldsymbol{p}) = E \coprod_{j=1}^{p} \prod_{i \in P_j} X_i$$

und

$$h(\boldsymbol{p}) = E \prod_{j=1}^{k} \prod_{i \in K_j} X_i .$$

Beispiel. Für die Struktur aus dem Beispiel 4.2 des Kapitels 1 ergibt sich

$$\begin{aligned}
\varphi(\boldsymbol{x}) &= x_1(x_2 \amalg x_3)\,(x_4 \amalg x_5)\\
&= x_1(x_2 + x_3 - x_2x_3)\,(x_4 + x_5 - x_4x_5)\\
&= x_1x_2x_4 + x_1x_2x_5 - x_1x_2x_4x_5\\
&\quad + x_1x_3x_4 + x_1x_3x_5 - x_1x_3x_4x_5\\
&\quad - x_1x_2x_3x_4 - x_1x_2x_3x_5 + x_1x_2x_3x_4x_5 .
\end{aligned}$$

Somit ist

$$\begin{aligned}
h(\boldsymbol{p}) = E\varphi(\boldsymbol{X}) &= p_1p_2p_4 + p_1p_2p_5 - p_1p_2p_4p_5 + p_1p_3p_4 + p_1p_3p_5\\
&- p_1p_3p_4p_5 - p_1p_2p_3p_4 - p_1p_2p_3p_5 + p_1p_2p_3p_4p_5 .
\end{aligned}$$

Andererseits können wir die Zuverlässigkeit des Systems durch eine Pivotentwicklung über die i-te Komponente, vgl. die Formel (1.3), berechnen. Das ist die Methode der schrittweisen Bestimmung bedingter Erwartungswerte. Wir können $h(\boldsymbol{p})$ auch durch Summation über alle 2^n Vektoren mit den Elementen 0 und 1 berechnen:

$$h(\boldsymbol{p}) = \sum_{\boldsymbol{x}} \varphi(x_1, x_2, \ldots, x_n) \prod_i p_i^{x_i} q_i^{1-x_i} , \tag{1.8}$$

wobei $q_i = 1 - p_i$ gilt und $0^0 \equiv 1$ ist (vgl. (1.2) aus Kapitel 1).

Aus vorstehendem Beispiel wird klar, daß die exakte Berechnung der Zuverlässigkeit für komplexe Systeme in der Regel eine mühevolle Aufgabe ist. Aus diesem Grunde betrachten wir in § 3 relativ ausführlich verschiedene Möglichkeiten zur Gewinnung von Schranken für die Zuverlässigkeit von Systemen. Die folgende Methode kann in Verbindung mit dem Algorithmus für minimale Pfaddarstellungen aus dem Anhang zur Approximation der Zuverlässigkeit komplexer Systeme benutzt werden.

Die Inklusions-Exklusions-Methode. Die folgende Methode liefert sukzessive untere und obere Schranken für die Zuverlässigkeit des Systems, die gegen den exakten Wert der Systemzuverlässigkeit konvergieren. Es sei E_r das Ereignis, daß alle Komponenten in der minimalen Pfadmenge P_r arbeiten. Dann ist

$$P(E_r) = \prod_{i \in P_r} p_i .$$

Die Funktionsfähigkeit des Systems entspricht dem Ereignis $\bigcup_{r=1}^{p} E_r$, wenn das System p minimale Pfadmengen aufweist. Dann gilt

$$h = P\left[\bigcup_{r=1}^{p} E_r\right].$$

Es sei

$$S_k = \sum_{1 \leq i_1 < i_2 < \ldots < i_k \leq p} P[E_{i_1} \cap E_{i_2} \cap \ldots \cap E_{i_k}] .$$

Gemäß dem Inklusions-Exklusions-Prinzip (Feller, 1968, S. 98—101) ergibt sich[1])

$$h = \sum_{k=1}^{p} (-1)^{k-1} S_k , \tag{1.9}$$

[1]) Vgl. auch Borowkow, A. A., Wahrscheinlichkeitstheorie. Akademie-Verlag Berlin 1976, S. 13—14 (Anm. der Red.).

und

$$h \leqq S_1 = \sum_{r=1}^{p} \prod_{i \in P_r} p_i ,$$
$$h \geqq S_1 - S_2 ,$$
$$h \leqq S_1 - S_2 + S_3 ,$$
$$h \geqq S_1 - S_2 + S_3 - S_4 ,$$

usw. Obwohl im allgemeinen nicht gilt, daß die oberen Schranken fallen und die unteren Schranken wachsen, kann es in der Praxis durchaus vorkommen, daß man nur wenige S_k zu berechnen braucht, um eine gute Approximation zu erhalten.

Selbstverständlich können ähnliche Formeln zur Berechnung der *Unzuverlässigkeit* des Systems mit Hilfe der minimalen Schnittmengen und der Unzuverlässigkeiten der Komponenten aufgestellt werden.

Wichtigkeit von Komponenten bezüglich der Zuverlässigkeit. In 3.7 haben wir ein Maß für die *strukturelle Wichtigkeit* jeder Komponente eines monotonen Systems eingeführt. Dieses Maß basierte lediglich auf der Kenntnis der *Struktur* des Systems. Als nächstes leiten wir ein Maß für die *Wichtigkeit* jeder Komponente *bezüglich der Zuverlässigkeit* des Systems her, wobei sowohl die *Zuverlässigkeiten* der Elemente als auch die Struktur des Systems berücksichtigt werden. Ein solches Maß kann sehr nützlich sein bei der Systemanalyse, um die Komponenten zu bestimmen, für die es am effektivsten ist, zusätzlichen Aufwand in Forschung und Entwicklung zu betreiben.

Intuitiv würde es begründet erscheinen, die Wichtigkeit einer Komponente daran zu messen, in welchem Grade die Zuverlässigkeit des Systems durch die Erhöhung der Zuverlässigkeit der Komponente ansteigt. Wir gehen speziell von der folgenden Definition aus

1.4. Definition. Die *Wichtigkeit* $I_h(j)$ der Komponente j *bezüglich der Zuverlässigkeit* (oder kurz *Z-Wichtigkeit*) wird bestimmt durch

$$I_h(j) = \frac{\partial h(\boldsymbol{p})}{\partial p_j} . \tag{1.10a}$$

Wegen (1.4) ist die folgende Definition äquivalent zu (1.10a):

$$I_h(j) = h(1_j, \boldsymbol{p}) - h(0_j, \boldsymbol{p}) \tag{1.10b}$$

oder in expliziter Darstellung

$$I_h(j) = E[\varphi(1_j, \boldsymbol{X}) - \varphi(0_j, \boldsymbol{X})] . \tag{1.10c}$$

Bemerkungen. (a) Ist $p_i = \frac{1}{2}$ für alle von j verschiedenen i, so fällt nach (1.10c) die *Z-Wichtigkeit* von j mit der vermöge (3.10) im Kapitel 1 eingeführten *strukturellen Wichtigkeit* von j zusammen, d. h., es ist $I_h(j) = I_\varphi(j)$. Im Falle $p_i = \frac{1}{2}$ für $i = 1, \dots, n$ fallen also die Z-Wichtigkeit und die strukturelle Wichtigkeit für jede Komponente des Systems zusammen.

(b) Aus der Beweisführung für Satz 1.2 geht hervor, daß bei einem monotonen System, bei dem die Zuverlässigkeiten der Elemente im Intervall (0, 1) liegen, die Z-Wichtigkeit der Komponenten die Ungleichung

$$0 < I_h(j) < 1 \qquad \text{für } j = 1, \dots, n \text{ und } n > 1 \tag{1.11}$$

erfüllt.

(c) Im Falle stochastisch abhängiger Komponenten, der im nächsten Abschnitt betrachtet wird, werden wir (1.10c) verwenden, um die Z-Wichtigkeit der Komponente j zu definieren.

Die Z-Wichtigkeit der Komponenten kann auf folgende Weise benutzt werden, um den Effekt einer Erhöhung der Zuverlässigkeit der Komponenten auf die Zuverlässigkeit des Systems zu bestimmen. Gemäß der Kettenregel der Differentiation ergibt sich

$$\frac{dh}{dt} = \sum_{j=1}^{n} \frac{\partial h}{\partial p_j} \frac{dp_j}{dt},$$

wobei t ein gemeinsamer Parameter ist, z. B. die seit Beginn der Systementwicklung vergangene Zeit. Unter Benutzung von (1.10a) erhalten wir

$$\frac{dh}{dt} = \sum_{j=1}^{n} I_h(j) \frac{dp_j}{dt}. \tag{1.12}$$

Somit ist also die Zuwachsrate der Systemzuverlässigkeit eine gewichtete Kombination der Zuwachsrate der Zuverlässigkeiten der Komponenten, wobei als Gewichte die Z-Wichtigkeiten auftreten.

Aus (1.12) erhalten wir auch

$$\Delta h \cong \sum_{j=1}^{n} I_h(j)\, \Delta p_j, \tag{1.13}$$

wobei Δh die Änderung der Zuverlässigkeit des Systems darstellt, die den Änderungen Δp_j der Zuverlässigkeiten der Komponenten entspricht. Wie in (1.12) gehen die Z-Wichtigkeiten als Gewichte ein. Kleine Zuwächse Δp_j der Zuverlässigkeiten der Komponenten führen also zu einem entsprechenden Zuwachs Δh der Zuverlässigkeit des Systems gemäß der Formel (1.13).

Beispiele. Wir nehmen an, daß die Komponenten so numeriert sind, daß die Zuverlässigkeiten der Komponenten folgendermaßen geordnet sind:

$$p_1 \leqq p_2 \leqq \cdots \leqq p_n.$$

(a) *Seriensystem.* Ist $h(\mathbf{p}) = \prod_{i=1}^{n} p_i$, so gelten

$$I_h(j) = \prod_{i \neq j} p_i$$

und $I_h(1) \geqq I_h(2) \geqq \ldots \geqq I_h(n)$, so daß die Komponente mit der kleinsten Zuverlässigkeit die größte Wichtigkeit für das System besitzt. Damit wird das wohlbekannte Prinzip widergespiegelt, daß „eine Kette so fest ist wie ihr schwächstes Glied".

(b) *Parallelsystem.* Ist $h(\mathbf{p}) = \coprod_{i=1}^{n} p_i$, so gelten

$$I_h(j) = \prod_{i \neq j} (1 - p_i)$$

und $I_h(1) \leqq I_h(2) \leqq \ldots \leqq I_h(n)$, so daß die Komponente mit der größten Zuverlässigkeit die größte Wichtigkeit für das System besitzt. Das ist ebenfalls intuitiv begründet, da das System funktionsfähig ist, wenn nur *eine* Komponente funktioniert.

(c) *2-aus-3-System.* Für ein 2-aus-3-System ist $h(\boldsymbol{p}) = p_1p_2 + p_1p_3 + p_2p_3 - 2p_1p_2p_3$. Dann gelten

$$I_h(1) = p_2 + p_3 - 2p_2p_3\,,$$

$$I_h(2) = p_1 + p_3 - 2p_1p_3$$

und

$$I_h(3) = p_1 + p_2 - 2p_1p_2\,.$$

Ist $p_i \geqq \frac{1}{2}$ für $i = 1, 2, 3$, dann gilt

$$I_h(3) \geqq I_h(2) \geqq I_h(1)\,,$$

und die Komponente mit der höchsten Zuverlässigkeit ist die wichtigste für das System. Ist $p_i \leqq \frac{1}{2}$ für $i = 1, 2, 3$, dann gilt

$$I_h(1) \geqq I_h(2) \geqq I_h(3)\,,$$

und die Komponente mit der niedrigsten Zuverlässigkeit ist die wichtigste für das System.

Übungen

1. Es sei $\varphi_1(\boldsymbol{x}) \leqq \varphi_2(\boldsymbol{x})$ für alle $\boldsymbol{x}$. Dann ist $h_1(\boldsymbol{p}) \leqq h_2(\boldsymbol{p})$ für alle $\boldsymbol{0} \leqq \boldsymbol{p} \leqq \boldsymbol{1}$. Unter welchen Bedingungen gilt die echte Ungleichung?
2. Es sei $h_1(\boldsymbol{p}) \leqq h_2(\boldsymbol{p})$ für alle $\boldsymbol{0} \ll \boldsymbol{p} \ll \boldsymbol{1}$. Dann gilt $\varphi_1(\boldsymbol{x}) \leqq \varphi_2(\boldsymbol{x})$ für alle $\boldsymbol{x}$.
3. Man berechne die exakte Zuverlässigkeit der Brückenschaltung aus dem Beispiel 3.2 des Kapitels 1.
4. Die Z-Wichtigkeit von Komponenten kann auch unter Benutzung des im § 4 des Kapitels 1 dargestellten Modulkonzeptes berechnet werden. Man zeige die folgende Behauptung: Wenn die Komponente j in einem Modul mit der Strukturfunktion χ enthalten ist, der seinerseits Teil eines monotonen Systems ist, so kann $I_h(j)$ als Produkt der Wichtigkeit von j in der Struktur χ multipliziert mit der Wichtigkeit des als Komponente betrachteten Moduls berechnet werden. Wir erinnern den Leser daran, daß die Komponenten als stochastisch unabhängig vorausgesetzt werden.
5. Man berechne die Z-Wichtigkeit der Komponenten der Brückenschaltung aus Beispiel 3.2 des Kapitels 1.

§ 2. Assoziiertheit zufälliger Variablen

Bei sehr vielen Zuverlässigkeitsuntersuchungen sind die interessierenden zufälligen Variablen *nicht* unabhängig, sondern höchstens „assoziiert“. Wir betrachten dazu folgende Beispiele:

(a) Minimale Pfadstrukturen eines monotonen Systems, die gemeinsame Komponenten besitzen;
(b) Komponenten, die den gleichen Belastungen unterliegen;
(c) Strukturen, in denen die Belastung auf mehrere Komponenten aufgeteilt ist, so daß der Ausfall einer Komponente eine erhöhte Belastung der übrigen Komponenten bewirkt.

In jedem Falle weisen die interessierenden zufälligen Variablen eine ähnliche Wirkungstendenz auf. So bewirkt im Falle (a) der Ausfall einer Komponente, daß die Leistungsfähigkeit aller minimalen Pfadstrukturen vermindert wird, die diese Komponente enthalten. Im Falle (b) wirkt eine hohe Belastung auf alle Komponenten gleichermaßen. Im Falle (c) trägt die Funktionsfähigkeit (der Ausfall) einer Komponente zur Funktionsfähigkeit (zum Ausfall) der übrigen Komponenten bei.

Wir werden nun eine Definition der Assoziiertheit formulieren, die für Zuverlässigkeitsuntersuchungen geeignet ist. Liegen nur zwei zufällige Variablen vor, so könnten wir diese als assoziiert ansehen, wenn $\operatorname{cov}[S, T] \geqq 0$ gilt[1]). Eine strengere Forderung wäre, die Gültigkeit von $\operatorname{cov}[f(S), g(T)] \geqq 0$ für alle wachsenden f und g zu verlangen. Schließlich läge eine noch strengere Version der Assoziiertheit vor, wenn wir $\operatorname{cov}[f(S, T), g(S, T)] \geqq 0$ für alle in beiden Argumenten wachsenden f und g verlangen würden.

Wie wir sehen werden, besitzt das strengste dieser drei Kriterien eine natürliche mehrdimensionale Verallgemeinerung, die als eine sinnvolle Definition der Assoziiertheit insbesondere für Zwecke der Zuverlässigkeitstheorie dient (vgl. Esary-Proschan-Walkup (1967) und Esary-Proschan (1970)).

2.1. Definition. Die (nicht notwendig binären) zufälligen Variablen $T_1, \ldots, T_n$ sind *assoziiert*, wenn

$$\operatorname{cov}[\Gamma(\boldsymbol{T}), \Delta(\boldsymbol{T})] \geqq 0$$

für alle Paare wachsender binärer Funktionen Γ, Δ gilt.

Durch die Einschränkung unserer Testfunktionen Γ, Δ auf binäre und wachsende Funktionen tritt kein Verlust an Allgemeinheit ein. Wir werden in Übung 5 erkennen, daß aus der Assoziiertheit eine nichtnegative Kovarianz für alle Testfunktionen, für die eine Kovarianz existiert, folgt.

Die Assoziiertheit zufälliger Variablen besitzt die folgenden wünschenswerten mehrdimensionalen Eigenschaften.

(E_1) Jede Teilmenge assoziierter Variabler ist assoziiert. Der Beweis bleibt dem Leser überlassen (Übung 1).

(E_2) Die aus einer einzigen zufälligen Variablen bestehende Menge ist assoziiert. Der Beweis bleibt dem Leser überlassen (Übung 2).

(E_3) Wachsende Funktionen assoziierter Variablen sind assoziiert.

Beweis. Es seien $T_1, \ldots, T_n$ assoziiert, f_i wachsend und $S_i \equiv f_i(\boldsymbol{T})$ für $i = 1, \ldots, m$. Wenn Γ und Δ wachsende binäre Funktionen sind, dann sind $\Gamma(f_1(\boldsymbol{T}), \ldots, f_m(\boldsymbol{T}))$ und $\Delta(f_1(\boldsymbol{T}), \ldots, f_m(\boldsymbol{T}))$ wachsende binäre Funktionen von $\boldsymbol{T}$. Der Definition der Assoziiertheit gemäß gilt

$$\operatorname{cov}_{\boldsymbol{S}}[\Gamma(\boldsymbol{S}), \Delta(\boldsymbol{S})] = \operatorname{cov}_{\boldsymbol{T}}[\Gamma(\boldsymbol{f}(\boldsymbol{T})), \Delta(\boldsymbol{f}(\boldsymbol{T}))] \geqq 0 . \blacksquare$$

(E_4) Sind zwei Mengen assoziierter zufälliger Variablen voneinander unabhängig, so stellt ihre Vereinigung eine Menge assoziierter zufälliger Variablen dar.

Beweis. Es seien $\boldsymbol{X}$ assoziiert, $\boldsymbol{Y}$ assoziiert und $\boldsymbol{X}$ und $\boldsymbol{Y}$ voneinander unabhängig. Γ und Δ seien wachsende binäre Funktionen. Indem wir Γ für $\Gamma(\boldsymbol{X}, \boldsymbol{Y})$ und Δ für $\Delta(\boldsymbol{X}, \boldsymbol{Y})$ schreiben, erhalten wir

$$\begin{aligned}\operatorname{cov}(\Gamma, \Delta) &= E_{\boldsymbol{X},\boldsymbol{Y}}\Gamma\Delta - E_{\boldsymbol{X},\boldsymbol{Y}}\Gamma E_{\boldsymbol{X},\boldsymbol{Y}}\Delta\\ &= [E_{\boldsymbol{X}}E_{\boldsymbol{Y}}\Gamma\Delta - E_{\boldsymbol{X}}(E_{\boldsymbol{Y}}\Gamma \cdot E_{\boldsymbol{Y}}\Delta)]\\ &\quad + [E_{\boldsymbol{X}}(E_{\boldsymbol{Y}}\Gamma E_{\boldsymbol{Y}}\Delta) - E_{\boldsymbol{X}}E_{\boldsymbol{Y}}\Gamma \cdot E_{\boldsymbol{X}}E_{\boldsymbol{Y}}\Delta]\\ &= E_{\boldsymbol{X}}\operatorname{cov}_{\boldsymbol{Y}}(\Gamma, \Delta) + \operatorname{cov}_{\boldsymbol{X}}(E_{\boldsymbol{Y}}\Gamma, E_{\boldsymbol{Y}}\Delta)\,,\end{aligned}$$

[1]) $\operatorname{cov}[S, T] = E[(S - ES)(T - ET)]$ bezeichnet die Kovarianz von S und T.

wobei für jeden zufälligen Vektor $\boldsymbol{Z}$ das Symbol $E_{\boldsymbol{Z}}$ den Erwartungswert bezüglich der Verteilung von $\boldsymbol{Z}$ bezeichnete. In der zweiten Gleichung haben wir benutzt, daß $E_{\boldsymbol{X},\boldsymbol{Y}} = E_{\boldsymbol{X}}E_{\boldsymbol{Y}}$ gilt, weil $\boldsymbol{X}$ und $\boldsymbol{Y}$ voneinander unabhängig sind.

Da $\operatorname{cov}_{\boldsymbol{Y}}[\Gamma(\boldsymbol{x}, \boldsymbol{Y}), \Delta(\boldsymbol{x}, \boldsymbol{Y})] \geqq 0$ gilt für jedes feste $\boldsymbol{x}$, erhält man $E_{\boldsymbol{X}} \operatorname{cov}_{\boldsymbol{Y}}(\Gamma, \Delta) \geqq 0$. Da $E_{\boldsymbol{Y}}\Gamma(\boldsymbol{x}, \boldsymbol{Y})$ und $E_{\boldsymbol{Y}}\Delta(\boldsymbol{x}, \boldsymbol{Y})$ wachsende Funktionen von $\boldsymbol{x}$ sind, folgt unter Benutzung von Übung 5 die Ungleichung

$$\operatorname{cov}_{\boldsymbol{X}}(E_{\boldsymbol{Y}}\Gamma, E_{\boldsymbol{Y}}\Delta) \geqq 0 . \blacksquare$$

Aus den Eigenschaften E_2 und E_4 ergibt sich unmittelbar der folgende Satz:

2.2. Satz. *Unabhängige zufällige Variablen sind assoziiert.*

In der Sprache der Zuverlässigkeitstheorie besagt die Eigenschaft E_3, daß aus assoziierten (insbesondere unabhängigen) Komponenten aufgebaute monotone Systeme selbst assoziiert sind. Kehren wir zu dem unter (a) beschriebenen Beispiel zurück. Die Strukturfunktionen der minimalen Pfade eines monotonen Systems sind wachsend in den Indikatorvariablen $X_1, \ldots, X_n$, die die Funktionsfähigkeit der Komponenten angeben. Sind also $X_1, \ldots, X_n$ assoziiert, so sind auch die Indikatorvariablen, die die Funktionsfähigkeit der minimalen Pfade angeben, ebenfalls assoziiert. Wir werden diese Tatsache ausnutzen, um im Satz 3.3 geeignete Schranken für die Zuverlässigkeit eines Systems zu bestimmen.

In dem Spezialfall, daß die assoziierten zufälligen Variablen *binär* sind, erhalten wir den folgenden Satz.

2.3. Satz. *Sind $X_1, \ldots, X_n$ assoziierte binäre zufällige Variablen, so sind auch $1 - X_1, \ldots, 1 - X_n$ assoziierte binäre zufällige Variablen.*

Beweis. Es seien Γ, Δ binäre wachsende Funktionen. Dann sind die dualen Funktionen

$$\Gamma^D(\boldsymbol{x}) = 1 - \Gamma(\boldsymbol{1} - \boldsymbol{x}) , \qquad \Delta^D(\boldsymbol{x}) = 1 - \Delta(\boldsymbol{1} - \boldsymbol{x})$$

ebenfalls binär und wachsend.

Wegen der Eigenschaft E_3 erhalten wir

$$\begin{aligned} \operatorname{cov}[\Gamma(\boldsymbol{1} - \boldsymbol{X}), \Delta(\boldsymbol{1} - \boldsymbol{X})] &= \operatorname{cov}[1 - \Gamma^D(\boldsymbol{X}), 1 - \Delta^D(\boldsymbol{X})] \\ &= \operatorname{cov}[\Gamma^D(\boldsymbol{X}), \Delta^D(\boldsymbol{X})] \geqq 0 . \blacksquare \end{aligned}$$

Übungen

1. Man beweise die Eigenschaft E_1 der Assoziiertheit.
2. Man beweise die Eigenschaft E_2 der Assoziiertheit.
3. Man zeige, daß für binäre zufällige Variablen X und Y aus $\operatorname{cov}(X, Y) \geqq 0$ die Assoziiertheit von Y und X folgt. Gilt das für beliebige zufällige Variablen?
4. Es seien S und T zufällige Variablen mit den endlichen Erwartungswerten ES, ET, EST. Wir definieren $X_S(s) = 1$, wenn $S > s$ ist, und 0 sonst. Dann gilt

$$\operatorname{cov}[S, T] = \int_{-\infty}^{\infty} \int_{-\infty}^{\infty} \operatorname{cov}[X_S(s), X_T(t)]\, ds\, dt . \tag{2.1}$$

5. Unter Verwendung von Übung 4 ist zu zeigen, daß aus der Assoziiertheit von T die Ungleichung $\operatorname{cov}(f(T), g(T)) \geqq 0$ für alle wachsenden f und g folgt, sofern die Kovarianz endlich ist.
6. Man zeige, daß für assoziierte zufällige Variablen S und T aus $\operatorname{cov}[S, T] = 0$ die Unabhängigkeit von S und T folgt. Folgt aus $\operatorname{cov}[S, T] = 0$ die Unabhängigkeit von S und T im allgemeinen?

7. Man zeige, daß für ein monotones System mit unabhängigen Komponenten die Lebenszeiten, die den minimalen Pfad-(Schnitt-)Strukturen entsprechen, assoziiert sind.
8. Man zeige: Ist der Vektor (X, Y) normalverteilt mit dem Korrelationskoeffizienten $\varrho \geqq 0$, dann sind X und Y assoziiert.
9. Man zeige, daß die Menge von Ordnungsstatistiken $X_{1:n} \leqq X_{2:n} \leqq \ldots \leqq X_{n:n}$ assoziiert ist.
10. Man gebe Beispiele von Mengen zufälliger Variablen an, die nicht assoziiert sind.
11. Es seien $T_1, \ldots, T_n$ assoziiert. Dann sind $aT_1, \ldots, aT_n$ für jedes reellwertige a assoziiert.

§ 3. Schranken für die Zuverlässigkeit von Systemen

Berechnen wir die Zuverlässigkeit eines Seriensystems unter der Annahme, daß die Komponenten unabhängig sind, während sie in Wirklichkeit zwar assoziiert aber nicht unabhängig sind, so wird die Zuverlässigkeit des Systems unterschätzt. Für Parallelsysteme gilt das umgekehrte. Das folgt aus dem Satz 3.1:

3.1. Satz. *Sind $X_1, \ldots, X_n$ assoziierte binäre zufällige Variablen, so gilt*

$$P\left[\prod_{i=1}^{n} X_i = 1\right] \geqq \prod_{i=1}^{n} P[X_i = 1], \tag{3.1}$$

$$P\left[\coprod_{i=1}^{n} X_i = 1\right] \leqq \coprod_{i=1}^{n} P[X_i = 1]. \tag{3.2}$$

Beweis von (3.1). X_1 und $\prod_{i=2}^{n} X_i$ sind als wachsende Funktionen von X assoziiert. Somit ist

$$\operatorname{cov}\left[X_1, \prod_{i=2}^{n} X_i\right] = EX_i \prod_{i=2}^{n} X_i - EX_1 E \prod_{i=2}^{n} X_i \geqq 0 .$$

Die wiederholte Anwendung dieser Beziehung führt auf

$$E \prod_{i=1}^{n} X_i \geqq \prod_{i=1}^{n} EX_i ,$$

was gleichbedeutend mit (3.1) ist.

Der *Beweis* von (3.2) bleibt dem Leser überlassen (Übung 1).

Bemerkung. Ein extremes Beispiel für die Assoziiertheit liegt vor, wenn $X_1 = X_2 = \ldots = X_n$ mit Wahrscheinlichkeit 1 gilt. Dann ist

$$P\left[\prod_{i=1}^{n} X_i = 1\right] = P[X_1 = 1] ,$$

während

$$\prod_{i=1}^{n} P[X_i = 1] = P^n[X_1 = 1] ,$$

ist, so daß die Ungleichung (3.1) offensichtlich erfüllt ist. Analog ist

$$P\left[\coprod_{i=1}^{n} X_i = 1\right] = 1 - P[X_1 = 0] ,$$

während

$$\coprod_{i=1}^{n} P[X_i = 1] = 1 - P^n[X_1 = 0]$$

ist, so daß (3.2) offensichtlich erfüllt ist.

Das folgende Ergebnis wird später von Nutzen sein.

3.2. Satz. *Sind $T_1, T_2, \ldots, T_n$ assoziierte zufällige (nicht notwendig binäre) Variable, so gilt*

$$P[T_1 > t_1, \ldots, T_n > t_n] \geqq \prod_{i=1}^{n} P[T_i > t_i] \tag{3.3}$$

und

$$P[T_1 \leqq t_1, \ldots, T_n \leqq t_n] \geqq \prod_{i=1}^{n} P[T_i \leqq t_i] \,. \tag{3.4}$$

Beweis. Es sei $X_i(t_i) = 1$ für $T_i > t_i$ und $X_i(t_i) = 0$ für $T_i \leqq t_i$. Dann ist $X_i(t_i)$ nichtfallend in T_i und wegen Eigenschaft E_3 der Assoziiertheit sind $X_1(t_1), \ldots, X_n(t_n)$ assoziiert. Unter Verwendung von (3.1) und (3.2) erhalten wir (3.3) und (3.4). ▮

3.3. Korollar. *Sind $T_1, T_2, \ldots, T_n$ assoziiert, so gilt*

$$P\Big[\min_{1 \leqq i \leqq n} T_i > t\Big] \geqq \prod_{i=1}^{n} P[T_i > t] \tag{3.5}$$

und

$$P\Big[\max_{1 \leqq i \leqq n} T_i > t\Big] \leqq \coprod_{i=1}^{n} P[T_i > t] \,. \tag{3.6}$$

Der *Beweis* bleibt dem Leser überlassen (Übung 6).

Wir gewinnen grobe Schranken der Zuverlässigkeit eines monotonen Systems, indem wir einen Vergleich mit einem Seriensystem (für die untere Schranke) und mit einem Parallelsystem (für die obere Schranke) vornehmen.

3.4. Satz. *Es sei φ eine monotone Struktur aus assoziierten Komponenten mit den Zuverlässigkeiten $p_1, \ldots, p_n$. Dann ist*

$$\prod_{i=1}^{n} p_i \leqq P[\varphi(\mathbf{X}) = 1] \leqq \coprod_{i=1}^{n} p_i \,. \tag{3.7}$$

Beweis. Berechnen wir in der Formel (2.1) des Kapitels 1 von beiden Seiten die Erwartungswerte, so erhalten wir

$$E \prod_{i=1}^{n} X_i \leqq E\varphi(\mathbf{X}) \leqq E \coprod_{i=1}^{n} X_i \,.$$

Da wegen Satz 3.1 die Ungleichung $E \prod X_i \geqq \prod EX_i$ gilt, folgt (3.7). ▮

Als nächstes bestimmen wir verbesserte Schranken für die Zuverlässigkeit eines Systems, indem wir zusätzliche Informationen benutzen, nämlich die in Formeln (3.2) und (3.4) des Kapitels 1 gegebenen minimalen Pfad- und minimalen Schnittdarstellungen. Diese Schranken lassen sich im allgemeinen leichter berechnen als die exakte Zuverlässigkeit des Systems, siehe dazu das Beispiel 3.8 weiter unten.

3.5. Satz. *Es sei φ eine monotone Struktur mit assoziierten Komponenten. Es seien $\varrho_1(\mathbf{x}), \ldots, \varrho_p(\mathbf{x})$ die minimalen Pfadserienstrukturen und $\varkappa_1(\mathbf{x}), \ldots, \varkappa_k(\mathbf{x})$ die minimalen*

Schnittparallelstrukturen von φ. Dann gilt

$$\prod_{j=1}^{k} P[\varkappa_j(X) = 1] \leqq P[\varphi(X) = 1] \leqq \coprod_{j=1}^{p} P[\varrho_j(X) = 1]\,. \tag{3.8}$$

Beweis. $\varkappa_1(x), \ldots, \varkappa_k(x)$ sind wachsende Funktionen von x. Da die Komponenten von X nach Voraussetzung assoziiert sind, sind $\varkappa_1(X), \ldots, \varkappa_k(X)$ wegen E_3 ebenfalls assoziiert. Somit ist

$$\begin{aligned} P[\varphi(X) = 1] &= P\left[\prod_{j=1}^{k} \varkappa_j(X) = 1\right] && \text{[wegen (3.4), Kapitel 1]} \\ &\geqq \prod_{j=1}^{k} P[\varkappa_j(X) = 1] && \text{[wegen (3.1)]}, \end{aligned}$$

was die untere Schranke darstellt. Analog ist

$$\begin{aligned} P[\varphi(X) = 1] &= P\left[\coprod_{j=1}^{p} \varrho_j(X) = 1\right] && \text{[wegen (3.2), Kapitel 1]} \\ &\leqq \coprod_{j=1}^{p} P[\varrho_j(X) = 1] && \text{[wegen (3.2)]}, \end{aligned}$$

was die obere Schranke darstellt. ∎

Im Falle unabhängiger Komponenten kann man ausgehend von (3.8) solche Schranken der Zuverlässigkeit des Systems angeben, die nur von den Zuverlässigkeiten der Komponenten abhängen.

3.6. Korollar. *Es sei φ ein monotones System mit unabhängigen Komponenten. Dann ist*

$$\prod_{j=1}^{k} \coprod_{i \in K_j} p_i \leqq P[\varphi(X) = 1] \leqq \coprod_{j=1}^{p} \prod_{i \in P_j} p_i\,. \tag{3.9}$$

Beweis. Für die j-te minimale Pfadserienstruktur ist $P[\varrho_j(X) = 1] = \prod_{i \in P_j} p_i$. Aus (3.8) folgt somit $P[\varphi(X) = 1] \leqq \coprod_{j=1}^{p} \prod_{i \in P_j} p_i$.

Für die j-te minimale Schnittparallelstruktur ist $P[\varkappa_j(X) = 1] = \coprod_{i \in K_j} p_i$. Aus (3.8) folgt somit $P[\varphi(X) = 1] \geqq \prod_{j=1}^{k} \coprod_{i \in K_j} p_i$. ∎

Man erhält also die untere (obere) Schranke für die Systemzuverlässigkeit, indem man in der Darstellung von φ durch minimale Schnitte (Pfade) jede Menge wiederholt, auftretenden Komponenten durch eine entsprechende Menge unabhängig arbeitender Komponenten gleicher Zuverlässigkeit ersetzt und dann die stochastische Unabhängigkeit aller Komponenten der Struktur voraussetzt. Es lassen sich leicht die folgenden Beziehungen nachweisen.

3.7. Eigenschaften der Schranken im Falle unabhängiger Komponenten. Es sei $l(p) \equiv \prod_{j=1}^{k} \coprod_{i \in K_j} p_i$ und $u(p) \equiv \coprod_{j=1}^{p} \prod_{i \in P_j} p_i$. Dann gilt

(a) $l(p)$ und $u(p)$ sind wachsende Funktionen.

(b) Es ist $l(p) < h(p) < u(p)$ für $0 \ll p \ll 1$, wenn sich mindestens zwei minimale Schnittmengen und mindestens zwei minimale Pfadmengen überschneiden (vgl. Übung 2).

3.8. Beispiel. Wenn die Komponenten unabhängig sind und hohe (niedrige) Zuverlässigkeiten besitzen, so stellt die untere (obere) Schranke in Korollar 3.6 eine gute Approximation für die Zuverlässigkeit des Systems dar.

Als Beispiel betrachten wir das Zweipol-Netzwerk in Abb. 2.3.1. Dieses Beispiel stammt aus B-P (1965), Kapitel 7.

Wie leicht zu erkennen ist, sind die minimalen Pfadmengen

12	156	1476	14896	342
3456	376	3752	3896	38952.

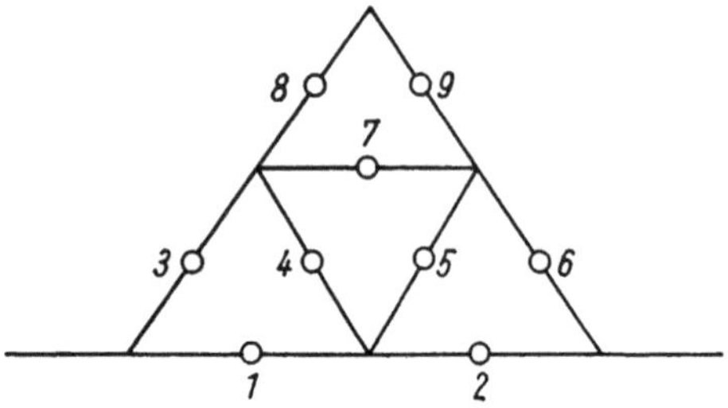

Abb. 2.3.1. Zweipol-Netzwerk

Analog sind die minimalen Schnittmengen

13	1478	1479	1456
2543	2578	2579	26.

Setzt man unabhängige Komponenten mit der gleichen Zuverlässigkeit p voraus, so ist die durch (3.9) bestimmte untere Schranke gleich

$$l(p) = (1 - q^2)^2 (1 - q^4)^6 ,$$

wobei $q = 1 - p$ ist. Die obere Schranke in (3.9) ist gleich

$$u(p) = 1 - (1 - p^2) (1 - p^3)^3 (1 - p^4)^4 (1 - p^5)^2 .$$

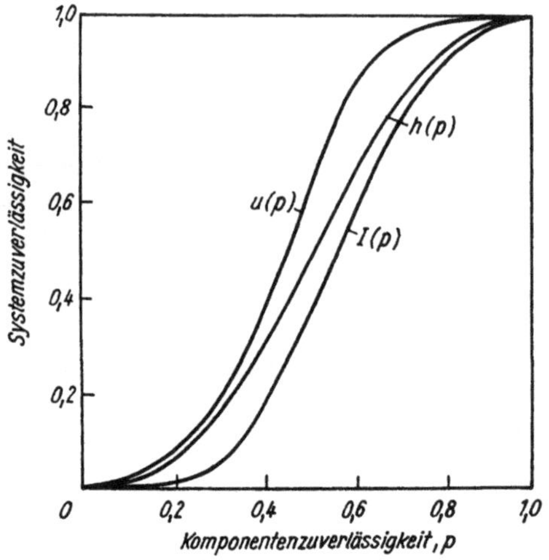

Abb. 2.3.2. Schranken der Zuverlässigkeit für ein Zweipol-Netzwerk

Die Abb. 2.3.2 zeigt den grafischen Vergleich der wirklichen Zuverlässigkeit des Systems $h(\boldsymbol{p})$ mit den oberen und unteren Schranken $u(\boldsymbol{p})$ und $l(\boldsymbol{p})$.

3.9. Vergleich der unteren Schranken aus 3.4 und 3.5. Man könnte vermuten, daß stets

$$l_\varphi(\boldsymbol{p}) = \prod_{j=1}^{k} \prod_{i \in K_j} p_i \geqq \prod_{i=1}^{n} p_i \tag{3.10}$$

gilt, da nach (2.1), Kapitel 1

$$\varphi(\boldsymbol{x}) = \prod_{i=1}^{k} \varkappa_i(\boldsymbol{x}) \geqq \prod_{i=1}^{n} x_i$$

ist. Das folgende Beispiel zeigt, daß (3.10) nicht immer gilt. Es sei φ die Strukturfunktion eines 2-aus-4-Systems. Das schematische Diagramm der minimalen Schnittdarstellung hat die Gestalt

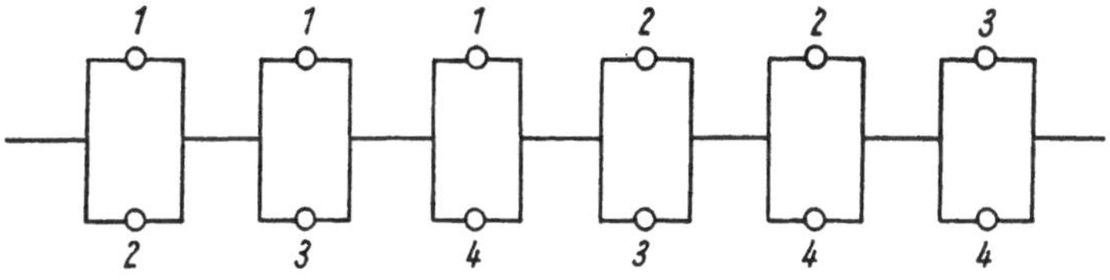

und es gilt

$$l_\varphi(p) = (2p - p^2)^6 ,$$

wobei $p_i = p$ ist für $i = 1, 2, 3, 4$. Dann wäre $l_\varphi(\boldsymbol{p}) \geqq \prod_{i=1}^{4} p_i = p^4$ genau dann, wenn $(2 - p)^6 p^2 \geqq 1$, was für kleine p falsch ist. Die folgenden Min-max-Schranken sind immer besser als die trivialen Schranken von (3.7).

Min-max-Schranken für die Zuverlässigkeit eines Systems. Unter Benutzung von (3.5) und (3.6) aus Kapitel 1 bestimmen wir obere Schranken, die, im Gegensatz zu den Schranken von Satz 3.4, von den minimalen Schnitten abhängen, und untere Schranken, die von den minimalen Pfaden abhängen.

3.10. Satz (Min-max-Schranken). *Es sei φ eine monotone Struktur. Es seien $P_1, P_2, \ldots, P_p$ die minimalen Pfadmengen von φ und $K_1, K_2, \ldots, K_k$ die minimalen Schnittmengen von φ. Dann gelten immer die folgenden Ungleichungen:*

$$\max_{1 \leqq r \leqq p} P\Big[\min_{i \in P_r} X_i = 1\Big] \leqq P[\varphi(\boldsymbol{X}) = 1] \leqq \min_{1 \leqq s \leqq k} P\Big[\max_{i \in K_s} X_i = 1\Big]. \tag{3.11}$$

Sind die Komponenten außerdem assoziiert, so erhält man die Schranken in expliziter Form

$$\max_{1 \leqq r \leqq p} \prod_{i \in P_r} p_i \leqq P[\varphi(\boldsymbol{X}) = 1] \leqq \min_{1 \leqq s \leqq k} \coprod_{i \in K_s} p_i . \tag{3.12}$$

Beweis. Wegen (3.5) und (3.6) aus dem Kapitel 1 ist

$$\varphi(\boldsymbol{X}) = \max_{1 \leqq r \leqq p} \min_{i \in P_r} X_i = \min_{1 \leqq s \leqq k} \max_{i \in K_s} X_i .$$

Somit gilt

$$\min_{i \in P_r} X_i \leqq \varphi(\boldsymbol{X}) \leqq \max_{i \in K_s} X_i .$$

Als Folgerung ergibt sich

$$P\left[\min_{i \in P_r} X_i = 1\right] \leqq P[\varphi(\mathbf{X}) = 1] \leqq P\left[\max_{i \in K_s} X_i = 1\right]$$

für $1 \leqq r \leqq p$ und $1 \leqq s \leqq k$. Die Ungleichung (3.11) folgt durch Maximierung über r und Minimierung über s.

Die Ungleichung (3.12) folgt aus (3.11), (3.1) und (3.2). ▮

Bemerkung. Sind die Komponenten assoziiert, so gilt wegen (3.1) und (3.2)

$$\prod_{i=1}^{n} p_i \leqq \max_{1 \leqq r \leqq p} \prod_{i \in P_r} p_i \leqq \min_{1 \leqq s \leqq k} \coprod_{i \in K_s} p_i \leqq \coprod_{i=1}^{n} p_i \,. \tag{3.13}$$

Somit sind die Schranken aus (3.12) immer besser als die Schranken aus (3.7).

Aus (3.13) folgt, daß für sehr kleine p die untere Min-max-Schranke besser ist als die untere Schranke $l_\varphi(\mathbf{p})$ aus Beispiel 3.8 ist. Im allgemeinen ergeben sich für *unabhängige* Komponenten die verbesserten Schranken

$$\max\left[l_\varphi(\mathbf{p}), \max_{1 \leqq r \leqq p} \prod_{i \in P_r} p_i\right] \leqq h_\varphi(\mathbf{p}) \leqq \min\left[u_\varphi(\mathbf{p}), \min_{1 \leqq s \leqq k} \coprod_{i \in K_s} p_i\right].$$

Für „große“ p_i ist zu vermuten, daß $l_\varphi(\mathbf{p})$ die bessere untere Schranke ist, wogegen $\min_{1 \leqq s \leqq k} \coprod_{i \in K_s} p_i$ die bessere obere Schranke ergibt.

Übungen

1. Man beweise (3.2) Satz 3.1. (Hinweis: Man benutze den Satz 2.3.)
2. Man beweise die Eigenschaften 3.6(a) und (b).
3. (a) Man bestimme die minimalen Pfadmengen und die minimalen Schnittmengen für das folgende Zweipol-Netzwerk:

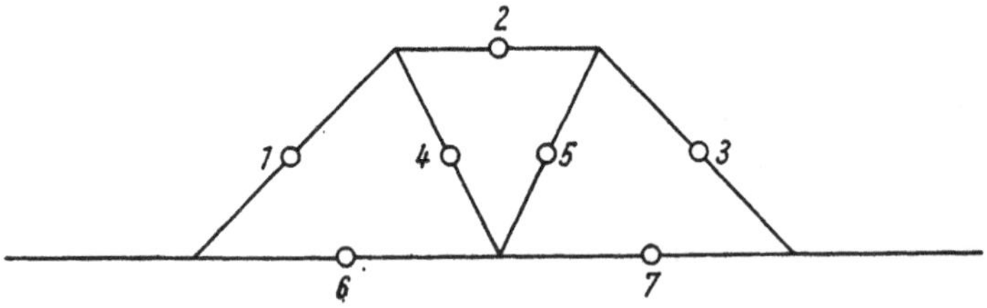

(b) Unter der Annahme unabhängiger Komponenten mit der gemeinsamen Zuverlässigkeit p berechne man die obere Schranke $u(p)$ und die untere Schranke $l(p)$.

*4. Ein Fernsehsystem hat ein Ton- und ein Bildteilsystem, die gewisse gemeinsame Komponenten aufweisen. Unter der Annahme der Unabhängigkeit der Komponenten ist zu zeigen, daß die Wahrscheinlichkeit dafür, daß das System sowohl Bild als auch Ton überträgt, wenigstens so groß ist wie das Produkt der Wahrscheinlichkeiten, daß das System ein Bild überträgt, mit der Wahrscheinlichkeit, daß das System Ton überträgt.

5. Es sei $\varphi_1(\mathbf{x}) \leqq \varphi_2(\mathbf{x})$ für alle $\mathbf{x}$. Gelten dann für $\mathbf{0} \leqq \mathbf{p} \leqq \mathbf{1}$ die Beziehungen $l_{\varphi_1}(\mathbf{p}) \leqq l_{\varphi_2}(\mathbf{p})$ und $u_{\varphi_1}(\mathbf{p}) \leqq u_{\varphi_2}(\mathbf{p})$?

6. Es seien $T_1, T_2, \ldots, T_n$ assoziiert. Man beweise die Ungleichungen

$$P\left[\min_{1 \leqq i \leqq n} T_i > t\right] \geqq \prod_{i=1}^{n} P[T_i > t]$$

und

$$P\left[\max_{1 \leqq i \leqq n} T_i > t\right] \leqq \coprod_{i=1}^{n} P[T_i > t] \,.$$

7. Für die folgenden Systeme aus assoziierten Komponenten sind die in (3.12) angegebenen Schranken für die Zuverlässigkeit zu berechnen:
   (a) 2-aus-3-System;
   (b) Hi-fi-System aus Abb. 1.1.4;
   (c) Brückenschaltung aus dem Beispiel 3.2, Kapitel 1.
8. Für ein k-aus-n-System aus assoziierten Komponenten sind die Schranken in (3.12) so explizit wie möglich auszudrücken:
   (a) wenn die Komponenten die Zuverlässigkeiten $p_1, \dots, p_n$ besitzen;
   (b) wenn die Zuverlässigkeit jeder Komponente den gleichen Wert p hat.
9. Ein 2-aus-3-System hat unabhängige Komponenten mit der gleichen Zuverlässigkeit p. Man vergleiche die Schranken aus (3.9) mit denen aus (3.12) und bestimme den Wert von p, für den (3.9) bzw. (3.12) vorzuziehen ist.

§ 4. Verbesserte Schranken für die Zuverlässigkeit von Systemen, die auf der Anwendung der modularen Zerlegung beruhen

Es scheint intuitiv klar zu sein, daß die in Satz 3.5 angegebene untere Schranke durch die Ausnutzung der modularen Zerlegung verbessert werden kann.

Wir nehmen an, daß die Komponenten von (C, φ) unabhängig sind und daß (C, φ) die modulare Zerlegung $\{(A_1, \chi_1), \dots, (A_r, \chi_r)\}$, wie in Definition 4.3, Kapitel 1, beschrieben, besitzt. Es folgt

$$h_\varphi(\mathbf{p}) = h_\psi[h_{\chi_1}(\mathbf{p}), \dots, h_{\chi_r}(\mathbf{p})], \tag{4.1}$$

wobei $h_\varphi(\mathbf{p})$ die Zuverlässigkeit der Struktur φ, deren Komponenten die Zuverlässigkeiten $p_1, \dots, p_n$ besitzen, bezeichnet.

Die Gleichung (4.1) besagt formal, daß zur Berechnung der Zuverlässigkeit des Systems zunächst die Zuverlässigkeiten der einzelnen Moduln $\chi_1, \dots, \chi_r$ berechnet werden und dann die Zuverlässigkeit der aus diesen Moduln aufgebauten Organisationsstruktur ψ bestimmt wird. Der nachfolgende Satz 4.1 zeigt, daß die untere Schranke aus dem Satz 3.5 verbessert werden kann, indem (a) die unteren Schranken auf der Basis der minimalen Schnitte der Moduln $\chi_1, \dots, \chi_r$ oder (b) die unteren Schranken auf der Basis der minimalen Schnitte für die Organisationsstruktur ψ oder (c) beide benutzt werden.

4.1. Satz. *Es sei (C, φ) eine monotone Struktur aus unabhängigen Komponenten mit der modularen Zerlegung $\{(A_i, \chi_i)\}_{i=1,\dots,r}$ und der Organisationsstruktur ψ, so daß* (4.1) *aus Kapitel* 1 *und* (4.1) *gelten. Dann ist*

$$h_\varphi(\mathbf{p}) \geqq \begin{Bmatrix} l_\psi[h_{\chi_1}(\mathbf{p}), \dots, h_{\chi_r}(\mathbf{p})] \\ h_\psi[l_{\chi_1}(\mathbf{p}), \dots, l_{\chi_r}(\mathbf{p})] \end{Bmatrix} \geqq l_\psi[l_{\chi_1}(\mathbf{p}), \dots, l_{\chi_r}(\mathbf{p})] \geqq l_\varphi(\mathbf{p}) \,. \tag{4.2}$$

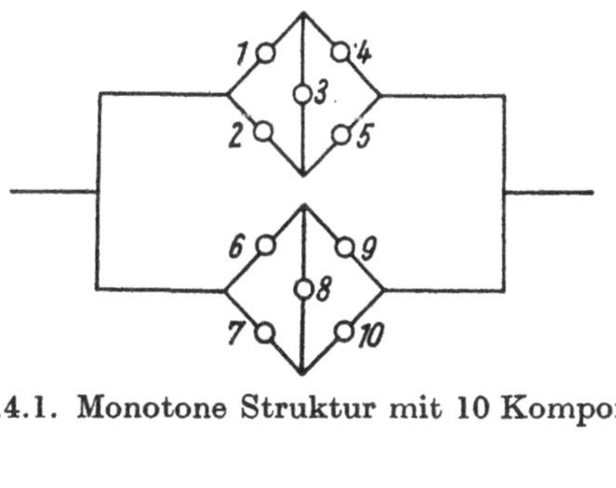

Abb. 2.4.1. Monotone Struktur mit 10 Komponenten

Bevor der formale Beweis angetreten wird, geben wir ein Beispiel an, um die zugrundeliegende Konzeption zu verdeutlichen.

Beispiel. Wir betrachten die monotone Struktur, deren schematisches Diagramm in Abb. 2.4.1 dargestellt ist.

Eine modulare Zerlegung des Systems besteht aus den Moduln (A_1, χ_1) und (A_2, χ_2) mit

$$\begin{aligned} A_1 &= \{1, 2, 3, 4, 5\}\,, \\ \chi_1 &= (x_1 \amalg x_2)\,(x_1 \amalg x_3 \amalg x_5)\,(x_2 \amalg x_3 \amalg x_4)\,(x_4 \amalg x_5)\,, \\ A_2 &= \{6, 7, 8, 9, 10\}\,, \\ \chi_2 &= (x_6 \amalg x_7)\,(x_6 \amalg x_8 \amalg x_{10})\,(x_7 \amalg x_8 \amalg x_9)\,(x_9 \amalg x_{10}) \end{aligned}$$

und der Organisationsstruktur $\psi(\chi_1, \chi_2) = \chi_1 \amalg \chi_2$, einer Parallelanordnung der zwei Moduln.

Unter Benutzung der oben angegebenen minimalen Schnittdarstellung von χ_1 und χ_2 können wir das System gemäß Abb. 2.4.2 darstellen.

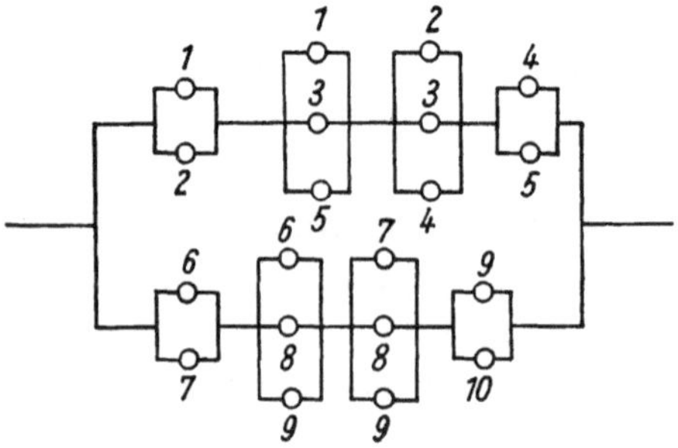

Abb. 2.4.2. Minimale Schnittdarstellung

Wir nehmen jetzt an, daß alle Komponenten untereinander unabhängig sind, die gemeinsame Funktionswahrscheinlichkeit p und die gemeinsame Ausfallwahrscheinlichkeit $q = 1 - p$ besitzen. Es folgt die Gleichung

$$h_\psi[l_{\chi_1}(p), \dots, l_{\chi_r}(p)] = 2(1 - q^2)^2\,(1 - q^3)^2 - (1 - q^2)^4\,(1 - q^3)^4\,.$$

Da ψ eine Parallelstruktur ist, fällt die minimale Schnittdarstellung von ψ mit ψ zusammen, so daß gilt

$$l_\psi[l_{\chi_1}(p), \dots, l_{\chi_r}(p)] \equiv h_\psi[l_{\chi_1}(p), \dots, l_{\chi_r}(p)] = 2(1 - q^2)\,(1 - q^3)^2 - (1 - q^2)^2\,(1 - q^3)^2\,.$$

Tabelle 4.1. Vergleich der unteren Schranke

p	$h_\varphi(p)$	$h_\psi[l_{\chi_1}(p), \dots, l_{\chi_r}(p)]$ $= l_\psi[l_{\chi_1}(p), \dots, l_{\chi_r}(p)]$	$l_\varphi(p)$
0,99	0,99999999	0,9999999	0,9999999
0,95	0,9999727	0,9999725	0,9999724
0,90	0,999536	0,999522	0,999516
0,75	0,9807	0,9779	0,9758
0,50	0,750	0,675	0,562
0,25	0,258	0,123	0,011
0,10	0,042	0,005	$0{,}533 \times 10^{-6}$
0,01	$0{,}40 \times 10^{-3}$	$0{,}698 \times 10^{-6}$	$0{,}941 \times 10^{-21}$

Die Tabelle 4.1 enthält einen Vergleich dieser unteren Schranke für die Zuverlässigkeit des Systems für verschiedene Werte der Zuverlässigkeit p der Komponenten.

Als nächstes beweisen wir den Satz 4.1. Zunächst wird dazu das folgende Lemma bewiesen.

4.2. Lemma. *Wir nehmen an, daß die monotone Struktur aus r Moduln in Parallelanordnung besteht, d. h., es gilt* $\varphi(\boldsymbol{x}) = \coprod_{i=1}^{r} \chi_i(\boldsymbol{x})$, *und daß alle Komponenten stochastisch unabhängig sind. Dann gilt*

$$\coprod_{i=1}^{r} l_{\chi_i}(\boldsymbol{p}) \geqq l_\varphi(\boldsymbol{p}) .$$

Beweis. Mit Hilfe seiner Moduln läßt sich das System folgendermaßen darstellen:

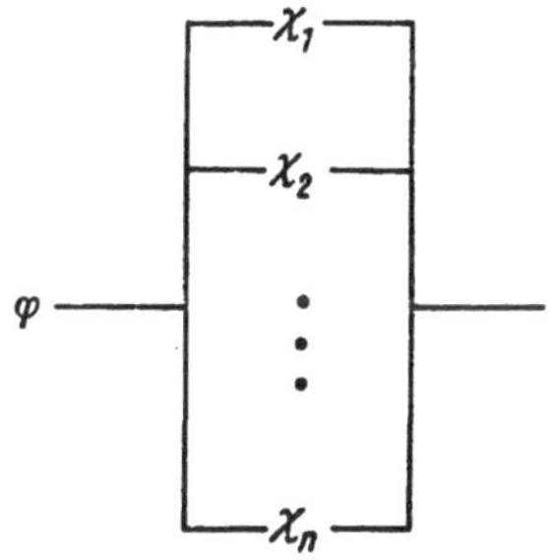

Wir können die χ_i durch die Strukturfunktionen $\lambda_{i1}, \dots, \lambda_{im_i}$ ihrer minimalen Schnitte darstellen:

$$\chi_i(\boldsymbol{x}) = \prod_{j=1}^{m_i} \lambda_{ij}(\boldsymbol{x}) , \qquad i = 1, \dots, r .$$

Es folgt, daß $\lambda_{\chi_i}(\boldsymbol{p}) = \prod_{j=1}^{m_i} P[\lambda_{ij}(\boldsymbol{X}) = 1]$ ist, und somit gilt

$$\coprod_{i=1}^{r} l_{\chi_i}(\boldsymbol{p}) = \coprod_{i=1}^{r} \prod_{j=1}^{m_i} P[\lambda_{ij}(\boldsymbol{X}) = 1] .$$

Ersetzen wir in der minimalen Schnittdarstellung für $\chi_i(\boldsymbol{x})$ $(i = 1, \dots, r)$ mehrfach vorkommende Komponenten durch identische und untereinander stochastisch unabhängige Komponenten, so erhalten wir ein neues monotones System mit der Strukturfunktion φ^*. Schematisch sieht die neue Struktur folgendermaßen aus:

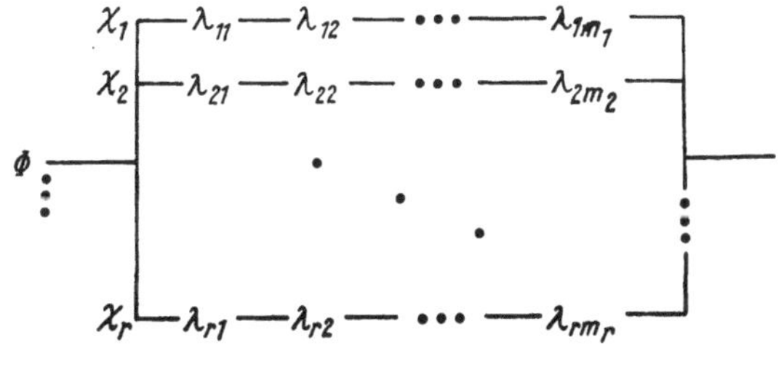

Es folgt

$$h_{\varphi^*}(\boldsymbol{p}) = \coprod_{i=1}^{r} l_{\chi_i}(\boldsymbol{p}) .$$

Es sei bemerkt, daß jede minimale Schnittstruktur β_j von φ durch Parallelschaltung von $\lambda_{1j_1}, \lambda_{2j_2}, \ldots, \lambda_{rj_r}$ für eine gewisse Auswahl $j_1, j_2, \ldots, j_r$ gebildet werden kann, und umgekehrt entspricht jede solche Parallelschaltung einem β_j; diese Zuordnung ist sogar eineindeutig. Es folgt

$$l_{\varphi^*}(\boldsymbol{p}) = l_\varphi(\boldsymbol{p}) .$$

Gemäß Korollar 3.6 ist $h_{\varphi^*}(\boldsymbol{p}) \geqq l_{\varphi^*}(\boldsymbol{p})$, also $\coprod_{i=1}^{r} l_{\chi_i}(\boldsymbol{p}) = h_{\varphi^*}(\boldsymbol{p}) \geqq l_{\varphi^*}(\boldsymbol{p}) = l_\varphi(\boldsymbol{p})$. ∎

Jetzt beweisen wir Satz 4.1.

Beweis von Satz 4.1. Es ist offensichtlich

$$h_\varphi(\boldsymbol{p}) = h_\psi[h_{\chi_1}(\boldsymbol{p}), \ldots, h_{\chi_r}(\boldsymbol{p})] \geqq l_\psi[h_{\chi_1}(\boldsymbol{p}), \ldots, h_{\chi_r}(\boldsymbol{p})] ,$$

da l_ψ die auf den minimalen Schnitten beruhende untere Schranke für die Organisationsstruktur ψ ist. Ebenso ist

$$h_\psi[h_{\chi_1}(\boldsymbol{p}), \ldots, h_{\chi_r}(\boldsymbol{p})] \geqq h_\psi[l_{\chi_1}(\boldsymbol{p}), \ldots, l_{\chi_r}(\boldsymbol{p})] ,$$

da l_{χ_i} die auf den minimalen Schnitten beruhende untere Schranke für die modulare Struktur χ_i $(i = 1, \ldots, r)$ ist, und h_ψ eine wachsende Funktion ist. In ähnlicher Weise erhalten wir die Ungleichung

$$\begin{matrix} l_\psi[h_{\chi_1}(\boldsymbol{p}), \ldots, h_{\chi_r}(\boldsymbol{p})] \\ h_\psi[l_{\chi_1}(\boldsymbol{p}), \ldots, l_{\chi_r}(\boldsymbol{p})] \end{matrix} \geqq l_\psi[l_{\chi_1}(\boldsymbol{p}), \ldots, l_{\chi_r}(\boldsymbol{p})] .$$

Schließlich beweisen wir, daß $l_\psi[l_{\chi_1}(\boldsymbol{p}), \ldots, l_{\chi_r}(\boldsymbol{p})] \geqq l_\varphi(\boldsymbol{p})$ ist. $\eta_1, \ldots, \eta_t$ seien die Strukturfunktionen der minimalen Schnitte von ψ. Weiter gelte $\varphi_j(\boldsymbol{x}) = \eta_j[\chi_1(\boldsymbol{x}), \ldots, \chi_r(\boldsymbol{x})]$, und $\mu_{j1}, \ldots, \mu_{jm_j}$ seien die Strukturfunktionen der minimalen Schnitte für φ_j $(j = 1, 2, \ldots, t)$.

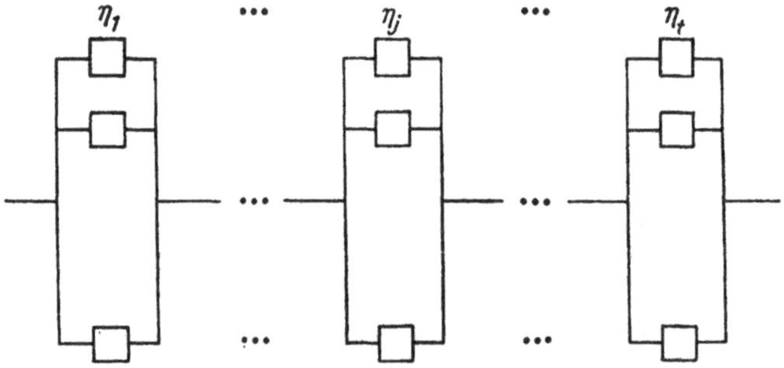

Abb. 2.4.3. Strukturfunktionen der minimalen Schnitte

Wir behaupten, daß

$$\{\mu_{jk}\}_{j=1,\ldots,t}^{k=1,\ldots,m_j}$$

die Menge der Strukturfunktionen der minimalen Schnitte von φ bildet. Zur Überprüfung der Behauptung bemerken wir, daß

(a) die μ_{jk} disjunkt sind, da sich die Moduln in der modularen Zerlegung von (C, φ) nicht überschneiden,

(b) $\mu_{jk} = 0 \Rightarrow \eta_j = 0 \Rightarrow \psi = 0 \Rightarrow \varphi = 0 \Rightarrow \mu_{jk}$ ist eine Schnittstruktur von ψ. Wie man leicht sieht, ist μ_{jk} sogar minimal.

Es folgt die Gleichung

$$l_\varphi(p) = \prod_{j=1}^{t} \prod_{k=1}^{m_j} h_{\mu_{jk}}(p) \,. \tag{4.3}$$

Da die Modularkomponenten von η_j parallelgeschaltet sind, können wir das Lemma 4.2 anwenden und erhalten

$$h_{\eta_j}[l_{\chi_1}(p), \dots, l_{\chi_r}(p)] \geqq l_{\varphi_j}(p) \,. \tag{4.4}$$

Schließlich ergibt sich unter Verwendung von (4.3) und (4.4) die Beziehung

$$\begin{aligned} l_\psi[l_{\chi_1}(p), \dots, l_{\chi_r}(p)] &= \prod_{j=1}^{t} h_{\eta_j}[l_{\chi_1}(p), \dots, l_{\chi_r}(p)] \geqq \prod_{j=1}^{t} l_{\varphi_j}(p) \\ &= \prod_{j=1}^{t} \prod_{k=1}^{m_j} h_{\mu_{jk}}(p) = l_\varphi(p) \,, \end{aligned}$$

was auf das gewünschte Ergebnis führt. ∎

In der Praxis erweist sich Satz 4.1 auf folgende Weise nutzbar. Der Entwickler und Zuverlässigkeitsanalytiker eines großen komplexen Systems zerlegt das System in separate funktionelle Teilsysteme, zerlegt jedes Teilsystem in Komponenten und zerlegt schließlich jede Komponente in ihre einzelnen Teile. Unter Benutzung von Satz 3.4 kann für jede Komponente auf der Basis der minimalen Schnitte eine untere Schranke für ihre Zuverlässigkeit aus den Zuverlässigkeiten der einzelnen Teile bestimmt werden. Analog kann durch nochmalige Anwendung von Satz 3.4 aus diesen weiteren Schranken für die Zuverlässigkeit der Komponenten eine untere Schranke für die Zuverlässigkeit des Teilsystems gewonnen werden. Schließlich kann aus den unteren Schranken für die Zuverlässigkeiten der Teilsysteme unter Benutzung von Satz 3.4 eine untere Schranke für die Zuverlässigkeit des Systems berechnet werden. Satz 4.1 besagt, daß die in dieser Weise berechnete untere Schranke für die Zuverlässigkeit des Systems besser ist, als die aus der minimalen Schnittdarstellung des ganzen Systems gewonnene untere Schranke (vgl. Übung 2).

Übungen

1. Man konstruiere ein Beispiel, für das gilt

$$h_\varphi(p) = h_\psi[l_{\chi_1}(p), \dots, l_{\chi_r}(p)] > l_\psi[l_{\chi_1}(p), \dots, l_{\chi_r}(p)] > l_\varphi(p) \,.$$

*2. Es sei $\{(A_i, \chi_i)\}_{i=1,\dots,r}$ eine modulare Zerlegung des monotonen Systems (C, φ) mit der Organisationsstruktur ψ, so daß $\varphi(x) = \psi[\chi_1(x), \dots, \chi_r(x)]$ ist. Es sei $\{(B_{ij}, \Omega_{ij})\}_{j=1,\dots,s_i}$ eine modulare Zerlegung von (A_i, χ_i) mit der Organisationsstruktur σ_i, so daß $\chi_i(x) = \sigma_i[\Omega_{i1}(x), \dots, \Omega_{is_i}(x)]$ ist für $i = 1, \dots, r$. Somit stellt

$$(B_{ij}, \Omega_{ij}) \begin{Bmatrix} j = 1, \dots, s_i \\ i = 1, \dots, r \end{Bmatrix}$$

eine im § 4, Kapitel 1 beschriebene Verfeinerung von $\{(A_i, \chi_i)\}_{i=1,\dots,r}$ dar. Schließlich sei $\Theta(\Omega) = \psi[\sigma_1(\Omega), \dots, \sigma_r(\Omega)]$ die Komposition der Organisationsstrukturfunktionen. Man zeige

(a) $l_\psi[h_{\chi_1}(p), \dots, h_{\chi_r}(p)] \geqq l_\Theta[h_{\Omega_{11}}(p), \dots, h_{\Omega_{rs_r}}(p)]$,

(b) $h_\psi[l_{\chi_1}(p), \dots, l_{\chi_r}(p)] \leqq h_\Theta[l_{\Omega_{11}}(p), \dots, l_{\Omega_{rs_r}}(p)]$.

§ 5. Gestalt der Zuverlässigkeitsfunktion des Systems

In diesem Paragraphen untersuchen wir die Zuverlässigkeit des Systems in Abhängigkeit von den Zuverlässigkeiten der Komponenten. Unser Hauptergebnis für den Fall unabhängiger identisch verteilter Komponenten besteht darin, daß die Zuverlässigkeit $h(p)$ eines monotonen Systems ohne Pfadmengen oder Schnittmengen mit einem einzigen Element eine S-förmige Funktion der Zuverlässigkeit p einer Komponente ist; d. h., es existiert ein Wert p_0, $0 < p_0 < 1$, so daß $h(p_0) = p_0$, $h(p) \leqq p$ für $0 \leqq p \leqq p_0$ und $h(p) \geqq p$ für $p_0 \leqq p \leqq 1$. Die praktische Bedeutung dieses Ergebnisses besteht darin, daß für ein monotones System mit Redundanz bei genügend großer Zuverlässigkeit der Komponenten die Zuverlässigkeit des Systems größer als die der Komponenten ist. (Wenn die Zuverlässigkeiten der Komponenten nicht alle gleich sind, wird zur Gewinnung einer unteren Schranke die kleinste Zuverlässigkeit der Komponenten benutzt.)

Um die S-Förmigkeit der Zuverlässigkeitsfunktion zu zeigen, beweisen wir zunächst das folgende Lemma.

5.1. Lemma. *Es sei φ eine monotone Struktur aus n assoziierten Komponenten. Dann ist*

$$\operatorname{cov}\left[\varphi(\boldsymbol{X}), \sum_{i=1}^{n} X_i\right] \geqq \operatorname{var} \varphi(\boldsymbol{X}) . \tag{5.1}$$

Beweis. Es genügt zu zeigen

$$\operatorname{cov}\left[\varphi(\boldsymbol{X}), \sum_{i=1}^{n} X_i - \varphi(\boldsymbol{X})\right] \geqq 0 .$$

Da $\varphi(\boldsymbol{X})$ und $\sum_{i=1}^{n} X_i - \varphi(\boldsymbol{X})$ wachsende Funktionen von $\boldsymbol{X}$ sind, folgt die letztere Ungleichung aus der Eigenschaft E_3 assoziierter zufälliger Variablen oder der Übung 5 aus § 2. ▮

Im nachfolgenden Lemma wird gezeigt, daß für unabhängige Komponenten (5.1) eine echte Ungleichung ist.

5.2. Lemma. *Es sei φ eine monotone Struktur aus $n \geqq 2$ unabhängigen Komponenten. Dann gilt*

$$\operatorname{cov}\left[\varphi(\boldsymbol{X}), \sum_{i=1}^{n} X_i\right] > \operatorname{var} \varphi(\boldsymbol{X}) . \tag{5.2}$$

Der Beweis bleibt dem Leser überlassen (Übung 3).

Als nächstes beweisen wir das Lemma 5.3.

5.3. Lemma. *Es sei φ eine monotone Struktur aus unabhängigen Komponenten mit den Zuverlässigkeiten $p_1, \ldots, p_n$ und der Systemzuverlässigkeit $h(\boldsymbol{p})$. Dann gilt*

$$\operatorname{cov}\left[\varphi(\boldsymbol{X}), \sum_{i=1}^{n} X_i\right] = \sum_{i=1}^{n} p_i q_i \frac{\partial h}{\partial p_i} , \tag{5.3}$$

wobei $q_i = 1 - p_i$ ist.

Beweis. Es ist $\operatorname{cov}[\varphi(\boldsymbol{X}), X_i] = E\varphi(\boldsymbol{X}) X_i - E\varphi(\boldsymbol{X}) E X_i = p_i h(1_i, \boldsymbol{p}) - p_i h(\boldsymbol{p}) = p_i h(1_i, \boldsymbol{p}) - p_i[p_i h(1_i, \boldsymbol{p}) + q_i h(0_i, \boldsymbol{p})]$ [wegen (1.3)] $= p_i q_i [h(1_i, \boldsymbol{p}) - h(0_i, \boldsymbol{p})] = p_i q_i (\partial h / \partial p_i)$ wegen (1.4).

Da $\operatorname{cov}\left[\varphi(\boldsymbol{X}), \sum_{i=1}^{n} X_i\right] = \sum_{i=1}^{n} \operatorname{cov}[\varphi(\boldsymbol{X}), X_i]$ ist, folgt (5.3). ▮

Aus den Lemmata 5.2 und 5.3 gewinnen wir das angekündigte Hauptergebnis.

5.4. Satz. *Es sei $h(\boldsymbol{p})$ die Zuverlässigkeitsfunktion einer monotonen Struktur aus $n \geqq 2$ unabhängigen Komponenten. Dann gilt*

(a) $$\sum_{i=1}^{n} p_i q_i \frac{\partial h}{\partial p_i} > h(\boldsymbol{p})\,[1 - h(\boldsymbol{p})] \qquad \textit{für } 0 < \boldsymbol{p} < \boldsymbol{1}\,. \tag{5.4}$$

(b) $$pq\frac{dh}{dp} > h(p)\,[1 - h(p)] \qquad \textit{für } 0 < p < 1\,. \tag{5.5}$$

(c) *Gilt $h(p_0) = p_0$ für ein gewisses $0 < p_0 < 1$, so ist $h(p) < p$ für $0 < p < p_0$ und $h(p) > p$ für $p_0 < p < 1$.*

(d) *Besitzt die Struktur keine einelementigen Pfadmengen oder Schnittmengen, dann existiert ein $0 < p_0 < 1$, so daß $h(p_0) = p_0$ ist.*

Beweis. (a) Für jede BERNOULLI-verteilte zufällige Variable Z mit der Erfolgswahrscheinlichkeit p ist $\operatorname{var} Z = p(1 - p)$. Somit gilt $\operatorname{var} \varphi(\boldsymbol{X}) = h(\boldsymbol{p})\,[1 - h(\boldsymbol{p})]$. Unter Verwendung von (5.2) und (5.3) erhalten wir (5.4).

(b) Die Gleichung (5.5) folgt aus (5.4) indem man $p_1 = \ldots = p_n = p$ setzt.

(c) Aus (b) folgt, daß $dh/dp > 1$ an der Stelle p_0 ist. Somit schneidet $h(p)$ an einer Zwischenstelle die Diagonale p von unten.

(d) Vgl. Übung 6. ▮

Beispiel. Für ein 6-aus-10-System aus gleichen Komponenten hat die Zuverlässigkeitsfunktion die folgende Gestalt

$$h(p) = \binom{10}{6} p^6(1-p)^4 + \binom{10}{7} p^7(1-p)^3 + \binom{10}{8} p^8(1-p)^2 + 10p^9(1-p) + p^{10}\,.$$

Wie in Satz 5.4(c) festgestellt wurde, ist die Zuverlässigkeitsfunktion S-förmig (vgl. Abb. 2.5.1).

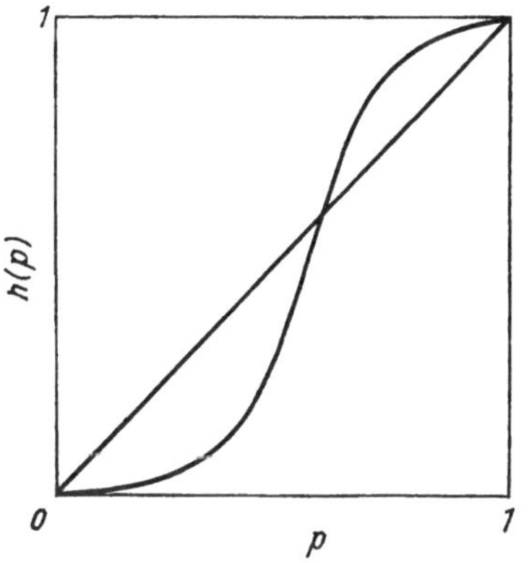

Abb. 2.5.1. S-förmige Funktion. Zuverlässigkeitsfunktion für eine 6-aus-10-Struktur[1])

[1]) Quelle: „Multi-Component Systems and Structures and Their Reliability" von BIRNBAUM, Z. W., I. D. ESARY und S. C. SAUNDERS, Technometrics **3** (1961) 55—77.

§ 6. Anwendung auf Relaisschaltkreise und Sicherheitsüberwachungssysteme

Relaisschaltkreise. MOORE und SHANNON (1956) haben zuerst die Eigenschaft der S-Förmigkeit festgestellt und dazu benutzt, um Hinweise zu geben, wie Relaisschaltkreise beliebig hoher Zuverlässigkeit aus gleichen Komponenten mit vorgegebenem Grad der Unzuverlässigkeit aufgebaut werden können. Das exakte Modell kann zusammengefaßt folgendermaßen dargestellt werden.

Wie in § 3 des Kapitels 1 nehmen wir an, daß gleiche idealisierte Relais auf zwei Arten ausfallen können, nämlich beim Öffnen und beim Schließen. Analog können aus solchen Relais aufgebaute Schaltkreise auf zwei Weisen ausfallen. Sie können beim Schließen ausfallen, d. h., es kommt keine Verbindung zwischen Eingang und Ausgang zustande, wenn der Schaltkreis schließen soll, oder sie können beim Öffnen ausfallen, d. h., es besteht eine Verbindung zwischen Eingang und Ausgang, wenn der Schaltkreis öffnen soll. Jedes Relais arbeitet unabhängig von den anderen. p (relativ groß) ist die Wahrscheinlichkeit dafür, daß das Relais schließt, wenn es schließen soll (d. h. wenn es erregt wird) und p' (relativ klein) ist die Wahrscheinlichkeit dafür, das das Relais schließt oder geschlossen bleibt, wenn es öffnen soll. Diese Wahrscheinlichkeiten sind zeitlich nicht veränderlich.

Es sei $X_i = 1$, wenn das Relais i schließt, wenn es schließen soll, und 0 im anderen Falle. Es sei $\varphi = 1$, wenn der Schaltkreis schließt, wenn er schließen soll, und 0 im anderen Falle. Dann ist $h_\varphi(p) \underset{\text{def}}{=} E\varphi(X)$ die Wahrscheinlichkeit dafür, daß der Schaltkreis schließt, wenn er schließen soll.

Es sei $Y_i = 1$,wenn das Relais i öffnet, wenn es öffnen soll, und 0 im anderen Falle. Es sei $\psi = 1$, wenn der Schaltkreis öffnet, wenn er öffnen soll, und 0 im anderen Falle. Wie wir in 3.6 von Kapitel 1 gesehen haben, ist die Strukturfunktion ψ dual zur Strukturfunktion φ. Wenn $h_\psi(1 - p')$ die Wahrscheinlichkeit dafür ist, daß der Schaltkreis öffnet, wenn er öffnen soll, so können wir also schreiben

$$h_\psi(1 - p') = 1 - h_\varphi(p') \tag{6.1}$$

Das Hauptproblem besteht darin, einen großen Wert für die Wahrscheinlichkeit $h_\varphi(p)$, möglichst $h_\varphi(p) > p$, und einen kleinen Wert für die Wahrscheinlichkeit $h_\varphi(p')$, möglichst $h_\varphi(p') < p'$, durch geeignete Anordnung einer ausreichenden Anzahl von Relais zu erreichen. Es ist klar, daß die Zuverlässigkeit eines Relaisschaltkreises größer ist als die eines einzelnen Relais, wenn die Funktion $h_\varphi(p)$ S-förmig ist. MOORE and SHANNON (1956) haben (b) und (c) von Satz 5.4 für die Wahrscheinlichkeit $h(p)$, daß der Schaltkreis schließt, bewiesen. Unter Benutzung der S-Förmigkeit der Funktion $h(p)$ haben MOORE und SHANNON dann die Anzahl der einzelnen Relais und ihre Anordnung bestimmt, um bei vorgegebener Zuverlässigkeit der einzelnen Relais eine bestimmte (hohe) Zuverlässigkeit des Relaisschaltkreises zu erreichen.

Sicherheitsüberwachungssysteme. Eine zweite Anwendung der S-Förmigkeit ist bei der Zuverlässigkeitsanalyse von gewissen Sicherheitsüberwachungsysstemen gegeben. Zum Beispiel benutzen Kernreaktoren oft drei identische und unabhängig voneinander arbeitende Zähler zur Anzeige der Radioaktivität der Luft im Ventilationssystem. Der Zweck besteht darin, den Reaktor abzuschalten, wenn ein gefährlicher Grad an Radioaktivität auftritt. Wenn zwei oder mehr Zähler einen gefährlichen Grad an Radioaktivität registrieren, wird der Reaktor automatisch außer Betrieb gesetzt.

Zwei Arten von Fehlern sind möglich: (a) das Überwachungssystem ist nicht in der Lage, eine gefährliche Radioaktivität festzustellen, da zwei oder mehr Zähler ausgefallen sind; (b) das Überwachungssystem kann ein Abschalten des Reaktors auslösen, obwohl die Radioaktivität keinen gefährlichen Grad erreicht hat, da zwei oder mehr Zähler einen falschen Alarm geben.

Zur Analyse des Überwachungssystems sei $X_i = 1$, wenn der i-te Zähler in der Lage ist, einen gefährlichen Grad an Radioaktivität festzustellen und 0 sonst. Es sei $p = EX_i$. Es sei φ die Strukturfunktion eines 2-aus-3-Systems und $h_\varphi(p) = E\varphi(\boldsymbol{X})$ bezeichne die entsprechende Zuverlässigkeitsfunktion. Somit ist $h_\varphi(p) = 3p^2(1-p) + p^3$ die Wahrscheinlichkeit dafür, daß das Überwachungssystem in der Lage ist, einen gefährlichen Grad an Radioaktivität festzustellen.

Es sei $Y_i = 0$, wenn der Zähler i falschen Alarm gibt, und 1 sonst; es gelte $EY_i = 1 - p'$. Es sei ferner $\psi = 0$, wenn das Warnsystem den Reaktor abschaltet, und 1 sonst. Wie im Falle des Relaisschaltkreises ist die Strukturfunktion ψ dual zur Strukturfunktion φ. Wenn $h_\psi(1-p')$ die Wahrscheinlichkeit dafür ist, daß das Warnsystem keinen falschen Alarm gibt, dargestellt als Funktion von der Wahrscheinlichkeit $1-p'$ dafür, daß ein einzelner Zähler keinen falschen Alarm gibt, so gilt (6.1) ebenso wie im Falle des Relaisschaltkreises. Da das duale System zu einem 2-aus-3-System ebenfalls ein 2-aus-3-System ist, gilt $\varphi \equiv \psi$.

Ist p nahezu 1, so erwarten wir, daß $h_\varphi(p)$ auch dicht bei 1 liegt; es soll möglichst $h_\varphi(p) > p$ sein. Liegt analog p' dicht bei 0, so erwarten wir, daß auch $h_\varphi(p')$ dicht bei 0 liegt; es soll möglichst $h_\varphi(p') < p'$ sein. Aus dem S-förmigen Charakter der 2-aus-3-Strukturfunktion ergibt sich, daß diese Ungleichungen gelten. D. h., das 2-aus-3-Überwachungssystem ist wirksamer als ein einzelner Zähler. Baut man ein 2-aus-3-System aus Moduln auf, die selber 2-aus-3-Systeme darstellen, so kann die S-Förmigkeit noch stärker ausgeprägt sein; die Wirksamkeit des Systems wird entsprechend verbessert.

Im allgemeinen definieren wir die Folge

$$h_n(p) = h[h_{n-1}(p)]\,, \tag{6.2}$$

wobei $h(p) = h_1(p)$ die Zuverlässigkeitsfunktion einer monotonen Struktur aus unabhängigen Komponenten mit jeweils der gleichen Zuverlässigkeit p ist. Ist $h(p_0) = p_0$ $(0 < p_0 < 1)$, so gilt für $n \to \infty$

$$\left.\begin{aligned} h_n(p) &\downarrow 0 && \text{für } 0 \leqq p < p_0\,,\\ h_n(p) &\equiv p_0 && \text{für } p = p_0\,,\\ h_n(p) &\uparrow 1 && \text{für } p_0 < p \leqq 1\,. \end{aligned}\right\} \tag{6.3}$$

Der *Beweis* bleibt dem Leser überlassen (Übung 9).

(6.3) gilt z. B. im 2-aus-3-Fall mit $p_0 = \frac{1}{2}$. Somit erhöht eine wiederholte Verwendung von 2-aus-3-Systemen, die aus 2-aus-3-Moduln aufgebaut sind, sehr schnell die Wirksamkeit des Überwachungssystems. Natürlich müssen technische und praktische Belange mit diesen theoretischen Schlußfolgerungen in Einklang gebracht werden.

Übungen

1. Es seien $X_1, \ldots, X_n$ unabhängige binäre zufällige Variablen mit $EX_i = p_i$, $i = 1, \ldots, n$. Für alle Funktionen $f_j(\boldsymbol{X})$, $j = 1, 2$ und jedes X_i gilt

$$\begin{aligned}\operatorname{cov}[f_1(\boldsymbol{X}), f_2(\boldsymbol{X})] &= p_i \operatorname{cov}[f_1(1_i, \boldsymbol{X}), f_2(1_i, \boldsymbol{X})]\\ &\quad + q_i \operatorname{cov}[f_1(0_i, \boldsymbol{X}), f_2(0_i, \boldsymbol{X})]\\ &\quad + p_i q_i E[f_1(1_i, \boldsymbol{X}) - f_1(0_i, \boldsymbol{X})]\, E[f_2(1_i, \boldsymbol{X}) - f_2(0_i, \boldsymbol{X})]\,.\end{aligned}$$

2. Unter der Voraussetzung aus der Übung 1 und der zusätzlichen Annahme, daß f_1 und f_2 wachsend sind, $0 < p_i < 1$ für $i = 1, \dots, n$ ist, gilt $\operatorname{cov}[f_1(\boldsymbol{X}), f_2(\boldsymbol{X})] > 0$ genau dann, wenn mindestens eine Variable X_i bezüglich f_1 und f_2 relevant ist.

3. Man beweise das Lemma 5.2.

*4. Man beweise (a) $\dfrac{dh(p)}{dp} = \sum_{i=1}^{n} E[\varphi(1_i, \boldsymbol{X}) - \varphi(0_i, \boldsymbol{X})]$, (b) $\left.\dfrac{dh}{dp}\right|_{p=0} = \sum_{i=1}^{n} \varphi(1_i, \boldsymbol{0})$,

(c) $\left.\dfrac{dh}{dp}\right|_{p=0}$ = Anzahl der Pfadmengen mit einem einzigen Element.

5. Man beweise $\left.\dfrac{dh}{dp}\right|_{p=1}$ = Anzahl der Schnittmengen mit einem einzigen Element.

6. Man beweise den Satz 5.4(d).

7. Man zeige, daß $h_\varphi(\boldsymbol{p}) = l_\varphi(\boldsymbol{p})$, $0 < p_i < 1$, $i = 1, \dots, n$ genau dann gilt, wenn die minimalen Schnittmengen disjunkt sind.

8. Wir betrachten ein monotones System aus n unabhängigen Komponenten. Es seien p_i die Wahrscheinlichkeit dafür, daß die i-te Komponente funktioniert, $i = 1, \dots, n$, und $h(\boldsymbol{p})$ die entsprechende Wahrscheinlichkeit für das System. Die aus der Feststellung, daß die i-te Komponente funktionsfähig ist oder nicht, gewonnene Information kann durch $-[p_i \log p_i + (1 - p_i) \log(1 - p_i)]$ quantifiziert werden. Man zeige, daß die Gesamtinformation, die durch Kenntnis des Zustandes jeder Komponente gewonnen wird, größer ist, als die Information, die aus der Kenntnis des Zustandes des Systems gewonnen wird, d. h., es gilt

$$-\sum_{i=1}^{n} [p_i \log p_i + (1 - p_i) \log(1 - p_i)] \geqq -[h(\boldsymbol{p}) \log h(\boldsymbol{p}) + (1 - h(\boldsymbol{p})) \log(1 - h(\boldsymbol{p}))].$$

9. Man beweise (6.3).

§ 7. Bemerkungen und Literaturhinweise

§ 1. Der Begriff der Wichtigkeit bezüglich der Zuverlässigkeit stammt von Z. W. Birnbaum (1969).

§ 2. Die Theorie der assoziierten zufälligen Variablen wurde in Esary-Proschan-Walkup (1967) entwickelt. In der eng verwandten Arbeit von Lehmann (1966) werden weitere Abhängigkeitsbegriffe vorgestellt. Die von Lehmann eingeführten Klassen abhängiger zufälliger Variablen sind auf den zweidimensionalen (bivariaten) Fall beschränkt, Der Begriff der assoziierten zufälligen Variablen kann auch im mehrdimensionalen Fall. angewendet werden.

§ 3. Die Anwendung des Assoziiertheitsbegriffes zur Bestimmung unterer Schranken der Systemzuverlässigkeit auf der Basis der minimalen Schnitte ist in Esary-Proschan (1970) dargelegt. Das in dieser Arbeit behandelte Modell ist allgemeiner als das in § 3 betrachtete, da Reparaturen ausgefallener Teile vorgesehen sind. Weitere Verallgemeinerungen werden in Esary-Proschan (1968) behandelt. In diesen Modellen werden verschiedene Instandhaltungsstrategien betrachtet. Außerdem können Ausfälle von Teilen des Systems zu erhöhten Ausfallraten der übrigen nicht ausgefallenen Teile des Systems führen, da sie einer zusätzlichen Belastung ausgesetzt sind.

§ 4. Die im § 4 dargestellten Ergebnisse basieren auf Bodin (1970).

§ 5. Die Eigenschaft der S-Förmigkeit von Zuverlässigkeitsfunktionen wurde für Relaisschaltkreise in Moore-Shannon (1956) untersucht. Die Ausdehnung auf monotone Systeme erfolgte in Birnbaum-Esary-Saunders (1961). Die in § 5 benutzten Methoden wurden in Esary-Proschan (1963a) entwickelt. Diese Arbeit enthält auch weitere Ergebnisse, die das Schneiden verschiedener Kurven aus einer gegebenen Familie durch die Zuverlässigkeitsfunktion betreffen.

KAPITEL 3

PARAMETRISCHE FAMILIEN VON VERTEILUNGEN MIT UNMITTELBARER BEDEUTUNG IN DER ZUVERLÄSSIGKEITSTHEORIE

In den Kapiteln 1 und 2 haben wir Systeme aus Komponenten fast ausschließlich hinsichtlich ihrer Funktionsfähigkeit oder ihres Ausfalls zu einem bestimmten Zeitpunkt untersucht. In diesem Kapitel nehmen wir einen anderen Standpunkt ein und betrachten die Lebenszeiten der Komponenten und die entsprechenden Lebenszeiten von Systemen aus Komponenten. Im allgemeinen ist die Lebensdauer zufällig, und wir müssen somit die Lebensdauerverteilungen untersuchen. Dabei beschränken wir uns auf solche Verteilungen, die eine unmittelbare Bedeutung bei der Zuverlässigkeitsanalyse besitzen.

Um besser verstehen zu können, welche Lebensdauerverteilungen in Zuverlässigkeitsmodellen von Bedeutung sind, betrachten wir zunächst den Begriff der Alterung. Die Alterung wird üblicherweise durch Betrachtung der Ausfallrate (definiert im § 1) untersucht. Im einfachsten Falle, wenn keine Alterung vorliegt, erhalten wir eine konstante Ausfallrate, die der Exponentialverteilung entspricht. Die Exponentialverteilung ist aus verschiedenen Ursachen die grundlegendste Verteilung in der Zuverlässigkeitstheorie, was wiederholt in dem Buch zum Ausdruck kommen wird. Im § 2 leiten wir die wahrscheinlichkeitstheoretischen Eigenschaften der Exponentialverteilung her, die nicht nur in stochastischen Zuverlässigkeitsmodellen benötigt werden, sondern auch bei den statistischen Anwendungen im nachfolgenden Band der Monographie von Bedeutung sind.

Als nächstes wird der Poisson-Prozeß (§ 3) betrachtet, bei dem die Intervalle zwischen den aufeinanderfolgenden Ereignissen unabhängig und gemäß einer gemeinsamen Exponentialverteilung verteilt sind. Der Poisson-Prozeß besitzt mehrere direkte und indirekte Anwendungen in der Zuverlässigkeitstheorie, speziell bei der Aufstellung von Schockmodellen (vgl. § 3 des Kapitels 4 und § 2 des Kapitels 6.) Als nächstes betrachten wir die Poisson-Verteilung, die eine diskrete Verteilung ist und oft bei der Bestimmung von Ersatzteilvorräten benutzt wird.

Schließlich betrachten wir im § 5 parametrische Familien von Lebensdauerverteilungen, für die die Ausfallrate monoton wachsend oder fallend in der Zeit ist. Dazu gehören die Weibull-, die Gamma- und die gestutzte Normalverteilung. In Kapitel 4 untersuchen wir in allgemeinerer Weise Klassen von Verteilungen mit monotonen Ausfallraten sowie andere umfangreiche Klassen von Lebensdauerverteilungen.

§ 1. Der Begriff der Alterung

Die Zuverlässigkeit (oder die Überlebenswahrscheinlichkeit) einer frischen Einheit, die während einer Zeitdauer x eine Funktion zu erfüllen hat, ist definitionsgemäß gleich $\bar{F}(x) \equiv 1 - F(x)$, wobei F die Lebensdauerverteilung der Einheit ist. Die entsprechende *bedingte Zuverlässigkeit einer Einheit mit dem Alter t* ist

$$\bar{F}(x \mid t) = \frac{\bar{F}(t + x)}{\bar{F}(t)}, \qquad \text{wenn} \qquad \bar{F}(t) > 0\,.$$

Analog ist die bedingte Wahrscheinlichkeit eines Ausfalles während des nächsten Zeitabschnittes x für ein Element mit dem Alter t gleich

$$F(x \mid t) = \frac{F(t + x) - F(t)}{\bar{F}(t)} = 1 - \bar{F}(x \mid t)\,.$$

Schließlich können wir die bedingte *Ausfallrate* $r(t)$ zum Zeitpunkt t bestimmen:

$$r(t) = \lim_{x \to 0} \frac{1}{x} \frac{F(t + x) - F(t)}{\bar{F}(t)}\,,$$

so daß

$$r(t) = \frac{f(t)}{\bar{F}(t)} \tag{1.1}$$

ist, wenn $f(t)$ existiert und $\bar{F}(t) > 0$. [Andere Bezeichnungen für das durch (1.1) definierte $r(t)$ sind Gefahrenrate, Sterblichkeitsrate und Intensitätsrate.]

Durch Integration beider Seiten von (1.1) gewinnt man die Beziehung

$$\int_0^x r(t)\, dt = -\ln \bar{F}(x)\,, \tag{1.2}$$

aus der sich leicht eine nützliche Identität ergibt,

$$\bar{F}(x) = \exp\left[-\int_0^x r(u)\, du\right]. \tag{1.3}$$

Die kumulative Ausfallrate $R(x) = \int_0^x r(t)\, dt$ wird als *Gefahrfunktion* (hazard function) oder einfach als *Gefahr* bezeichnet. Die Gleichung (1.3) liefert eine nützliche theoretische Darstellung der Zuverlässigkeit als Funktion der Ausfallrate. Eine andere Darstellung

$$\bar{F}(x) = e^{-R(x)} \tag{1.4}$$

ergibt die Zuverlässigkeit in Abhängigkeit von der Gefahr.

Jetzt betrachten wir ein Gerät, das nicht altert, d. h. seine Überlebenswahrscheinlichkeit für einen zusätzlichen Zeitabschnitt x ist die gleiche, unabhängig von seinem gegenwärtigen Alter t. Es ist also

$$\bar{F}(x \mid t) = \bar{F}(x) \qquad \text{für alle } x, t \geqq 0\,.$$

Das ist äquivalent mit

$$\bar{F}(t + x) = \bar{F}(t)\, \bar{F}(x) \qquad \text{für alle } x, t \geqq 0\,. \tag{1.5}$$

Die Gleichung (1.5) ist wohl bekannt. Beachtet man die zusätzliche Forderung $0 \leqq \bar{F}(x) \leqq 1$, so besitzt ihre Lösung die Form

$$\bar{F}(x) = e^{-\lambda x}\,, \qquad \lambda > 0,\ x \geqq 0\,, \tag{1.6}$$

einer exponentiellen Überlebenswahrscheinlichkeit, wie im Satz 2.2 weiter unten gezeigt wird. Im § 2 leiten wir eine Vielzahl nützlicher Eigenschaften der Exponentialverteilung ab.

Die Ausfallrate der Exponentialverteilung $r(t) = f(t)/\bar{F}(t) = \lambda\, e^{-\lambda t}/e^{-\lambda t} = \lambda$ ist konstant. Umgekehrt besitzt eine Verteilung mit konstanter Ausfallrate die Form (1.6).

Wir nehmen nun an, daß die Einheit in dem Sinne altert, daß die bedingte Überlebenswahrscheinlichkeit eine fallende Funktion des Alters ist:

$$\bar{F}(x \mid t) = \frac{\bar{F}(t+x)}{\bar{F}(t)} \text{ ist fallend in } 0 < t < \infty \text{ für alle } x \geqq 0 . \tag{1.7}$$

Als Folgerung erhalten wir, daß

$$r(t) = \lim_{x \to 0} \frac{1}{x} \left[1 - \frac{\bar{F}(t+x)}{\bar{F}(t)} \right] \text{ wachsend in } t \geqq 0$$

ist, wenn die Dichte $f(t)$ existiert. Umgekehrt folgt aus der Tatsache, daß $r(t)$ wächst, daß

$$\bar{F}(x \mid t) = \exp \left[-\int_t^{t+x} r(u)\, du \right]$$

in $t \geqq 0$ wächst für alle $x \geqq 0$, so daß (1.7) gilt. Besitzt also $F(t)$ eine Dichte, so ist (1.7) äquivalent damit, daß die Ausfallrate $r(t)$ in t wächst. Es sei bemerkt, daß (1.7) nicht die Existenz einer Dichte erfordert, wogegen wachsendes $r(t)$ die Existenz einer Dichte verlangt. Wir werden somit auf die folgende Definition einer Klasse von Verteilungen geführt, die einer Alterung der betrachteten Einheit entsprechen:

1.1. Definition. F ist eine Verteilung mit wachsender Ausfallrate, (eine IFR-Verteilung) wenn F (1.7) erfüllt.[1])

Schließlich nehmen wir an, daß eine Verjüngung in dem Sinne vorliegt, daß das Gerät eine in Abhängigkeit vom Alter wachsende Überlebenswahrscheinlichkeit besitzt, d. h.:

$$\bar{F}(x \mid t) = \frac{\bar{F}(x+t)}{\bar{F}(t)} \text{ ist wachsend in } t \geqq 0 \text{ für alle } x \geqq 0 . \tag{1.8}$$

In Analogie zu IFR-Verteilungen definieren wir:

1.2. Definition. F ist eine Verteilung mit fallender Ausfallrate (eine DFR-Verteilung), wenn F die Relation (1.8) erfüllt.[1])

Besitzt $F(t)$ eine Dichte, so können wir genauso wie im Falle von IFR-Verteilungen die Äquivalenz von (1.8) mit „$r(t)$ ist in t fallend" feststellen.

DFR-Verteilungen können in verschiedenen Fällen vorkommen:

(a) Die Festigkeit gewisser Metalle nimmt zu, wenn sie Betriebsbelastungen ausgesetzt sind.

(b) Mischungen von Exponentialverteilungen sind DFR-Verteilungen (vgl. § 4 von Kapitel 4).

---

[1]) IFR ist die Abkürzung für increasing failure rate, DFR für decreasing failure rate (Anm. d. Red.).

(c) Geräte, die eine „Kindersterblichkeit" aufweisen (wie es zum Beispiel beim Menschen der Fall ist), besitzen eine Ausfallrate, die auf einem Anfangsabschnitt der Zeitachse fallend ist. Bei einigen solcher Geräte liegt mit positiver Wahrscheinlichkeit ein Ausfall zum Zeitpunkt 0 vor, d. h. das Gerät ist u. U. nicht funktionsfähig bevor es überhaupt benutzt wurde. Bei einem elektronischen Gerät sagt man dann, daß es beim ersten Einschalten des Stroms ausfällt.

Eine andere Klasse von Lebensdauerverteilungen, die bei praktischen Zuverlässigkeitsproblemen auftritt, läßt sich auf die Weise konstruieren, daß man anfangs in der Kindersterblichkeitsphase eine fallende, dann in der sogenannten „Nutzungsphase" eine konstante und schließlich in der sogenannten „Ermüdungsphase" eine steigende Ausfallrate annimmt. In der Zuverlässigkeitsliteratur wird eine solche Ausfallratefunktion als „wannenförmig" bezeichnet.

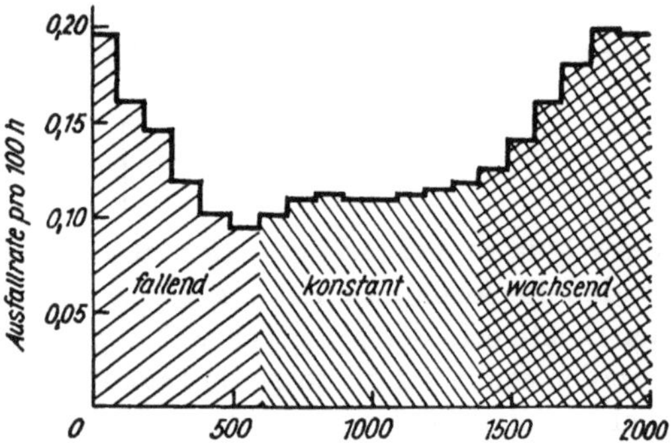

Abb. 3.1.1. Empirische Ausfallratefunktion eines Anlassers für Triebwerke

Die Abb. 3.1.1 stellt die empirische Illustration einer wannenförmigen Ausfallrate dar (Kamins, 1962). Die Ordinate stellt die empirische Ausfallrate bezogen auf 100 Stunden für einen zum Start der Triebwerke eines bestimmten kommerziellen Flugzeugs benutzten Heißgasgenerators dar. Während der ersten 600 Betriebsstunden fällt die beobachtete Ausfallrate auf nahezu die Hälfte. Von 600 bis 1400 Stunden bleibt die Ausfallrate nahezu konstant. Schließlich nach 1400 Betriebsstunden scheint die Ausfallrate ständig zu steigen, was Ermüdungserscheinungen widerspiegelt.

Andere Begriffe der Alterung und Ermüdung werden in Kapitel 4 behandelt.

§ 2. Die Exponentialverteilung

Im § 1 haben wir erkannt, daß die exponentielle Lebensdauerverteilung eine gute Beschreibung der Lebensdauer einer Einheit darstellt, die zeitlich nicht altert. In diesem Abschnitt leiten wir Eigenschaften der Exponentialverteilung ab, die bei der Lösung von Voraussage- und statistischen Problemen in der Zuverlässigkeitstheorie von Nutzen sind.

Wie im § 1 bereits erwähnt wurde, wird die Exponentialverteilung $G_\lambda(t)$ durch

$$G_\lambda(t) = 1 - e^{-\lambda t} \qquad \text{für } t \geqq 0 \tag{2.1}$$

bestimmt, wobei λ ein fester echt positiver Parameter ist. Die Überlebenswahrscheinlichkeit $\overline{G}_\lambda(t) \equiv 1 - G_\lambda(t)$ hat dann die Form

$$\overline{G}_\lambda(t) = \mathrm{e}^{-\lambda t} \qquad \text{für } t \geqq 0\,. \tag{2.2}$$

Die Dichte $g_\lambda(t) \equiv G'_\lambda(t)$ wird bestimmt durch

$$g_\lambda(t) = \lambda\, \mathrm{e}^{-\lambda t} \qquad \text{für } t \geqq 0\,. \tag{2.3}$$

Oft werden wir den Index λ weglassen.

Eine Eigenschaft der Exponentialverteilung, die besonders wichtig in der Zuverlässigkeitstheorie und ihren Anwendungen ist, besteht darin, daß die *verbleibende Lebensdauer einer bereits benutzten Komponente unabhängig von ihrem Anfangsalter ist* (*Eigenschaft der „Gedächtnislosigkeit“*). Diese Eigenschaft wurde beim Beweis der Tatsache, daß die Funktionalgleichung (1.5) von der Exponentialverteilung erfüllt wird, festgestellt. Wir können das Ergebnis in folgendem Satz zusammenfassen.

2.1. Satz. *Es besitze T die Exponentialverteilung $G(t) = 1 - \mathrm{e}^{-\lambda t}$ für $t \geqq 0$. Dann ist die bedingte Überlebenswahrscheinlichkeit $P[T > t + x \mid T > t] = \mathrm{e}^{-\lambda x}$ für $x \geqq 0$ unabhängig von t.*

Diese Eigenschaft besagt, daß eine bereits benutzte exponentielle Komponente „ebenso gut wie eine neue“ ist. Im § 1 haben wir auch darauf verwiesen, daß auch die Umkehrung gilt. Formal wird das in Satz 2.2 niedergelegt.

2.2. Satz. *Die Überlebenswahrscheinlichkeit $\overline{G}$ einer nicht ausgearteten nichtnegativen zufälligen Variablen möge der Beziehung*

$$\overline{G}(t + x) = \overline{G}(t)\, \overline{G}(x) \qquad \textit{für alle } t \geqq 0, x \geqq 0\,. \tag{2.4}$$

genügen. Dann ist G eine Exponentialverteilung für ein gewisses $\lambda > 0$, wie sie durch (2.1) *beschrieben wird.*

Beweis. Seien $c > 0$ und m und n positive ganze Zahlen. Aus (2.4) folgen

$$\overline{G}(nc) = [\overline{G}(c)]^n \quad \text{und} \quad \overline{G}(c) = [\overline{G}(c/m)]^m\,.$$

Wir beschränken uns auf den Fall $0 < \overline{G}(1) < 1$. Ist $\overline{G}(1) = 1$, so ist $\overline{G}(n) = [\overline{G}(1)]^n = 1$, was der Beziehung $\overline{G}(+\infty) = 0$ widerspricht. Ist $\overline{G}(1) = 0$, so ist $\overline{G}(1/m) = 0$ und aus der rechtsseitigen Stetigkeit folgt $\overline{G}(0) = 0$, was wieder ein Widerspruch ist.

Da $0 < \overline{G}(1) < 1$ gilt, können wir $\overline{G}(1) = \mathrm{e}^{-\lambda}$ mit $0 < \lambda < \infty$ setzen. Aus dem bisher Gesagten folgt, daß $\overline{G}(1/m) = \mathrm{e}^{-\lambda/m}$ ist. Folglich ist $\overline{G}(n/m) = \mathrm{e}^{-\lambda n/m}$, d. h., es ist $\overline{G}(y) = \mathrm{e}^{-\lambda y}$ für positive rationale y. Da G von rechts stetig ist, ergibt sich daraus die Gleichung $\overline{G}(y) = \mathrm{e}^{-\lambda y}$ für alle $y > 0$. ∎

Die Sätze 2.1 und 2.2 sagen aus, daß die Funktionalgleichung (2.4) charakteristisch für die exponentielle Überlebenswahrscheinlichkeit ist. Anschaulich gesprochen hat nur die Exponentialverteilung die Eigenschaft (2.4). Diese Eigenschaft hat wichtige praktische und theoretische Konsequenzen. Nimmt man eine exponentialverteilte Lebensdauer an, so folgt daraus:

(a) Da eine bereits benutzte Komponente genausogut wie eine neue ist (stochastisch), bringt es keinen Vorteil, vorbeugende Ersetzungen noch funktionierender Komponenten durchzuführen.

(b) Für statistische Schätzungen der mittleren Lebensdauer der Quantile, der Zuverlässigkeit usw. enthalten die gesammelten Daten nur die beobachteten Lebenszeiten und die Anzahl der beobachteten Ausfälle; die Alter der beobachteten Komponenten sind ohne Bedeutung.

Weitere Folgerungen aus (a) und (b) werden wir in detaillierter Weise im Kapitel 6 ableiten.

Für die Exponentialverteilung berechnet sich die Ausfallratefunktion zu

$$r(t) = \frac{\lambda\, e^{-\lambda t}}{e^{-\lambda t}} = \lambda \qquad \text{für alle } t \geqq 0\,.$$

Die Ausfallratefunktion der Exponentialverteilung wird also durch den Parameter λ bestimmt und ist für alle t aus dem Intervall $[0, \infty)$ konstant. Umgekehrt sei die Ausfallratefunktion $r(t)$ konstant gleich λ, d. h., es gelte

$$\frac{f(t)}{\overline{F}(t)} = \lambda$$

für alle $t \geqq 0$. Durch Integration erhalten wir

$$-\ln \overline{F}(t) = \lambda t\,,$$

oder

$$\overline{F}(t) = e^{-\lambda t}\,.$$

Somit haben wir eine weitere Charakterisierung der Exponentialverteilung gewonnen.

2.3. Satz. *Die Exponentialverteilung ist die einzige Lebensdauerverteilung mit konstanter Ausfallratefunktion.*

Als nächstes stellen wir ein Ergebnis dar, das für die Erzeugung exponentialverteilter zufälliger Variablen von direktem Nutzen ist.

2.4. Satz. *Es sei U eine in* $[0, 1]$ *gleichverteilte zufällige Variable. Dann besitzt* $Y = -\ln U$ *die Exponentialverteilung* $1 - e^{-t}$.

Beweis. Für $t \geqq 0$ ist $P[Y \leqq t] = P[-\ln U \leqq t] = P[U \geqq e^{-t}] = 1 - e^{-t}$. ∎

Somit läßt sich eine exponentialverteilte zufällige Variable dadurch erzeugen, daß zunächst nach einem Standardverfahren eine gleichverteilte zufällige Variable U erzeugt und dann $-\ln U$ gebildet wird. Die Erzeugung exponentialverteilter zufälliger Variablen wird oft bei der Durchführung von Monte-Carlo-Untersuchungen statistischer Tests oder Schätzungen benötigt.

Als nächstes bestimmen wir die Momente und einige mit ihnen verwandte Größen. Für $s > -1$ wird das s-te Moment μ_s der Exponentialverteilung durch

$$\mu_s = \int_0^\infty t^s \lambda\, e^{-\lambda t}\, dt = \frac{1}{\lambda^s} \int_0^\infty x^s\, e^{-x}\, dx\,,$$

bestimmt, so daß folgt

$$\mu_s = \frac{1}{\lambda^s}\, \Gamma(s+1)\,. \tag{2.5}$$

Insbesondere gilt für ganze Zahlen $n = 1, 2, \ldots$

$$\mu_n = \frac{n!}{\lambda^n} . \tag{2.6}$$

[Der direkte Beweis von (2.6) bleibt dem Leser überlassen (Übung 1).] Somit ist *der Mittelwert der Exponentialverteilung gleich dem Kehrwert der konstanten Ausfallrate.* (Diese Beziehung gilt nur für die Exponentialverteilung.) Eine andere einfache Folgerung von (2.6) ist die Tatsache, daß der Variationskoeffizient der Exponentialverteilung gleich 1 ist (Übung 2).

Die erzeugende Funktion der Momente (EFM) $M(s)$ einer Verteilungsfunktion F wird definiert durch

$$M(s) = \int_{-\infty}^{\infty} e^{sx}\, dF(x) , \tag{2.7}$$

wobei angenommen wird, daß das Integral in einer Umgebung des Nullpunktes konvergiert. Wie man leicht erkennt, lassen sich die endlichen ganzzahligen Momente der Verteilung aus der EFM folgendermaßen bestimmen:

$$M^{(n)}(0) = \int_{-\infty}^{\infty} x^n e^{sx}\, dF(x)|_{s=0} = \int_{-\infty}^{\infty} x^n\, dF(x) ,$$

so daß

$$\mu_n = M^{(n)}(0) \qquad \text{für } n = 1, 2, \ldots \tag{2.8}$$

gilt. Für die Exponentialverteilung $1 - e^{-\lambda t}$ wird die EFM bestimmt durch

$$M(s) = \int_0^{\infty} e^{sx} \lambda\, e^{-\lambda x}\, dx = \frac{\lambda}{\lambda - s} \quad \text{für} \quad s < \lambda . \tag{2.9}$$

Somit können wir unter Benutzung von (2.8) und (2.9) die Formel (2.6) herleiten, die die ganzzahligen Momente der Exponentialverteilung liefert.

Die EFM einer Dichte $f(x)$ stimmt im wesentlichen mit ihrer LAPLACE-Transformation überein; für die EFM wird $E\, e^{sX}$ berechnet, wogegen für die LAPLACE-Transformation $E\, e^{-sX}$ bestimmt wird. Als nächstes untersuchen wir die Ordnungsstatistiken und die Abstände (spacings) zwischen den Ordnungsstatistiken einer Exponentialverteilung. Es sei $Y_1, \ldots, Y_n$ eine Stichprobe vom Umfang n (d. h. eine Menge von n unabhängigen identisch verteilten Beobachtungen) aus der Exponentialverteilung $G_\lambda(t) = 1 - e^{-\lambda t}$, $t \geqq 0$. Die entsprechenden der Größe nach geordneten Werte $Y_{1:n} \leqq \cdots \leqq Y_{n:n}$ werden als die *Ordnungsstatistiken* von G_λ bezeichnet. Die Ordnungsstatistiken können als aufeinanderfolgende Ausfallzeiten der Komponenten eines Parallelsystems aus n Komponenten betrachtet werden, so daß die k-te Ordnungsstatistik als Ausfallzeitpunkt eines $(n - k + 1)$-aus-n-Systems angesehen werden kann.

Der k-te *Abstand* zwischen den Ordnungsstatistiken $Y_{1:n}, Y_{2:n}, \ldots, Y_{n:n}$ wird durch $D_k = Y_{k:n} - Y_{k-1:n}$ für $k = 1, 2, \ldots, n$ bestimmt, wobei $Y_{0:n} \equiv 0$ ist. Für die Exponentialverteilung ist es auf Grund der Eigenschaft der Gedächtnislosigkeit relativ einfach, die gemeinsame Verteilung der Abstände sowie ihre Mittelwerte und Varianzen zu bestimmen.

2.5. Satz. *Es seien $D_1, \dots, D_n$ die aufeinanderfolgenden Abstände zwischen den Ordnungsstatistiken der Exponentialverteilung $G_\lambda(t) = 1 - e^{-\lambda t}$. Dann gilt*

(a) $P[D_k \leqq t] = G_{(n-k+1)\lambda}(t) = 1 - e^{-(n-k+1)\lambda t}$ *für* $k = 1, \dots, n$;
(b) $D_1, \dots, D_n$ *sind untereinander unabhängig*;
(c) $ED_k = 1/(n - k + 1)\lambda$ *und* $\operatorname{var}(D_k) = 1/[n - k + 1)\lambda]^2$ *für* $k = 1, \dots n$.

Beweis. (a) Es ist $P[D_1 > t] = e^{-n\lambda t}$, so daß (a) für $k = 1$ gilt. Wegen der Gedächtnislosigkeit der Exponentialverteilung (Satz 2.1), besitzt D_2 die gleiche Verteilung wie der erste Abstand in einer Stichprobe vom Umfang $n - 1$ aus G_λ, d. h., es ist $P[D_2 > t] = e^{-(n-1)\lambda t}$, so daß (a) für $k = 2$ gilt. Durch wiederholte Anwendung dieses Arguments können wir zeigen, daß (a) für $k = 1, 2, \dots, n$ gilt.

(b) Die gemeinsame Wahrscheinlichkeitsdichte des Vektors $(D_1, \dots, D_n)$ an der Stelle $(d_1, \dots, d_n)$ ist gleich

$$L(d_1, \dots, d_n) = n! \prod_{i=1}^{n} \lambda\, e^{-\lambda(d_1 + \dots + d_i)} = \prod_{i=1}^{n} (n - i + 1)\lambda\, e^{-(n-i+1)\lambda d_i}.$$

Der i-te Faktor $(n - i + 1)\lambda\, e^{-(n-i+1)\lambda d_i}$ stellt die Dichte von D_i dar, die unter (a) berechnet wurde. Da die gemeinsame Dichte von $D_1, \dots, D_n$ das Produkt der einzelnen Dichten der D_i darstellt, sind $D_1, \dots, D_n$ untereinander unabhängig.

(c) Die Aussage (c) folgt aus (a) und (2.6). ∎

2.6. Korollar. *Unter den Voraussetzungen des Satzes 2.5 sind die normierten Abstände $nD_1, (n - 1) D_2, \dots, D_n$ der Exponentialverteilung $G_\lambda(t) = 1 - e^{-\lambda t}$ unabhängig und gemäß der Exponentialverteilung G_λ verteilt.*

Da für die k-te Ordnungsstatistik $Y_{k:n} = D_1 + D_2 + \dots + D_k$ gilt, erhalten wir das folgende Korollar.

2.7. Korollar. *Die Ordnungsstatistiken $Y_{1:n} \leqq Y_{2:n} \leqq \dots \leqq Y_{n:n}$ von $G_\lambda(t) = 1 - e^{-\lambda t}$ besitzen die Erwartungswerte*

$$EY_{k:n} = \frac{1}{\lambda}\left(\frac{1}{n} + \frac{1}{n-1} + \dots + \frac{1}{n-k+1}\right) \tag{2.10a}$$

und die Varianzen

$$\operatorname{var}(Y_{k:n}) = \frac{1}{\lambda^2}\left(\frac{1}{n^2} + \frac{1}{(n-1)^2} + \dots + \frac{1}{(n-k+1)^2}\right), \quad k = 1, 2, \dots, n. \tag{2.10b}$$

Beweis. Die Gleichung (2.10a) folgt unmittelbar aus Satz 2.5(c). Beim Beweis der Gleichung (2.10b) wird zusätzlich die Unabhängigkeit der D_i, $i = 1, \dots, n$, ausgenutzt, die in Satz 2.5(b) festgestellt wurde. ∎

Bei Lebensdauerprüfungen unter der Voraussetzung einer Exponentialverteilung spielt die Statistik *Gesamtprüfungszeit* (total time on test) eine wesentliche Rolle. Wir nehmen an, daß n Objekte zur Zeit 0 der Prüfung unterworfen wurden und die aufeinanderfolgenden Ausfälle zu den Zeitpunkten $Y_{1:n} \leqq Y_{2:n} \leqq \dots \leqq Y_{n:n}$ beobachtet wurden. Dann bestimmt sich die *Gesamtprüfungszeit* $\tau(t)$ *im Intervall* $[0, t]$ zu

$$\tau(t) = nY_{1:n} + (n - 1)(Y_{2:n} - Y_{1:n}) + \dots + (n - i + 1)(Y_{i:n} - Y_{i-1:n}) + (n - i)(t - Y_{i:n}). \tag{2.11}$$

Dabei ist $nY_{1:n}$ die zwischen 0 und $Y_{1:n}$ beobachtete Gesamtprüfungszeit, $(n-1) \times \times (Y_{2:n} - Y_{1:n})$ ist die zwischen $Y_{1:n}$ und $Y_{2:n}$ beobachtete Gesamtprüfungszeit und $(n-1)(t - Y_{i:n})$ ist die zwischen $Y_{i:n}$ und t beobachtete Gesamtprüfungszeit. Daraus folgt, daß $\tau(t)$ die von den n der Prüfung unterworfenen Objekten zwischen 0 und t erbrachte Arbeitszeit ist.

Um die Verteilung von $\tau(Y_{i:n})$ bestimmen zu können, müssen wir zunächst den folgenden Satz beweisen.

2.8. Satz. *Es seien $Y_1, \ldots, Y_n$ unabhängige und identisch verteilte Variablen mit der exponentiellen Dichte $\lambda\,\mathrm{e}^{-\lambda t}$, $t > 0$. Dann besitzt $Z = Y_1 + \ldots + Y_n$ die Dichte*

$$g_{\lambda,n}(z) = \frac{\lambda^n z^{n-1}}{(n-1)!}\,\mathrm{e}^{-\lambda z}\,, \qquad z \geqq 0\,. \tag{2.12}$$

Beweis. Zunächst gilt (2.12) für $n = 1$. Angenommen, (2.12) gelte für $n = k$. Nach der Faltungsformel für Dichten erhalten wir

$$g_{\lambda,k+1}(z) = \int_0^z g_{\lambda,k}(x)\,\lambda\,\mathrm{e}^{-\lambda(z-x)}\,dx\,,$$

wobei der Integrand gleich der gemeinsamen Wahrscheinlichkeitsdichte von $Y_1 + Y_2 + \ldots + Y_k$ und Y_{k+1} an der Stelle $(x, z-x)$ darstellt und das Integrationsintervall $[0, z]$ sämtlichen sich gegenseitig ausschließenden möglichen Werten von $Y_1 + \ldots + Y_k$ entspricht. Somit ist

$$g_{\lambda,k+1}(z) = \int_0^z \frac{\lambda^k x^{k-1}}{(k-1)!}\,\mathrm{e}^{-\lambda x}\lambda\mathrm{e}^{-\lambda(z-x)}\,dx = \lambda^{k+1}\mathrm{e}^{-\lambda z}\int_0^z \frac{x^{k-1}}{(k-1)!}\,dx = \frac{\lambda^{k+1}z^k}{k!}\,\mathrm{e}^{-\lambda z}\,.$$

Also gilt (2.12) auch für $n = k + 1$. Induktiv folgt, daß der Satz für $n = 1, 2, \ldots$ gilt. ▮

Eine der angenehmen Eigenschaften der exponentiellen Lebensdauerverteilung besteht darin, daß sie bei der Bildung von Seriensystemen erhalten bleibt. Es gilt nämlich der folgende Satz.

2.9. Satz. *Es sei Y die Lebensdauer eines Seriensystems aus n unabhängigen Komponenten. Die Lebensdauer Y_i der i-ten Komponente besitze die Exponentialverteilung $G_{\lambda_i}(t) = 1 - \mathrm{e}^{-\lambda_i t}$, $i = 1, \ldots, n$. Dann besitzt Y die Exponentialverteilung $G_\lambda(t) = 1 - \mathrm{e}^{-\lambda t}$ mit $\lambda = \sum_{i=1}^{n} \lambda_i$.*

Beweis. Da es sich um ein Seriensystem handelt, gilt $P[Y > t] = P[Y_1 > t, \ldots, Y_n > t]$. Wegen der Unabhängigkeit der Komponenten ist $P[Y > t] = \prod_{i=1}^{n} P[Y_i > t]$. Daraus folgt unmittelbar die Behauptung. ▮

Bemerkung. Der Satz 2.9 stellt die theoretische Grundlage für die „Elementeabzählmethode“ dar, die in der Praxis oft bei der Zuverlässigkeitsanalyse verwendet wird. Bei dieser Methode zählt der Zuverlässigkeitsanalytiker die Anzahl n_i der Elemente vom Typ i, die im System vorkommen, multipliziert diese Anzahl mit der Ausfallrate λ_i für Elemente dieses Typs und summiert über alle im System vorkommenden

Elementetypen. Es ergibt sich also

$$\lambda = \sum_{i=1}^{k} n_i \lambda_i ,$$

wobei k die Anzahl der verschiedenen vorkommenden Elementetypen darstellt.

Beispiel. Bazovsky (1961, S. 90—91) gibt ein einfaches Beispiel für die Elementeabzählmethode an. Ein elektronischer Schaltkreis besteht aus 10 Siliziumdioden, 4 Siliziumtransistoren, 20 Schichtwiderständen und 10 keramischen Kondensatoren. Alle Elemente sind (vom Standpunkt der Zuverlässigkeitsanalyse) in Serie geschaltet. Es wird angenommen, daß die Verdrahtung (gedruckte Schaltung) und die Lötverbindungen absolut zuverlässig sind und die Lebenszeiten der Elemente unabhängig und exponentiell verteilt sind mit folgenden Ausfallraten (pro 1 Million Stunden):

Siliziumdiode:	$\lambda_d = 2,$
Siliziumtransistor:	$\lambda_t = 10,$
Schichtwiderstand:	$\lambda_w = 1,$
Keramikkondensator:	$\lambda_k = 2.$

Dann ist die Lebensdauer des Systems gemäß Satz 2.9 exponentialverteilt mit der Ausfallrate $\lambda = 10 \cdot 2 + 4 \cdot 10 + 20 \cdot 1 + 10 \cdot 2 = 100$.

Aus dem Satz 2.9 ergibt sich, daß die Elementeabzählmethode auf die richtige Zuverlässigkeit des Systems führt, wenn die Komponenten seriengeschaltet und unabhängig sind und konstante Ausfallraten besitzen. In Esary, Marshall und Proschan (1971) wird gezeigt, daß diese Bedingung gleichzeitig eine notwendige Bedingung darstellt.

Übungen

1. Man beweise durch partielle Integration, daß das n-te Moment der Exponentialverteilung $1 - e^{-\lambda t}$ sich folgendermaßen darstellt

$$\mu_n = \frac{n!}{\lambda^n} .$$

2. Man beweise, daß für die Exponentialverteilung der Variationskoeffizient gleich $\sigma/\mu = 1$ ist, wobei σ die Standardabweichung ist.
3. Man benutze (2.8) und (2.9), um die ganzzahligen Momente der Exponentialverteilung zu bestimmen.
4. Es seien $X_{1:n} \leqq X_{2:n} \leqq \dots \leqq X_{n:n}$ die Ordnungsstatistiken einer zufälligen positiven Variablen mit der Verteilungsfunktion F. Man beweise die Formeln

(a) $$P[X_{i:n} \leqq x] = \sum_{j=i}^{n} \binom{n}{j} [F(x)]^j [\overline{F}(x)]^{n-j} \equiv \frac{n!}{(i-1)!\,(n-i)!} \int_0^{F(x)} t^{i-1}(1-t)^{n-i}\, dt .$$

(b) $$EX_{i:n} = \int_0^{\infty} \sum_{j=0}^{i-1} \binom{n}{j} [F(x)]^j [\overline{F}(x)]^{n-j}\, dx .$$

Es sei darauf hingewiesen, daß es im exponentiellen Fall bequemer ist, zur Bestimmung der Erwartungswerte der Ordnungsstatistiken das Korollar 2.7 zu benutzten statt die die Formel (b) auszuwerten.

5. Es sei $G_{\lambda,n}(z)$ die Gammaverteilung mit dem ganzzahligen Strukturparameter n:

$$G_{\lambda,n}(t) = \int_0^t \frac{\lambda^n z^{n-1}}{(n-1)!} e^{-\lambda z}\, dz .$$

Man beweise die Formel

$$\bar{G}_{\lambda,n}(t) = \sum_{i=0}^{n-1} \frac{(\lambda t)^i}{i!} e^{-\lambda t} .$$

6. Man beweise direkt, daß die Gesamtprüfungszeit $\tau(t)$, $Y_{i:n} < t \leqq Y_{i+1:n}$, durch $\tau(t) = Y_{1:n} + \dots + Y_{i:n} + (n - i)\,t$ bestimmt wird. Man zeige, daß dieser Ausdruck zu (2.11) äquivalent ist.
7. Es wird angenommen, daß die n Komponenten eines Parallelsystems unabhängige exponentialverteilte Lebenszeiten mit den entsprechenden Ausfallraten $\lambda_1, \dots, \lambda_n$ besitzen. Man bestimme die Zuverlässigkeit des Systems und seine mittlere Lebensdauer.

§ 3. Der POISSON-Prozeß

Angenommen wir benutzen eine „Fassung" unendlich langer Zeit: Fällt eine Einheit aus, so ersetzen wir sie sofort durch eine neue. Die Lebenszeiten der benutzten Einheiten sollen stochastisch unabhängig sein und die gleiche Exponentialverteilung $G_\lambda(t) = 1 - e^{-\lambda t}$ besitzen. $N(t)$ bezeichne die Anzahl der bis zur Zeit t ausgefallenen Geräte. Dann ist $\{N(t); t \geqq 0\}$ ein Beispiel eines POISSON-Prozesses. Die allgemeine Definition lautet:

3.1. Definition. In aufeinander folgenden zufälligen Zeitpunkten der positiven Halbachse $[0, \infty)$ mögen homogene Ereignisse eintreten. Die Abstände zwischen aufeinanderfolgenden Zeitpunkten des Eintretens von Ereignissen seien unabhängig und exponentialverteilt mit der Verteilungsfunktion $G_\lambda(t) = 1 - e^{-\lambda t}$. Es bezeichne $N(t)$ die Anzahl der im Intervall $[0, t]$ eingetretenen Ereignisse. Der stochastische Prozeß $\{N(t); t \geqq 0\}$ heißt ein POISSON-*Prozeß mit der Intensität* λ.

In der Terminologie von § 3, Kapitel 6, ist ein POISSON-Prozeß ein Erneuerungsprozeß, bei dem die zugrunde liegende Verteilung exponentiell ist. Einen POISSON-Prozeß kann man unter mehreren verschiedenen Annahmen erhalten. Zur Gewinnung einer zweiten Definition eines POISSON-Prozesses erinnern wir uns daran, daß ein stochastischer Prozeß $\{X(t); 0 \leqq t < \infty\}$ unabhängige Zuwächse hat, wenn für alle $t_0 < t_1 < \dots < t_n$ und $n = 2, 3, \dots$ die Differenzen $X(t_1) - X(t_0), \dots, X(t_n) - X(t_{n-1})$ unabhängige zufällige Variablen darstellen. Wenn außerdem $X(t_2 + h) - X(t_1 + h)$ die gleiche Verteilung aufweist wie $X(t_2) - X(t_1)$ für alle $t_1, t_2, h > 0$, so sagt man, daß der Prozeß $X(t)$ *stationäre unabhängige Zuwächse* besitzt.

3.2. Zweite Definition eines POISSON-Prozesses. Ein ganzzahliger Prozeß $\{N(t); t \geqq 0\}$ ist ein POISSON-Prozeß mit der Intensität λ, wenn:

(a) $\{N(t); t \geqq 0\}$ stationäre unabhängige Zuwächse besitzt,

(b) für beliebige Zeitpunkte s und t, $s < t$, der Zuwachs $N(t) - N(s)$ eine POISSON-Verteilung mit dem Mittelwert $\lambda(t - s)$ besitzt:

$$P[N(t) - N(s) = k] = \frac{e^{-\lambda(t-s)}\,[\lambda(t - s)]^k}{k!} . \tag{3.1}$$

Die POISSON-Verteilung und einige ihrer Anwendungen in der Zuverlässigkeitstheorie werden im § 4 behandelt.

Als nächstes beweisen wir die Äquivalenz der beiden Definitionen eines POISSON-Prozesses.

3.3. Satz. *Die Definitionen* 3.1 *und* 3.2 *eines* Poisson-*Prozesses sind äquivalent.*

Beweis. $\{N(t); t \geqq 0\}$ erfülle die Bedingungen der Definition 3.1. Wegen Satz 2.1 sind die Zuwächse $N(t_1) - N(t_0), \dots, N(t_n) - N(t_{n-1})$ stationär und unabhängig, so daß (a) von Definition 3.2 gilt.

Um (b) von Definition 3.2 zu zeigen, reicht es aus, die Formel

$$P[N(t) \leqq k] = \sum_{i=0}^{k} e^{-\lambda t} \frac{(\lambda t)^i}{i!} \tag{3.2}$$

zu beweisen, da die Zuwächse stationär sind. Es seien $Y_1, Y_2, \dots$ unabhängig und identisch gemäß der Exponentialverteilung $G_\lambda(t) = 1 - e^{-\lambda t}$ verteilt. Es ergibt sich

$$P[N(t) \leqq k] = P[Y_1 + \dots + Y_{k+1} > t] .$$

Gemäß Satz 2.8 ist die rechte Seite gleich

$$\int_t^\infty \frac{\lambda^{k+1} z^k}{k!} e^{-\lambda z} \, dz .$$

Laut Übung 5, § 2 kann dieses Integral durch

$$\sum_{i=0}^{k} \frac{(\lambda t)^i}{i!} e^{-\lambda t}$$

ausgedrückt werden. Somit gilt die Bedingung (b) von Definition 3.2.

Der Beweis dafür, daß die Bedingungen von Definition 3.2 diejenigen von Definition 3.1 implizieren, bleibt dem Leser überlassen (Übung 1). ∎

Eine dritte Definition des Poisson-Prozesses erhält man mit Hilfe eines axiomatischen Zugangs.

3.4. Dritte Definition eines Poissonschen Prozesses. Wie in Definition 3.2 möge $N(t)$ die Anzahl der in $[0, t]$ eingetretenen Ereignisse bezeichnen. Es wird angenommen, daß unabhängig von der Anzahl der in $[0, t]$ eingetretenen Ereignisse,

(a) die Wahrscheinlichkeit des Eintretens eines Ereignisses in $[t, t + h]$ gleich $\lambda h + o(h)$ ist,

(b) die Wahrscheinlichkeit für das Eintreten von mehr als einem Ereignis in $[t, t + h]$ gleich $o(h)$ ist.

Dann wird der stochastische Prozeß $\{N(t); t \geqq 0\}$ als Poisson-Prozeß mit der Intensität λ bezeichnet.

Die dritte Definition eines Poisson-Prozesses ist den ersten beiden Definitionen eines Poisson-Prozesses äquivalent. Der Beweis bleibt dem Leser überlassen (Übung 2).

3.5. Beispiele für das Auftreten von Poisson-Prozessen bei Lebensdauerprüfungen. Der Poisson-Prozeß entsteht auf ganz natürliche Weise bei Zuverlässigkeitsuntersuchungen und Lebensdauerprüfungen, wenn die zugrundeliegende Lebensdauerverteilung exponentiell ist. Die folgenden Beispiele treten häufig auf:

(a) *Eine instandgehaltene Einheit.* Eine Einheit wird zur Zeit 0 in Betrieb gesetzt. Jedesmal, wenn die Einheit ausfällt, wird sie durch eine neue vom gleichen Typ ersetzt. Es wird angenommen, daß die Lebenszeiten unabhängig und identisch gemäß der

Exponentialverteilung $G_\lambda(t) = 1 - e^{-\lambda t}$ verteilt sind. Bezeichnet $N(t)$ die Anzahl der in $[0, t]$ festgestellten Ausfälle, so ist $\{N(t); t \geqq 0\}$ ein POISSON-Prozeß mit der Intensität λ.

(b) *Prüfpläne mit Ersetzen.* Eine Stichprobe von n Elementen wird auf zufällige Weise einer Grundgesamtheit mit der Lebensdauerverteilung $G_\lambda(t) = 1 - e^{-\lambda t}$ entnommen. Die Ausfallrate λ ist unbekannt und soll auf Grund der bei der Lebensdauerprüfung gewonnenen Daten geschätzt werden. Die n Elemente werden zum Zeitpunkt 0 auf den Prüfstand gestellt. Jedesmal wenn ein Ausfall eintritt, wird das ausgefallene Element durch ein neues, ebenfalls zufällig ausgewähltes Element ersetzt. Bezeichnet $N(t)$ die Anzahl der in $[0, t]$ festgestellten Ausfälle, so ist $\{N(t); t \geqq 0\}$ ein POISSON-Prozeß mit der Intensität $n\lambda$ (vgl. Satz 3.9).

(c) *Prüfpläne ohne Ersetzen.* Wie in (b) soll die unbekannte Ausfallrate λ einer exponentiellen Lebensdauerverteilung geschätzt werden. Ausgefallene Elemente werden jetzt jedoch nicht ersetzt. Der Prüfung wird auf eine der folgenden Weisen abgebrochen:

Fall 1. Zu einer bestimmten Zeit t_0.

Fall 2. Beim r-ten Ausfall, wobei r vor der Prüfung festgelegt wird, $1 \leqq r \leqq n$.

Fall 3. Zum Zeitpunkt min (t_0, Zeitpunkt des r-ten Ausfalls), wobei t_0 und r ($1 \leqq r \leqq n$) vor der Prüfung festgelegt werden.

Es sei $\tau(t)$ die durch (2.11) definierte Gesamtprüfungszeit in $[0, t]$. τ_0 bezeichne die Gesamtprüfungszeit am Ende des Versuches. Es sei $N^*(\tau)$ die Anzahl der bis zum Zeitpunkt, in dem die Gesamtprüfungszeit (nicht die echte Zeit) den Wert τ erreicht hat, beobachteten Ausfälle. Dann ist $\{N^*(\tau); 0 \leqq \tau \leqq \tau_0\}$ stochastisch äquivalent zu einem POISSON-Prozeß mit der Intensität λ unter der Bedingung, daß der Prozeß zum Zeitpunkt $\tau(t_0)$ (Fall 1), zum Zeitpunkt des r-ten Ausfalls (Fall 2) und im Zeitpunkt min ($\tau(t_0)$, Zeitpunkt des r-ten Ausfalls) (Fall 3) abbricht.

Zum Beweis der letzten Behauptung sei bemerkt, daß die gesamte zwischen $(i-1)$-tem und i-tem Ausfall geleistete Prüfungszeit gleich $(n - i + 1) \times \times (Y_{i:n} - Y_{i-1:n})$ ist, wobei $Y_{1:n}, Y_{2:n}, \ldots, Y_{n:n}$ die Ordnungsstatistiken aus einer Stichprobe vom Umfang n sind. Gemäß Korollar 2.6 sind die Größen $nY_{1:n}, (n-1) \times \times (Y_{2:n} - Y_{1:n}), \ldots, Y_{n:n} - Y_{n-1:n}$ unabhängig und identisch verteilt gemäß der Exponentialverteilung $G_\lambda(t) = 1 - e^{-\lambda t}$. Aus Definition 3.1 folgt, daß $\{N^*(\tau); 0 \leqq \tau \leqq \tau_0\}$ ein POISSON-Prozeß mit der Intensität λ ist.

Wir haben aus Definition 3.1 erkannt, daß bei einem POISSON-Prozeß die Intervalle Y_i zwischen dem $(i-1)$-ten und dem i-ten Ereignis für $i = 1, 2, \ldots$ unabhängig und identisch verteilt sind gemäß der Exponentialverteilung $G_\lambda(t) = 1 - e^{-\lambda t}$. Es sei $S_k = \sum_{i=1}^{k} Y_i$ der Zeitpunkt des k-ten Ereignisses, wobei $S_0 = 0$ gesetzt wird. Dann läßt sich folgender Satz beweisen.

3.6. Satz. *Für einen* POISSON-*Prozeß stimmt die bedingte gemeinsame Verteilung von $S_1, S_2, \ldots, S_k$ unter der Bedingung $S_{k+1} = s$ mit der Verteilung der Ordnungsstatistiken einer Stichprobe vom Umfang k aus der Gleichverteilung auf $[0, s]$ überein. Bezeichnet $f(s_1, \ldots, s_k \mid s)$ die bedingte gemeinsame Dichte von $S_1, \ldots, S_k$ unter der Bedingung*

$S_{k+1} = s$, so gilt also

$$f(s_1, \dots, s_k \mid s) = \frac{k!}{s^k} \quad \text{für } 0 \leqq s_1 \leqq \dots \leqq s_k \leqq s\,. \tag{3.3}$$

Beweis. Ist die Intensität des POISSON-Prozesses gleich λ, so läßt sich die bedingte gemeinsame Dichte folgendermaßen ausdrücken:

$$f(s_1, \dots, s_k \mid s) = \frac{\lambda\,e^{-\lambda s_1}\,\lambda\,e^{-\lambda(s_2-s_1)} \dots \lambda\,e^{-\lambda(s-s_k)}}{\dfrac{\lambda^{k+1}s^k}{k!}\,e^{-\lambda s}} \qquad \text{für } 0 \leqq s_1 \leqq \dots \leqq s_k \leqq s\,.$$

Der Nenner ist die Gammadichte der Ordnung $k+1$ und stellt gemäß Satz 2.8 die Dichte von S_{k+1} dar. Der Zähler drückt direkt die gemeinsame Dichte von $k+1$ unabhängigen Beobachtungen für die Exponentialverteilung G aus. Durch Vereinfachung erhalten wir (3.3). ∎

Bemerkung. Unter der Bedingung $S_{k+1} = s$. Sind die ungeordneten Zeitpunkte des Auftretens der Ereignisse unabhängige auf $[0, s]$ gleichverteilte Zufallsvariablen.

Ein eng verwandtes Ergebnis beinhaltet der Satz 3.7.

3.7. Satz. *Unter der Bedingung, daß in einem* POISSON-*Prozeß in $[0, t_0]$ k Ereignisse eingetreten sind, stimmt die gemeinsame Verteilung der aufeinanderfolgenden Zeitpunkte ihres Auftretens $S_1, \dots, S_k$ mit der Verteilung der Ordnungsstatistiken einer Stichprobe vom Umfang k aus einer in $[0, t_0]$ gleichverteilten Grundgesamtheit überein. Für die bedingte gemeinsame Dichte $f(s_1, \dots, s_k \mid k)$ von $S_1, \dots, S_k$ unter der Bedingung, daß $N(t_0) = k$ ist, erhalten wir*

$$f(s_1, \dots, s_k \mid k) = \frac{k!}{t_0^k} \quad \text{für } 0 \leqq s_1 \leqq \dots \leqq s_k \leqq t_0\,. \tag{3.4}$$

Beweis. Wenn die Intensität des POISSON-Prozesses gleich λ ist, kann die bedingte gemeinsame Dichte folgendermaßen ausgedrückt werden:

$$f(s_1, \dots, s_k \mid k) = \frac{\lambda\,e^{-\lambda s_1} \cdot \lambda\,e^{-\lambda(s_2-s_1)} \dots \lambda\,e^{-\lambda(s_k-s_{k-1})} \cdot e^{-\lambda(t_0-s_k)}}{\dfrac{(\lambda t_0)^k}{k!}\,e^{-\lambda t_0}}$$

$$\text{für } 0 \leqq s_1 \leqq \dots \leqq s_k \leqq t_0\,.$$

Der Nenner stellt die Wahrscheinlichkeit der Bedingung $N(t_0) = k$ gemäß Definition 3.2(b) dar. Der Zähler stellt die gemeinsame Wahrscheinlichkeitsdichte von k aufeinanderfolgenden Beobachtungen der Größen $s_1, s_2 - s_1, \dots, s_k - s_{k-1}$ bei einer Exponentialverteilung dar, multipliziert mit der Überlebenswahrscheinlichkeit für das verbleibende Teilintervall der Länge $t_0 - s_k$. Durch Vereinfachung ergibt sich (3.4). ∎

Bemerkung. Unter der Bedingung, daß k Ereignisse in $[0, t_0]$ aufgetreten sind, sind die ungeordneten Zeitpunkte ihres Auftretens unabhängig und gleichverteilt auf $[0, t_0]$.

Die Sätze 3.6 und 3.7 und das folgende Korollar 3.8 führen auf praktikable Tests für die Exponentialität der zugrundeliegenden Verteilung, wie wir im folgenden Band über Zuverlässigkeitsstatistik zeigen werden.

Unter Benutzung des in Beispiel 3.5(c) eingeführten Begriffs der Gesamtprüfungsdauer gewinnen wir sofort das Korollar 3.8.

3.8. Korollar. Wir betrachten wie in Beispiel 3.5(c) beschrieben einen Prüfplan ohne Ersetzen. $\tau(Y_{i:n})$ stelle die Gesamtprüfungszeit bis zum Zeitpunkt $Y_{i:n}$ des i-ten Ausfalls dar.

(a) Unter der Bedingung $\tau(Y_{k+1:n}) = \tau$ ist die bedingte gemeinsame Verteilung von $\tau(Y_{1:n}), \dots, \tau(Y_{k:n})$ die gleiche wie die der geordneten Stichproben vom Umfang k aus einer in $[0, t_0]$ gleichverteilten Gesamtheit.

(b) Unter der Bedingung, daß k Ausfälle in $[0, t_0]$ vorkamen, ist die bedingte gemeinsame Verteilung von $\tau(Y_{1:n}), \dots, \tau(Y_{k:n})$ die gleiche wie die der geordneten Stichproben vom Umfang k aus einer in $[0, t_0]$ gleichverteilten Gesamtheit.

Als nächstes betrachten wir die *Überlagerung* unabhängiger POISSON-Prozesse, d. h. einen Prozeß, der aus der Vereinigung der Ereigniszeitpunkte jedes der einzelnen POISSON-Prozesse entsteht. In Abb. 3.3.1 sind die Ereigniszeitpunkte des Prozesses 1 in Zeile 1 dargestellt und die des Prozesses 2 in der Zeile 2. Der Überlagerungsprozeß ist darunter dargestellt.

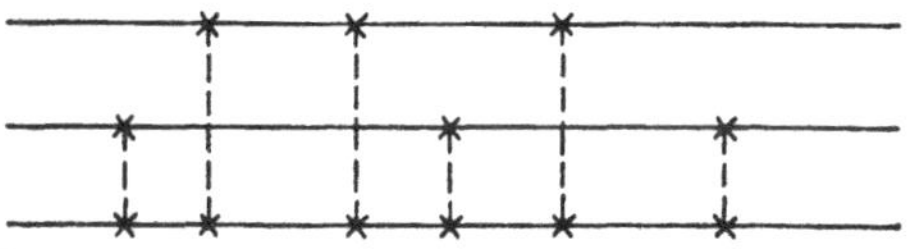

Abb. 3.3.1. Überlagerung zweier Prozesse

Wir beweisen den folgenden Satz 3.9.

3.9. Satz. *Die Überlagerung zweier unabhängiger* POISSON-*Prozesse mit den Intensitäten* λ_1 *und* λ_2 *ist selbst ein* POISSON-*Prozeß mit der Intensität* $\lambda = \lambda_1 + \lambda_2$.

Beweis. Es sei $N(t)$ die Anzahl der in $[0, t]$ aufgetretenen Ereignisse des vereinigten Prozesses. Dann besitzt $\{N(t); t \geqq 0\}$ stationäre unabhängige Zuwächse, da jeder der zu überlagernden Prozesse solche besitzt. Damit gilt die Bedingung (a) der Definition 3.2.

Für die Zeitpunkte s und t, $s < t$, ist $N(t) - N(s)$ die Summe zweier unabhängiger zufälliger POISSON-verteilter Variablen mit den Mittelwerten $\lambda_1(t - s)$ bzw. $\lambda_2(t - s)$. Nach dem weiter unten folgenden Satz 4.2 ist $N(t) - N(s)$ selbst eine POISSONsche zufällige Variable mit dem Mittelwert $\lambda_1(t - s) + \lambda_2(t - s) \equiv \lambda(t - s)$. Somit gilt die Bedingung (b) der Definition 3.2. ∎

Ein wichtiges Beispiel für die Überlagerung unabhängiger POISSON-Prozesse ergibt sich in folgendem Falle. Wir betrachten ein Seriensystem, bei dem die i-te Komponente eine Lebensdauerverteilung $G_{\lambda_i} = 1 - e^{-\lambda_i t}$, $i = 1, 2, \dots, n$, besitzt. Wenn eine Komponente ausfällt, wird sie sofort durch eine gleiche Komponente mit der gleichen Lebensdauerverteilung ersetzt. Es wird angenommen, daß alle Komponenten statistisch unabhängig sind. Gemäß Definition 3.1 stellt die Folge der Ausfallzeitpunkte (Erneuerungszeitpunkte) der Komponente i einen POISSON-Prozeß mit der Intensität λ_i dar. Da das System jedesmal ausfällt, wenn irgendeine seiner n-Komponenten ausfällt, stellt die Folge der Systemausfälle eine Überlagerung der n POISSON-Prozesse der Komponenten dar. Somit kann wegen Satz 3.9 die Folge der Systemausfälle als POISSON-Prozeß mit der Intensität $\lambda = \sum_{i=1}^{n} \lambda_i$ betrachtet werden.

Übungen

1. Man beweise, daß die Bedingungen von Definition 3.2 die Bedingungen von Definition 3.1 implizieren.
2. Man beweise, daß die Definition 3.4 eines POISSON-Prozesses äquivalent zur Definition 3.1 oder zur Definition 3.2 ist.
3. Eine zufällige Stichprobe von n Elementen wird bis zum völligen Ausfall getestet. Es ergeben sich die geordneten Lebenszeiten $Y_{1:n} \leqq Y_{2:n} \leqq \ldots \leqq Y_{n:n}$. Wenn die zugrundeliegende Lebensdauerverteilung exponentiell ist, d. h. $G_\lambda(t) = 1 - e^{-\lambda t}$, und $\tau(Y_{r:n}) = nY_{1:n} + (n-1)(Y_{2:n} - Y_{1:n}) + \ldots + (n-r+1)(Y_{r:n} - Y_{r-1:n})$ die Gesamtprüfungsdauer bis zum r-ten Ausfall ist, so besitzt $2\lambda\tau(Y_{r:n})$ eine χ^2-Verteilung mit $2r$ Freiheitsgraden für $1 \leqq r \leqq n$.
4. Unter den gleichen Annahmen wie in Übung 3 ist zu zeigen, daß
$$\sum_{i=1}^{r-1} \frac{\tau(Y_{i:n})}{\tau(Y_{r:n})}$$
asymptotisch normalverteilt ist mit dem Mittelwert $(r-1)/2$ und der Varianz $(r-1)/12$ für $r \to \infty$ und $n \to \infty$.
5. Die Anzahl $N(t)$ der im Intervall $[0, t]$ aufgetretenen Schocks werde durch einen POISSON-Prozeß der Intensität λ bestimmt. Die Wahrscheinlichkeit dafür, daß ein Schock zerstörend wirkt sei unabhängig von allen anderen Ereignissen gleich q. Dann stellt die Folge der *zerstörenden* Schocks einen POISSON-Prozeß mit der Intensität $q\lambda$ dar.
6. Die Anzahl $N_i(t)$ der im Intervall $[0, t]$ aufgetretenen Schocks werde durch einen POISSON-Prozeß der Intensität λ_i, $i = 1, \ldots, n$, bestimmt, wobei die n Prozesse untereinander unabhängig sind. Die Gesamtzahl $N(t) = \sum_{i=1}^{n} N_i(t)$ der Schocks aller Arten wird von einem POISSON-Prozeß mit der Intensität $\lambda = \sum_{i=1}^{n} \lambda_i$ bestimmt.

§ 4. Die POISSON-Verteilung

In der Definition 3.2 eines POISSON-Prozesses wurde festgestellt, daß die Anzahl der in einem festen Intervall eingetretenen Ereignisse von der POISSON-Verteilung bestimmt wird. In diesem Paragraphen geben wir einige nützliche Eigenschaften der POISSON-Verteilung und ihre Anwendungen in der Zuverlässigkeitstheorie an.

4.1. Definition. Eine ganzzahlige zufällige Variable wird als POISSON-*verteilt* mit dem Parameter m bezeichnet, wenn

$$P[N = i] = \frac{m^i}{i!} e^{-m} \qquad \text{für } i = 0, 1, 2, \ldots \tag{4.1}$$

Für die POISSON-Verteilung wird die erzeugende Funktion der Momente (EFM) bestimmt durch

$$M(t) = \sum_{i=0}^{\infty} P[N = i] e^{it} = \sum_{i=0}^{\infty} \frac{(m e^t)^i}{i!} e^{-m},$$

d. h.

$$M(t) = e^{m(e^t - 1)}. \tag{4.2}$$

Aus (4.2) erhalten wir die ersten zwei Momente μ_1 und μ_2 und die Varianz σ^2 der POISSON-Verteilung wie folgt:

$$\mu_1 = M'(t)|_{t=0} = e^{me^t - m} (m e^t)|_{t=0} = m,$$

$$\mu_2 = M''(t)|_{t=0} = e^{me^t - m} (m e^t)^2|_{t=0} + e^{me^t - m} (m e^t)|_{t=0} = m^2 + m.$$

Somit ist $\sigma^2 = \mu_2 - \mu_1^2 = m$. Mittelwert und Varianz der POISSON-Verteilung sind also gleich dem Parameter m. Für das folgende halten wir fest:

$$\mu_1 = m = \sigma^2 . \tag{4.3}$$

Ein anderes grundlegendes Ergebnis kann unter Benutzung der EFM gewonnen werden.

4.2. Satz. *Es seien N_1 und N_2 unabhängige* POISSON*sche zufällige Variablen mit den Mittelwerten m_1 bzw. m_2. Dann ist $N = N_1 + N_2$ eine* POISSON*sche zufällige Variable mit dem Mittelwert $m = m_1 + m_2$.*

Beweis. Die EFM $M_N(t)$ von N wird bestimmt durch

$$M_N(t) = M_{N_1}(t) \cdot M_{N_2}(t) ,$$

wobei $M_{N_i}(t)$ die EFM von N_i ist. Somit gilt

$$M_N(t) = e^{m_1 e^t - m_1} \cdot e^{m_2 e^t - m_2} = e^{(m_1+m_2)e^t - (m_1+m_2)} ,$$

was wegen (4.2) die EFM einer POISSONschen zufälligen Variablen mit dem Mittelwert $m = m_1 + m_2$ darstellt. ∎

Eine Anwendung dieses Resultats erfolgt bei dem sogenannten Ersatzteilproblem.

4.3. Das Ersatzteilproblem. Wir betrachten ein System aus k Komponenten, bei denen Teile eines einzigen Typs mit der Lebensdauerverteilung $G_\lambda(t) = 1 - e^{-\lambda t}$ benutzt werden, wobei alle Lebenszeiten stochastisch unabhängig sind. Wenn ein Teil ausfällt, wird es sofort durch ein Ersatzteil ersetzt, falls eines vorhanden ist. Die Komponente j muß t_j Stunden arbeiten, $j = 1, \dots, k$, damit das System seine Funktion erfüllt. (Die t_j können unterschiedlich sein, da es möglich ist, daß nicht alle Komponenten während der Arbeit des Systems in Betrieb sein müssen.) Es ist die Anzahl n der Ersatzteile zu bestimmen, die erforderlich ist, um mit einer Sicherheit $\geqq \alpha$ zu gewährleisten, daß das System seine Aufgabe erfüllt, ohne wegen Ersatzteilmangels auszufallen.

Es bezeichne $N_j(t_j)$ die Anzahl der Ausfälle der j-ten Komponente unter der Annahme, daß Ersatzteile verfügbar sind, wenn sie benötigt werden. Damit ist n die kleinste ganze Zahl r, die folgende Ungleichung erfüllt

$$P[N_1(t_1) + \dots + N_k(t_k) \leqq r] \geqq \alpha . \tag{4.4}$$

Zunächst sei festgestellt, daß $N_j(t_j)$ eine zufällige POISSONsche Variable mit dem Mittelwert λt_j ist (gemäß der Definition 3.2). Somit ist wegen Satz 4.2 auch $N_1(t_1) + \dots$ $\dots + N_k(t_k)$ eine zufällige POISSONsche Variable mit dem Mittelwert $m = \lambda(t_1 + \dots + t_k)$. Der Erwartungswert in der Gesamtanzahl von Ausfällen stellt also das Produkt der Ausfallrate λ und der Gesamtarbeitszeit $(t_1 + \dots + t_k)$ dar. Somit ergibt sich

$$P[N_1(r_1) + \dots + N_k(t_k) \leqq r] = \sum_{i=0}^{r} \frac{m^i}{i!} e^{-m} . \tag{4.5}$$

Aus (4.4) und (4.5) folgt, daß die Lösung n die kleinste ganze Zahl r mit

$$\sum_{i=0}^{r} \frac{m^i}{i!} e^{-m} \geqq \alpha . \tag{4.6}$$

ist. Wir können n aus den Tafeln von MOLINA (1942), PEARSON und HARTLEY (1956) oder General Electric Co. (1962) bestimmen.

Bemerkung. Eine einfache Verallgemeinerung ist für den Fall möglich, wenn die Ausfallraten nicht notwendig gleich sind, obwohl alle Komponenten funktionell die gleichen sind und Ersatzteile gleicher Art verwendet werden können. Beispielsweise können die einzelnen Komponenten unter verschiedenen Temperaturen arbeiten. Die Ausfallrate für die j-te Komponente sei λ_j, $j = 1, \dots, k$. Wir können dann wie oben verfahren; allerdings ist jetzt $N_1(t_1) + \dots + N_k(t_k)$ eine zufällige POISSONsche Variable mit dem Mittelwert $m = \lambda_1 t_1 + \dots + \lambda_k t_k$.

Beispiel. Eine Siliziumdiode mit exponentieller Lebensdauer wird an einer Anzahl von Stellen in einem elektronischen Schaltkreis eingesetzt. An den ersten fünf Stellen ist ihre Ausfallrate gleich 0,000002, an den nächsten drei Stellen gleich 0,000001 und an den letzten vier Stellen gleich 0,000003. Es wird ein Ersatzteillager benötigt, um 100 derartiger Schaltkreise über 10000 Stunden in Betrieb zu halten. Wieviele Teile muß das Lager enthalten, um zu gewährleisten, daß die Wahrscheinlichkeit eines Fehlens von Ersatzteilen $\leqq 0{,}05$ ist?

Die Gesamtzahl N von Ausfällen an Siliziumdioden während der 10000 Betriebsstunden ist eine POISSONsche zufällige Variable mit dem Erwartungswert $(5 \cdot 0{,}000002 + 3 \cdot 0{,}000001 + 4 \cdot 0{,}000003) \cdot 100 \cdot 1000 = 2{,}5$. Aus der Tafel von MOLINA (1942) finden wir $P[N > 5] = 0{,}0420$ und $P[N > 4] = 0{,}1088$. Somit ist die kleinste Anzahl an Ersatzsiliziumdioden, die mit einer Sicherheit von 0,95 gewährleistet, daß der Vorrat ausreicht, gleich 5.

4.4. Binomialmomente der POISSON-Verteilung. Abschließend bestimmen wir die Binomialmomente B_k der POISSON-Verteilung für $k = 1, 2, \dots$, die wir im Kapitel 6 benötigen. Für eine diskrete zufällige Variable N wird das k-te Binomialmoment B_k folgendermaßen definiert:

$$B_k = E\binom{N}{k}, \qquad k = 1, 2, \dots$$

Somit erhalten wir für eine POISSONsche zufällige Variable mit dem Mittelwert m

$$B_k = \sum_{i=k}^{\infty} \binom{i}{k} \frac{m^i}{i!} \mathrm{e}^{-m} = \frac{\mathrm{e}^{-m} m^k}{k!} \sum_{i=k}^{\infty} \frac{m^{i-k}}{(i-k)!}.$$

Daraus folgt

$$B_k = \frac{m^k}{k!} \qquad \text{für } k = 1, 2, \dots \tag{4.7}$$

Übungen

1. In dem Ersatzteilproblem von 4.3 nehmen wir an: $k = 3$, $t_1 = 1000$, $t_2 = 2000$, $t_3 = 1500$, $\lambda = 0{,}001$ und $\alpha = 0{,}95$. Man bestimme n.
2. Es wird angenommen, daß für jede der drei Komponenten aus Übung 1 ein gesonderter Ersatzteilvorrat gehalten wird. Man bestimme die Anzahlen n_1, n_2, n_3, die mit einer Sicherheit von 0,95 gewährleisten, daß in allen drei Positionen die Ersatzteile ausreichen. Man zeige, daß $n_1 + n_2 + n_3$ größer ist als die Lösung n aus Übung 1.
3. Man beweise für das Modell 4.3 ganz allgemein, daß ein einziges gemeinsames Ersatzteillager für alle Komponenten (selbstverständlich bei gleichen Teilen) weniger Ersatzteile erfordert, um eine gegebene Sicherheit zu gewährleisten, als ein gesondertes Lager für jede Komponente.

4. Das Verhältnis von Varianz zu Mittelwert ist ein Maß für die Abweichung einer diskreten Verteilung von der POISSON-Verteilung. (Für die POISSON-Verteilung galt $\operatorname{var} N/EN = 1$.) Man zeige, daß für eine negativbinomial-verteilte zufällige Variable mit

$$P[N = k] = \binom{r + k - 1}{k} p^r q^k \qquad \text{für } k = 0, 1, 2, \ldots$$

($q = 1 - p$) die Ungleichung $\operatorname{var} N/EN \geqq 1$ gilt ($\operatorname{var} N$ bedeutet die Varianz von N).
5. Wir nehmen an, daß $\operatorname{var} N_\alpha/EN_\alpha > 1$ ist, wobei α ein Parameter ist, der die Verteilung von N_α indiziert. Es sei G eine Mischverteilung über α. Man zeige, daß $\operatorname{var} N/EN \geqq 1$ ist, wenn

$$P[N = k] = \int_0^\infty P[N_\alpha = k] \, dG(\alpha)$$

gilt, d. h., bei der Mischung von Verteilungen bleibt die Varianz-Mittelwert-Ungleichung erhalten.

§ 5. Parametrische Familien von Lebensdauerverteilungen mit monotoner Ausfallrate

Im § 1 haben wir ausgehend vom Begriff der Alterung einige sehr breite Klassen von Lebensdauerverteilungen eingeführt. Im § 2 haben wir die Eigenschaften der Exponentialverteilung dargestellt, deren Ausfallrate konstant ist. In diesem Paragraphen stellen wir einige parametrische Familien von Lebensdauerverteilungen dar, die für die Zuverlässigkeitstheorie bedeutungsvoll sind und Spezialfälle der im § 1 eingeführten Klasse sind; in jedem Falle ist die Ausfallrate monoton.

5.1. Die WEIBULL-Verteilung[1]). Diese Verteilung ist durch die Formel

$$F_\alpha(t) = 1 - e^{-(\lambda t)^\alpha} \qquad \text{für } t \geqq 0\,, \tag{5.1}$$

wobei $\lambda, \alpha > 0$ ist, bestimmt. Die WEIBULL-Verteilung ist eine Extremwertverteilung in dem Sinne, daß sie die Grenzverteilung des Minimums von unabhängigen zufälligen Variablen darstellt. (Die Theorie der Extremwertverteilungen wird detailliert in Kapitel 8 diskutiert.)

Die Ausfallrate $r(t)$ besitzt eine relativ einfache Form:

$$r(t) = \frac{f(t)}{\bar{F}(t)} = \alpha\lambda(\lambda t)^{\alpha - 1} \qquad \text{für } t > 0\,. \tag{5.2}$$

Somit ist die WEIBULL-Verteilung F_α eine IFR-Verteilung für $\alpha \geqq 1$ und eine DFR-Verteilung für $0 < \alpha \leqq 1$. Für $\alpha = 1$ ist $F_\alpha(t) = 1 - e^{-\lambda t}$ die Exponentialverteilung und zugleich eine IFR und eine DFR-Verteilung. Die Ausfallratefunktion r der WEIBULL-Verteilung ist in Abb. 3.5.1 dargestellt. Für $t \to \infty$ gilt $r(t) \uparrow \infty$ für $\alpha > 1$ und $r(t) \downarrow 0$ für $\alpha < 1$. Der Parameter α wird als Formparameter bezeichnet. Mit wachsendem α steigt die Ausfallratefunktion steiler an, und die Wahrscheinlichkeitsdichte wird spitzer. Der Parameter λ ist ein Skalenparameter, d. h., die Verteilung hängt von λ und t nur über das Produkt λt ab.

---

[1]) *Bezeichnung.* Sprechen wir von einer Verteilung F, so wird angenommen, daß $F(t) \equiv 0(1)$ für alle t gilt, die links (rechts) vom angegebenen Definitionsbereich liegen. Folglich besagt (5.1) implizit, daß $F_\alpha(t) \equiv 0$ für $t < 0$ gilt. Ist eine Wahrscheinlichkeitsdichte explizit im Intervall $[a, b]$ vorgegeben, so wird implizit angenommen, daß sie außerhalb von $[a, b]$ gleich 0 ist.

Die WEIBULL-Verteilung wurde benutzt, um Ermüdungsausfälle (WEIBULL, 1939), Ausfälle von Elektronenröhren (KAO, 1958) und Ausfälle von Kugellagern (LIEBLEIN und ZELEN, 1956) zu beschreiben. Sie ist gegenwärtig vermutlich die meistbenutzte parametrische Familie von Lebensdauer-Verteilungen.

5.2. Die Gammadichte. Sie wird bestimmt durch

$$g_{\lambda,\alpha}(t) = \frac{\lambda^\alpha t^{\alpha-1}}{\Gamma(\alpha)} e^{-\lambda t} \quad \text{für } t \geqq 0 \text{ mit } \lambda, \alpha > 0\,. \tag{5.3}$$

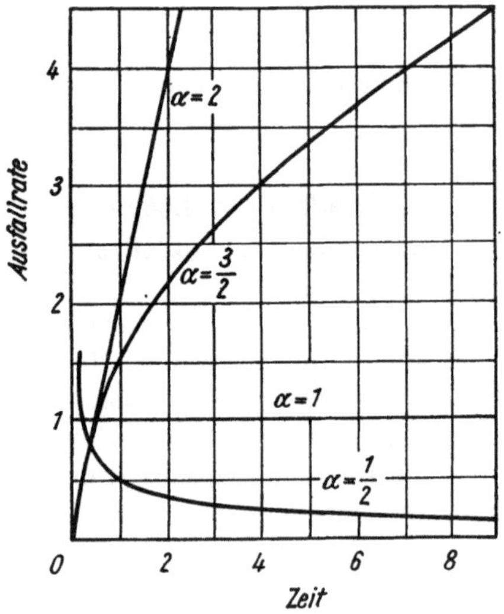

Abb. 3.5.1. Ausfallratekurven der WEIBULL-Verteilung für $\lambda = 1$

Für beliebiges α kann die Verteilungsfunktion geschrieben werden als

$$G_{\lambda,\alpha}(t) = \int_0^t g_{\lambda,\alpha}(x)\,dx\,.$$

Ist α eine positive ganze Zahl, so kann $G_{\lambda,\alpha}(t)$ in geschlossener Form dargestellt werden

$$G_{\lambda,\alpha}(t) = 1 - \sum_{i=0}^{\alpha-1} \frac{(\lambda t)^i}{i!} e^{-\lambda t} \qquad \text{für } t \geqq 0\,, \tag{5.4}$$

was sich direkt durch partielle Integration ergibt (vgl. Übung 5, § 2). Wie im Satz 2.8 gezeigt wurde, stellt die Gammaverteilung $G_{\lambda,\alpha}$ mit ganzzahligem Parameter α die Verteilung einer Summe von α unabhängigen exponentiellen zufälligen Variablen mit jeweils der gleichen Ausfallrate λ dar.

Um die Monotonieeigenschaften der Ausfallratefunktion der Gammaverteilung untersuchen zu können, schreiben wir

$$[r(t)]^{-1} = \frac{\overline{G}_{\lambda,\alpha}(t)}{g_{\lambda,\alpha}(t)} \int_t^\infty \left(\frac{x}{t}\right)^{\alpha-1} e^{-\lambda(x-t)}\,dx\,.$$

Durch die Variablentransformation $u = x - t$ erhalten wir

$$[r(t)]^{-1} = \int_0^\infty \left(1 + \frac{u}{t}\right)^{\alpha-1} e^{-\lambda u}\, du .$$

$[r(t)]^{-1}$ wächst also für $0 < \alpha \leqq 1$ und fällt für $\alpha \geqq 1$. Wir erhalten somit die folgende Schlußfolgerung.

5.3. Die Gammaverteilung. Die Verteilung $G_{\lambda,\alpha}$ ist eine IFR-Verteilung für $0 < \alpha \leqq 1$ und eine DFR-Verteilung für $\alpha \geqq 1$. Für $\alpha = 1$ stellt $G_{\lambda,\alpha}(t) = 1 - e^{-\lambda t}$ eine Exponentialverteilung dar.

Die Ausfallrate der Gammaverteilung ist in Abb. 3.5.2 für verschiedene Werte von α dargestellt. Für $t \to \infty$ gilt $r(t) \uparrow \lambda$ für $\alpha > 1$ und $\downarrow \lambda$ für $\alpha < 1$ (vgl. Übung 2).

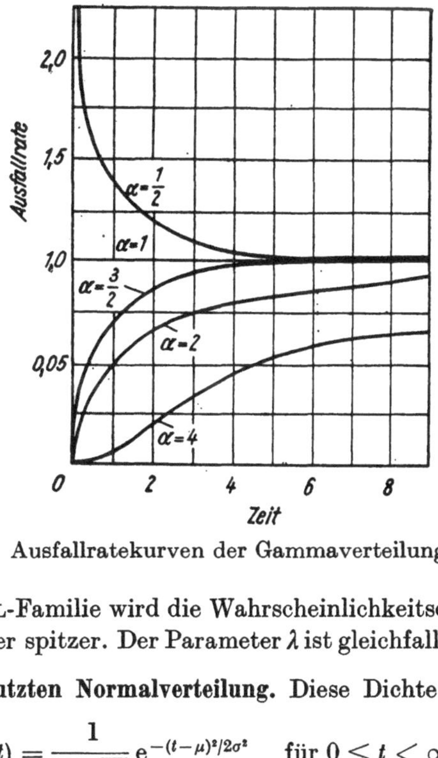

Abb. 3.5.2. Ausfallratekurven der Gammaverteilung für $\lambda = 1$

Wie bei der Weibull-Familie wird die Wahrscheinlichkeitsdichte mit wachsendem Formparameter α immer spitzer. Der Parameter λ ist gleichfalls ein Skalenparameter.

5.4. Dichte der gestutzten Normalverteilung. Diese Dichte wird bestimmt durch

$$f(t) = \frac{1}{a\sigma\sqrt{2\pi}} e^{-(t-\mu)^2/2\sigma^2} \quad \text{für } 0 \leqq t < \infty \tag{5.5}$$

mit $\sigma > 0$, $-\infty < \mu < \infty$, $a = \int_0^\infty (1/\sigma\sqrt{2\pi})\, e^{-(t-\mu)^2/2\sigma^2}\, dt$. Die Einführung von a sichert, daß $\int_0^\infty f(t)\, dt = 1$ ist, so daß f die Dichte einer (nichtnegativen) Lebensdauer ist. Für $\mu \gg 3\sigma$ liegt der Wert von a sehr dicht bei 1 und kann für die meisten praktischen Fälle fortgelassen werden, so daß sich (5.5) auf die übliche Dichte der Normalverteilung reduziert.

Davis (1952) hat durch Untersuchung der Ausfalldaten einer breiten Menge von Erzeugnissen empirisch festgestellt, daß die Lebensdauerverteilung von Erzeugnissen, die unter strengen Bedingungen erzeugt und getestet werden, recht gut von der gestutzten Normalverteilung der Form (5.5) approximiert werden kann.

Um die Monotonieeigenschaften der Ausfallratefunktion $r(t)$ von (5.5) untersuchen zu können, ist es günstig, die Klasse der Pólya-Frequenzfunktionen zweiter Ordnung (PF_2) zu betrachten, die auch sonst von beträchtlichem Interesse sind (Karlin, 1968).

5.5. Definition. Eine Funktion $h(x)$, $-\infty < x < \infty$, ist eine PF_2-*Funktion*, wenn

(a) $h(x) \geqq 0$ für $-\infty < x < \infty$

und eine der drei äquivalenten Bedingungen erfüllt sind:

$$\text{(b)} \quad \begin{vmatrix} h(x_1 - y_1) & h(x_1 - y_2) \\ h(x_2 - y_1) & h(x_2 - y_2) \end{vmatrix} \geqq 0 \tag{5.6}$$

für alle $-\infty < x_1 < x_2 < \infty$ und $-\infty < y_1 < y_2 < \infty$;

(b') $\ln h(x)$ ist konkav auf $(-\infty, \infty)$;

(b'') für festes $\Delta > 0$ ist $h(x + \Delta)/h(x)$ fallend in x für $a \leqq x \leqq b$, wobei $a = \inf\{y : h(y) > 0\}$ und $b = \sup\{y : h(y) > 0\}$ ist.

Der Beweis der Äquivalenz von (b), (b') und (b'') bleibt dem Leser überlassen (Übung 12).

Eine Pólya-Frequenzfunktion zweiter Ordnung ist nicht notwendig eine Wahrscheinlichkeitsdichte, da $\int_{-\infty}^{\infty} f(x)\,dx$ nicht 1 sein muß bzw. gar nicht zu existieren braucht. Total positive Funktionen, eine Verallgemeinerung der Pólya-Frequenzfunktionen, werden im § 4, Kapitel 4 betrachtet.

Als nächstes beweisen wir, daß eine IFR-Überlebenswahrscheinlichkeit eine PF_2-Funktion darstellt.

5.6. Satz. *Es sei F eine Verteilungsfunktion. Dann ist F eine* IFR-*Verteilung genau dann, wenn $\overline{F}$ eine* PF_2-*Funktion darstellt.*

Beweis. Gemäß Definition 1.1 ist die Tatsache, daß F eine IFR-Verteilung ist, äquivalent damit, daß $\overline{F}(t + \Delta)/\overline{F}(t)$ in $-\infty < t < \infty$ für jedes $\Delta \geqq 0$ fällt. Somit folgt wegen Definition 5.5(b'') die Äquivalenz mit der PF_2-Eigenschaft von $\overline{F}$.

Wegen ihrer logarithmischen Konkavität besitzt die Überlebenswahrscheinlichkeit einer IFR-Verteilung gewisse Glattheitseigenschaften, was im Lemma 5.7 zum Ausdruck kommt.

5.7. Lemma. *Ist F eine* IFR-*Verteilung und ist $F(z) < 1$, dann ist F absolutstetig auf $(-\infty, z)$, d. h., F besitzt eine Wahrscheinlichkeitsdichte auf $(-\infty, z)$.*

Beweis. Es bezeichne $R(z) \equiv -\ln \overline{F}(z)$ die Gefahrfunktion (vgl. 1.4). Es sei $\varepsilon > 0$, und für die Zahlen $\alpha_1 < \beta_1 < \alpha_2 < \beta_2 < \dots < \alpha_m < \beta_m \leqq z$ gelte die Ungleichung $\sum_{i=1}^{m} (\beta_i - \alpha_i) < \varepsilon / r^2(z)$, wobei $r^+(z) = \lim_{\delta \downarrow 0} [R(z + \delta) - R(z)]/\delta$ existiert und endlich ist, da $R \equiv -\ln \overline{F}$ konvex ist. Dann gilt

$$\sum_{=1}^{m} |R(\beta_i) - R(\alpha_i)| = \sum_{i=1}^{m} \{[R(\beta_i) - R(\alpha_i)]/(\beta_i - \alpha_i)\}\,(\beta_i - \alpha_i) \leqq r^+(z) \sum_{i=1}^{m} (\beta_i - \alpha_i) \leqq \varepsilon\,.$$

Somit ist R absolutstetig auf $(-\infty, z)$, was zu zeigen war. ▌

Eine IFR-Verteilung kann jedoch einen Sprung an der rechten Grenze ihres Trägers aufweisen, wenn diese Grenze endlich ist.

5.8. Lemma. *Ist f eine Dichte vom Typ* PF_2 *auf* $[0, \infty)$, *dann ist die entsprechende Verteilung* $F(t) = \int_0^t f(x)\,dx$ *eine* IFR-*Verteilung.*

Beweis. Um zu zeigen, daß $r(t) = f(t)/\bar{F}(t)$ in t wächst, reicht es aus, für $t_1 < t_2$ zu zeigen

$$0 \geqq \begin{vmatrix} f(t_1) & f(t_2) \\ \bar{F}(t_1) & \bar{F}(t_2) \end{vmatrix} = \int_0^\infty \begin{vmatrix} f(t_1) & f(t_2) \\ f(t_1 + x) & f(t_2 + x) \end{vmatrix} dx .$$

Da f zur Klasse PF_2 gehört, ist die Determinante $\leqq 0$. Somit ist F eine IFR-Verteilung. ∎

Ein analoges Ergebnis wird in Lemma 5.9 formuliert.

5.9. Lemma. *Wenn f eine Dichte auf* $[0, \infty)$ *ist, für die* $\ln f(x)$ *auf* $[0, \infty)$ *konvex ist, dann gehört die entsprechende Verteilungsfunktion F zu der* DFR-*Klasse.*

Der *Beweis* bleibt dem Leser überlassen (Übung 13).

Wir kehren zur Untersuchung der Monotonie der Ausfallrate der gestutzten Normalverteilung zurück, die durch (5.5) eingeführt wurde. Wir bemerken, daß

$$\ln f(t) = -\ln (a\sigma \sqrt{2\pi}) - \frac{(t-\mu)^2}{2\sigma^2}, \qquad t \geqq 0,$$

eine auf $[0, \infty)$ konkave Funktion ist. Somit gehört die Dichte zur Klasse PF_2, und wegen Lemma 5.8 ist die gestutzte Normalverteilung eine IFR-Verteilung. Die Ausfallratefunktion der Normalverteilung ist in Abb. 3.5.3 dargestellt.

Ähnlich können die Lemmata 5.8 und 5.9 dazu benutzt werden, um zu zeigen, daß die Gamma-Verteilung mit der Dichte (5.3) für $\alpha \geqq 1$ eine IFR-Verteilung und für $\alpha \leqq 1$ eine DFR-Verteilung ist (vgl. Übung 10).

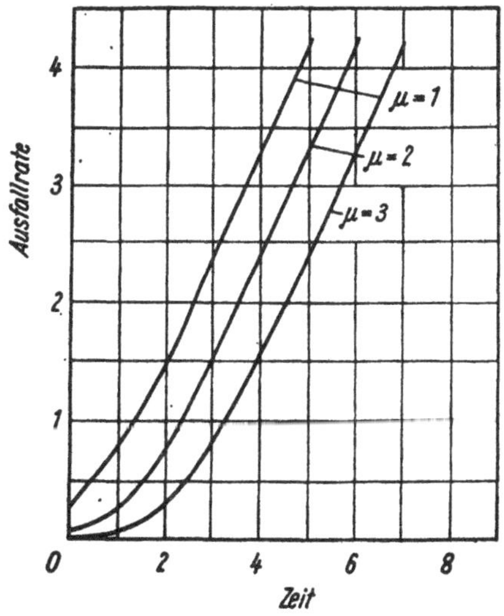

Abb. 3.5.3. Ausfallratekurven der Normalverteilung für $\sigma = 1$

Übungen

1. Man beweise mit Hilfe der Methode der erzeugenden Funktion der Momente: Sind $Y_1, \dots, Y_n$ unabhängige zufällige Variablen mit der Exponentialverteilung $1 - e^{-\lambda t}$, so ist $P[Y_1 + \dots + Y_n \leqq t] = 1 - \sum_{i=1}^{n-1} [(\lambda t)^i/i!]\, e^{-\lambda t}$ eine Gammaverteilung mit dem Formparameter n (Satz 2.8).
2. Man beweise, daß die Ausfallrate $r(t)$ für die Gammaverteilung $G_{\lambda,\alpha}$ mit $t \to \infty$ bei $\alpha > 1$ gegen λ wächst und bei $\alpha < 1$ gegen λ fällt.
3. X_1 besitze die Gammaverteilung G_{λ,α_1} und X_2 die Gammaverteilung G_{λ,α_2}. Sind X_1 und X_2 unabhängig, so besitzt die Summe $X_1 + X_2$ die Gammaverteilung $G_{\lambda,\alpha_1+\alpha_2}$.
4. Man berechne Mittelwert und Varianz der WEIBULL-Verteilung $F_\alpha(t) = 1 - e^{-(\lambda t)^\alpha}$.
5. Man berechne Mittelwert und Varianz der Gammaverteilung $G_{\lambda,\alpha}(t) = \int_0^t [(\lambda^\alpha t^{\alpha-1})/\Gamma(\alpha)] \times \times e^{-\lambda t}\, dt$.
6. Man zeige, daß eine PF_2-Dichte unimodal ist.
7. Man zeige, daß die folgenden Dichten der Klasse PF_2 angehören:
   (a) Exponentialverteilung $f(x) = \lambda\, e^{-\lambda x}$, $x \geqq 0$;
   (b) Gammaverteilung $g_{\lambda,\alpha}(x) = [(\lambda^\alpha x^{\alpha-1})/\Gamma(\alpha)]\, e^{-\lambda x}$, $x \geqq 0$ für $\alpha \geqq 1$;
   (c) WEIBULL-Verteilung $f_\alpha(x) = \alpha\lambda(\lambda x)^{\alpha-1}\, e^{-(\lambda x)^\alpha}$, $x \geqq 0$, $\alpha \geqq 1$;
   (d) Gestutzte Normalverteilung:
   $$f(x) = (1/a\sqrt{2\pi}\,\sigma)\, e^{-(x-\mu)^2/2\sigma^2},\ x \geqq 0,\ -\infty < \mu < \infty \text{ und } \sigma > 0;$$
   (e) Normalverteilung $f(x) = (1/\sqrt{2\pi}\,\sigma)\, e^{-(x-\mu)^2/2\sigma^2}$, $-\infty < x < \infty$;
   (f) LAPLACE-Verteilung $f(x) = \frac{1}{2}\, e^{-|x|}$, $-\infty < x < \infty$.
8. Man zeige, daß die folgenden Dichten nicht der Klasse PF_2 angehören:
   (a) WEIBULL-Verteilung mit einem Formparameter $\alpha < 1$:
   $f(x) = \alpha\lambda(\lambda x)^{\alpha-1}\, e^{-(\lambda x)^\alpha}$, $x \geqq 0$, $\lambda > 0$, $0 < \alpha < 1$.
   (b) CAUCHY-Verteilung $f(x) = 1/\pi(1 + x^2)$, $-\infty < x < \infty$.
9. Man gebe ein Beispiel für eine IFR-Verteilung an, deren Dichte nicht der Klasse PF_2 angehört.
10. Unter Benutzung der Lemmata 5.8 und 5.9 beweise man, daß die Gammaverteilung mit der Dichte (5.3) eine IFR-Verteilung für $\alpha \geqq 1$ und eine DFR-Verteilung für $\alpha \leqq 1$ ist.
11. Wenn f die Dichte einer DFR-Verteilung ist, so ist $f(x) > 0$ für $x \geqq 0$.
12. Man beweise, daß (b), (b′), (b″) in Definition 5.5 äquivalent sind.
13. Man beweise das Lemma 5.9.

§ 6. Bemerkungen und Literaturhinweise

§ 1. BARLOW, MARSHALL und PROSCHAN (1963) haben systematisch die Eigenschaften von Verteilungen mit monotonen Ausfallraten dargestellt. BRYSON und SIDDIQUI (1969) behandeln einige Varianten des Alterungsbegriffes.

§ 2. Viele der grundlegenden Ergebnisse dieses Paragraphen wurden in den Arbeiten von SUKATHME (1936, 1937), EPSTEIN und SOBEL (1953, 1954) und RÉNYI (1953) entwickelt.

§ 3. Die axiomatische Darstellung des POISSON-Prozesses aus 3.4 findet man z. B. bei FELLER (1968). Andere äquivalente Definitionen wurden in PARZEN (1962) angegeben. Bezüglich der Überlagerung von Prozessen vgl. COX und LEWIS (1966).

§ 4. Eine nützliche geschlossene Behandlung der POISSON-Verteilung und ihrer Eigenschaften findet man bei HAIGHT (1967).

§ 5. Eine ausführliche Behandlung der PÓLYA-Frequenzfunktionen findet man bei KARLIN (1968).

KAPITEL 4

KLASSEN VON LEBENSDAUERVERTEILUNGEN, DIE AUF ALTERUNGSBEGRIFFEN BERUHEN

§ 1. Einführung

Im § 1 des Kapitels 3 haben wir einen Begriff der Alterung betrachtet, der sich auf das Verhalten der Ausfallratefunktion stützte. Insbesondere haben wir die Begriffe der wachsenden Ausfallrate (IFR) und der fallenden Ausfallrate (DFR) eingeführt. Im § 5 des Kapitels 3 haben wir Beispiele bekannter Familien von Lebensdauerverteilungen angegeben, die entweder wachsende oder fallende Ausfallraten besitzen.

In diesem Kapitel untersuchen wir Systeme aus Komponenten mit monotoner Ausfallrate. Im § 2 werden wir sehen, daß ein monotones System mit unabhängigen IFR-Komponenten nicht notwendig eine IFR-Lebensdauerverteilung besitzt. Die Ausfallrate des Systems wächst jedoch im Mittel. Im § 3 werden wir erkennen, daß Lebensdauerverteilungen, deren Ausfallraten im Mittel wachsen, auf natürliche Weise bei Schockmodellen auftreten, in denen die Beschädigungen akkumuliert werden, bis eine kritische Schwelle überschritten wird. Im § 4 untersuchen wir die Wirkungen anderer Zuverlässigkeitsoperationen wie die Bildung von Summen unabhängiger Lebenszeiten (d. h. die Faltung der entsprechenden Lebensdauerverteilungen) und die Bildung von Mischungen von Lebensdauerverteilungen. Wir stellen für jede Klasse von Lebensdauerverteilungen fest, ob eine gegebene Zuverlässigkeitsoperation auf eine Lebensdauerverteilung aus der gleichen Klasse führt. Im § 5 führen wir eine Halbordnungsrelation für Verteilungen einer Klasse ein. Auf diese Weise werden, grob gesagt, in der IFR-Klasse die Verteilungen nach dem Grad des Ansteigens der Ausfallraten geordnet. Ähnliches ergibt sich bei den anderen Klassen von Lebensdauerverteilungen. Im § 6 bestimmen wir die Schranken für die Zuverlässigkeit bei partieller Information über die zugrundeliegende Lebensdauerverteilung, wie ihre Zugehörigkeit zur IFR-Klasse mit vorgegebenem Erwartungswert. Schließlich vergleichen wir im § 7 die mittleren Lebenszeiten von Serien- und Parallelsystemen unter verschiedenen Annahmen über die Verteilungen der Komponenten.

Vorausschauend weisen wir darauf hin, daß im Kapitel 6 weitere Klassen von Lebensdauerverteilungen eingeführt werden, die bei Ersatzmodellen vorkommen. Wir werden zeigen, wie diese Klassen von Lebensdauerverteilungen auf ganz natürliche Weise bei Schockmodellen vorkommen können. Für diese Klassen erfolgt eine Analyse, die der in diesem Kapitel vorgenommenen Analyse der IFR- und DFR-Klassen ähnlich ist.

Im Kapitel 2 haben wir die Systemzuverlässigkeit zu einem *einzigen festen* Zeitpunkt betrachtet. In diesem Kapitel untersuchen wir die Systemzuverlässigkeit für ein *Zeitintervall* $[0, t]$. D. h., wir bestimmen die Wahrscheinlichkeit dafür, daß das System im Intervall $[0, t]$ erfolgreich arbeitet. Die Verbindung zwischen den beiden Vorgehensweisen kann durch zufällige Indikatorprozesse erfolgen. Es seien T_1, $T_2, \ldots, T_n$ die Lebenszeiten der nicht notwendig unabhängigen Komponenten eines monotonen Systems. Es sei

$$X_i(t) = \begin{cases} 1, & \text{wenn } T_i > t, \\ 0, & \text{sonst,} \end{cases}$$

der zufällige Indikatorprozeß für die Komponente i und T die Lebensdauer des Systems mit der Verteilung F. Wir setzen

$$X(t) = \begin{cases} 1, & \text{wenn } T > t, \\ 0, & \text{sonst.} \end{cases}$$

Dann ist

$$X(t) = \varphi[X_1(t), \dots, X_n(t)]$$

und

$$\overline{F}(t)\; P[X(s) = 1 \quad \text{für } 0 \leqq s \leqq t] = P[X(t) = 1] = EX(t),$$

da φ koordinatenweise nicht fallend ist. Sind die Komponenten *stochastisch unabhängig*, so gilt

$$\overline{F}(t) = h_\varphi[\overline{F}_1(t), \overline{F}_2(t), \dots, \overline{F}_n(t)]$$

gemäß Formel (1.2), Kapitel 2. Sind die Komponenten *nicht* stochastisch unabhängig, so reichen die Werte $F_i(t)$ der Verteilungsfunktionen der Komponenten zum Zeitpunkt t nicht mehr zur Bestimmung von $F(t)$ aus.

In diesem Kapitel interessieren wir uns vor allem für den Zusammenhang zwischen den Eigenschaften der Lebensdauerverteilungen F_i $(i = 1, 2, \dots, n)$ unabhängiger Komponenten und den Eigenschaften der Lebensdauerverteilung F des Systems. Modelle mit abhängigen Lebenszeiten der Komponenten betrachten wir in Kapitel 5.

§ 2. Lebensdauerverteilungen monotoner Systeme

In diesem Paragraphen untersuchen wir die Klasse von Verteilungen, die die Lebensdauer monotoner Systeme aus unabhängigen IFR-Komponenten beschreiben. Wir zeigen, daß diese Klasse bezüglich der Bildung monotoner Systeme abgeschlossen ist. D. h., jedes monotone System aus unabhängigen Komponenten, deren Lebensdauerverteilungen dieser Klasse angehören, besitzt eine Lebensdauerverteilung, die ebenfalls ein Element dieser Klasse ist.

Auf den ersten Blick scheint es begründet anzunehmen, daß ein monotones System eine wachsende Ausfallrate besitzt, wenn dies für jede Komponente des Systems gilt. Jedesmal wenn eine Komponente ausfällt, wird das System strukturell schwächer (wegen der Monotonie der Strukturfunktion eines monotonen Systems). Außerdem wird die Ausfallrate jeder Komponente mit der Zeit größer. Das nachfolgende Beispiel zeigt jedoch, daß ein monotones System aus unabhängigen IFR-Komponenten selbst nicht unbedingt eine IFR-Lebensdauerverteilung besitzen muß.

2.1. Beispiel. Es sei F die Lebensdauerverteilung eines Parallelsystems aus zwei unabhängigen Komponenten, die die Lebensdauerverteilungen $F_1(t) = 1 - e^{-\lambda_1 t}$ bzw. $F_2(t) = 1 - e^{-\lambda_2 t}$ besitzen. Dann ist

$$\overline{F}(t) = 1 - (1 - e^{-\lambda_1 t})\,(1 - e^{-\lambda_2 t}), \tag{2.1}$$

so daß gilt

$$r(t) = \frac{\lambda_1 e^{-\lambda_1 t} + \lambda_2 e^{-\lambda_2 t} - (\lambda_1 + \lambda_2) e^{-(\lambda_1+\lambda_2)t}}{e^{-\lambda_1 t} + e^{-\lambda_2 t} - e^{-(\lambda_1+\lambda_2)t}}. \tag{2.2}$$

Es läßt sich leicht zeigen, daß $r(t)$ auf $[0, t_0)$ wächst und auf (t_0, ∞) fällt, wobei t_0 von λ_1 und λ_2 abhängt (vgl. Übung 1). Abb. 4.2.1 zeigt dieses Verhalten für verschiedene Kombinationen von λ_1 und λ_2, die so normiert sind, daß $\lambda_1 + \lambda_2 = 1$ ist.

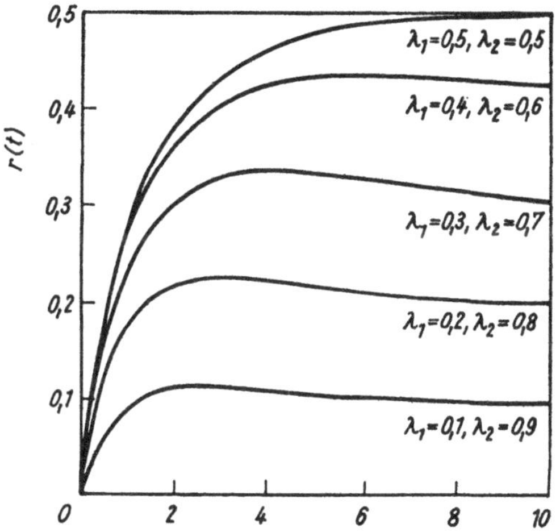

Abb. 4.2.1. Typische Formen der Systemausfallrate eines Parallelsystems aus zwei exponentiellen Komponenten mit den Ausfallraten $\lambda_1, \lambda_2, \lambda_1 + \lambda_2 = 1$

Da monotone Systeme aus unabhängigen Komponenten keine IFR-Verteilung besitzen müssen, ist es sinnvoll, die kleinste Klasse von Verteilungen zu bestimmen, die die Lebenszeiten monotoner Systeme mit IFR-Komponenten beschreiben. Wir werden in diesem Abschnitt sehen, daß das gerade die Klasse der Verteilungen mit wachsender mittlerer Ausfallrate (IFRA—increasing failure rate average) ist, die in folgender Definition exakt eingeführt wird.

2.2. Definition. Eine Verteilung F besitzt eine *wachsende mittlere Ausfallrate* (F ist eine IFRA-Verteilung), wenn $-(1/t) \ln \bar{F}(t)$ für $t \geqq 0$ wächst. Gemäß (1.2), Kapitel 3, stellt $-\ln \bar{F}(t)$ die kumulative Ausfallrate $\int_0^t r(u)\,du$ dar, wenn die Ausfallrate $r(u)$ existiert. Im allgemeinen braucht jedoch die Ausfallrate nicht zu existieren.

Analog besitzt F eine *fallende mittlere Ausfallrate* (DFR—Adecreasing failure rate average), wenn $-(1/t) \ln \bar{F}(t)$ für $t \geqq 0$ fällt.

Bemerkung. Es ist offensichtlich, daß eine IFRA-Verteilung F durch $\bar{F}^{1/t}(t) \downarrow$ auf $[0, \infty)$ charakterisiert wird, wogegen eine DFRA-Verteilung F durch $\bar{F}^{1/t}(t) \uparrow$ auf $[0, \infty]$ charakterisiert wird. Somit ist F eine IFRA-(DFRA-)Verteilung genau dann, wenn $\bar{F}(\alpha t) \geqq (\leqq)\ \bar{F}^{\alpha}(t)$ ist für alle $0 < \alpha < 1$ und $t \geqq 0$.

Wir werden beweisen, daß ein monotones System aus unabhängigen IFRA-Komponenten selbst eine IFRA-Lebensdauerverteilung besitzt. Zum Beweis dieses *Satzes über die Abgeschlossenheit der Klasse der* IFRA-*Verteilungen* benötigen wir folgendes Lemma.

2.3. Lemma. *Es sei* $0 \leqq \alpha \leqq 1$, $0 \leqq \lambda \leqq 1$ *und* $0 \leqq x \leqq y$. *Dann gilt*

$$\lambda^\alpha y^\alpha + (1 - \lambda^\alpha)\, x^\alpha - [\lambda y + (1 - \lambda)\, x]^\alpha \geqq 0\,.$$

Beweis. Da $f(x) = x^\alpha$ in $x \geqq 0$ für $0 \leqq \alpha \leqq 1$ konkav ist, gilt $f(u_1 + \delta) - f(u_1) \geqq$ $\geqq f(u_2 + \delta) - f(u_2)$, $u_1 \leqq u_2$. Wählen wir $\delta = \lambda(y - x)$, $u_1 = \lambda x$ und $u_2 = x$ dann ergibt sich die zu beweisende Aussage. ∎

Die meisten praktischen Systeme sind monoton (vgl. Definition 2.1, Kapitel 1). Für Zwecke der mathematischen Beweisführung sind wir jedoch an der umfassenderen Klasse von *schwach monotonen* Strukturen interessiert.[1])

2.4. Definition. Eine Strukturfunktion $\varphi(x_1, \ldots, x_n)$ ist *schwach monoton*, wenn φ in jedem Argument wächst.

Der einzige Unterschied zwischen einer monotonen und einer schwach monotonen Struktur besteht darin, daß eine schwach monotone Strukturfunktion φ irrelevante Komponenten besitzen kann. Um Beweise induktiv über eine Pivotentwicklung führen zu können (vgl. Lemma 1.7 aus Kapitel 1 und Lemma 1.1 aus Kapitel 2), arbeiten wir manchmal mit schwach monotonen Strukturen statt mit monotonen Strukturen.

Wir beweisen zunächst den folgenden Satz.

2.5. Satz. *Es sei* $h(\boldsymbol{p})$ *die Zuverlässigkeitsfunktion eines schwach monotonen Systems. Dann gilt*

$$h(\boldsymbol{p}^\alpha) \geqq h^\alpha(\boldsymbol{p}) \qquad \text{für } 0 < \alpha \leqq 1\,, \tag{2.3}$$

wobei $\boldsymbol{p}^\alpha = (p_1^\alpha, \ldots, p_n^\alpha)$ *ist.*

Beweis. Wir schließen induktiv über die Anzahl n der Komponenten des Systems.

Es sei $n = 1$. Dann ist entweder $h(p) \equiv p$, $h(p) \equiv 0$ oder $h(p) \equiv 1$. In jedem Falle gilt (2.3).

Wir nehmen an, daß (2.3) für alle schwach monotonen Systeme aus $n - 1$ Komponenten gilt. Dann erhalten wir für ein schwach monotones System aus n Komponenten

$$h(\boldsymbol{p}^\alpha) = p_n^\alpha h(1_n, \boldsymbol{p}^\alpha) + (1 - p_n^\alpha)\, h(0_n, \boldsymbol{p}^\alpha)$$

gemäß der Pivotentwicklungsformel aus Lemma 1.1, Kapitel 2. Da $h(1_n, \boldsymbol{p}^\alpha)$ und $h(0_n, \boldsymbol{p}^\alpha)$ jeweils Zuverlässigkeitsfunktionen schwach monotoner Systeme mit $n - 1$ Komponenten sind, folgt aus (2.3)

$$h(1_n, \boldsymbol{p}^\alpha) \geqq h^\alpha(1_n, \boldsymbol{p})$$

und

$$h(0_n, \boldsymbol{p}^\alpha) \geqq h^\alpha(0_n, \boldsymbol{p})\,.$$

Somit ist

$$h(\boldsymbol{p}^\alpha) \geqq p_n^\alpha h^\alpha(1_n, \boldsymbol{p}) + (1 - p_n^\alpha)\, h^\alpha(0_n, \boldsymbol{p})\,.$$

Als nächstes wenden wir Lemma 2.3 an und setzen $\lambda = p_n$, $y = h(1_n, \boldsymbol{p})$ und $x =$ $= h(0_n, \boldsymbol{p})$. Es ergibt sich

$$p_n^\alpha h^\alpha(1_n, \boldsymbol{p}) + (1 - p_n^\alpha)\, h^\alpha(0_n, \boldsymbol{p}) \geqq [p_n h(1_n, \boldsymbol{p}) + (1 - p_n)\, h(0_n, \boldsymbol{p})]^\alpha\,.$$

---

[1]) Im Original ist monoton = coherent, schwach monoton = monotonic, vgl. Fußnote auf S. 1 (Anm. d. Red.).

Unter Anwendung der Pivotentwicklungsformel (Lemma 1.1 aus Kapitel 2) erhalten wir

$$h(\boldsymbol{p}^\alpha) \geqq h^\alpha(\boldsymbol{p}) . \blacksquare$$

Jetzt kann der Satz über die Abgeschlossenheit der IFRA-Klasse bewiesen werden.

2.6. Satz. *Unter der Annahme, daß jede der unabhängigen Komponenten eines monotonen Systems eine* IFRA-*Lebensdauerverteilung besitzt, hat auch das System selbst eine* IFRA-*Lebensdauerverteilung.*

Beweis. Es bezeichne F die Lebensdauerverteilung des Systems und F_i die Lebensdauerverteilung der i-ten Komponente, $i = 1, \ldots, n$. Für $0 < \alpha < 1$ ist dann $\overline{F}(\alpha t) = h[\overline{F}_1(\alpha t), \overline{F}_2(\alpha t), \ldots, \overline{F}_n(\alpha t)]$. Da F_i eine IFRA-Verteilung ist, gilt $\overline{F}_i(\alpha t) \geqq \overline{F}_i^\alpha(t)$, $i = 1, \ldots, n$. Da h in jedem Argument wächst (Satz 1.2 aus Kapitel 2) folgt $\overline{F}(\alpha t) \geqq h[\overline{F}_1^\alpha(t), \ldots, \overline{F}_n^\alpha(t)]$. Gemäß Satz 2.5 erhalten wir

$$h[\overline{F}_1^\alpha(t), \ldots, \overline{F}_n^\alpha(t)] \geqq h^\alpha[\overline{F}_1(t), \ldots, \overline{F}_n(t)] .$$

Unter Zusammenfassung der letzten beiden Ungleichungen und Beachtung der Identität

$$h[\overline{F}_1(t), \ldots, \overline{F}_n(t)] = \overline{F}(t)$$

ergibt sich

$$\overline{F}(\alpha t) \geqq \overline{F}^\alpha(t) .$$

Somit ist F eine IFRA-Lebensdauerverteilung. ∎

Als Spezialfall des Satzes 2.6 folgt, daß ein monotones System aus unabhängigen IFR-Komponenten eine IFRA-Lebensdauerverteilung besitzt, wie zu Beginn des Kapitels behauptet wurde.

Als eine weitere Spezialisierung von Satz 2.6 ergibt sich, daß ein monotones System aus unabhängigen exponentiellen Komponenten eine IFRA-Verteilung besitzt. Es erhebt sich die Frage, ob es möglich ist, zu jeder IFRA-Lebensdauerverteilung F ein entsprechendes monotones System aus exponentiellen Komponenten zu bestimmen, dessen Lebensdauerverteilung F^* „nahe bei" F liegt. Genauer gefragt, ist die Klasse der IFRA-Verteilungen die kleinste Klasse, die die Exponentialverteilungen enthält und durch die Bildung monotoner Systeme und die Hinzunahme der Grenzverteilungen erzeugt wird? Im folgenden Satz 2.13 wird eine positive Antwort gegeben. Zunächst benötigen wir einige Begriffe und Zwischenergebnisse.

2.7. Definition. Es sei A eine Klasse von Lebensdauerverteilungen. Dann bezeichnet A^{CS} die Klasse von Lebensdauerverteilungen monotoner Systeme mit unabhängigen Komponenten, deren Lebensdauerverteilungen in A liegen. Wir sagen A^{CS} sei die *Hülle* von A bezüglich der Bildung monotoner Systeme. Symbolisch ausgedrückt heißt das

$$F \in A^{CS} , \qquad \text{wenn } \overline{F}(t) \equiv h(\overline{F}_1(t), \ldots, \overline{F}_n(t)) ,$$

wobei h die Zuverlässigkeitsfunktion eines monotonen Systems ist und $F_1, \ldots, F_n \in A$ gilt.

Es ist $A \subset A^{CS}$, da eine einzelne Komponente ein monotones System bildet. Aus $A \subset B$ folgt $A^{CS} \subset B^{CS}$, und es ist $(A^{CS})^{CS} = A^{CS}$.

2.8. Definition. Es sei A eine Klasse von Verteilungen. Dann ist A^{LD} die Klasse von Verteilungen, die Grenzverteilungen schwach konvergenter Folgen aus A sind.

Wir erinnern daran, daß die Folge $F_1, F_2, \ldots$ von Verteilungen schwach gegen F konvergiert (in Zeichen: $F \overset{L}{=} \lim_{n\to\infty} F_n$), wenn $F(t) = \lim_{n\to\infty} F_n(t)$ für alle Stetigkeitspunkte t von F gilt.

2.9. Beispiel. Es sei $F_n(x) = x^n$ für $0 \leqq x \leqq 1$. Es ist klar, daß

$$\lim_{n\to\infty} F_n(x) = \begin{cases} 0 & \text{für } x < 1\,, \\ 1 & \text{für } x \geqq 1\,, \end{cases}$$

eine Verteilung aus $\{F_1, F_2, \ldots\}^{LD}$ ist, aber nicht in $\{F_1, F_2, \ldots\}$ liegt.

Schreibweise. Es bezeichne {IFRA} die Klasse der IFRA-Verteilungen, {exp} die Klasse der Exponentialverteilungen einschließlich der bei 0 und ∞ ausgearteten Verteilungen und {deg} die Klasse der ausgearteten Verteilungen.[1]

2.10. Lemma. *Es gilt* $\{\text{IFRA}\} \subset \{\exp, \deg\}^{CS,LD}$. *D. h., jede* IFRA-*Verteilung kann betrachtet werden als Grenzverteilung der Lebensdauerverteilungen einer Folge monotoner Systeme, deren Komponenten Exponential- oder ausgeartete Verteilungen besitzen.*

Beweis. Die einzige IFRA-Verteilung, die Masse in 0 (∞) besitzt, ist die in 0 (∞) ausgeartete Verteilung. Eine solche Verteilung ist sowohl in {exp} als auch in {deg} und somit in $\{\exp, \deg\}^{CS}$ enthalten. Es reicht also aus, solche IFRA-Verteilungen F zu betrachten, für die (a) $\bar{F}(0) = 1$ ist und (b) zu gegebenem $\varepsilon > 0$ ein t_ε existiert, so daß $\bar{F}(t_\varepsilon) \leqq \varepsilon$ ist. Wir führen den Beweis so, daß wir (i) zeigen, daß eine IFRA-Überlebenswahrscheinlichkeit $\bar{F}$, die (a) und (b) genügt, gleichmäßig von unten durch eine Überlebenswahrscheinlichkeit $\bar{H}_n$ der Form

$$\bar{H}_n(t) = \begin{cases} \exp\left[-(\lambda_1 + \lambda_2 + \ldots + \lambda_i)\, t\right] & \text{für } t_{i-1} \leqq t < t_i,\ i = 1, \ldots, n\,, \\ 0 & \text{für } t_n \leqq t\,, \end{cases} \tag{2.4}$$

approximiert werden kann mit $0 = t_0 \leqq t_1 < \ldots < t_n < \infty$ und $0 \leqq \lambda_i < \infty$ und (ii), daß stückweise exponentielle Überlebenswahrscheinlichkeiten der Form (2.4) in der Klasse $\{\exp, \deg\}^{CS}$ enthalten sind.

Die folgende Konstruktion deutet an, wie (i) bewiesen werden kann (vgl. Abb. 4.2.2). Es ist bequemer, die Restriktionen aus (2.4) durch folgende zu ersetzen: $0 < t_1 \leqq t_2 \leqq \ldots \leqq t_n < \infty$ und $0 < \sum_{i=1}^{k} \lambda_i \leqq \sum_{i=1}^{k+1} \lambda_i < \infty$, $k = 1, \ldots, n-1$.

Zu festem $\varepsilon > 0$ wählen wir $\delta = \ln(1 + \varepsilon)$. Wir bestimmen t_i durch $-\ln \bar{F}(t_i^-) \leqq$ $\leqq i\delta \leqq -\ln \bar{F}(t_i^+)$. Gemäß (a) ist $t_1 > 0$. Desgleichen ist $t_1 \leqq t_2 \leqq \ldots$, da $-\ln \bar{F}(t)$ wächst. Gemäß (b) können wir ein solches n bestimmen, daß $t_\varepsilon \leqq t_n < \infty$ ist. Aus (2.4) folgt $0 \leqq \bar{F}(t) - \bar{H}_n(t) < \varepsilon$, da $\bar{H}_n(t) = 0$ ist und $\bar{F}(t) < \varepsilon$ gilt für $t \geqq t_n$.

---

[1]) Eine Verteilung heißt im Punkt c ausgeartet, wenn die gesamte Masse im Punkt c konzentriert ist. Die entsprechende Verteilungsfunktion hat dann die Gestalt $F(x) = \begin{cases} 0, & \text{falls } x < c, \\ 1 & \text{sonst} \end{cases}$. Eine zufällige Variable ξ, deren Verteilung im Punkt c ausgeartet ist, ist einfach die Konstante c (Anm. d. Red.).

Als nächstes definieren wir $\sum_{i=1}^{k} \lambda_i = k\delta/t_k$. Es ist $\lambda_1 > 0$, da $t_1 \leqq t_n < \infty$ gilt, und $\sum_{i=1}^{k} \lambda_i \leqq \sum_{i=1}^{k+1} \lambda_i$, da $-\ln \overline{F}(t)/t$ wächst, und es ist $\sum_{i=1}^{n} \lambda_i < \infty$, da $0 < t_1 \leqq t_n$ gilt. Aus (2.4) erhalten wir $0 \leqq -\ln \overline{H}(t) - [-\ln \overline{F}(t)] \leqq \delta$ für $0 \leqq t \leqq t_n$. Somit ist $0 \leqq \overline{F}(t) - \overline{H}_n(t) \leqq \varepsilon$ auf $[0, t_n)$.

Um (ii) zu zeigen, betrachten wir das monotone System $\varphi_n(e_1, \dots, e_n, d_1, \dots, d_n) = e_1(e_2 \amalg d_1)(e_3 \amalg d_2) \dots (e_n \amalg d_{n-1}) d_n$, wobei e_i der Funktionsindikator einer Komponente mit der exponentiellen Überlebenswahrscheinlichkeit $\overline{G}_i(t) = e^{-\lambda_i t}$ ist und d_i der Funktionsindikator einer Komponente mit der Überlebenswahrscheinlichkeit $\overline{D}_i$ ist, die an der Stelle t_i entartet ist, d. h., es ist $\overline{D}_i(t) = 1$ für $t < t_i$ und $\overline{D}_i(t) = 0$ für $t \geqq t_i$ (vgl. Abb. 4.2.3). Die Überlebenswahrscheinlichkeit des Systems ergibt sich zu

$$\overline{H}_n(t) = \overline{G}_1(t)\,[\overline{G}_2(t) \amalg \overline{D}_1(t)]\,[\overline{G}_3(t) \amalg \overline{D}_2(t)] \dots [\overline{G}_n(t) \amalg \overline{D}_{n-1}(t)]\,\overline{D}_n(t)\,,$$

was auf (2.4) führt. ▌

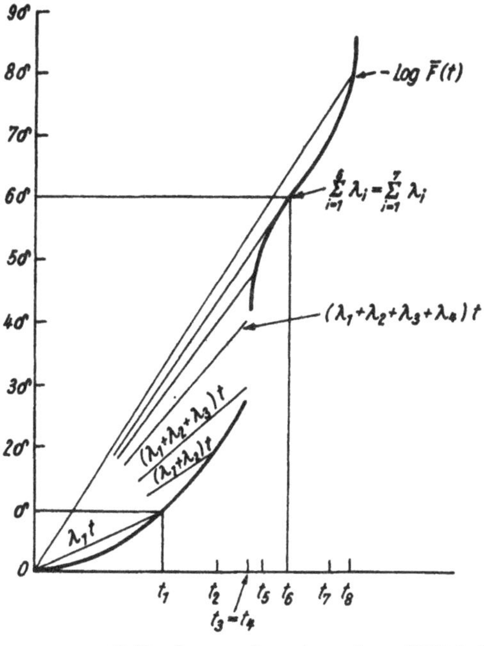

Abb. 4.2.2. Stückweise exponentielle Approximation einer IFRA-Überlebenswahrscheinlichkeit $\overline{F}$

2.11. Lemma. *Es gilt* $\{\deg\} \subset \{\exp\}^{CS, LD}$.
Der *Beweis* bleibt dem Leser überlassen (Übung 4).

2.12. Lemma. *Für jede Klasse von Verteilungen A gilt* $A^{LD, CS} \subset A^{CS, LD}$.
Der *Beweis* bleibt dem Leser überlassen (Übung 5).

2.13. Satz. $\{\text{IFRA}\} = \{\exp\}^{CS, LD}$.

Beweis. Da $\{\exp\} \subset \{\text{IFRA}\}$ gilt, ist gemäß Satz 2.6 $\{\exp\}^{CS} \subset \{\text{IFRA}\}^{CS} = \{\text{IFRA}\}$. Somit ist $\{\exp\}^{CS, LD} \subset \{\text{IFRA}\}^{LD} = \{\text{IFRA}\}$ (vgl. Übung 9).

Zum Beweis der entgegengesetzten Relation verwenden wir das Lemma 2.10 und erhalten $\{\text{IFRA}\} \subset \{\exp, \deg\}^{CS,LD}$. Gemäß Lemma 2.11 gilt jedoch $\{\deg\} \subset \subset \{\exp\}^{CS,LD}$. Damit ist $\{\deg, \exp\} \subset \{\exp\}^{CS,LD}$, so daß wegen Lemma 2.12 $\{\deg, \exp\}^{CS} \subset \{\exp\}^{CS,LD,CS} \subset \{\exp\}^{CS,CS,LD}$ gilt. Somit ist $\{\deg, \exp\}^{CS,LD} \subset \subset \{\exp\}^{CS,CS,LD,LD} \equiv \{\exp\}^{CS,LD}$. Daraus folgt $\{\text{IFRA}\} \subset \{\exp\}^{CS,LD}$. ∎

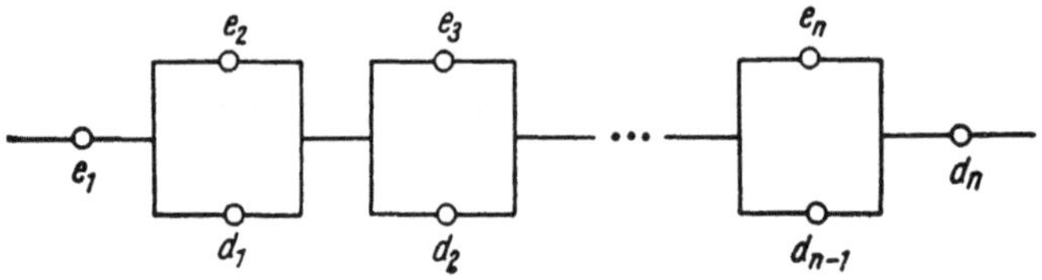

Abb. 4.2.3. $\varphi_n(e_1, \ldots, e_n, d_1, \ldots, d_n) = e_1(e_2 \amalg d_1)(e_3 \amalg d_2) \ldots (e_n \amalg d_{n-1})\, d_n$

2.14. Gesamtergebnis. $\{\text{IFRA}\}^{CS} = \{\text{IFRA}\} = \{\exp\}^{CS,LD}$. Diese Aussage stellt eine Kombination der Sätze 2.6 und 2.13 dar und besagt, daß die Klasse der IFRA-Verteilungen die kleinste Klasse ist, die die Exponentialverteilungen enthält und abgeschlossen ist gegenüber der Bildung von monotonen Systemen und der Konvergenz der Verteilung nach (schwache Konvergenz).

Wir haben oben gesehen, daß IFRA-Lebensdauerverteilungen auf ganz natürliche Weise entstehen, wenn monotone Systeme aus unabhängigen IFR-Komponenten gebildet werden. Wir leiten nun einige wesentliche Charakterisierungseigenschaften der IFRA-Verteilungen ab. Dabei wird sich der Begriff einer sternförmigen Funktion als sehr nützlich erweisen.

2.15. Definition. Eine auf $[0, \infty)$ definierte Funktion $g(x)$ heißt *sternförmig*, wenn $(1/x)\, g(x)$ auf $[0, \infty)$ wachsend ist.

2.16. Äquivalente Definition. Eine auf $[0, \infty)$ definierte Funktion $g(x)$ mit der Eigenschaft

$$g(\alpha x) \leqq \alpha g(x) \qquad \text{für } 0 \leqq \alpha \leqq 1,\ x \geqq 0\,, \tag{2.5}$$

heißt *sternförmig*.

Der *Beweis* der Äquivalenz bleibt dem Leser überlassen (Übung 3).

Aus Definition 2.2 einer IFRA-Verteilung und der Definition einer Gefahrfunktion vermittels (1.3) aus Kapitel 3 können wir im Zusammenhang mit der hier erfolgten Betrachtung den folgenden Schluß ziehen.

2.17. Satz. *Es sei F eine* IFRA-*Verteilung. Dann ist ihre Gefahrfunktion* $-\log \overline{F}(t)$ *eine sternförmige Funktion.*

Wir zeigen als nächstes eine Eigenschaft, die sich als nützlich bei der Herleitung von IFRA-Verteilungen ausgehend von Schock-Modellen (§ 3) und bei der Bestimmung von Schranken für IFRA-Verteilungen (§ 6) erweisen wird.

2.18. Satz. *Eine Verteilung ist genau dann eine* IFRA-(DFRA)-*Verteilung, wenn für jedes $\lambda > 0$ die Funktion $\overline{F}(t) - \mathrm{e}^{-\lambda t}$ höchstens einen Vorzeichenwechsel aufweist, und wenn ein Wechsel tatsächlich vorkommt, erfolgt er von $+$ nach $-$ (von $-$ nach $+$).*

Beweis. Es sei F eine IFRA-Verteilung. Dann ist gemäß Satz 2.17 die Funktion $-\ln \overline{F}(t)$ sternförmig. Andererseits ist $-\ln(\mathrm{e}^{-\lambda t})$ linear. Beide Funktionen gehen durch den Nullpunkt. Somit schneidet $-\ln \bar{F}(t)$ höchstens einmal $-\ln(e^{-\lambda t})$, und wenn, dann von unten. Daraus folgt, daß $\bar{F}(t)$ höchstens einmal $e^{-\lambda t}$ schneidet, und wenn, dann von oben.

Der Beweis der Umkehrung bleibt dem Leser überlassen (Übung 12).

Für eine DFRA-Verteilung verläuft der Beweis analog. ∎

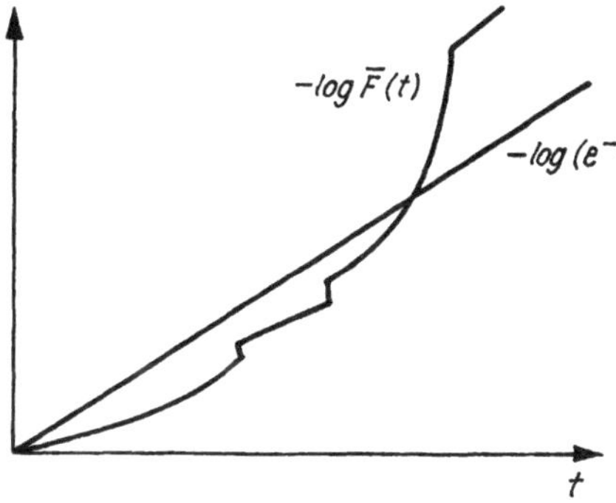

Abb. 4.2.4. Eine IFRA-Gefahrfunktion schneidet eine exponentielle Gefahrfunktion höchstens einmal und von unten

2.19. Bemerkung. Es läßt sich leicht zeigen, daß eine konvexe Funktion, die durch den Nullpunkt geht, sternförmig ist. (Der Beweis bleibt dem Leser überlassen (Übung 2)). Wendet man diese Erkenntnis auf eine Gefahrfunktion an, ergibt sich sofort, daß eine IFR-Verteilung auch eine IFRA-Verteilung ist (vgl. Übung 11). Das Umgekehrte muß jedoch nicht richtig sein, wie wir in Beispiel 2.1 gesehen haben.

In § 5 werden wir sehen, wie sich eine Halbordnungsrelation in der IFRA-Klasse entsprechend dem Grad der Sternförmigkeit einführen läßt.

Übungen

1. Man beweise, daß die Ausfallrate $r(t)$ eines Parallelsystems aus zwei unabhängigen exponentiellen Komponenten in $[0, t_0)$ wächst und in (t_0, ∞) fällt, wobei t_0 von λ_1, λ_2 abhängt. $r(t)$ wächst in $[0, \infty)$ genau dann, wenn $\lambda_1 = \lambda_2$ ist.
2. Es sei $g(x)$ konvex auf $[0, \infty)$ mit $g(0) \leqq 0$. Dann ist $g(x)$ sternförmig. Gilt die Aussage noch, wenn die Annahme $g(0) \leqq 0$ nicht erfüllt ist?
3. Man zeige, daß die Definitionen 2.15 und 2.16 einer sternförmigen Funktion äquivalent sind.
4. Man zeige, daß $\{\deg\} \subset \{\exp\}^{CS, LD}$ gilt (Lemma 2.11).
5. Man beweise, daß für jede Klasse A von Verteilungen $A^{LD, CS} \subset A^{CS, LD}$ gilt. Man gebe ein Beispiel an, das zeigt, daß die umgekehrte Inklusion nicht zu gelten braucht.
6. Man gebe ein Beispiel für eine IFRA-Verteilung an, die in jeder positiven ganzen Argumentstelle unstetig ist.

*7. Ein monotones System aus unabhängigen Komponenten möge eine konstante Ausfallrate besitzen, sofern jede Komponente eine konstante Ausfallrate besitzt. Man zeige, daß ein solches System ein Seriensystem sein muß.

*8. Ein monotones System aus unabhängigen Komponenten möge eine IFR-Lebensdauerverteilung besitzen, sofern jede Komponente eine IFR-Lebensdauerverteilung besitzt. Man zeige, daß ein solches System ein Seriensystem sein muß.

9. Man zeige, daß $\{\mathrm{IFRA}\}^{LD} = \{\mathrm{IFRA}\}$ gilt.

10. Man zeige, daß die Gefahrfunktion einer Exponentialverteilung linear, die einer IFR-Verteilung konvex und die einer IFRA-Verteilung sternförmig ist.
11. Man beweise, daß eine IFR-Verteilung auch eine IFRA-Verteilung ist. Man konstruiere ein Gegenbeispiel, das zeigt, daß die Umkehrung nicht gilt.
12. Die Lebensdauerverteilung F möge die Eigenschaft besitzen, daß für jedes $\lambda > 0$ die Funktion $\overline{F}(t) - e^{-\lambda t}$ höchstens einen Vorzeichenwechsel aufweist, und wenn ein Wechsel eintritt, er von $+$ nach $-$ erfolgt. Dann ist F eine IFRA-Verteilung (vgl. Satz 2.18).

3. Verteilungen mit wachsender mittlerer Ausfallrate, die in Schockmodellen auftreten

Im § 2 haben wir gesehen wie eine IFRA-Verteilung eine natürliche Beschreibung der Lebensdauer eines monotonen Systems mit unabhängigen IFR-Komponenten liefert. In diesem Paragraphen werden wir sehen, daß IFRA-Verteilungen auch unter ganz anderen Umständen auftreten, nämlich dann, wenn in Sprungpunkten eines Poisson-Prozesses Schocks auftreten, deren jeder eine zufällige Beschädigung des betrachteten Geräts hervorruft. Die Beschädigungen akkumulieren sich, bis eine kritische Schwelle überschritten wird und das Gerät ausfällt. Es wird gezeigt, daß der Ausfallzeitpunkt durch eine IFRA-Verteilung bestimmt wird. Die Tatsache, daß die IFRA-Klasse von Verteilungen eine geeignete Beschreibung der Lebenszeiten in derart unterschiedlichen Modellen erlaubt, legt es nahe, die IFRA-Klasse als die grundlegende Verteilungsklasse in der Zuverlässigkeitstheorie anzusehen.

3.1. Kumulatives Beschädigungsmodell. Ein Gerät unterliegt Schocks, die zeitlich zufällig gemäß einem Poisson-Prozeß mit der Intensität λ auftreten. Der i-te Schock bewirkt eine zufällige Beschädigung der Größe X_i, wobei die $X_1, X_2, \ldots$ unabhängig und gemäß der Verteilung F verteilt sind. Das Gerät fällt aus, wenn die insgesamt akkumulierte Beschädigung eine festgelegte Kapazität oder Schwelle x überschritten hat.

Es sei $\overline{H}_F(t)$ die Wahrscheinlichkeit dafür, daß das Gerät im Intervall $[0, t]$ ausfallfrei funktioniert. Dann ist

$$\overline{H}_F(t) = \sum_{k=0}^{\infty} e^{-\lambda t} \frac{(\lambda t)^k}{k!} F^{(k)}(x) \qquad \text{für } 0 \leqq t < \infty\,. \tag{3.1}$$

Dabei ist $e^{-\lambda t}(\lambda t)^k/k!$ die Poissonsche Wahrscheinlichkeit dafür, daß das Gerät in $[0, t]$ genau k Schocks erfährt (vgl. Definition 3.2 aus Kapitel 3). Die k-fache Faltung $F^{(k)}(x)$ ist die Wahrscheinlichkeit dafür, daß die aus k Schocks resultierende Gesamtbeschädigung nicht die Schwelle x überschreitet. Für $k = 0$ definieren wir $F^{(k)}(x) = 1$ für $x \geqq 0$ und 0 sonst. Durch Summation über die sich gegenseitig ausschließenden und alle Fälle erschöpfenden Werte von $k = 0, 1, 2, \ldots$ ergibt sich die Überlebenswahrscheinlichkeit $\overline{H}_F(t)$ des Gerätes.

Das im Satz 3.8 formulierte Hauptergebnis dieses Paragraphen besteht in der Aussage, daß für jede Verteilung F der Beschädigung die Überlebenswahrscheinlichkeit $\overline{H}_F(t)$ einer IFRA-Verteilung ist. Um das zu beweisen, benötigen wir einige Zwischenergebnisse aus der Theorie der Schockmodelle, die auch für sich von Interesse sind. Zum Beweis der Ergebnisse greifen wir auf einige Hilfsmittel aus der Theorie der totalen Positivität zurück.

3.2. Definition. Es seien A und B Teilmengen der reellen Achse. Eine Funktion $K(x, y)$ auf $A \times B$ wird als *total positiv* der Ordnung n (TP_n) bezeichnet, wenn

$$\begin{vmatrix} K(x_1, y_1) & \dots & K(x_1, y_r) \\ \vdots & \vdots & \vdots \\ K(x_r, y_1) & \dots & K(x_r, y_r) \end{vmatrix} \geqq 0 \tag{3.2}$$

für alle $x_1 < \dots < x_r$ aus A, $y_1 < \dots < y_r$ aus B, $r = 1, 2, \dots, n$ ist.

Eine Funktion, die total positiv für alle endlichen Ordnungen ist, wird als *total positiv* bezeichnet (TP).

Die PÓLYA-Frequenzfunktionen $h(x)$ der Ordnung 2 (PF_2), die in 5.5 von Kapitel 3 definiert wurden, definieren TP_2-Funktionen mit $K(x, y) = h(x - y)$, wobei x und y auf der ganzen reellen Achse variieren.

3.3. Beispiel. Die Funktion $K_1(x, y) = e^{xy}$ ist total positiv (TP) für $x, y \in (-\infty, \infty)$ (KARLIN 1968, S. 15), so daß $K_2(r, t) = t^r$ für $t \in (0, \infty)$ und $r \in (-\infty, \infty)$ TP ist. In Übung 3 wird gezeigt, daß $K_3(k, t) = e^{-\lambda t}[(\lambda t)^k/k!]$ TP für $t \in (0, \infty)$ und $k \in \{0, 1, 2, \dots\}$ ist.

3.4. Definition. Die Funktion $f(t)$ sei auf I definiert, wobei I eine geordnete Menge auf der reellen Achse ist. Es sei

$$S(f) = \sup S[f(t_1), f(t_2), \dots, f(t_m)], \tag{3.3}$$

wobei sich das Supremum über alle Mengen $t_1 < t_2 < \dots < t_m$ ($t_i \in I$), m beliebig, erstreckt und $S(x_1, \dots, x_m)$ die *Anzahl der Vorzeichenwechsel* der Folge $x_1, \dots, x_m$ (Nullen bleiben unberücksichtigt) darstellt.

Eine Grundeigenschaft total positiver Funktionen endlicher oder unendlicher Ordnung ist ihre in Satz 3.5 dargelegte Eigenschaft der Verminderung der Variation.

3.5. Satz. *Es sei $K(x, y)$ TP_r auf $A \times B$. f sei eine beschränkte* BOREL-*meßbare Funktion auf B. Die Transformation*

$$g(x) = \int_B K(x, y) f(y)\, dy \tag{3.4}$$

sei für jedes x aus A endlich. Dann ist

$$S(g) \leqq S(f), \qquad \textit{falls } S(f) \leqq r - 1 \textit{ ist.} \tag{3.5}$$

Mehr noch, wenn $S(g) = S(f) \leqq r - 1$ ist, dann durchlaufen f und g die gleiche Vorzeichenfolge, wenn ihre entsprechenden Argumente den Definitionsbereich von links nach rechts durchlaufen.

Den *Beweis* findet man in KARLIN (1968), Kapitel 5.

Jetzt betrachten wir ein etwas allgemeineres Schockmodell als in 3.1. Wie vorher treten Schocks zeitlich zufällig gemäß einem POISSON-Prozeß mit der Intensität λ auf. Jedoch ist jetzt die Wahrscheinlichkeit $\overline{P}_k$ dafür, daß das System k Schocks überlebt, eine deterministische Funktion von k allein und hängt nicht von zufälligen Beschädigungen ab. Die resultierende Überlebenswahrscheinlichkeit $\overline{H}(t)$ für die Periode $[0, t]$ ergibt sich jetzt zu

$$\overline{H}(t) = \sum_{k=0}^{\infty} \overline{P}_k \frac{(\lambda t)^k}{k!} e^{-\lambda t} \qquad \text{für } 0 \leqq t < \infty\,. \tag{3.6}$$

Man kann annehmen, daß $\overline{P}_0 = 1$ ist und $\overline{P}_k$ für $k = 0, 1, 2, \dots$ wächst.

Ein Ergebnis von allgemeinem Interesse enthält der folgende Satz.

3.6. Satz. *Es sei* $\bar{H}(t)$ *durch* (3.6) *bestimmt, wobei* $1 = \bar{P}_0 \geqq \bar{P}_1 \geqq \ldots$ *ist und*

$$\bar{P}_k^{1/k} \quad in \quad k = 1, 2, \ldots \text{ fällt.} \tag{3.7}$$

Dann ist H *eine* IFRA-*Verteilung, das heißt,*

$$\bar{H}^{1/t}(t) \quad \text{fällt in } t > 0 \,. \tag{3.8}$$

Beweis. Da $\bar{P}_k^{1/k}$ in k fällt, besitzt $\bar{P}_k^{1/k} - \zeta$ $(0 \leqq \zeta \leqq 1)$ höchstens einen Vorzeichenwechsel, der gegebenenfalls von + nach − erfolgt. Gemäß Beispiel 3.3 gehört die Poissonsche Frequenzfunktion $e^{-\lambda t}[(\lambda t)^k/k!]$ zur Klasse TP_2 für $t \in (0, \infty)$ und $k \in \{0, 1, 2, \ldots\}$. Das bedeutet, daß

$$\bar{H}(t) - e^{-(1-\zeta)\lambda t} = \sum_{k=0}^{\infty} (\bar{P}_k - \zeta^k)\, e^{-\lambda t} \frac{(\lambda t)^k}{k!}$$

wegen der Variationsverminderungseigenschaft von Satz 3.5 die gleiche Vorzeichenwechseleigenschaft in t besitzt.

Da $\bar{H}(t) = e^{-\lambda t} + \sum_{k=1}^{\infty} \bar{P}_k\, e^{-\lambda t}[(\lambda t)^k/k!)]$ gilt, folgt $\bar{H}(t) \geqq e^{-\lambda t}$ für $t \geqq 0$, und damit ist für $\Theta \geqq \lambda$ trivialerweise $\bar{H}(t) \geqq e^{-\Theta t}$ für alle $t \geqq 0$.

Wir können jetzt schlußfolgern, daß für alle $\Theta > 0$ die Funktion $\bar{H}(t) - e^{\Theta - t}$ höchstens einen Vorzeichenwechsel in t aufweist, der gegebenenfalls von + nach − erfolgt. Gemäß Satz 2.18 ist H eine IFRA-Verteilung. ▮

Der Satz 3.6 besagt: wenn die Wahrscheinlichkeit $\bar{P}_k$ für das Überleben von k Schocks die diskrete IFRA-Eigenschaft (3.7) besitzt, so besitzt die induzierte Überlebenswahrscheinlichkeit $\bar{H}(t)$ die kontinuierliche IFRA-Eigenschaft (3.8). Auf ähnliche Weise können wir zeigen, daß die diskrete IFR-Eigenschaft von P_k in die kontinuierliche IFR-Eigenschaft von $H(t)$ transformiert wird. Die exakte Formulierung findet der Leser in der Übung 7.

Wir wenden uns wieder dem kumulativen Beschädigungsmodell aus 3.1 zu. In diesem Modell wird die Wahrscheinlichkeit $\bar{P}_k$ des Überlebens von k Schocks durch

$$\bar{P}_k = F^{(k)}(x) \qquad \text{für } k = 0, 1, 2, \ldots \tag{3.9}$$

bestimmt. Diese Tatsache motiviert in Zusammenhang mit Satz 3.6 das folgende Lemma, das auch selbst von Interesse ist.

3.7. Lemma. *Jede Verteilung* F *mit* $F(z) = 0$ *für* $z < 0$ *hat die Eigenschaft, daß*

$$[F^{(k)}(x)]^{1/k} \qquad \text{in } k = 1, 2, \ldots \text{ fällt.} \tag{3.10}$$

Beweis. Es ist $F^{(2)}(x) = \int_0^x F(x - z)\, dF(z) \leqq \int_0^x F(x)\, dF(z) = [F(x)]^2$, so daß $F(x) \geqq [F^{(2)}(x)]^{1/2}$ gilt.

Jetzt nehmen wir $[F^{(k-1)}(x)]^{1/(k-1)} \geqq [F^{(k)}(x)]^{1/k}$ für alle x an, d. h., es ist $F^{(k-1)}(x) \geqq [F^{(k)}(x)]^{(k-1)/k}$. Dann gilt

$$\begin{aligned}
[F^{(k)}(x)]^{k+1} &= F^{(k)}(x)\, [\textstyle\int F^{(k-1)}(x - z)\, dF(z)]^k \\
&\geqq F^{(k)}(x)\, \{\textstyle\int [F^{(k)}(x - z)]^{(k-1)/k}\, dF(z)\}^k \\
&= \{\textstyle\int [F^{(k)}(x)]^{1/k}\, [F^{(k)}(x - z)]^{1-(1/k)}\, dF(z)\}^k \\
&\geqq \{\textstyle\int F^{(k)}(x - z)\, dF(z)\}^k = [F^{(k+1)}(x)]^k \,.
\end{aligned}$$

Die Behauptung (3.10) folgt induktiv. ▮

Wir können nun das folgende grundlegende Ergebnis formulieren.

3.8. Satz. *Es sei* $\bar{H}_F(t) = \sum_{k=0}^{\infty} [(\lambda t)^k/k!] \, e^{-\lambda t} F^{(k)}(x)$ *die Überlebenswahrscheinlichkeit in dem kumulativen Beschädigungsmodell* 3.1, *wobei die* (*nichtnegative*) *Beschädigung einer beliebigen Verteilung* F *genügt. Dann ist* H_F *eine* IFRA-*Lebensdauerverteilung.*

Beweis. Wegen Lemma 3.7 erfüllt $\bar{P}_k \equiv F^{(k)}(x)$ die Relation (3.7). Aus Satz 3.6 folgt, daß H_F eine IFRA-Verteilung ist.

Das kumulative Beschädigungsmodell aus 3.1 kann dahingehend verallgemeinert werden, daß auch andere praktische Schock- und Beschädigungssituationen erfaßt werden können. Bei diesen Erweiterungen behält die resultierende Lebensdauerverteilung die IFRA-Eigenschaft.

3.9. Schocks mit sukzessiv zunehmenden Beschädigungen. Eine realistische Erweiterung des kumulativen Beschädigungsmodells aus 3.1 kann gewonnen werden, wenn die Schocks wie vorher zeitlich gemäß einem Poisson-Prozeß mit der Intensität λ eintreffen, jedoch werden die Schocks jetzt ständig effektiver in Bezug auf Auslösung von Beschädigungen oder Ermüdungen, sind aber weiterhin voneinander unabhängig. Das bedeutet, daß die Verteilungsfunktion $F_i(z)$ der durch den i-ten Schock bewirkten Größe der Beschädigung für jedes z in $i = 1, 2, \ldots$ fällt. Die Wahrscheinlichkeit $\bar{P}_k$ dafür, daß k Schocks überlebt werden, wird durch

$$\bar{P}_0 = 1 \quad \text{und} \quad \bar{P}_k = F_1 * F_2 \ldots * F_k(z)\,, \qquad k = 1, 2, \ldots\,, \tag{3.11}$$

bestimmt, wobei wie üblich $*$ die Faltung bezeichnet.

Wir benutzen die folgende Verallgemeinerung von Lemma 3.7.

3.10. Lemma. *Die Verteilungsfunktion* F_i *erfülle die Beziehung* $F_i(z) = 0$ *für* $z < 0$, $i = 1, 2, \ldots,$ *und* $F_i(z)$ *sei fallend in* i *für alle* z. *Dann gilt:*

$$[F_1 * F_2 * \ldots * F_k(x)]^{1/k} \qquad \textit{fällt in } k = 1, 2, \ldots \tag{3.12}$$

Beweis. Der induktive Beweis von Lemma 3.7 erfordert eine geringfügige Modifizierung, um hier angewendet werden zu können. Wir fügen einfach den folgenden Schritt hinzu

$$\int F_1 * \ldots * F_k(x-z)\, dF_k(z) \geqq \int F_1 * \ldots * F_k(x-z)\, dF_{k+1}(z)\,. \ \blacksquare$$

Wir können jetzt beweisen, daß die Lebensdauerverteilung $H(t)$ eines Gerätes, das Schocks und Beschädigungen entsprechend dem Modell 3.9 unterliegt, eine IFRA-Verteilung ist.

3.11. Satz. *Es sei* $F_i(z) = 0$ *für* $z < 0$ *und* $F_i(z)$ *fallend in* $i = 1, 2, \ldots$ *Dann ist*

$$\bar{H}(t) = \sum_{k=0}^{\infty} e^{-\lambda t} \frac{(\lambda t)^k}{k!} F_1 * \ldots * F_k(x) \tag{3.13}$$

eine IFRA-*Verteilung.*

Beweis. Laut Lemma 3.10 erfüllt $\bar{P}_k \equiv F_1 * \ldots * F_k(x)$ die Relation (3.7). Gemäß Satz 3.6 ist dann H eine IFRA-Verteilung. $\blacksquare$

In unserem letzten Modell nehmen wir in Verallgemeinerung der beiden vorhergehenden Modelle an, daß die aufeinanderfolgenden Beschädigungen weder unabhängig noch identisch verteilt sind. Ein Hauptgrund dafür besteht darin, daß die Akkumulierung von Beschädigungen zu einer verminderten Widerstandsfähigkeit gegenüber weiteren Schocks führt. In diesem Falle sind die Größen der aufeinanderfolgenden Beschädigungen abhängig, so daß (3.11) nicht angewendet werden kann. Andererseits ist es begründet, folgendes Modell anzuwenden.

3.12. Allgemeines kumulatives Beschädigungsmodell. Die Schocks treten zeitlich gemäß einem Poisson-Prozeß mit der Intensität λ ein. Der k-te Schock bewirkt eine Beschädigung X_k, die folgenden Bedingungen genügt

$$P[X_k > u \mid X_1, \dots, X_{k-1}] \text{ hängt von } X_1, \dots, X_{k-1} \text{ nur über } Z_{k-1} = X_1 + \dots + X_{k-1} \text{ ab;} \tag{3.14}$$

$$P[X_k > u \mid Z_{k-1} = z] \text{ wächst in } z \geqq 0; \tag{3.15}$$

$$P[X_k > u \mid Z_{k-1} = z] \leqq P[X_{k+1} > u \mid Z_k = z],\ z \geqq 0,\ k = 1, 2, \dots, \quad \text{wobei } Z_0 = 0 \text{ ist.} \tag{3.16}$$

Die Bedingung (3.15) besagt, daß eine Akkumulierung von Beschädigungen die Widerstandsfähigkeit gegenüber weiteren Beschädigungen vermindert. Bedingung (3.16) besagt, daß bei einer gegebenen Akkumulation von Beschädigungen später eintretende Schocks sich wahrscheinlich schwerer auswirken.

Unter diesen Bedingungen können wir die Wahrscheinlichkeiten $\overline{P}_k$ folgendermaßen einführen:

$$\overline{P}_0 = 1 \quad \text{und} \quad \overline{P}_k = P[X_1 + \dots + X_k \leqq x], \qquad k = 1, 2, \dots \tag{3.17}$$

Offenbar stellen (3.9) und (3.11) Spezialfälle dar.

Wie vorher müssen wir beweisen, daß $\overline{P}_k^{1/k}$ in $k = 1, 2, \dots$ fällt.

3.13. Lemma. *Es seien $X_1, X_2, \dots$ nichtnegative zufällige Variablen mit einer gemeinsamen Verteilung, die* (3.14), (3.15) *und* (3.16) *genügt. Dann gilt*

$$P^{1/k}[X_1 + \dots + X_k \leqq x] \qquad \textit{fällt in } k = 1, 2, \dots \tag{3.18}$$

Beweis. Es sei

$$F^{[k]}(x) = P[X_1 + \dots + X_k \leqq x]$$
$$= \int_0^x P[X_k \leqq x - z \mid Z_{k-1} = z]\, dF^{[k-1]}(z).$$

Unter Benutzung von (3.15) ergibt sich aus (3.16) mit $z = 0$ und $k = 1$

$$F^{[2]}(x) = \int_0^x P[X_2 \leqq x - z \mid X_1 = z]\, dF^{[1]}(z)$$
$$\leqq \int_0^x P[X_2 \leqq x - z \mid X_1 = 0]\, dF^{[1]}(z)$$
$$\leqq \int_0^x P[X_1 \leqq x - z]\, dF^{[1]}(z) \leqq [F^{[1]}(x)]^2 .$$

Um den Induktionsschluß zu vollziehen, nehmen wir an, daß $\{F^{[k]}(z)\}^{1/k} \leqq \{F^{[k-1]}(z)\}^{1/(k-1)}$ ist. Dann gilt für $z \leqq x$

$$F^{[k]}(z) = \{F^{[k]}(z)\}^{1/k}\, \{F^{[k]}(z)\}^{(k-1)/k} \leqq \{F^{[k]}(z)\}^{1/k}\, F^{[k-1]}(z) .$$

Im Zusammenhang mit (3.15) und nachfolgender Anwendung von (3.16) erhalten wir

$$\begin{aligned}\{F^{[k+1]}(x)\}^k &= \left\{\int_0^x P[X_{k+1} \leqq x - z \mid Z_k = z]\, dF^{[k]}(z)\right\}^k \\ &\leqq \left\{\int_0^x P[X_{k+1} \leqq x - z \mid Z_k = z]\, dF^{[k-1]}(z)\right\}^k F^{[k]}(x) \\ &\leqq \left\{\int_0^x P[X_k \leqq x - z \mid Z_{k-1} = z]\, dF^{[k-1]}(z)\right\}^k F^{[k]}(x) \\ &= \{F^{[k]}(x)\}^{k+1}\,. \blacksquare\end{aligned}$$

Unter Verwendung von Lemma 3.13 und Satz 3.6 gewinnen wir unmittelbar den folgenden Satz.

3.14. Satz. *Es seien* $X_1, X_2, \ldots$ *nichtnegative zufällige Variablen, die* (3.14), (3.15) *und* (3.16) *genügen. Setzt man*

$$\bar{H}(t) = \sum_{k=0}^{\infty} e^{-\lambda t} \frac{(\lambda t)^k}{k!} P[X_1 + \ldots + X_k \leqq x] \tag{3.19}$$

so ist H eine IFRA-*Verteilung.*

Man muß betonen, daß die IFRA-Eigenschaft in Satz 3.14 als eine Folgerung aus einem natürlichen physikalischen Modell festgestellt wurde. Die einzige Voraussetzung an die Beschädigungsgrößen $X_1, X_2, \ldots$ ist in (3.14), (3.15) und (3.16) gegeben, die sich in dem speziellen Modell 3.1 auf die Forderung reduziert, daß die zufälligen Beschädigungen nichtnegativ sind.

Übungen

1. Es sei $K(x) = \sum_{k=0}^{\infty} e^{-\lambda t}[(\lambda t)^k/k!]\, F^{(k)}(x)$ für $0 \leqq x < \infty$ und festes $t > 0$. Dann ist $K(x)$ eine Verteilungsfunktion (zusammengesetzte Poisson-Verteilung).
2. Man zeige, daß $\bar{H}(t)$ aus (3.6) eine fallende Funktion in λ ist.
3. Es sei $K(x, y)$ TP_r für $x \in A$, $y \in B$ und $f(x) \geqq 0$, $x \in A$, $g(y) \geqq 0$, $y \in B$. Dann ist auch $L(x, y) = f(x)\, K(x, y)\, g(y)$ TP_r für $x \in A$, $y \in B$.
4. Es seien $K(x, y)$ TP_r für reelle y, x und $f(x)$, $g(x)$ wachsend. Dann ist $L(x, y) = K(f(x), g(y))$ TP_r für reelle x, y.
5. Es sei $f(x) = 0$ für $x \leqq 0$ und PF_2 für $-\infty < x < \infty$. Dann ist $K(n, x) = f^{(n)}(x)$ TP_2 für $n = 1, 2, \ldots$ und $0 < x < \infty$.
6. Es seien $K(x, y)$ und $L(x, y)$ TP_2 für $x \in A$, $y \in B$. Dann ist $M(x, y) = K(x, y)\, L(x, y)$ TP_2 für $x \in A$, $y \in B$.

*7. Es sei $\bar{H}(t) = \sum_{k=0}^{\infty} \bar{P}_k\, e^{-\lambda t}[(\lambda t)^k/k!]$ mit $1 = \bar{P}_0 \geqq \bar{P}_1 \geqq \ldots$ Ist $\bar{P}_{k+1}/\bar{P}_k$ fallend in $k = 0, 1, \ldots$ (d. h., P_k ist eine diskrete IFR-Verteilung), so ist H eine IFR-Verteilung.

8. Man zeige durch Angabe eines Gegenbeispiels, daß Lemma 3.7 nicht gilt, wenn $F(x) > 0$ ist für $x < 0$. Man zeige, daß $[F^{(k)}(x)]^{1/k}$ sogar streng wachsend in $k = 1, 2, \ldots$ sein kann, wenn der Träger von F die ganze Achse ist.
9. Für die Verteilungsfunktion F möge $F(z) = 0$ für $z < 0$ gelten. Dann fällt $[F^{(n_k)}(x)]^{1/k}$ in $k = 1, 2, \ldots$, wobei n_k eine konvexe, wachsende, ganzzahlige Funktion mit $n_1 = 1$ ist.
10. Es sei $\bar{H}(t)$ durch (3.6) bestimmt und stelle die Überlebenswahrscheinlichkeit eines Gerätes dar, das Schocks unterliegt. Man berechne die entsprechende Dichte $h(t)$ und die Ausfallrate $r(t) = h(t)/\bar{H}(t)$. Man zeige, daß $r(t) \leqq \lambda$ für $t \geqq 0$ ist.

11. Es werde $\overline{H}(t)$ durch (3.6) bestimmt. Man zeige, daß das j-te Moment μ_j bestimmt wird durch
$$\mu_j = \frac{j!}{\lambda^j} \sum_{k=0}^{\infty} \binom{j+k-1}{k} \overline{P}_k \qquad \text{für } j = 1, 2, \ldots$$
12. Man zeige, daß die folgenden Funktionen die Eigenschaft TP_2 besitzen:
(a) $f(x, y) = xy$ für $x \geqq 0$, $y \geqq 0$.
(b) $f(x, y) = 1$ für $x \geqq y$ und 0 für $x < y$, x, y reell.
(c) $f(x, y) = \begin{cases} g(x) \text{ für } x \geqq y, \\ h(y) \text{ für } x < y, \end{cases}$
für reelle x, y, wobei g und h nichtnegative Funktionen sind.
(d) $f(x, y) = e^{xy}$ für reelle x, y.
Ist $f(x, y)$ immer noch TP_2, wenn der Definitionsbereich in (a) auf negative x, y ausgedehnt wird?
13. Man bestimme ein F mit $F(z) = 0$ für $z < 0$ und einen Wert x, für den $[F^{(k)}(x)]^{1/k} \equiv$ $\equiv$ const ist für $k = 1, 2, \ldots$

§ 4. Abgeschlossenheit von Klassen von Lebensdauerverteilungen bezüglich Zuverlässigkeitsoperationen

Im § 2 haben wir festgestellt, daß die Bildung eines monotonen Systems aus unabhängigen IFR-Komponenten nicht notwendig dazu führt, daß die Lebensdauer des Systems eine IFR-Verteilung besitzt. Jedoch führt die Bildung eines monotonen Systems aus unabhängigen IFRA-Komponenten auf ein System mit IFRA lebensdauerverteilung. Damit erhebt sich die allgemeine Frage, unter welchen Zuverlässigkeitsoperationen eine gegebene Klasse von Lebensdauerverteilungen erhalten bleibt.

In diesem Abschnitt werden wir folgende Zuverlässigkeitsoperationen

(a) Bildung monotoner Systeme,
(b) Addition von Lebenszeiten,
(c) Mischung von Verteilungen

in Anwendung auf die bislang eingeführten Klassen von Lebensdauerverteilungen

(i) IFR
(ii) IFRA
(iii) DFR
(iv) DFRA

betrachten.

Bildung monotoner Systeme. In Vervollständigung unserer Analyse der Bildung monotoner Systeme weisen wir darauf hin, daß die Lebensdauer eines Parallelsystems aus ungleichen exponentiellen Komponenten weder zur DFR- noch zur DFRA-Klasse gehört. Erinnern wir uns daran, daß die exponentielle Lebensdauerverteilungen sowohl zur DFR- als auch zur DFRA-Klasse gehören, so ergibt sich, daß die DFR-(DFRA-) Klasse nicht bezüglich der Bildung monotoner Systeme abgeschlossen ist.

Addition von Lebenszeiten. Als nächstes betrachten wir die Addition von Lebenszeiten. Wenn eine ausgefallene Komponente durch eine Ersatzkomponente ersetzt wird, so bestimmt sich die Gesamtlebensdauer aus der Addition der beiden Lebenszeiten. Somit besitzt die Operation (b) eine zentrale Bedeutung bei der Betrachtung von Instandhaltungsstrategien. Um die Verteilung der Summe der unabhängigen Lebenszeiten ausdrücken zu können, nehmen wir an, X_1 besitze die Verteilung F_1, X_2 die Verteilung F_2, und F sei die Verteilung von $X_1 + X_2$. Dann ist

$$F(t) = \int_0^t F_2(t - x)\, dF_1(x)\,. \tag{4.1}$$

Die Gleichung (4.1) entspricht folgender Tatsache: wenn die Komponente 1 zu einem Zeitpunkt x, der vor t liegt, ausfällt, wogegen die Komponente 2 in dem verbleibenden Zeitintervall der Länge $t - x$ ausfällt, so überschreitet die Summe $X_1 + X_2$ der Lebenszeiten t nicht. Wir sagen, F sei die *Faltung* von F_1 und F_2, geschrieben $F = F_1 * F_2$. Für allgemeine Verteilungen, die auf der ganzen Achse definiert sind, gilt die folgende Definition.

4.1. Definition. Es seien F_1 und F_2 Verteilungen, die nicht notwendig auf der positiven Halbachse konzentriert sind. Dann ist

$$F(t) = \int_{-\infty}^{\infty} F_1(t - x)\, dF_2(x) \tag{4.2}$$

die *Faltung* von F_1 und F_2. Wenn X_1 die Verteilung F_1, X_2 die Verteilung F_2 besitzt und X_1 und X_2 unabhängig sind, so ist F die Verteilung von $X_1 + X_2$.

Als nächstes beweisen wir, daß die Summe unabhängiger zufälliger IFR-Variablen selbst eine zufällige IFR-Variable ist.

4.2. Satz. *Sind F_1 und F_2 IFR-Verteilungen, dann ist auch ihre Faltung $F(t) = \int_0^t F_2(t - x)\, dF_1(x)$ eine IFR-Verteilung.*

Beweis. Zunächst nehmen wir an, F_1 habe eine Dichte f_1 und F_2 habe eine Dichte f_2. Für $t_1 < t_2$ und $u_1 < u_2$ können wir gemäß der Kompositionsgrundformel (KARLIN, 1968, S. 17) schreiben[1])

$$D = \begin{vmatrix} \bar F(t_1 - u_1) & \bar F(t_1 - u_2) \\ \bar F(t_2 - u_1) & \bar F(t_2 - u_2) \end{vmatrix}$$

$$= \begin{vmatrix} \int \bar F_1(t_1 - s)\, f_2(s - u_1)\, ds & \int \bar F_1(t_1 - s)\, f_2(s - u_2)\, ds \\ \int \bar F_1(t_2 - s)\, f_2(s - u_1)\, ds & \int \bar F_1(t_2 - s)\, f_2(s - u_2)\, ds \end{vmatrix}$$

$$= \iint_{s_1 < s_2} \begin{vmatrix} \bar F_1(t_1 - s_1) & \bar F_1(t_1 - s_2) \\ \bar F_1(t_2 - s_1) & \bar F_1(t_2 - s_2) \end{vmatrix} \begin{vmatrix} f_2(s_1 - u_1) & f_2(s_1 - u_2) \\ f_2(s_2 - u_1) & f_2(s_2 - u_2) \end{vmatrix} ds_2\, ds_1\,.$$

---

1) *Kompositionsgrundformel.* Es sei $w(x, z) = \int u(x, y)\, v(y, z)\, d\sigma(y)$ absolut konvergent, wobei σ ein sigma-endliches Maß ist. Dann gilt

$$\begin{vmatrix} w(x_1, z_1) & \dots & w(x_1, z_n) \\ \vdots & \ddots & \vdots \\ w(x_n, z_1) & \dots & w(x_n, z_n) \end{vmatrix} = \int_{y_1 < \dots < y_n} \!\!\cdots \int \begin{vmatrix} u(x_1, y_1) & \dots & u(x_1, y_n) \\ \vdots & \ddots & \vdots \\ u(x_n, y_1) & \dots & u(x_n, y_n) \end{vmatrix} \begin{vmatrix} v(y_1, z_1) & \dots & v(y_1, z_n) \\ \vdots & \ddots & \vdots \\ v(y_n, z_1) & \dots & v(y_n, z_n) \end{vmatrix} \times$$
$$\times\, d\sigma(y_1) \dots d\sigma(y_n)\,.$$

Der Integrationsbereich ist überall $(-\infty, \infty)$. Durch partielle Integration der inneren Integrale erhalten wir

$$D = \iint\limits_{s_1 < s_2} \begin{vmatrix} \bar{F}_1(t_1 - s_1) & f_1(t_1 - s_2) \\ \bar{F}_1(t_2 - s_1) & f_1(t_2 - s_2) \end{vmatrix} \begin{vmatrix} f_2(s_1 - u_1) & f_2(s_1 - u_2) \\ \bar{F}_2(s_2 - u_1) & \bar{F}_2(s_2 - u_2) \end{vmatrix} ds_2 \, ds_1 .$$

Das Vorzeichen der ersten Determinante ist das gleiche wie das des Ausdrucks

$$\frac{f_1(t_2 - s_2)}{\bar{F}_1(t_2 - s_2)} \frac{\bar{F}_1(t_2 - s_2)}{\bar{F}_1(t_2 - s_1)} - \frac{f_1(t_1 - s_2)}{\bar{F}_1(t_1 - s_2)} \frac{\bar{F}_1(t_1 - s_2)}{\bar{F}_1(t_1 - s_1)},$$

unter der Annahme, daß die Nenner von Null verschieden sind. Gemäß Voraussetzung ist jedoch

$$\frac{f_1(t_2 - s_2)}{\bar{F}_1(t_2 - s_2)} \geqq \frac{f_1(t_1 - s_2)}{\bar{F}_1(t_1 - s_2)}$$

während wegen Satz 5.6 von Kapitel 3

$$\frac{\bar{F}_1(t_2 - s_2)}{\bar{F}_1(t_2 - s_1)} \geqq \frac{\bar{F}_1(t_1 - s_2)}{\bar{F}_1(t_1 - s_1)}$$

gilt. Somit ist die erste Determinante nichtnegativ. Eine ähnliche Argumentation gilt für die zweite Determinante, so daß $D \geqq 0$ ist. Wegen Satz 5.6 aus Kapitel 3 folgt daraus, daß F eine IFR-Verteilung ist.

Wenn F_1 oder F_2 an den rechten Endpunkten keine Dichten besitzen, kann der Satz auf ähnliche Weise unter Benutzung von Grenzübergängen bewiesen werden. ▮

Es ist leicht zu sehen, daß die Faltung nicht die DFR oder DFRA-Eigenschaft erhält. Beispielsweise sei $F_1 \equiv F_2 \equiv G_\alpha$, wobei G_α die Gammaverteilung mit einem Formparameter $\frac{1}{2} < \alpha < 1$ ist, deren Dichte in (5.3), Kapitel 3 definiert wurde. Dann sind F_1 und F_2, wie in 5.3, Kapitel 3 gezeigt wurde, DFR-Verteilungen. Gemäß Übung 3 § 5, Kapitel 3 ist $F_1 * F_2 \equiv G_{2\alpha}$ eine Gammaverteilung mit einem Formparameter > 1. Somit ist $F_1 * F_2$ weder eine DFR- noch eine DFRA-Verteilung.

Die Frage, ob die Faltung die IFRA-Eigenschaft erhält, bleibt bis zu diesem Zeitpunkt unbeantwortet[1]).

Mischung von Verteilungen. Mischungen von Verteilungen treten auf natürliche Weise bei einer Reihe von Problemen der Zuverlässigkeitstheorie auf. Beispielsweise nehmen wir an, daß ein Hersteller 60 Prozent eines bestimmten Erzeugnisses auf dem Montageband 1 herstellt und 40 Prozent auf dem Montageband 2. Wegen Unterschieden in den Maschinen, dem Personal usw. besitzt ein Erzeugnis vom Montageband 1 die Lebensdauerverteilung F_1, wogegen eine Erzeugnis vom Montageband 2 die Lebensdauerverteilung F_2 besitzt mit $F_1 \not\equiv F_2$. Nach der Produktion gelangen die Erzeugnisse beider Bänder in einen gemeinsamen Versandraum, so daß die ausgehenden Lieferungen aus einer zufälligen Mischung des Ausstoßes der beiden Bänder bestehen. Es ist klar, daß ein zufällig aus einer Lieferung herausgegriffenes Erzeugnis

---

[1]) Nach zahlreichen Versuchen, ein Gegenbeispiel zu konstruieren, hat H. W. Block Ende 1975 das Problem positiv gelöst. In H. Block und T. H. Savits (1976) findet man gleich zwei Beweise für die Abgeschlossenheit der Klasse {IFRA} gegenüber der Faltung. Weitere Ergebnisse zur IFRA-Problematik vgl. S. Ross (1977), El-Neweihi u. a. (1977) (Anm. d. Red.).

eine Lebensdauerverteilung $F \equiv 0{,}6F_1 + 0{,}4F_2$ besitzt. F ist eine Mischung von F_1 und F_2.

Im allgemeinen kann es sich bei den zu mischenden Verteilungen um überabzählbar viele handeln. Beispielsweise nehmen wir an, daß ein wichtiges Qualitätsmerkmal eines herzustellenden Erzeugnisses von dem Verunreinigungsgrad α des Rohstoffes abhängt. Die Wahrscheinlichkeitsverteilung des Qualitätsmerkmals sei F_α. Angenommen, α selbst sei zufällig mit der Verteilung $G(\alpha)$. Dann wird die resultierende Verteilung F des Qualitätsmerkmals bestimmt durch

$$F(x) = \int_{-\infty}^{\infty} F_\alpha(x)\, dG(\alpha)\,. \tag{4.3}$$

Wir gelangen somit zu folgender Definition.

4.3. Definition. Es sei $\{F_\alpha\}$ eine Menge von Wahrscheinlichkeitsverteilungen, wobei der Index α der Verteilung G unterliegt. Dann wird die *Mischung F von F_α über G* durch (4.3) bestimmt.

Wir werden Erhaltungseigenschaften von Mischungen durch Verwendung der im folgenden definierten Gefahrtransformation feststellen.

4.4. Definition *Die Gefahrtransformation der Mischung $F(x) = \int F_\alpha(x)\, dG(\alpha)$* wird durch

$$\eta(\boldsymbol{u}) = -\ln \int e^{-u_\alpha}\, dG(\alpha)\,, \tag{4.4}$$

bestimmt, wobei der Vektor $\boldsymbol{u}$ Elemente u_α mit $0 \leqq u_\alpha < \infty$, $-\infty < \alpha < \infty$ besitzt.

Es folgt unmittelbar, daß die Gefahrfunktion $R(t)$ einer Mischung sich aus

$$R(t) = \eta(\boldsymbol{R}(t)) \equiv -\ln \int e^{-R_\alpha(t)}\, dG(\alpha)\,, \qquad 0 \leqq t < \infty\,, \tag{4.5}$$

ergibt, wobei $R_\alpha(t)$ die Gefahrfunktion von F_α ist und $\boldsymbol{R}(t)$ ein Vektor.

Zur Untersuchung der Erhaltungseigenschaften von Mischungen ist es nützlich, eine interessante geometrische Eigenschaft der Gefahrtransformation zu betrachten.

4.5. Satz. *Die Gefahrtransformation einer Mischung ist konkav, d. h., ist η die Gefahrtransformation* (4.4) *der durch* (4.3) *bestimmten Mischung, dann gilt*

$$\eta[a\boldsymbol{u} + (1-a)\,\boldsymbol{v}] \geqq a\eta(\boldsymbol{u}) + (1-a)\,\eta(\boldsymbol{v})\,, \tag{4.6}$$

$$0 \leqq a \leqq 1\,, \qquad 0 \leqq u_\alpha \leqq \infty\,, \qquad 0 \leqq v_\alpha \leqq \infty\,, \qquad -\infty < \alpha < \infty\,.$$

Beweis. Gemäß der Hölderschen Ungleichung[1]) gilt

$$\int e^{-au_\alpha}\, e^{-(1-a)v_\alpha}\, dG(\alpha) \leqq \{\int e^{-u_\alpha}\, dG(\alpha)\}^a\, \{\int e^{-v_\alpha}\, dG(\alpha)\}^{1-a}\,, \qquad 0 \leqq a \leqq 1\,.$$

Aus (4.4) folgt die gewünschte Ungleichung (4.6). ▮

Wir benötigen das folgende Lemma.

---

[1]) Höldersche *Ungleichung.* Es sei $\int |f(x)|^p\, d\mu(x) < \infty$, $\int |g(x)|^q\, d\mu(x) < \infty$, $p > 1$ und $1/q + 1/p = 1$. Dann gilt $\int |f(x)\, g(x)|\, d\mu(x) \leqq [\int |f(x)|^p\, d\mu(x)]^{1/p}\, [\int |g(x)|^q\, d\mu(x)]^{1/q}$. Vgl. Munroe (1953), S. 238. Der Spezialfall $p = 2$ führt auf die folgende Ungleichung: Schwarzsche *Ungleichung.* Es sei $\int |f(x)|^2\, d\mu(x) < \infty$, $\int |g(x)|^2\, d\mu(x) < \infty$. Dann gilt $\{\int |f(x)\, g(x)|\, d\mu(x)\}^2 \leqq \int |f(x)|^2\, d\mu(x) \int |g(x)|^2\, d\mu(x)$.

4.6. Lemma. *Es sei $h(\boldsymbol{u})$ eine konkave (konvexe) und in jedem Argument wachsende Funktion. Jedes $u_\alpha(t)$ sei konkav (konvex). Dann ist $g_{\boldsymbol{u}}(t) \equiv h(\boldsymbol{u}(t))$ konkav (konvex) in t.*

Beweis. Es ist $g_{\boldsymbol{u}}[at + (1 - a)\, t'] \equiv h[\boldsymbol{u}(at + (1 - a)\, t')]$. Andererseits ist $u_\alpha[at + (1 - a)\, t'] \geqq (\leqq)\, au_\alpha(t) + (1 - a)\, u_\alpha(t')$, da u_α konkav (konvex) ist. Da h wächst, ist $h[\boldsymbol{u}(at + (1 - a)t')] \geqq (\leqq)\, h[a\boldsymbol{u}(t) + (1 - a)\, \boldsymbol{u}(t')]$. Da h konkav (konvex) ist, gilt $h[a\boldsymbol{u}(t) + (1 - a)\, \boldsymbol{u}(t')] \geqq (\leqq)\, ah(\boldsymbol{u}(t)) + (1 - a)\, h(\boldsymbol{u}(t')) \equiv ag_{\boldsymbol{u}}(t) + (1 - a)\, g_{\boldsymbol{u}}(t')$, so daß auch $g_{\boldsymbol{u}}(t)$ konkav (konvex) in t ist. ▮

Die eindimensionale Variante von Lemma 4.6 ist als Problem 114 in Hardy, Littlewood und Pólya (1952), S. 97 formuliert.

Unter Benutzung von Satz 4.5 und Lemma 4.6 können wir jetzt zeigen, daß die Mischung von DFR-Verteilungen eine DFR-Verteilung und die Mischung von DFRA-Verteilungen eine DFRA-Verteilung ist.

4.7. Satz. *Es sei $F(t)$ eine durch* (4.3) *bestimmte Mischung.*

(a) *Ist jedes F_α eine* DFR-*Verteilung, dann ist auch F eine* DFR-*Verteilung.*

(b) *Ist jedes F_α eine* DFRA-*Verteilung, dann ist auch F eine* DFRA-*Verteilung.*

Beweis. (a) Das Ergebnis folgt aus Satz 4.5 und Lemma 4.6.

(b) Die Gefahrfunktion $R(t)$ der Mischung erfüllt die Ungleichung

$$R(at) = \eta(\boldsymbol{R}(at)) \geqq \eta(a\boldsymbol{R}(t)) \qquad \text{für } 0 \leqq a \leqq 1\,,$$

da jedes F_α eine DFRA-Verteilung ist und η wächst. Wählen wir $\boldsymbol{v} = \boldsymbol{0}$ in (4.6), so erhalten wir

$$\eta(a\boldsymbol{R}(t)) \geqq a\eta(\boldsymbol{R}(t)) \qquad \text{für } 0 \leqq a \leqq 1\,.$$

Somit ist

$$R(at) \geqq aR(t) \qquad \text{für } 0 \leqq a \leqq 1\,,$$

und F ist also eine DFRA-Verteilung. ▮

Insbesondere ist die Mischung von Exponentialverteilungen eine DFR-Verteilung, da die Exponentialverteilung der DFR-Klasse angehört. Als Anwendung dieser Feststellung auf Zuverlässigkeitsfragen nehmen wir an, daß eine gegebene elektronische Komponente eine konstante Ausfallrate besitzt, die bestimmten Umgebungsbedingungen entspricht. Wenn Lebenszeitdaten für diese Komponente unter verschiedenen Umgebungsbedingungen gesammelt werden, führt das unbeabsichtigte Zusammenfassen verschiedener Daten zu einer deutlich fallenden Ausfallrate. Ein tatsächliches Auftreten dieses Phänomens wird in Proschan (1963) beschrieben.

Zum Abschluß unserer Betrachtung von Mischungen von Verteilungen können wir unmittelbar aus dem oben gesagten folgern, daß die Mischung von IFR-(IFRA-) Verteilungen nicht notwendig eine IFR-(IFRA-)Verteilung ist, da Exponentialverteilungen zur IFR-(IFRA-)Klasse gehören und ihre Mischung keine IFR-(IFRA-) Verteilung ist, sondern eine streng fallende Ausfallrate besitzen (unter der Annahme, daß die Verteilungen nicht alle identisch sind).

Wir können das Ergebnis dieses Paragraphen bezüglich der Erhaltung von Klassen von Lebensdauerverteilungen bei Ausführung verschiedener Zuverlässigkeitsoperationen in einer Tabelle zusammenfassen (Tab. 4.1).

Tabelle 4.1. Erhaltung von Klassen von Lebensdauerverteilungen bezüglich Zuverlässigkeitsoperationen

	Zuverlässigkeitsoperation		
Klasse von Lebensdauerverteilungen	Bildung monotoner Systeme	Addition von Lebenszeiten (Faltung von Verteilungen)	Mischung von Verteilungen
IFR	bleibt nicht erhalten	bleibt erhalten	bleibt nicht erhalten
IFRA	bleibt erhalten	bleibt erhalten	bleibt nicht erhalten
DFR	bleibt nicht erhalten	bleibt nicht erhalten	bleibt erhalten
DFRA	bleibt nicht erhalten	bleibt nicht erhalten	bleibt erhalten

Übungen

1. Es seien F_1 und F_2 logarithmisch konkave Lebensdauerverteilungsfunktionen. Dann ist auch die Faltung $F(t) = \int_0^t F_1(t - x)\, dF_2(x)$ logarithmisch konkav.
2. Man gebe ein Beispiel einer IFR-Verteilung mit endlichem Träger $[0, b]$ an, die einen Sprung bei b besitzt.
3. Man zeige, daß die Bildung von Seriensystemen jede der folgenden Klassen erhält: (a) IFR, (b) IFRA, (c) DFR, (d) DFRA.
4. Alle unterschiedlichen monotonen Strukturen der Ordnung 3 (bis auf Permutationen der Komponenten) sind in Kapitel 1, § 2 aufgeführt. Wir nehmen an, daß die Komponenten unabhängig sind und entsprechend die IFR-Verteilungen F_1, F_2, F_3 besitzen. Welche Strukturen besitzen IFR-Verteilungen, wenn gilt

   (a) $F_1 \equiv F_2 \equiv F_3$,
   (b) $F_2 \equiv F_3$,
   (c) $F_1 \not\equiv F_2 \not\equiv F_3$?

   Begründen Sie Ihre Vermutungen.
5. Es sei $\overline{F}_\alpha(t) = e^{-\alpha t}$ eine exponentielle Überlebenswahrscheinlichkeit. Die Ausfallrate α sei zufällig mit der Gamma-Dichte $g(\alpha) = [\beta^\gamma \alpha^{\gamma-1}/\Gamma(\gamma)]\, e^{-\beta\alpha}$, $0 \leqq \alpha < \infty$, wobei $\beta, \gamma > 0$ sind.
   (a) Man zeige, daß die Mischung F von F_α gemäß G (4.3) die Überlebenswahrscheinlichkeit $\overline{F}(t) = (1 + t/\beta)^{-\gamma}$ besitzt.
   (b) Man beweise direkt, daß die Ausfallrate in Übereinstimmung mit Satz 4.7(a) fallend ist.

*6. Man zeige, daß das harmonische Mittel zweier IFR-Überlebenswahrscheinlichkeiten eine IFR-Überlebenswahrscheinlichkeit ist.

7. Es gehöre $f(x, y)$ TP_r an für $x \in A$, $y \in B$, und es gehöre $g(y, z)$ TP_r an für $y \in B$, $z \in C$. Dann gehört $h(x, z) = \int_B f(x, y)\, g(y, z)\, dy$ TP_r an für $x \in A$, $z \in C$. (Man benutze die Kompositionsgrundformel.)
8. Man benutze das Ergebnis von Übung 7 um zu beweisen, daß die folgenden Funktionen TP_2 angehören:

   (a) $f(x, y) = \int_{-\infty}^{x} g(u, y)\, du$, wobei $g(u, y)$ TP_2 angehört für reelle u, y.

   (b) $f(x, y) = \int_{x}^{\infty} g(u, y)\, du$, wobei $g(u, y)$ TP_2 angehört für reelle u, y.

   (c) Es sei $f(r, s) = \int_0^\infty x^r x^s g(x)\, dx$ für reelle r, s, so daß das Integral endlich ist und $g(x) \geqq 0$ für $x \geqq 0$ ist. Wenn das r-te Moment einer nichtnegativen zufälligen

Variablen $\mu_r = \int_0^\infty x^r g(x)\,dx$ endlich ist für $r \geqq 0$, dann gehört μ_{r+s} TP_2 an für $r \geqq 0$, $s \geqq 0$.

(d) Es existiere die LAPLACE-Transformation $f^*(s) = \int_0^\infty e^{-xs} f(x)\,dx$ für $0 \leqq s < \infty$. Dann gehört $f^*(s+t)$ TP_2 an im Bereich $s \geqq 0$, $t \geqq 0$.

9. Es seien f, g nichtnegative Funktionen. Dann folgt aus der SCHWARZschen Ungleichung die Beziehung

$$\begin{vmatrix} \int f(x)\,f(x)\,d\mu(x) & \int f(x)\,g(x)\,d\mu(x) \\ \int g(x)\,f(x)\,d\mu(x) & \int g(x)\,g(x)\,d\mu(x) \end{vmatrix} \geqq 0\,.$$

Man gebe einen direkten Beweis mit Hilfe der Kompositionsgrundformel an.

§ 5. Halbordnungen für Lebensdauerverteilungen

Konvexe und sternförmige Ordnungen. Bei der Untersuchung der WEIBULL-Familie von Lebensdauerverteilungen wird eine Ordnung bezüglich des Formparameters α sichtbar. Für $0 < \alpha_1 < \alpha_2$ ist nämlich

$$F_{\alpha_1}^{-1} F_{\alpha_2}(t) = \lambda^{(\alpha_2/\alpha_1)-1} t^{\alpha_2/\alpha_1}\,, \qquad t \geqq 0\,,$$

eine konvexe Funktion. Eine ähnliche Ordnung existiert in der Gamma-Familie von Lebensdauerverteilungen G_α bezüglich des Formparameters α.

Die oben angeführte Ordnung kann von einem anderen Gesichtspunkt aus motiviert werden. Es sei $G(t) = 1 - e^{-\lambda t}$, $t \geqq 0$ eine Exponentialverteilung und F eine IFR-Verteilung. Dann ist

$$G^{-1}F(t) = -\frac{1}{\lambda} \ln \bar{F}(t)$$

konvex, da die erste Ableitung als positives Vielfaches der Ausfallrate von F wächst. Das motiviert die folgende Definition.

5.1. Definition. Es seien F und G stetige Verteilungen. G sei auf ihrem Träger[1]), einem Intervall, streng wachsend, und es gelte $F(0) = G(0) = 0$. Dann ist F *konvex bezüglich* G (symbolisch $F \underset{c}{<} G$), wenn $G^{-1}F(x)$ eine konvexe Funktion von x auf dem Träger von F ist, der als ein Intervall angenommen wird.

5.2. Die konvexe Ordnung ist eine Halbordnung. $F \underset{c}{<} G$ ist äquivalent zu $F(\alpha x) \underset{c}{<} G(\beta x)$ für alle $\alpha > 0$, $\beta > 0$. Somit können wir bei der Untersuchung der konvexen Ordnung Verteilungen, die sich nur durch einen positiven Skalenfaktor unterscheiden, zu Äquivalenzklassen zusammenfassen. Das heißt $\{F(\Theta x);\ \Theta > 0\}$ stellt eine Äquivalenzklasse von Verteilungen dar. Wenn wir in diesem Abschnitt F schreiben, so meinen wir damit die Äquivalenzklasse $\{F(\Theta x);\ \Theta > 0\}$.

(a) *Es sei* $F \underset{c}{<} G$ *und* $G \underset{c}{<} H$. *Dann gilt* $F \underset{c}{<} H$.

Beweis. Nach Voraussetzung sind $G^{-1}F$ und $H^{-1}G$ konvex, und $H^{-1}F$ wächst. Somit ist $H^{-1}GG^{-1}F$ wegen Lemma 4.6 konvex. Daraus folgt, daß $H^{-1}F$ konvex ist. ∎

---

[1]) Ein Punkt x gehört zum Träger einer Verteilung F, wenn für jede beliebige Zahl $\varepsilon > 0$ die Beziehung $F(x + \varepsilon) - F(x - \varepsilon) > 0$ erfüllt ist.

Somit ist die *konvexe Ordnung transitiv.*

(b) *Für jede Verteilung F gilt $F \underset{c}{<} F$.*

Beweis. $F^{-1}F(x) = x$ (bis auf einen Skalenfaktor) ist eine lineare und somit eine konvexe Funktion. ∎

Damit ist die *konvexe Ordnung reflexiv.*

(c) *Aus $F \underset{c}{<} G$ und $G \underset{c}{<} F$ folgt $F = G$ (bis auf einen Skalenfaktor).*

Somit ist die *konvexe Ordnung antisymmetrisch.*

Die konvexe Ordnung ist also eine Halbordnung der o. g. Äquivalenzklassen von Verteilungen (vgl. Hewitt und Stromberg (1965), S. 8).

Eine zweite Ordnungsrelation wird folgendermaßen definiert.

5.3. Definition. Es seien F und G stetige Verteilungen, G sei auf ihrem Träger streng wachsend, und es sei $F(0) = G(0) = 0$. Dann ist F *sternförmig bezüglich* G (symbolisch $F \underset{*}{<} G$), wenn $G^{-1}F(x)$ sternförmig ist [d. h. $(1/x)\, G^{-1}F(x)$ wächst für $x \geqq 0$].

Wie in 5.2 fassen wir die Verteilungen, die sich nur durch einen positiven Skalenfaktor unterscheiden, zu Äquivalenzklassen zusammen. Wir werden sehen, daß die sternförmige Ordnung eine *Halbordnung* o. g. Äquivalenzklassen von Verteilungen darstellt.

Der *Beweis* bleibt dem Leser überlassen (Übung 1).

Die folgenden Resultate ergeben sich unmittelbar.

5.4. Ergebnisse. (a) Aus $F \underset{c}{<} G$ folgt $F \underset{*}{<} G$.

(b) Die Beziehung $F \underset{c}{<} G$ bleibt erhalten, wenn entweder auf F oder auf G eine Verschiebungstransformation angewendet wird, bei der die zufälligen Variablen nichtnegativ bleiben.

(c) Die Beziehung $F \underset{*}{<} G$ kann bei einer Verschiebungstransformation von F bzw. G verletzt werden, auch wenn die Zufallsvariablen dabei nichtnegativ bleiben.

(d) Es sei $G(x) = 1 - e^{-\lambda x}$ und F eine stetige Verteilungsfunktion mit $F(0) = 0$. Dann ist $F \underset{c}{<} G$ äquivalent damit, daß F eine IFR-Verteilung ist.

(e) Es sei $G(x) = 1 - e^{-\lambda x}$ und F eine stetige Verteilungsfunktion mit $F(0) = 0$. Dann ist $F \underset{*}{<} G$ äquivalent damit, daß F eine IFRA-Verteilung ist.

Vgl. Übung 2.

5.5. Eigenschaft des einmaligen Schneidens. Es sei $F \underset{*}{<} G$. (a) Dann schneidet $\overline{F}(x)$ die Funktion $\overline{G}(\Theta x)$ höchstens einmal und dann von oben, wenn x von 0 bis ∞ wächst (für jedes $\Theta > 0$).

(b) Wenn zusätzlich F und G gleiche Mittelwerte besitzen, dann liegt tatsächlich ein einziger Schnitt vor, und F hat eine kleinere Varianz als G.

Wenn G eine Exponentialverteilung ist, dann muß F wegen 5.4 (e) eine IFRA-Verteilung sein, wie wir in Satz 2.18 erkannt haben.

Erhaltung der Halbordnung bei der Bildung von k-aus-n-Systemen aus gleichartigen Komponenten. Als nächstes untersuchen wir die Auswirkungen der Bildung von k-

aus-n-Systemen gleichartiger Elemente oder, gleichbedeutend damit, von Ordnungsstatistiken auf eine Halbordnung. Eine nützliche Identität wird durch das folgende Lemma gegeben.

5.6. Lemma. *Es sei F_{jn} die Verteilung der j-ten Ordnungsstatistik einer Stichprobe vom Umfang n bei Zugrundeliegen der Verteilung F. Dann gilt*

$$F_{jn}(x) = B_{jn}[F(x)] \qquad \text{für } 0 < x < \infty\,, \tag{5.1}$$

mit

$$B_{jn}(p) = \frac{n!}{(j-1)!\,(n-j)!}\int_0^p u^{j-1}(1-u)^{n-j}\,du \qquad \text{für } 0 \leqq p \leqq 1\,. \tag{5.2}$$

Beweis. Mit Hilfe der bekannten Formel

$$F_{jn}(x) = P[X_{j:n} \leqq x] = \sum_{i=j}^{n}\binom{n}{i}[F(x)]^i\,[\overline{F}(x)]^{n-i}$$

$$= \frac{n!}{(j-1)!\,(n-j)!}\int_0^{F(x)} u^{j-1}(1-u)^{n-j}\,du$$

(Mood, 1950, S. 235) erhält man mit (5.2) die Behauptung. ▮

Wir benutzen Lemma 5.6, um Satz 5.7 zu beweisen.

5.7. Satz. *Es gelte $F \underset{c}{<} G$ ($F \underset{*}{<} G$). Dann gilt auch $F_{jn} \underset{c}{<} G_{jn}$ ($F_{jn} \underset{*}{<} G_{jn}$), wobei G_{jn} die Verteilung der j-ten Ordnungsstatistik einer Stichprobe vom Umfang n bei Zugrundeliegen der Verteilung G ist.*

Beweis. Es gilt $G_{jn}^{-1}F_{jn}(x) = (B_{jn}G)^{-1}\,B_{jn}F(x) = G^{-1}F(x)$, so daß die Konvexität (Sternförmigkeit) erhalten bleibt. ▮

Aus dem Satz 5.7 erhalten wir unmittelbar den Satz 5.8.

5.8. Satz. *Es sei F eine* IFR-*Verteilung* (IFRA-*Verteilung*). *Dann ist auch F_{jn} eine* IFR-(IFRA-)*Verteilung.*

Beweis. Es sei F eine IFR-Verteilung und $G(t) = 1 - \mathrm{e}^{-t}$. Dann gilt nach Satz 5.7. $F_{jn} \underset{c}{<} G_{jn}$. Als nächstes zeigen wir, daß $G_{jn} \underset{c}{<} G$ oder, gleichbedeutend damit, daß G_{jn} eine IFR-Verteilung ist. Aus (5.1) folgt

$$\frac{\overline{G}_{jn}(t)}{g_{jn}(t)} = \frac{B_{n-j+1}[\overline{G}(t)]}{B'_{n-j+1}[\overline{G}(t)]\cdot g(t)} = \frac{1}{p}\int_0^p \left(\frac{x}{p}\right)^{n-j}\left(\frac{1-x}{1-p}\right)^{j-1} dx\,,$$

wobei $p = \overline{G}(t) = \mathrm{e}^{-t}$ ist. Mit $u = x/p$ erhalten wir

$$\frac{\overline{G}_{jn}(t)}{g_{jn}(t)} = \int_0^1 u^{n-j}\left(\frac{1-up}{1-p}\right)^{j-1} du\,.$$

Da ja $(1-up)/(1-p)$ für $0 \leqq p \leqq 1$ in p wachsend, und damit für $0 \leqq t < \infty$ in t fallend ist, können wir schlußfolgern, daß $\overline{G}_{jn}(t)/g_{jn}(t)$ fallend, und somit G_{jn} eine IFR-Verteilung ist.

Es folgt $G_{jn} \underset{c}{<} G$ oder, dazu äquivalent, daß F_{jn} eine IFR-Verteilung ist.

Als nächstes sei F eine IFRA-Verteilung. Dann gilt nach Satz 5.7 $F_{jn} \overset{*}{<} G_{jn}$. Also gilt $G_{jn} \underset{*}{<} G$ wegen $G_{jn} \underset{c}{<} G$. Folglich gilt $F_{jn} \underset{*}{<} G$, und F_{jn} ist somit eine IFRA-Verteilung. ∎

Bemerkung. Eine weitere Beweismethode dafür, daß G_{jn} eine IFR-Verteilung ist, benutzt die Tatsachen, daß aufeinanderfolgende Abstände in der geordneten Stichprobe unabhängige exponentialverteilte Zufallsgrößen bilden und daß die Faltung von IFR-Verteilungen eine IFR-Verteilung ergibt.

Übungen

1. Man zeige, daß die sternförmige Ordnung eine Halbordnung ist.
2. Man beweise die Ergebnisse 5.4 (a) bis (e) nach.
3. Man beweise die Eigenschaften 5.5 (a) und (b).
4. Es gelte $F \underset{c}{<} G$, die jeweiligen Dichten seien f und g. Man zeige (a) $[f(t)/gG^{-1}F(t)] \uparrow$ und (b) $[fF^{-1}(t)/gG^{-1}(t)] \uparrow$. ($gG^{-1}$ und fF^{-1} bezeichnet dabei jeweils die Hintereinanderausführung der Funktionale.)
5. Es seien F und G Verteilungen, so daß $F(0) = 0 = G(0)$ und $G^{-1}F(x + y) \geqq G^{-1}F(x) + G^{-1}F(y)$ für alle $x, y \geqq 0$ gilt. (Wir nennen F *superadditiv* bezüglich G und schreiben $F \underset{su}{<} G$.) Man zeige:

   (a) $F \underset{su}{<} G$ ist eine Halbordnung der Äquivalenzklassen von Verteilungen.
   (b) $F \overset{su}{\underset{*}{<}} G \Rightarrow F \underset{su}{<} G$.
   (c) $F \underset{su}{<} G \Rightarrow F_{jn} \underset{su}{<} G_{jn}$.
6. Gegeben sei eine Struktur mit der Zuverlässigkeitsfunktion $h(p)$, wobei die Lebenszeiten der einzelnen Komponenten unabhängig voneinander jeweils gemäß der Verteilung F mit der Dichte f verteilt sein sollen. Es sei $u_h(p) = ph'(p)/h(p)$. Dann gilt

   (a) $u_h(\overline{F}(t)) = r_h(t)/r(t)$, wobei $r(t) = f(t)/\overline{F}(t)$ die Ausfallrate einer Komponente zum Zeitpunkt t, und $r_h(t)$ die Ausfallrate des Systems zum Zeitpunkt t sind.
   (b) $u_h(p)$ ist genau dann eine in p fallende Funktion, wenn $r_h(t)/r(t)$ eine in t wachsende Funktion ist.
   (c) Wenn $r(t)$ eine in t wachsende und $u_h(p)$ eine in p fallende Funktion ist, so ist $r_h(t)$ eine in t wachsende Funktion.
7. Man zeige, daß für eine k-aus-n-Struktur mit der Zuverlässigkeitsfunktion $h(p)$ die Funktion $u_h(p)$ in p wächst.
8. Mit Hilfe der Übungen 6 und 7 zeige man, daß die Lebensdauerverteilung eines k-aus-n-Systems aus unabhängigen Komponenten eine IFR-Verteilung ist, falls die Komponenten die gleiche IFR-Lebensdauerverteilung besitzen.
9. Es sei $h(p) = f(g(p))$, wobei $g'(p) \geqq 0$, $u_f(p)$ fallend und $u_g(p)$ fallend sein sollen. Dann ist $u_h(p)$ fallend. Daraus leite man ein Ergebnis für k-aus-n-Systeme, die aus gleichartigen l-aus-n-Moduln bestehen, her.

§ 6. Zuverlässigkeitsschranken

In diesem Paragraphen geben wir Schranken für die Zuverlässigkeit und für andere Parameter an, wobei angenommen wird, daß ein Moment oder ein Quantil bekannt ist und die zugrundeliegende Verteilung eine IFR-, IFRA-, DFR- oder DFRA-Verteilung ist. Solche Schranken sind in Anwendungen der Zuverlässigkeitstheorie nützlich, da ja die einzigen a priori bekannten Tatsachen z. B. die sein können, daß die Komponente eine die Ermüdung charakterisierende wachsende Ausfallrate und eine mittlere Lebensdauer, sagen wir μ, besitzt.

Wir werden nur einige grundlegende Schranken aus der Vielzahl der in der Literatur vorhandenen angeben. Man vergleiche Barlow und Marshall, I und II (1964), Barlow und Marshall (1965), Barlow (1965), Barlow und Marshall (1967) für zusätzliche Schranken für eine Vielzahl von Parametern unter verschiedenen Voraussetzungen.

Zuverlässigkeitsschranken auf der Basis eines bekannten Quantils. Unsere erste Schranke beruht auf der Tatsache, daß eine IFRA-(DFRA-)Überlebenswahrscheinlichkeit eine exponentielle Überlebenswahrscheinlichkeit mit dem gleichen p-Quantil einmal und zwar von oben (unten) schneidet.

6.1. Satz. *Es sei F eine* IFRA-(DFRA-) *Verteilung mit dem p-Quantil ξ_p (d. h., es ist $F(\xi_p) = p$), Dann gilt*

$$\bar{F}(t) \begin{cases} \geqq (\leqq)\, e^{-\alpha t} & \text{für } 0 \leqq t \leqq \xi_p\,, \\ \leqq (\geqq)\, e^{-\alpha t} & \text{für } t \geqq \xi_p\,, \end{cases} \tag{6.1}$$

wobei $\alpha = -(1/\xi_p)\ln(1-p)$.

Beweis. Zunächst bemerken wir, daß die exponentielle Überlebenswahrscheinlichkeit $e^{-\alpha t}$ das gleiche p-Quantil ξ_p besitzt wie F. Folglich muß wenigstens ein Schnitt von $e^{-\alpha t}$ durch $\bar{F}(t)$ vorkommen, und zwar in $t = \xi_p$.

Nach Satz 2.18 kann höchstens ein Schnitt und in der durch (6.1) angegebenen Richtung vorkommen. ∎

Beispiel. Ein Hersteller ist verpflichtet ein Produkt mit einer Zuverlässigkeit von 0,95 für eine Operationsdauer von 1000 Stunden herzustellen, d. h., es muß gelten $F(1000) = 0{,}95$. Das Produkt besteht aus Teilen, die IFR-Lebensdauerverteilungen besitzen; die Lebenszeiten sind untereinander unabhängig. Folglich besitzt die Lebensdauer des Produkts nach Satz 2.6 eine IFRA-Verteilung. Wie lautet eine pessimistische (konserative) Voraussage für die Zuverlässigkeit $\bar{F}(900)$ des Produkts für eine Operationsdauer von 900 Stunden unter der Annahme, daß der Hersteller die Bedingungen gerade so erfüllt?

Die entsprechenden Größen des Satzes 6.1 ergeben sich als $t = 900$, $p = 0{,}05$, $\xi_p = 1000$. Wir berechnen $\alpha = -(1/\xi_p)\ln(1-p) = -(1/1000)\ln(1-0{,}05)$. Da $t = 900 < 1000 = \xi_p$ ist, erhalten wir aus (6.1) die Beziehung

$$\bar{F}(t) \geqq e^{-\alpha t}\,,$$

das heißt

$$\bar{F}(900) \geqq e^{(1/1000)(\ln 1-0{,}05)\,900} = e^{0{,}9 \ln(1-0{,}05)} \approx e^{-0{,}045} \approx 0{,}955\,.$$

Folglich sichert der Hersteller unter den oben beschriebenen Annahmen eine Zuverlässigkeit des Produkts von wenigstens 0,955 bei einer Operationsdauer von 900 Stunden. (Wenn die bekannte Zuverlässigkeit hoch ist und t und ξ_p, $t < \xi_p$, sich nicht zu sehr unterscheiden, ist $1 - pt/\xi_p$ eine handliche approximative untere Schranke.)

Zuverlässigkeitsschranken, die auf einem bekannten Moment beruhen. Als nächstes geben wir Schranken für die Zuverlässigkeit an, die auf einem einzigen bekannten Moment basieren. In den meisten praktischen Fällen wird das bekannte Moment das erste Moment sein. Die folgende Bezeichnung wird sich als nützlich erweisen.

Bezeichnung. $X \overset{\text{st}}{=} Y$ bedeutet, daß X und Y identisch verteilt sind. $X \overset{\text{st}}{\geqq} Y$ $(X \overset{\text{st}}{\leqq} Y)$ bedeutet, daß für jedes x die Beziehung $P[X > x] \geqq (\leqq)\ P[Y > x]$ erfüllt ist.

6.2. Satz. *Sind* $F \underset{c}{<} G$, $F(0) = 0 = G(0)$, F *und* G *stetig und* $\int_0^\infty t^r\, dF(t) = \mu_r = \int_0^\infty t^r\, dG(t)$ *für einen festen Wert* $r \geqq 1$, *dann gilt*

$$\bar{F}(t) \geqq \begin{cases} \bar{G}(t) & \text{für } t < \mu_r^{1/r}, \\ 0 & \text{für } t \geqq \mu_r^{1/r}. \end{cases} \tag{6.2}$$

Die Schranke läßt sich nicht verschärfen.

Beweis. $X\,(Y)$ habe die Verteilung $F\,(G)$ und $X^r\,(Y^r)$ die Verteilung $F_r\,(G_r)$. Zuerst zeigen wir, daß $G_r^{-1}F_r(x)$ für $x \geqq 0$ konvex ist. Dazu beachten wir

$$G_r^{-1}F_r(x) = [G^{-1}F(x^{1/r})]^r .$$

Unter Annahme der Differenzierbarkeit von $G^{-1}F$ erhalten wir

$$\frac{d}{dx}\, G_r^{-1}F_r(x) = \left[\frac{G^{-1}F(x^{1/r})}{x^{1/r}}\right]^{r-1} (G^{-1}F)'\,(x^{1/r}) .$$

Der erste Faktor ist in $x \geqq 0$ wachsend, da ja $G^{-1}F$ sternförmig und $r \geqq 1$ ist. Der zweite Faktor ist in x wachsend, da $G^{-1}F$ konvex ist. Folglich ist $(d/dx)\, G_r^{-1}F_r(x)$ in $x \geqq 0$ wachsend, und somit ist $G_r^{-1}F_r$ konvex. Da die konvexen differenzierbaren Funktionen in der Klasse der konvexen Funktionen dicht liegen, gilt die gleiche Schlußfolgerung auch dann, wenn $G^{-1}F$ nicht differenzierbar ist.

Nun sei $X_1^r, \ldots, X_n^r$ $(Y_1^r, \ldots, Y_n^r)$ eine zufällige Stichprobe aus der Verteilung $F_r\,(G_r)$. Da $G_r^{-1}F_r$ konvex ist, gilt

$$G_r^{-1}F_r\left(\frac{1}{n}\sum_{i=1}^n X_i^r\right) \leqq \frac{1}{n}\sum_{i=1}^n G_r^{-1}F_r(X_i^r)$$

nach der JENSENschen Ungleichung. Es folgt

$$F_r\left(\frac{1}{n}\sum_{i=1}^n X_i^r\right) \leqq G_r\left[\frac{1}{n}\sum_{i=1}^n G_r^{-1}F_r(X_i^r)\right] \overset{\text{st}}{=} G_r\left(\frac{1}{n}\sum_{i=1}^n Y_i^r\right),$$

da ja $G_r^{-1}F_r(X_i^r) \overset{\text{st}}{=} Y_i^r$ (vgl. Übung 4) gilt und $X_1, \ldots, X_n$ unabhängig sind.

Für $n \to \infty$ erhält man nach dem Gesetz der großen Zahlen

$$F_r(\mu_r) \leqq G_r(\mu_r) .$$

Aus der ersten Gleichung des Beweises folgt die Ungleichung

$$F(\mu_r^{1/r}) \leqq G(\mu_r^{1/r}) .$$

Da $F \underset{c}{<} G$ ist, schneidet $\bar{F}$ die Funktion $\bar{G}$ genau einmal und zwar von oben, vgl. Eigenschaft 5.5. Also gilt

$$\bar{F}(t) \geqq \bar{G}(t) \qquad \text{für } t \leqq \mu_r^{1/r} .$$

Um zu zeigen, daß sich für $t < \mu_r^{1/r}$ die Schranke nicht verschärfen läßt (d. h. keine größere untere Schranke existiert), wählen wir $F \equiv G$. Für den Fall $t \geqq \mu_r^{1/r}$ vgl. Übung 5. ∎

Wenn in Satz 6.2 G exponentiell gewählt wird, erhalten wir folgenden nützlichen Spezialfall.

6.3. Korollar. *F sei eine stetige* IFR-*Verteilung,* $\mu_r = \int_0^\infty t^r \, dF(t)$ *und* $\lambda_r = \mu_r/\Gamma(r+1)$, $r \geqq 1$. *Dann gilt*

$$\bar{F}(t) \geqq \begin{cases} \exp\left[\dfrac{-t}{\lambda_r^{1/r}}\right] & \textit{für } t < \mu_r^{1/r}, \\ 0 & \textit{für } t \geqq \mu_r^{1/r}. \end{cases} \tag{6.3}$$

Diese Schranke läßt sich nicht verschärfen.

Beweis. Es gilt $\int_0^\infty (t^r/\lambda_r^{1/r}) \exp[-t/\lambda_r^{1/r}] \, dt = \Gamma(r+1)\,\lambda_r = \mu_r$ und $F \underset{c}{<} G$, wobei $G(t) = 1 - \exp[-t/\lambda_r^{1/r}]$. Die Anwendung des Satzes 6.2 liefert dann Korollar 6.3. ∎

Als nächstes werden wir zeigen, wie die nichttriviale untere Schranke aus Korollar 6.3 und ihr Anwendungsbereich als Funktion von r variieren. Um dies zu tun benötigen wir ein Lemma, das auch unabhängig davon nützlich ist.

6.4. Lemma. *Es gelte* $F \underset{*}{<} G$, $\int_0^\infty x^s \, dF(x) = \int_0^\infty x^s \, dG(x)$ *für ein festes* $s > 0$, ψ *sei wachsend. Dann gilt*

$$\int_0^\infty \psi(x)\, x^{s-1} \bar{F}(x) \, dx \leqq \int_0^\infty \psi(x)\, x^{s-1} \bar{G}(x) \, dx .$$

Beweis. Aus $F \underset{*}{<} G$ folgt, daß $\bar{F}$ die Funktion $\bar{G}$, wenn überhaupt, höchstens einmal und von oben schneidet. Aus der Beziehung $\int_0^\infty x^s \, dF(x) = \int_0^\infty x^s \, dG(x)$ folgt, daß $\bar{F}$ wenigstens einmal $\bar{G}$ schneidet. Folglich muß $\bar{F}$ die Funktion $\bar{G}$ genau einmal schneiden. Sei $0 < t_0 < \infty$ eine Lösung von $\bar{F}(x) = \bar{G}(x)$. Dann schneidet $x^{s-1}\bar{F}(x)$ die Funktion $x^{s-1}\bar{G}(x)$ in t_0 und zwar von oben. Also ist

$$\int_0^\infty \psi(x)\, x^{s-1}\bar{F}(x) \, dx - \int_0^\infty \psi(x)\, x^{s-1}\bar{G}(x) \, dx = \int_0^\infty [\psi(x) - \psi(t_0)]\, [x^{s-1}\bar{F}(x) - x^{s-1}\bar{G}(x)] \, dx ,$$

da ja $\int_0^\infty x^{s-1}\bar{F}(x) \, dx = (1/s) \int_0^\infty x^s \, dF(x) = (1/s) \int_0^\infty x^s \, dG(x) = \int_0^\infty x^{s-1}\bar{G}(x) \, dx$ gilt. Da $\psi(x) - \psi(t_0)$ und $x^{s-1}\bar{F}(x) - x^{s-1}\bar{G}(x)$ für alle x entgegengesetzte Vorzeichen besitzen, folgt somit die gewünschte Behauptung. ∎

6.5. Korollar. *Sei F eine* IFRA-(DFRA-)*Verteilung,* $\mu_r = \int_0^\infty x^r \, dF(x)$, $\lambda_r = \mu_r/\Gamma(r+1)$. *Dann ist $\lambda_r^{1/r}$ in $r \geqq 0$ fallend (wachsend).*

Beweis. Es sei $0 < r < s$. Man berücksichtige, daß nach Übung 11 am Ende des Paragraphen folgendes gilt:

$$\mu_r = r \int_0^\infty x^{r-1} \bar{F}(x) \, dx = r \int_0^\infty x^{r-1} \exp(-x/\lambda_r^{1/r}) \, dx .$$

Durch Anwendung des Lemmas 6.4 mit $\psi(x) = x^{s-r}$ erhalten wir

$$\lambda_s = \frac{\mu_s}{\Gamma(s+1)} = \frac{1}{\Gamma(s+1)} \int_0^\infty s x^{s-1} \bar{F}(x)\, dx \leqq (\geqq) \int_0^\infty \frac{s x^{s-1}}{\Gamma(s+1)} \exp\left(-\frac{x}{\lambda_r^{1/r}}\right) dx = \lambda_r^{s/r} . \blacksquare$$

6.6. Satz. (a) *Für festes* $t \geqq 0$ *ist die nichttriviale untere Schranke* $\exp(-t/\lambda_r^{1/r})$ *in Korollar* 6.3 *in* $r > 0$ *fallend.*

(b) *Der Anwendungsbereich* $[0, \mu_r^{1/r}]$ *dieser Schranke ist in* $r > 0$ *wachsend.*

Beweis. (a) Nach Korollar 6.5 gilt $\exp(-t/\lambda_s^{1/s}) \leqq \exp(-t/\lambda_r^{1/r})$ für $r < s$, $t \geqq 0$, und somit gilt (a).

Zu (b) vgl. Übung 6. ▮

Der Spezialfall $r = 1$ in Korollar 6.3 ist für Anwendungen in der Zuverlässigkeitstheorie von besonderer Bedeutung.

6.7. Schranken, die auf dem ersten Moment beruhen. Sei F eine IFR-Verteilung mit dem Erwartungswert μ_1. Dann gilt

$$\bar{F}(t) \geqq \begin{cases} e^{-t/\mu_1} & \text{für } t < \mu_1 , \\ 0 & \text{für } t \geqq \mu_1 . \end{cases} \tag{6.4}$$

Diese Schranke läßt sich nicht verschärfen.

6.8. Schranken für die Systemzuverlässigkeit. In den Anfangsstadien einer Systementwicklung ist es oft notwendig, die Systemzuverlässigkeit auf der Basis recht geringer Kenntnisse vorherzusagen — sagen wir z. B. aus der Kenntnis der Systemstruktur, der Erwartungswerte der Lebenszeiten der Komponenten, der Tatsache, daß jede Komponente eine IFR-verteilte Lebensdauer besitzt, und daß alle Komponenten voneinander unabhängig sind. Mit Hilfe von (6.4) konstruieren wir eine konservative (pessimistische) Vorhersage der Systemzuverlässigkeit.

Speziell sei h die Zuverlässigkeitsfunktion eines monotonen Systems aus n unabhängigen Komponenten. Die Komponente i, $i = 1, \dots, n$, besitze eine (unbekannte) IFR-Lebensdauerverteilung F_i mit dem (bekannten) Erwartungswert μ_i. Dann wird eine untere Schranke für die Systemzuverlässigkeit $h(\bar{F}_1(t), \dots, \bar{F}_n(t))$ bei einer Operationsdauer t durch

$$h(\bar{F}_1(t), \dots, \bar{F}_n(t)) \geqq h(e^{-t/\mu_1}, \dots, e^{-t/\mu_n}) \qquad \text{für } t < \min(\mu_1, \dots, \mu_n) . \tag{6.5}$$

gegeben.

Tatsächlich machen wir sogar dann eine pessimistische Zuverlässigkeitsvorhersage, wenn die exakte Systemstruktur und ihre entsprechende Zuverlässigkeitsfunktion noch nicht bekannt sind. Weiterhin müssen die Komponenten nicht unabhängig, sondern lediglich assoziiert sein (vgl. § 3, Kapitel 2).

Speziell nehmen wir an: (a) daß wir ein monotones System mit (unbekannter) Strukturfunktion φ haben, und (b) daß die Komponenten mit IFR-Randverteilungen mit (bekannten) Erwartungswerten $\mu_1, \dots, \mu_n$ assoziiert sind. Dann können wir eine pessimistische Zuverlässigkeitsvorhersage für die Systemzuverlässigkeit $\bar{F}(t)$ machen:

$$\bar{F}(t) \geqq \exp\left[-t \sum_{i=1}^n \frac{1}{\mu_i}\right] \quad \text{für} \quad t < \min(\mu_1, \dots, \mu_n) , \tag{6.6}$$

da ja

$$\bar{F}(t) = P\,[\varphi(X_1(t), \dots, X_n(t)) = 1] \geqq \prod_{i=1}^{n} P[X(t) = 1]$$

$$\geqq \prod_{i=1}^{n} e^{-t/\mu_i} = \exp\left[-t \sum_{i=1}^{n} \frac{1}{\mu_i}\right].$$

gilt. Die erste Ungleichung ist eine Schlußfolgerung aus Satz 3.2, Kapitel 2, während die zweite aus (6.4) folgt. Die Schranke (6.6), die aus der Anwendung zweier aufeinanderfolgender Ungleichungen resultiert, kann sich in vielen Anwendungen als recht grob erweisen.

Bemerkung. In der Praxis wird in den Anfangsstadien einer Systementwicklung oft angenommen, daß alle Komponenten

(a) in Reihe geschaltet sind
(b) unabhängig sind
(c) exponentialverteilte Lebenszeiten mit bekannten Erwartungswerten $\mu_1, \dots, \mu_n$ besitzen.

Dann stellt (6.6) eine Zuverlässigkeitsschätzung dar, die pessimistisch ist, wenn tatsächlich alle Komponenten:

(a) Teile eines monotonen Systems sind.
(b) assoziiert sind.
(c) IFR-Lebensdauerrandverteilungen mit bekannten Erwartungswerten $\mu_1, \dots, \mu_n$ besitzen.

Fortsetzung des Beispiels von Bazovsky. In dem Beispiel, das Satz 2.11 in Kapitel 3 folgt, wird ein elektronischer Schaltkreis der aus 10 Dioden, 4 Transistoren, 20 Widerständen und 10 Kondensatoren betrachtet. Nun nehmen wir jedoch nicht mehr länger an, daß eine Reihenschaltung benutzt wird, sondern vielmehr nur, daß das System monoton sei (wir können uns in einem sehr frühen Stadium der Entwicklung befinden). Weiterhin muß es nicht korrekt sein anzunehmen, daß die Komponenten untereinander unabhängige Lebenszeiten besitzen, sie sollen lediglich assoziiert sein. Schließlich können die Lebenszeiten der Komponenten eher eine IFR- als eine Exponentialverteilung besitzen, deren Erwartungswerte folgendermaßen gegeben sind:

Siliziumdiode:	$\mu_d = 500000$
Siliziumtransistor:	$\mu_t = 100000$
Schichtwiderstand:	$\mu_r = 1000000$
Keramikkondensator:	$\mu_c = 500000$

Dann ergibt (6.6) eine pessimistische Vorhersage der Systemzuverlässigkeit:

$$\bar{F}(t) \geqq e^{-0{,}0001t} \qquad \text{für } t < 100000\,,$$

wobei, wie in Bazovskys Beispiel, 0,0001 die durch die Elementeabzählmethode berechnete Ausfallrate, und 100000 die minimale mittlere Lebensdauer der Komponenten darstellt.

Als nächstes erhalten wir obere Schranken für die Zuverlässigkeit bei Zugrundeliegen von IFRA-Verteilungen, und analog bei DFR-Verteilungen, bei jeweils bekanntem Erwartungswert.

6.9. Satz. *Es sei F eine* IFRA-*Verteilung mit dem Erwartungswert μ_1. Dann ist für ein festes $t > 0$*

$$\bar{F}(t) \leqq \begin{cases} 1 & \text{für } t \leqq \mu_1 , \\ e^{-wt} & \text{für } t > \mu_1 , \end{cases} \tag{6.7}$$

wobei $w > 0$ als Funktion von t die Gleichung

$$1 - w\mu_1 = e^{-wt} \tag{6.8}$$

erfüllt. Die Schranke läßt sich nicht mehr verschärfen.

Beweis. Sei t ein fixierter Wert, $t > \mu_1$. Wir definieren

$$\bar{G}(x) = \begin{cases} e^{-wx} & \text{für } x < t , \\ 0 & \text{für } x \geqq t , \end{cases}$$

wobei $w > 0$ die zu (6.8) äquivalente Beziehung

$$\int_0^t e^{-wx}\, dx = \mu_1 \tag{6.9}$$

erfüllt (vgl. Abb. 4.6.1). Da $t > \mu_1$ ist, existiert solch ein Wert und ist eindeutig bestimmt.

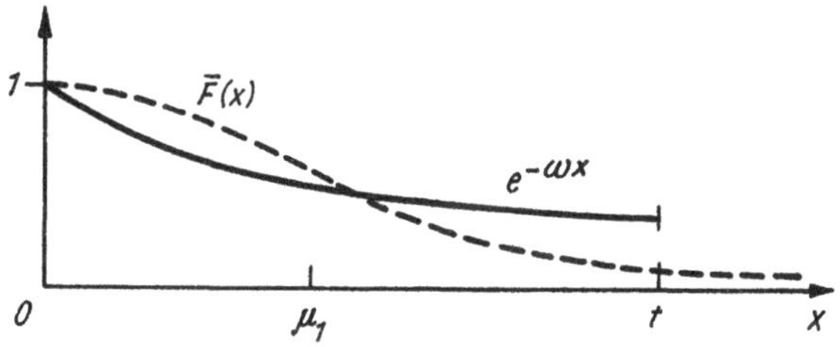

Abb. 4.6.1. Konstruktion einer oberen Schranke

Nach Satz 2.18 schneidet $\bar{F}$ die Funktion $\bar{G}$ höchstens einmal in $(0, t)$. Da F und G bei entsprechender Wahl von w den gleichen Erwartungswert besitzen, und $\bar{F}$ auf $[t, \infty)$ oberhalb von $\bar{G}$ liegt, kann $\bar{F}$ auf $[0, t]$ nicht streng oberhalb von $\bar{G}$ liegen. Folglich gilt entweder, daß $\bar{F}$ die Funktion $\bar{G}$ auf $[0, t]$ genau einmal und von oben schneidet, oder daß $\bar{F}$ vollständig unterhalb von $\bar{G}$ liegt. In beiden Fällen gilt $\bar{F}(t) \leqq \bar{G}(t)$.

Der Nachweis, daß sich diese Schranke nicht verschärfen läßt, ist dem Leser überlassen (Übung 8). ▮

Da die Schranke von einer IFR-Verteilung angenommen wird, kann diese obere Schranke tatsächlich für IFR-Verteilungen nicht mehr verschärft werden.

Als nächstes geben wir eine obere Schranke für eine DFR-Verteilung mit bekanntem Erwartungswert an. Den Beweis findet der Leser bei B-P (1965), S. 31–32.

6.10. Satz. *Sei F eine* DFR-*Verteilung mit dem Erwartungswert μ_1. Dann ergibt sich*

$$\bar{F}(t) \leqq \begin{cases} e^{-t/\mu_1} & \text{für } t \leqq \mu_1 , \\ \dfrac{\mu_1 e^{-1}}{t} & \text{für } t \geqq \mu_1 . \end{cases} \tag{6.10}$$

Diese Schranke läßt sich nicht verschärfen.

Analog können wir eine untere Schranke für die Zuverlässigkeit bei IFRA-Verteilungen erhalten. Der Beweis ist in BARLOW-MARSHALL (1967) enthalten.

6.11. Satz. *Ist F eine* IFRA-*Verteilung und* $\int_0^\infty x^r\,dF(x) = \mu_r$ $(r > 0)$, dann gilt

$$\overline{F}(x) \geqq \begin{cases} \min\left[e^{-b_s s}, e^{-cs}\right] & \text{für } x < \mu_r^{1/r}, \\ 0 & \text{für } x \geqq \mu_r^{1/r}, \end{cases}$$

wobei b_s durch

$$s^r(1 - e^{-b_s s}) + \int_s^\infty x^r b_s\, e^{-b_s x}\,dx = \mu_r,$$

bestimmt wird und $c = [\mu_r/\Gamma(r+1)]^{1/r}$ ist.

Numerische Werte für die untere Schranke bei einer IFRA-Verteilung sind in Tab. 6.1 gegeben. Ein graphischer Vergleich der unteren Schranken bei IFR- und IFRA-Verteilungen wird in Abb. 4.6.2 gegeben.

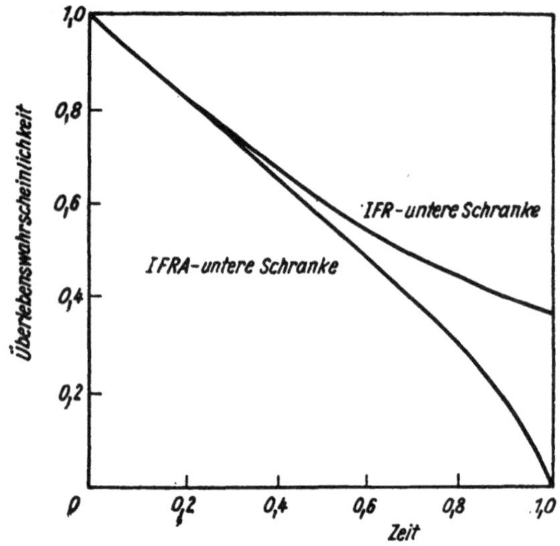

Abb. 4.6.2. Vergleich der unteren Schranken für die Überlebenswahrscheinlichkeit ($\mu = 1$) für IFR- und IFRA-Verteilungen

Schranken für Momente. Unter Annahme bekannter Erwartungswerte können wir Schranken für die Momente von IFRA-(DFRA-)Verteilungen durch Vergleich mit der Exponentialverteilung erhalten.

6.12. Satz. *Es sei F eine* IFRA-(DFRA-)*Verteilung mit bekanntem Erwartungswert* μ_1. *Schranken für das r-te Moment* $\mu_r = \int_0^\infty x^r\,dF(x)$ *sind durch*

$$\begin{aligned} \mu_r &\geqq (\leqq)\ \Gamma(r+1)\,\mu_1^r \quad \text{für } 0 < r \leqq 1, \\ \mu_r &\leqq (\geqq)\ \Gamma(r+1)\,\mu_1^r \quad \text{für } 1 \leqq r < \infty \end{aligned} \tag{6.11}$$

gegeben. Die Schranken lassen sich nicht verschärfen.

Tabelle 6.1. Untere Schranke für IFRA-Verteilungen $F(t)$ mit Erwartungswert Eins

t	untere Schranke	t	untere Schranke
0,00	1,0000	0,50	0,5671
0,01	0,9900	0,51	0,5589
0,02	0,9801	0,52	0,5506
0,03	0,9704	0,53	0,5424
0,04	0,9607	0,54	0,5341
0,05	0,9511	0,55	0,5258
0,06	0,9416	0,56	0,5175
0,07	0,9322	0,57	0,5091
0,08	0,9228	0,58	0,5007
0,09	0,9136	0,59	0,4923
0,10	0,9043	0,60	0,4839
0,11	0,8952	0,61	0,4754
0,12	0,8861	0,62	0,4668
0,13	0,8771	0,63	0,4582
0,14	0,8681	0,64	0,4496
0,15	0,8592	0,65	0,4409
0,16	0,8504	0,66	0,4321
0,17	0,8416	0,67	0,4233
0,18	0,8329	0,68	0,4144
0,19	0,8242	0,69	0,4055
0,20	0,8155	0,70	0,3964
0,21	0,8069	0,71	0,3783
0,22	0,7983	0,72	0,3781
0,23	0,7898	0,73	0,3688
0,24	0,7813	0,74	0,3594
0,25	0,7728	0,75	0,3499
0,26	0,7644	0,76	0,3403
0,27	0,7560	0,77	0,3306
0,28	0,7476	0,78	0,3207
0,29	0,7393	0,79	0,3107
0,30	0,7310	0,80	0,3005
0,31	0,7227	0,81	0,2902
0,32	0,7144	0,82	0,2796
0,33	0,7062	0,83	0,2689
0,34	0,6979	0,84	0,2580
0,35	0,6897	0,85	0,2468
0,36	0,6815	0,86	0,2354
0,37	0,6733	0,87	0,2237
0,38	0,6651	0,88	0,2117
0,39	0,6570	0,89	0,1993
0,40	0,6488	0,90	0,1865
0,41	0,6406	0,91	0,1733
0,42	0,6325	0,92	0,1595
0,43	0,6243	0,93	0,1452
0,44	0,6162	0,94	0,1301
0,45	0,6080	0,95	0,1142
0,46	0,5998	0,96	0,0971
0,47	0,5917	0,97	0,0786
0,48	0,5835	0,98	0,0580
0,49	0,5753	0,99	0,0341

Beweis. Nach Korollar 6.5 gilt $\mu_r = \Gamma(r+1)\lambda_r \geqq (\leqq) \Gamma(r+1)\lambda_1^r = \Gamma(r+1)\mu_1^r$ für $0 < r \leqq 1$, falls F eine IFRA-(DFRA-)Verteilung ist. Für $1 \leqq r < \infty$ kehren sich die Ungleichungen um.

Um zu zeigen, daß die Schranken nicht mehr verschärfbar sind, wähle man F als Exponentialverteilung. ∎

6.13. Der Variationskoeffizient. Wenn wir $r = 2$ wählen, sagt Satz 6.12 aus, daß für IFRA-(DFRA-)Verteilungen F $\mu_2 \leqq (\geqq) 2\mu_1^2$, oder gleichbedeutend damit, $\sigma^2 \leqq (\geqq) \mu_1^2$, wobei $\sigma^2 = \mu_2 - \mu_1^2$ die Varianz von F bezeichnet. Folglich gilt bei einer IFRA-(DFRA-)Verteilung F für den Variationskoeffizienten $\sigma/\mu \leqq (\geqq) 1$, d. h., die Verteilung ist steiler (flacher) als die Exponentialverteilung, für die $\sigma/\mu = 1$ gilt.

Übungen

1. Für eine Komponente mit wachsender Ausfallrate betrage die Wahrscheinlichkeit, 1000 Stunden zu überleben, 0,99.
   (a) Man gebe eine untere Schranke für die Wahrscheinlichkeit, 900 Stunden zu überleben, an.
   (b) Man gebe eine obere Schranke für die Wahrscheinlichkeit, 1500 Stunden zu überleben, an.
2. Ein System bestehe aus zwei parallelgeschalteten Komponenten mit IFRA-verteilten Lebenszeiten, wobei jede Komponente mit Wahrscheinlichkeit 0,95 500 Stunden überlebt. Man bestimme eine untere Schranke für die Wahrscheinlichkeit, daß das System 400 Stunden überlebt, mittels folgender Möglichkeiten:
   (a) Zuerst berechne man eine untere Schranke für jede Komponente. Dann berechne man die Überlebenswahrscheinlichkeit des Parallelsystems auf der Grundlage der unteren Schranken für die Komponenten.
   (b) Zuerst berechne man die Überlebenswahrscheinlichkeit des Parallelsystems für 500 Stunden. Dann benutze man die unteren Schranken aus Satz 6.1.
   Welche Methode ergibt eine bessere Schranke?
   Läßt sich dieser Vergleich von Parallelsystemen auf alle monotonen Systeme verallgemeinern? Wie unterscheiden sich die Methoden (a) und (b) wenn das System ein Seriensystem ist?
3. Sei F eine Verteilung, die durch Mischung von DFRA-Verteilungen $F_1, \ldots, F_n$ entsteht, wobei jeweils die Wahrscheinlichkeit, 1000 Stunden zu überleben, 0,98 betragen soll. Man bestimme eine obere Schranke von $\bar{F}(750)$ unter Benutzung der zwei Methoden:
   (a) Zuerst berechne man obere Schranken für $\bar{F}_1(750), \ldots, \bar{F}_n(750)$ und mische dann die oberen Schranken.
   (b) Man mische $\bar{F}_1(1000), \ldots, \bar{F}_n(1000)$ um $\bar{F}(1000)$ zu erhalten und bestimme dann eine obere Schranke für $\bar{F}(750)$.
   Unterscheiden sich die Resultate?
4. X (Y) besitze eine stetige Verteilung F (G), wobei G streng wachsend sein soll. Dann gilt $Y \overset{\text{st}}{=} G^{-1}F(x)$.
5. Man zeige, daß sich die durch (6.2) gegebene untere Schranke für $t > \mu_r^{1/r}$ nicht verschärfen läßt.
6. Es gelte $F(0^-) = 0$ und $\mu_r = \int_0^\infty t^r \, dF(t)$. Dann ist $\mu_r^{1/r}$ in $r \geqq 0$ wachsend.
7. Gegeben sei das in dem begleitenden Diagramm dargestellte System. Die drei Komponenten seien untereinander unabhängig, die Lebenszeiten IFR-verteilt mit Er-

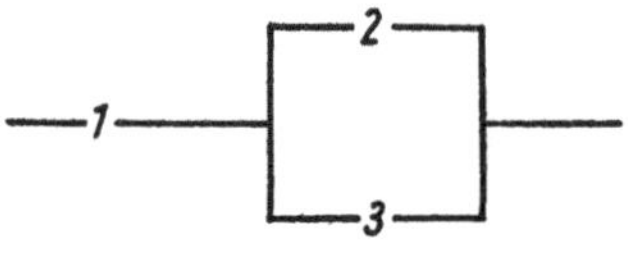

wartungswerten von 1000, 1200 bzw. 1600 Stunden. Man bestimme eine untere Schranke der Systemzuverlässigkeit für eine 800-stündige Operationsdauer.

8. Man zeige, daß sich die Schranke in Satz 6.9 nicht verschärfen läßt.
9. Es sei vorausgesetzt, daß der Erwartungswert einer Verteilung F bekannt ist. Man vergleiche die oberen Schranken für $\overline{F}(t)$ in den folgenden zwei Fällen:
   (a) F ist eine IFR-Verteilung,
   (b) F ist eine DFR-Verteilung.
10. Man zeige, daß das r-te Moment $\mu_r = \int_0^\infty t^r(1/\mu_1)\, e^{-t/\mu_1}\, dt$ einer Exponentialverteilung für $0 < r < \infty$ durch $\mu_r = \Gamma(r+1)\, \mu_1^r$ gegeben ist.
11. Sei X eine zufällige Variable mit der Verteilung F, wobei $F(0^-) = 0$ ist. Dann gilt $EX^r = r \int_0^\infty x^{r-1}\overline{F}(x)\, dx$, falls EX^r existiert und endlich ist.
12. Man zeige, daß sich F und G wenigstens einmal schneiden müssen, wenn sie das gleiche erste Moment besitzen. Man zeige: Wenn F und G das gleiche s-te Moment besitzen, dann schneiden sie sich wenigstens s-mal.

*13. Es gelte $F \underset{*}{<} G$. Man zeige

$$\left\{\int_0^\infty x^r\, dG(x) \Big/ \int_0^\infty x^r\, dF(x)\right\}^{1/r} \uparrow \qquad \text{für } r \geqq 0\,.$$

Besitzen insbesondere F den Erwartungswert μ_F und die Varianz σ_F^2 und G den Erwartungswert μ_G und die Varianz σ_G^2, so gilt $\sigma_F/\mu_F \leqq \sigma_G/\mu_G$.

§ 7. Mittlere Lebensdauer von Serien- und Parallelsystemen

In diesem Paragraphen erhalten wir nützliche Schranken und Vergleiche für die Erwartungswerte der Lebenszeiten von Serien- und Parallelsystemen unter verschiedenen Voraussetzungen über die Verteilungen der Komponenten.

7.1. Lemma. (a) *Seien $W(x)$ ein nicht notwendig positives* Lebesgue-Stieltjes-*Maß mit $\int_t^\infty dW(x) \geqq 0$ für alle t und $h(x) \geqq 0$ wachsend. Dann gilt $\int_{-\infty}^\infty h(x)\, dW(x) \geqq 0$.*

(b) *Seien $W(x)$ ein nicht notwendig positives* Lebesgue-Stieltjes-*Maß mit $\int_{-\infty}^t dW(x) \geqq 0$ für alle t und $h(x) \geqq 0$ fallend. Dann gilt $\int_{-\infty}^\infty h(x)\, dW(x) \geqq 0$.*

Beweis. (a) Die Voraussetzung besagt, daß $\int_{-\infty}^\infty I_{[t,\infty)}(x)\, dW(x) \geqq 0$ ist, wobei $I_{[t,\infty)}$ die Indikatorfunktion der Menge $[t, \infty)$ ist. Jede nichtnegative wachsende Funktion $h(x)$ kann von unten durch Funktionen der Form $\sum_{i=1}^n a_i I_{[t_i,\infty)}(x)$, wobei alle $a_i > 0$ sind, angenähert werden. Die Behauptung folgt aus dem Satz von Lebesgue über die monotone Konvergenz.

(b) Der Beweis verläuft analog. ∎

Die Schlußfolgerung in Lemma 7.1(a) kann auch in der Form $\int_t^\infty h(x)\, dW(x) \geqq 0$ für alle t geschrieben werden, da die Funktion $h_t(x)$, die für $x < t$ den Wert 0 und für $x \geqq t$ den Wert $h(x)$ annimmt, die Bedingungen des Lemmas erfüllt. Analog kann die Behauptung in Lemma 7.1(b) als $\int_{-\infty}^t h(x)\, dW(x) \geqq 0$ für alle t geschrieben werden.

Die Vereinigung der beiden Resultate ergibt das folgende Korollar.

7.2. Korollar. *Seien* $\int_t^\infty dW(x) \geqq 0$ *für alle* t, $\int_{-\infty}^\infty dW(x) = 0$ *und* $h(x)$ *wachsend. Dann gilt* $\int_{-\infty}^\infty h(x)\, dW(x) \geqq 0$.

Wir können jetzt unter Benutzung dieser Mittel Seriensysteme untersuchen. Wir nehmen im verbleibenden Teil des Paragraphen an, daß F und G (mit oder ohne Indizes) Wahrscheinlichkeitsverteilungen sind, so daß $F(0) = 0 = G(0)$ gilt.

7.3. Satz. *Es gelte* $\int_0^t \overline{F}_i(x)\, dx \geqq \int_0^t \overline{G}_i(x)\, dx$ *für alle* $t > 0$, $i = 1, 2, \ldots, n$. *Dann gilt*

$$\int_0^t \prod_{i=1}^n \overline{F}_i(x)\, dx \geqq \int_0^t \prod_{i=1}^n \overline{G}_i(x)\, dx \qquad \textit{für alle } t > 0\,. \tag{7.1}$$

Beweis. Offensichtlich genügt es, (7.1) für $n = 2$ zu zeigen. Es ist

$$\int_0^t \overline{F}_1(x)\, \overline{F}_2(x)\, dx - \int_0^t \overline{G}_1(x)\, \overline{G}_2(x)\, dx$$

$$= \int_0^t [\overline{F}_1(x) - \overline{G}_1(x)]\, \overline{F}_2(x)\, dx + \int_0^t [\overline{F}_2(x) - \overline{G}_2(x)]\, \overline{G}_1(x)\, dx\,.$$

Jedes der beiden letzten Integrale ist nach Lemma 7.1(b) nichtnegativ. ▮

Ein ähnliches Resultat gilt für Parallelsysteme.

7.4. Satz. *Es gelte* $\int_t^\infty \overline{F}_i(x)\, dx \leqq \int_t^\infty \overline{G}_i(x)\, dx$ *für allc* $t \geqq 0$, $i = 1, \ldots, n$. *Dann gilt*

$$\int_t^\infty \left\{1 - \prod_{i=1}^n F_i(x)\right\} dx \leqq \int_t^\infty \left\{1 - \prod_{i=1}^n G_i(x)\right\} dx \qquad \textit{für alle } t \geqq 0\,. \tag{7.2}$$

Beweis. Der Beweis gleicht dem von Satz 7.3, wobei Lemma 7.1(a) benutzt wird. ▮

7.5. Lemma. *F und G sollen den gleichen Erwartungswert besitzen. Angenommen, $\overline{F}$ schneidet $\overline{G}$ höchstens einmal, und wenn solch ein Schnitt vorkommt, schneide $\overline{F}$ die Funktion $\overline{G}$ von oben. Dann gilt*

$$\int_0^t \overline{F}(x)\, dx \geqq \int_0^t \overline{G}(x)\, dx \quad \textit{und} \quad \int_t^\infty \overline{F}(x)\, dx \leqq \int_t^\infty \overline{G}(x)\, dx \qquad \textit{für alle } t \geqq 0\,. \tag{7.3}$$

Beweis. Da F und G den gleichen Erwartungswert besitzen, muß $\overline{F}$ die Funktion $\overline{G}$ mindestens einmal schneiden, nach Voraussetzung gibt es aber höchstens einen solchen Schnitt. Folglich schneidet $\overline{F}$ die Funktion $\overline{G}$ genau einmal von oben, sagen wir in x_0. Somit gilt $\overline{F}(x) \geqq \overline{G}(x)$ für $0 \leqq x < x_0$ und $\overline{F}(x) \leqq \overline{G}(x)$ für $x_0 \leqq x < \infty$. Da $\int_0^\infty \overline{F}(x)\, dx = \int_0^\infty \overline{G}(x)\, dx$ gilt, folgt die Behauptung. ▮

Wir können nun diese Resultate dazu anwenden, Schranken für die mittlere Lebensdauer von Serien- und Parallelsystemen zu erhalten.

7.6. Satz. *Die Lebensdauer X_i (Y_i) der i-ten Komponente besitze die Verteilung F_i (G_i) mit dem Erwartungswert μ_i, und es gelte $F_i \underset{*}{<} G_i$ für $i = 1, \ldots, n$. $X_1, \ldots, X_n$ ($Y_1, \ldots, Y_n$) seien unabhängig. Dann ist die mittlere Lebensdauer eines Seriensystems aus Komponenten mit den Lebenszeiten $X_1, \ldots, X_n$ größer als die mittlere Lebensdauer eines entsprechenden Systems aus Komponenten mit den Lebenszeiten $Y_1, \ldots, Y_n$, d. h.*

$$E \min (X_1, \ldots, X_n) \geqq E \min (Y_1, \ldots, Y_n)\,, \tag{7.4a}$$

während für Parallelsysteme die umgekehrte Ungleichung gilt, d. h.

$$E \max (X_1, \ldots, X_n) \leqq E \max (Y_1, \ldots, Y_n)\,. \tag{7.4b}$$

Beweis. (7.4a). Offensichtlich gilt $P[\min (X_1, \ldots, X_n) > t] = \prod_{i=1}^{n} \bar{F}_i(t)$. Nach 5.5 schneidet $\bar{F}_i$ die Funktion $\bar{G}_i$ genau einmal und von oben. Nach Lemma 7.5 gilt (7.3) für jede Komponente. Nach Satz 7.3 folgt (7.1). Schließlich erhalten wir durch die Wahl von $t = \infty$ in (7.1) die Relation

$$\begin{aligned} E \min (X_1, \ldots, X_n) &= \int_0^\infty P[\min (X_1, \ldots, X_n) > t]\, dt = \int_0^\infty \prod_{i=1}^{n} \bar{F}_i(t)\, dt \\ &\geqq \int_0^\infty \prod_{i=1}^{n} \bar{G}_i(t)\, dt = \int_0^\infty P[\min (Y_1, \ldots, Y_n) > t]\, dt \\ &= E \min (Y_1, \ldots, Y_n)\,. \end{aligned}$$

(7.4b). Der Beweis ist analog:

$$\begin{aligned} E \max (X_1, \ldots, X_n) &= \int_0^\infty P[\max (X_1, \ldots, X_n) > t]\, dt \\ &= \int_0^\infty \left\{1 - \prod_{i=1}^{n} F_i(t)\right\} dt \leqq \int_0^\infty \left\{1 - \prod_{i=1}^{n} G_i(t)\right\} dt \\ &= \int_0^\infty P[\max (Y_1, \ldots, Y_n) > t]\, dt \\ &= E \max (Y_1, \ldots, Y_n)\,. \blacksquare \end{aligned}$$

Bemerkung. Tatsächlich können die Voraussetzungen von Satz 7.6 abgeschwächt werden. Um (7.4a) und (7.4b) zu erhalten ist es ausreichend, anstelle der Unabhängigkeit von $X_1, \ldots, X_n$ lediglich ihre Assoziiertheit zu fordern. Dies folgt aus

$$P[\min (X_1, \ldots, X_n) > t] \geqq \prod_{i=1}^{n} P[X_i > t]$$

und

$$P[\max (X_1, \ldots, X_n) > t] \leqq 1 - \prod_{i=1}^{n} P[X_i \leqq t]\,.$$

Die letzte Ungleichung ist eine Konsequenz aus Satz 3.1, Kapitel 2.

Durch Wahl einer Exponentialverteilung mit Erwartungswerten μ_i, $i = 1, \ldots, n$, für die G_i erhalten wir das folgende Korollar.

7.7. Korollar. *μ_s (μ_p) sei die mittlere Lebensdauer eines Serien-(Parallel-)Systems aus n assoziierten Komponenten. Die i-te Komponente besitze eine* IFRA-*Randverteilung mit* *dem Erwartungswert μ_i. Dann gilt*

$$\mu_s \geqq \int_0^\infty \prod_{i=1}^n \bar{G}_i(t)\, dt \equiv \left(\sum_{i=1}^n \mu_i^{-1}\right)^{-1}, \tag{7.5a}$$

$$\mu_p \leqq \int_0^\infty \prod_{i=1}^n \bar{G}_i(t)\, dt, \tag{7.5b}$$

wobei $\bar{G}_i(t) \equiv e^{-t/\mu_i}$ für $t \geqq 0$, $i = 1, \dots, n$ ist.

Beispiel. In Bazovskys Beispiel, das Satz 2.11 in Kapitel 3 folgte, betrachteten wir ein Reihensystem aus 10 Dioden, 4 Transistoren, 20 Widerständen und 10 Kondensatoren die untereinander unabhängig und exponentiell mit den jeweiligen Ausfallraten $\lambda_d = 0{,}000002$, $\lambda_r = 0{,}000001$, $\lambda_t = 0{,}000010$ und $\lambda_c = 0{,}000002$ verteilt waren.

Anstelle der Unabhängigkeit nehmen wir jetzt lediglich die Assoziiertheit der Komponenten an, die Komponenten sollen eine IFRA-Randverteilung mit den jeweiligen Erwartungswerten $\mu_d = 500000$, $\mu_t = 100000$, $\mu_r = 1000000$ und $\mu_c = 500000$ besitzen. Dann ist nach Korollar 7.7 durch

$$\mu_s \geqq \left(\sum_{i=1}^n \mu_i^{-1}\right)^{-1} = [10(0{,}000002) + 4(0{,}000010) + 20(0{,}000001) + 10(0{,}000002)]^{-1} = 10000.$$

eine konservative Vorhersage oder untere Schranke der mittleren Lebensdauer μ_s des Systems gegeben.

7.8. Korollar. *Es sei μ_s (μ_p) die mittlere Lebensdauer eines Serien-(Parallel-)Systems aus n unabhängigen Komponenten gegeben. Die i-te Komponente besitze eine* DFRA-*Randverteilung mit dem Erwartungswert μ_i. Dann gilt*

$$\mu_s \leqq \int_0^\infty \prod_{i=1}^n \bar{G}_i(t)\, dt \equiv \left(\sum_{i=1}^n \mu_i^{-1}\right)^{-1}, \tag{7.6a}$$

$$\mu_p \geqq \int_0^\infty \prod_{i=1}^n \bar{G}_i(t)\, dt. \tag{7.6b}$$

7.9. Bemerkung. Im Spezialfall $\mu_1 = \dots = \mu_n = \mu$ kann die durch (7.5b) und (7.6b) gegebene Schranke für μ_p in einer nützlichen geschlossenen Form ausgedrückt werden,

$$\int_0^\infty \{1 - (1 - e^{-t/\mu})^n\}\, dt = \mu\left(1 + \frac{1}{2} + \dots + \frac{1}{n}\right). \tag{7.7}$$

Das gilt wegen

$$\int_0^\infty [1 - (1 - e^{-t/\mu})^n]\, dt = \int_0^\infty \sum_{i=0}^{n-1} e^{-t/\mu} (1 - e^{-t/\mu})^i\, dt$$

$$= \mu\left[1 + \sum_{i=1}^{n-1} \frac{1}{i+1} (1 - e^{-t/\mu})^{i+1}\Big|_0^\infty\right] = \mu \sum_{i=1}^n \frac{1}{i}.$$

Unter Benutzung von Korollar 7.7 können wir Schranken für die mittlere Lebensdauer eines monotonen Systems als Funktion der mittleren Lebenszeiten der Komponenten erhalten. Das beinhaltet der folgende

7.10. Satz. *Sei φ ein monotones System mit minimalen Schnittmengen $K_1, \dots, K_k$ und minimalen Pfadmengen $P_1, \dots, P_p$. Die Lebenszeiten der Komponenten werden als assoziiert und die Randverteilungen als* IFRA-*Verteilungen mit Erwartungswerten $\mu_1, \dots, \mu_n$ angenommen. Sei T die Lebensdauer des Systems. Dann gilt die Abschätzung*

$$\max_{1 \leqq r \leqq p} \left[\sum_{i \in P_r} \mu_i^{-1}\right]^{-1} \leqq ET \leqq \min_{1 \leqq s \leqq k} \int_0^\infty \prod_{i \in K_s} \overline{G}_i(t)\, dt\,,$$

wobei $\overline{G}_i(t) = e^{-t/\mu_i}$ für $i = 1, \dots, n$ ist.

Der *Beweis* bleibt dem Leser überlassen (Übung 7).

Übungen

1. Man gebe einen detaillierten Beweis des Teils (b) in Lemma 7.1 an.
2. Sei F_i eine Gamma-(WEIBULL-)Verteilung mit dem Formparameter α_i, G_i eine Gamma-(WEIBULL-)Verteilung mit dem Formparameter $\beta_i \leqq \alpha_i$, wobei beide Verteilungen den gleichen Erwartungswert μ_i, $i = 1, \dots, n$, besitzen sollen. Dann gilt
$$\int_0^\infty \prod_{i=1}^n \overline{F}_i(x)\, dx \geqq \int_0^\infty \prod_{i=1}^n \overline{G}_i(x)\, dx\,.$$
3. G habe eine fallende Dichte mit dem Erwartungswert μ. Man bestimme eine obere Schranke für $\int_0^\infty \overline{G^n}(t)\, dt$ und eine untere Schranke für $\int_0^\infty [1 - G^n(t)]\, dt$.

*4. Satz 14 in BESSLER und VEINOTT (1966) ergibt
$$\int_t^\infty \overline{F}_i(x)\, dx \leqq \int_t^\infty \overline{G}_i(x)\, dx \qquad \text{für alle } t,\ i = 1, \dots, n$$
$$\Leftrightarrow \int \dots \int \varphi(x_1, \dots, x_n)\, dF_1(x_1) \dots dF_n(x_n)$$
$$\leqq \int \dots \int \varphi(x_1, \dots, x_n)\, dG_1(x_1) \dots dG_n(x_n)$$
für jede wachsende konvexe Funktion φ. Damit beweise man
(a) Satz 7.4;
(b) $\int_t^\infty \overline{F}_i(x)\, dx \leqq \int_t^\infty \overline{G}_i(x)\, dx$ für $t \geqq 0$, $i = 1, \dots, n \Rightarrow \int_t^\infty \overline{F}(x)\, dx \leqq \int_t^\infty \overline{G}(x)\, dx$, wobei $F = F_1 * \dots * F_n$ und $G = G_1 * \dots * G_n$ ist.

5. Man beweise Korollar 7.2.
6. Man gebe ein Gegenbeispiel für folgende Behauptung an: Der Erwartungswert der Lebensdauerverteilung F_i sei größer als der der Lebensdauerverteilung G_i. Dann hat ein Seriensystem aus unabhängigen Komponenten mit Lebensdauerverteilungen $F_1, \dots, F_n$ eine größere mittlere Lebensdauer als ein Reihensystem aus unabhängigen Komponenten mit Lebensdauerverteilungen $G_1, \dots, G_n$.
7. Man beweise Satz 7.10.

§ 8. Bemerkungen und Literaturhinweise

§ 2. Dieser Paragraph beruht weitgehend auf Resultaten von BIRNBAUM-ESARY-MARSHALL (1966). Der einfachere Beweis des Satzes 2.6 über die Abgeschlossenheit der IFRA-Klasse stammt von ROSS (1972).

Das Beispiel 2.1 eines monotonen Systems aus IFR-verteilten Komponenten, dessen Lebensdauerverteilung nicht vom Typ IFR ist, wurde erstmals in ESARY-PROSCHAN

(1963b) angegeben. Eigenschaften sternförmiger Funktionen und ihre Beziehungen zu anderen Funktionsklassen werden in BRUCKNER und OSTROW (1962) untersucht. Asymptotische Minimax-Tests für Exponentialität gegen IFRA-(DFRA)Alternativen werden in Kapitel 5 von BARLOW-BARTHOLOMEW-BREMNER-BRUNK (1972) diskutiert.

§ 3. Die Resultate dieses Paragraphen beruhen auf einem Abschnitt aus ESARY-MARSHALL-PROSCHAN (1973). Die Schockmodelle, die in dieser Arbeit diskutiert werden, liefern eine weitere Bestätigung der fundamentalen Rolle, die IFR-, DFR-, IFRA- und DFRA-Verteilungsklassen in der Zuverlässigkeitstheorie spielen.

Die Theorie der totalen Positivität ist in einer Vielzahl von Gebieten wie z. B. der Lagerhaltungstheorie, der Ökonometrie, Mechanik, Statistik und zahlreichen anderen Bereichen der Mathematik wie auch in der Zuverlässigkeitstheorie angewendet worden. Eine umfassende und verständliche Behandlung dieses Gegenstandes wurde durch KARLIN (1968) gegeben, der auch maßgeblich an der Entwicklung auf diesem Gebiet beteiligt ist. Eine Verallgemeinerung des Ergebnisses in Übung 5 und seine Spezialfälle sind in KARLIN-PROSCHAN (1960) dargestellt. Weitere Verallgemeinerungen auf MARKOW-Prozesse und andere stochastische Prozesse kommen in KARLIN (1964) vor.

Die Schockmodelle, die in diesem Paragraphen behandelt wurden und die in § 2, Kapitel 6 nochmals erscheinen werden, können auch als Modelle zum Gebrauch bei versicherungsstatistischen Untersuchungen benutzt werden. Man vergleiche hierzu BUHLMANN (1970) und SEAL (1969). Um (3.1) als eine Gleichung in der Risiko-Theorie zu interpretieren, identifizieren wir $e^{-\lambda t}\,[(\lambda t)^k/k!]$ mit der POISSONschen Wahrscheinlichkeit von k Forderungen in $[0, t]$, F als die Verteilung des Betrages einer einzelnen Forderung und $H(t)$ als die Wahrscheinlichkeit, daß der Gesamtbetrag der Forderungen in $[0, t]$ nicht das verfügbare Kapital x der Versicherungsgesellschaft überschreitet.

§ 4. Die Resultate, die die Erhaltung der IFR- und DFR-Eigenschaft unter geeigneten zuverlässigkeitstheoretischen Operationen betreffen, erschienen zuerst in BARLOW-MARSHALL-PROSCHAN (1963). Der Beweis der Erhaltung von DFR- und DFRA-Eigenschaften bei Mischungen, der hier vorgeführt wurde, beruht auf ESARY-MARSHALL-PROSCHAN (1970). Ein etwas anderer Beweis ist für den DFR-Fall in BARLOW-MARSHALL-PROSCHAN (1963) gegeben worden. Schätzverfahren für IFR- und DFR-Verteilungen werden in Kapitel 5 von BARLOW-BARTHOLOMEW-BREMNER-BRUNK (1972) diskutiert.

§ 5. Die konvexe Ordnung wurde durch VAN ZWET (1964) eingeführt; dort wurden auch Ungleichungen zwischen Momenten hergeleitet und Anwendungen in der Statistik angegeben. Die sternförmige Ordnung wird in BARLOW-PROSCHAN (1966 a, b) und MARSHALL-OLKIN-PROSCHAN (1967) diskutiert. Die superadditive Ordnung in Übung 5 ist neu. Einige ihrer Eigenschaften werden in HOLLANDER-PROSCHAN (1972) benutzt um zu testen, ob ein neues Gerät eine stochastisch größere Lebensdauer hat als ein gebrauchtes. Die Ergebnisse der Übungen 6 bis 9 beruhen auf ESARY-PROSCHAN (1963b).

§ 6. Die untere Zuverlässigkeitsschranke, die in 6.7 angegeben wird, wurde direkt unter Benutzung der JENSENschen Ungleichung in B-P (1965) bewiesen. Die Ungleichungen für Momente in Satz 6.12 waren ursprünglich unter der strengeren Voraussetzung, daß die zugrundeliegende Dichte PF_2 ist (KARLIN-PROSCHAN-BARLOW 1961) hergeleitet worden. Das Ergebnis, das in Übung 13 angegeben wurde, und seine Spezialfälle wurden in MARSHALL-OLKIN-PROSCHAN (1967) hergeleitet.

§ 7. Lemma 7.1 ist seit langer Zeit bekannt. Eine diskrete Version ist in HARDY-LITTLEWOOD-PÓLYA (1952) gegeben. Ein allgemeineres Resultat ist in KARLIN-NOWIKOW (1963), S. 1264, enthalten. Ergebnisse, die den Erwartungswert der Lebensdauer von Serien- oder Parallelsystemen des in diesem Paragraphen betrachteten Typs betreffen, sind in B-P (1965), Kapitel 2 enthalten. SOLOWJEW-USCHAKOW (1967) erhielten weitere Resultate dieser Art. Das Material, das in diesem Paragraphen enthalten ist, beruht auf MARSHALL-PROSCHAN (1970).

KAPITEL 5

MEHRDIMENSIONALE VERTEILUNGEN FÜR ABHÄNGIGE KOMPONENTEN

In den meisten Zuverlässigkeitsuntersuchungen wird angenommen, daß die Komponenten unabhängige Lebenszeiten besitzen. Jedoch ist es, wie bei der Diskussion der Assoziiertheit (§ 2, Kapitel 2) bemerkt wurde, bei vielen Problemstellungen der Zuverlässigkeitstheorie realistischer, eine Form der positiven Abhängigkeit zwischen den Komponenten anzunehmen. Diese positive Abhängigkeit zwischen den Komponenten entsteht durch gemeinsame Belastungen durch die Umgebung, dadurch, daß die Komponenten von einer gemeinsamen Kraftquelle abhängen, gemeinsamen Schocks ausgesetzt sind usw.

In diesem Kapitel untersuchen wir einige grundlegende parametrische Familien mehrdimensionaler Verteilungen wie z. B. die mehrdimensionale Exponential-, WEIBULL-, Gamma- und Normalverteilung, sowie Schockmodelle, die zu diesen Verteilungen führen. Weiterhin studieren wir verschiedene Begriffe positiver Abhängigkeit und Beziehungen zwischen ihnen. Schließlich geben wir eine mehrdimensionale Version einer Verteilung mit wachsender Ausfallrate an, die wesentliche Eigenschaften des eindimensionalen Falles beibehält.

Bisher war das Studium zweidimensionaler Verteilungen zumeist auf den Fall der Normalverteilung beschränkt. Zum Teil aus diesem Grund werden allgemeine Eigenschaften zweidimensionaler Verteilungen oft in Lehrbüchern nicht behandelt. Da wir diese Eigenschaften bei der Behandlung der zweidimensionalen Exponentialverteilung und anderer Modelle benutzen werden, stellen wir sie hier zusammen.

Der zufällige Vektor (T_1, T_2) besitzt eine gemeinsame zweidimensionale Verteilung $F(t_1, t_2)$ mit den Randverteilungen $F_1(t_1)$, $F_2(t_2)$, wenn

$$F(t_1, \infty) = F_1(t_1); \qquad F(\infty, t_2) = F_2(t_2)\,, \tag{0.1}$$

$$F(-\infty, t_2) = F(t_1, -\infty) = F(-\infty, -\infty) = 0\,, \tag{0.2}$$

$$F(\infty, \infty) = 1$$

gilt, und der Inhalt des Rechtecks $(x_1, x_2] \times (y_1, y_2]$ nichtnegativ ist, d. h., es gilt

$$\begin{aligned} &P[x_1 < T_1 \leqq x_2, y_1 < T_2 \leqq y_2] \\ &= F(x_2, y_2) - F(x_2, y_1) - F(x_1, y_2) + F(x_1, y_1) \geqq 0\,. \end{aligned} \tag{0.3}$$

Wenn die partielle Ableitung $\partial^2 F(t_1, t_2)/\partial t_1\, \partial t_2$ überall existiert, so spricht man davon, daß die zweidimensionale Verteilung eine Dichte $f(t_1, t_2)$ besitzt, die durch

$$f(t_1, t_2) = \frac{\partial^2 F(t_1, t_2)}{\partial t_1\, \partial t_2}\,. \tag{0.4}$$

definiert ist.

In diesem Falle gilt (0.3) genau dann, wenn $f(t_1, t_2) \geqq 0$ ist. Die Bedingungen (0.1), (0.2) und (0.3) sind notwendig und hinreichend dafür, daß $F(t_1, t_2)$ eine zweidimensionale Verteilungsfunktion mit den Randverteilungen $F_1(t_1)$ und $F_2(t_2)$ ist.[1])

Die zufälligen Variablen T_1, T_2 sind genau dann unabhängig, wenn für alle t_1, t_2 gilt

$$F(t_1, t_2) = F_1(t_1)\, F_2(t_2)\,. \tag{0.5}$$

Es gilt stets die Formel

$$P[T_1 > t_1, T_2 > t_2] = \overline{F}(t_1, t_2) = 1 - F_1(t_1) - F_2(t_2) + F(t_1, t_2)\,. \tag{0.6}$$

Eine zweidimensionale Wahrscheinlichkeitsverteilung ist durch ihre Randverteilungen nicht eindeutig bestimmt, sogar wenn die Bedingungen (0.1), (0.2) und (0.3) erfüllt sind. Im Gegenteil, FRÉCHET (1951) hat gezeigt, daß es eine unendliche Anzahl von Lösungen für das Problem der Bestimmung einer Verteilung aus ihren Randverteilungen gibt. FRÉCHET erhielt die Beziehung

$$\max\,[F_1(t_1) + F_2(t_2) - 1, 0] \leqq F(t_1, t_2) \leqq \min\,[F_1(t_1), F_2(t_2)]\,. \tag{0.7}$$

Die oberen und unteren Schranken sind selbst zweidimensionale Verteilungen mit den gegebenen Randverteilungen und bilden somit eine Lösung des Problems.

§ 1. Die zweidimensionale Exponentialverteilung

Zuerst betrachten wir eine zweidimensionale Exponentialverteilung für die Lebenszeiten zweier *abhängiger* Komponenten. Es wird angenommen, daß drei unabhängige Quellen von Schocks in der Umgebung vorhanden sind. Ein Schock aus der Quelle 1 zerstört die Komponente 1; er kommt zu einer zufälligen Zeit U_1 vor, wobei $P[U_1 > t] = e^{-\lambda_1 t}$. Ein Schock aus der Quelle 2 zerstört die Komponente 2; er kommt zu einer zufälligen Zeit U_2 vor, wobei $P[U_2 > t] = e^{-\lambda_2 t}$. Schließlich zerstört ein Schock aus der Quelle 3 beide Komponenten; er kommt zu einer zufälligen Zeit U_{12} vor, wobei $P[U_{12} > t] = e^{-\lambda_{12} t}$. Folglich erfüllt die zufällige Lebensdauer T_1 der Komponente 1 die Beziehung

$$T_1 = \min\,(U_1, U_{12})\,,$$

während die zufällige Lebensdauer der Komponente 2 die Beziehung

$$T_2 = \min\,(U_2, U_{12})\,.$$

erfüllt.

Somit gilt für die gemeinsame Überlebenswahrscheinlichkeit

$$\overline{F}(t_1, t_2) = P[T_1 > t_1, T_2 > t_2] = e^{-\lambda_1 t_1 - \lambda_2 t_2 - \lambda_{12} \max(t_1, t_2)} \tag{1.1}$$

für $t_1 \geqq 0$, $t_2 \geqq 0$.

Die gemeinsame Verteilung $F(t_1, t_2)$ mit der durch (1.1) gegebenen Überlebenswahrscheinlichkeit wird zweidimensionale Exponentialverteilung (BVE — bivariate exponential distribution) genannt. Man beachte: Besitzen umgekehrt T_1 und T_2 durch (1.1) gegebene BVE-Überlebenswahrscheinlichkeiten, so existieren unabhängige exponentialverteilte Zufallsvariablen U_1, U_2 und U_{12} mit $T_1 = \min\,(U_1, U_{12})$ und $T_2 = \min\,(U_2, U_{12})$.

---

[1]) Da $F(t_1, t_2) = P(T_1 \leqq t_1, T_2 \leqq t_2)$ ist, gehört zur Charakterisierung der Verteilungsfunktion eines zweidimensionalen zufälligen Vektors noch die Forderung der Stetigkeit von rechts in jedem Argument (Anm. d. Red.).

Die BVE hat exponentielle Randverteilungen mit Überlebenswahrscheinlichkeiten, die durch

$$\begin{aligned} \overline{F}_1(t_1) &= P[T_1 > t_1] = \mathrm{e}^{-(\lambda_1+\lambda_{12})t_1} \qquad \text{für } t_1 \geqq 0\,, \\ \overline{F}_2(t_2) &= Q[T_2 > t_2] = \mathrm{e}^{-(\lambda_2+\lambda_{12})t_2} \qquad \text{für } t_2 \geqq 0 \end{aligned} \tag{1.2}$$

gegeben sind.

Man beachte, daß T_1 und T_2 assoziierte Zufallsvariablen sind, da sie wachsende Funktionen von U_1, U_2 und U_{12} darstellen. (Man vergleiche Satz 2.2 und Eigenschaft E_3 im § 2, Kapitel 2.) Nach Satz 3.1 aus Kapitel 2 folgt

$$\overline{F}(t_1, t_2) \geqq \overline{F}_1(t_1)\,\overline{F}_2(t_2)\,, \tag{1.3a}$$

$$F(t_1, t_2) \geqq F_1(t_1)\,F_2(t_2)\,. \tag{1.3b}$$

Tatsächlich kann (1.3a) mit Hilfe von (1.1) und (1.2) direkt gezeigt werden. Der Leser wird in Übung 3 am Ende dieses Paragraphen aufgefordert werden, die Äquivalenz von (1.3a) und (1.3b) zu zeigen.

Die eindimensionale Exponentialverteilung wird durch eine Eigenschaft charakterisiert, die sie für die Zuverlässigkeitstheorie von großem Interesse werden läßt. Wenn T die Lebensdauer einer Komponente mit einer exponentiellen Lebensdauerverteilung ist, dann gilt

$$P[T > s + t \mid T > s] = P[T > t] \qquad \text{für alle } s \geqq 0,\ t \geqq 0;$$

das heißt, daß *die Wahrscheinlichkeit, weitere t Zeiteinheiten zu überleben, für eine Komponente des Alters s die gleiche ist wie für eine neue Komponente* (vgl. § 1, Kapitel 3). Wir können auf direktem Wege zeigen, daß die zweidimensionale Exponentialverteilung (1.1) die entsprechende zweidimensionale Eigenschaft besitzt: Es gilt

$$P[T_1 > s_1 + t,\ T_2 > s_2 + t \mid T_1 > t,\ T_2 > t] = P[T_1 > s_1,\ T_2 > s_2] \tag{1.4}$$

für alle $s_1 \geqq 0$, $s_2 \geqq 0$, $t \geqq 0$. Die Gleichung (1.4) besagt, daß *die gemeinsame Überlebenswahrscheinlichkeit eines Paars von Komponenten des Alters t die gleiche ist wie für ein Paar neuer Komponenten.*

Mit Hilfe der gemeinsamen Überlebenswahrscheinlichkeit $\overline{F}$, die durch (1.1) gegeben wurde, können wir äquivalent dazu schreiben

$$\overline{F}(s_1 + t, s_2 + t) = \overline{F}(s_1, s_2)\,\overline{F}(t, t) \tag{1.5}$$

für alle $s_1 \geqq 0$, $s_2 \geqq 0$, $t \geqq 0$.

Als nächstes zeigen wir, daß eine zweidimensionale Überlebenswahrscheinlichkeit mit exponentiellen Randverteilungen, die (1.5) erfüllt, von der Form (1.1) *sein muß.* Zuerst zeigen wir folgendes Lemma.

1.1. Lemma. *Gilt* (1.5), *dann ist*

$$\overline{F}(x, y) = \begin{cases} \mathrm{e}^{-\Theta y}\,\overline{F}_1(x - y) & \text{für } x \geqq y\,, \\ \mathrm{e}^{-\Theta x}\,\overline{F}_2(y - x) & \text{für } x \leqq y\,, \end{cases} \tag{1.6}$$

für ein gewisses $\Theta > 0$, *wobei* $\overline{F}_1(t) = \overline{F}(t, \infty)$ *und* $\overline{F}_2(t) = \overline{F}(\infty, t)$ *die Randverteilungen sind.*

Beweis. Setzt man in (1.5) $s_1 = s = s_2$, so gilt $\overline{F}(s + t, s + t) = \overline{F}(s, s)\,\overline{F}(t, t)$, woraus $\overline{F}(s, s) = \mathrm{e}^{-\Theta s}$ für ein gewisses $\Theta > 0$ folgt (siehe Satz 2.2, Kapitel 3). Dann setzen wir in (1.5) $s_2 = 0$ und erhalten

$$\bar{F}(s_1 + t, t) = \bar{F}(s_1, 0)\,\bar{F}(t, t) = \bar{F}_1(s_1)\,e^{-\Theta t}\,.$$

Schließlich sei $x = s_1 + t$, $y = t$, so daß

$$\bar{F}(x, y) = e^{-\Theta y}\,\bar{F}_1(x - y) \qquad \text{für } x \geqq y\,.$$

gilt. Auf ähnliche Weise findet man

$$\bar{F}(x, y) = e^{-\Theta x}\,\bar{F}_2(y - x) \qquad \text{für } x \leqq y\,. \blacksquare$$

1.2. Satz. *Die* BVE *ist die einzige zweidimensionale Verteilung* $F(x, y)$ *mit exponentiellen Randverteilungen, die* (1.5) *erfüllt.*

Beweis. Es sei $\bar{F}_1(x) = e^{-\delta_1 x}$ und $\bar{F}_2(x) = e^{-\delta_2 x}$ für gewisse $\delta_1 > 0$, $\delta_2 > 0$. Nach Lemma 1.1 ist

$$\bar{F}(x, y) = \begin{cases} e^{-\Theta y - \delta_1(x-y)} & \text{für } x \geqq y\,, \\ e^{-\Theta x - \delta_2(y-x)} & \text{für } x \leqq y \end{cases} \tag{1.7}$$

und ein gewisses $\Theta > 0$. Da $\bar{F}(x, y)$ in y fallend ist, gilt $\Theta \geqq \delta_1$. Folglich können wir $\lambda_2 = \Theta - \delta_1$ setzen, und es ist $\lambda_2 \geqq 0$. Da $\bar{F}(x, y)$ in x fallend ist, ergibt sich $\Theta \geqq \delta_2$. Somit können wir $\lambda_1 = \Theta - \delta_2$ setzen, und es ist $\lambda_1 \geqq 0$.

Als nächstes sei $\lambda_{12} = \delta_1 + \delta_2 - \Theta$. Um $\lambda_{12} \geqq 0$ zu sichern, müssen wir zeigen, daß $\delta_1 + \delta_2 \geqq \Theta$ gilt. Wir betrachten die eindimensionale Verteilung

$$G(x) = F(x, x) = 1 - e^{-\delta_1 x} - e^{-\delta_2 x} + e^{-\Theta x}$$

(vgl. Gleichung (0.6)), mit der Dichte

$$g(x) = \delta_1\,e^{-\delta_1 x} + \delta_2\,e^{-\delta_2 x} - \Theta\,e^{-\Theta x} \geqq 0\,.$$

Für x gegen Null ergibt sich, wie gefordert, $\lambda_{12} = \delta_1 + \delta_2 - \Theta \geqq 0$.

Durch die Wahl von

$$\lambda_1 = \Theta - \delta_2\,, \quad \lambda_2 = \Theta - \delta_1 \quad \text{und} \quad \lambda_{12} = \delta_1 + \delta_2 - \Theta$$

erhalten wir

$$\Theta = \lambda_1 + \lambda_2 + \lambda_{12}\,, \quad \delta_1 = \lambda_1 + \lambda_{12}\,, \quad \text{und} \quad \delta_2 = \lambda_2 + \lambda_{12}\,.$$

Durch Einsetzen in (1.7) erhalten wir die in (1.1) gegebene BVE. ▮

1.3. Bemerkung. Eine weitere Interpretation der Funktionalgleichung (1.5) kann man erhalten, wenn man sie in der Form

$$\frac{\bar{F}(s_1 + t, s_2 + t)}{\bar{F}(s_1, s_2)} = \bar{F}(t, t) \tag{1.8}$$

schreibt. Die Gleichung (1.8) besagt, daß die Überlebenswahrscheinlichkeit eines Seriensystems aus zwei Komponenten des Alters s_1 bzw. s_2 die gleiche wie für ein neues System ist. Somit können wir schlußfolgern, daß *die Lebensdauerverteilung eines Seriensystems aus zwei gebrauchten Komponenten, wobei jede eine exponentielle Lebensdauerverteilung besitzt, genau dann vom Alter der Komponenten unabhängig ist, wenn die gemeinsame Verteilung der Komponenten eine* BVE *ist.*

Der folgende Satz gibt einige interessante Eigenschaften der BVE. Wir werden sie in dem geplanten Band über statistische Methoden in der Zuverlässigkeitstheorie zur Schätzung von Parametern benutzen.

1.4. Satz. *Es seien T_1, T_2 Größen mit* BVE-*Überlebenswahrscheinlichkeiten, gegeben durch* (1.1). *Dann gilt*

(a) $P[\min(T_1, T_2) \leqq t] = 1 - e^{-\lambda t}$ *für* $t \geqq 0$, *wobei* $\lambda = \lambda_1 + \lambda_2 + \lambda_{12}$ *ist.*

(b) $\min(T_1, T_2)$ *ist von jedem der Ereignisse* $[T_1 < T_2]$, $[T_1 > T_2]$ *und* $[T_1 = T_2]$ *unabhängig.*

(c) $\min(T_1, T_2)$ *ist von* $|T_1 - T_2| \equiv \max(T_1, T_2) - \min(T_1, T_2)$ *unabhängig.*

Beweis. (a) Man beachte $\min(T_1, T_2) = \min(U_1, U_2, U_{12})$, wobei die U_i die (unabhängigen) Zeitpunkte des Auftretens der Schocks aus den drei Quellen sind. Somit folgt (a).

(b) Es sei $h(t) = \lambda e^{-\lambda t}$ die Dichte von $\min(T_1, T_2)$. Unter Benutzung der Darstellungen $T_1 = \min(U_1, U_{12})$ und $T_2 = \min(U_2, U_{12})$ erhält man bei Vernachlässigung von Gliedern höherer Ordnung

$$h(t \mid T_1 < T_2)\, dt = \frac{P[t < T_1 < t + dt < T_2]}{P[T_1 < T_2]}$$
$$= \frac{P[t < U_1 < t + dt < \min(U_2, U_{12})]}{P[U_1 < \min(U_2, U_{12})]} = \frac{\lambda_1 e^{-\lambda_1 t} e^{-(\lambda_2+\lambda_{12})t}}{\lambda_1/\lambda}\, dt ,$$

wobei der Wert des Nenners in Übung 1 bestimmt wird. Folglich gilt

$$h(t \mid T_1 < T_2) = \lambda e^{-\lambda t} = h(t) .$$

Auf ähnliche Weise kann man

$$h(t \mid T_2 < T_1) = h(t)$$

zeigen. Schließlich erhält man unter Vernachlässigung von Gliedern höherer Ordnung

$$h(t \mid T_1 = T_2)\, dt = \frac{P[t < U_{12} < t + dt < \min(U_1, U_2)]}{P[U_{12} < \min U_1, U_2]}$$
$$= \frac{\lambda_{12} e^{-\lambda_{12} t} e^{-(\lambda_1+\lambda_2)t}}{\lambda_{12}/\lambda}\, dt ,$$

so daß gilt

$$h(t \mid T_1 = T_2) = h(t) .$$

(c) Man berechnet

$$P[\min(T_1, T_2) \leqq t_1 \text{ und } |T_1 - T_2| > t_2]$$
$$= P[T_1 \leqq t_1 \text{ und } T_2 > t_2 + T_1] + P[T_2 \leqq t_1 \text{ und } T_1 > t_2 + T_2]$$
$$= P[U_1 \leqq t_1 \text{ und } \min(U_2, U_{12}) > t_2 + U_1]$$
$$+ P[U_2 \leqq t_1 \text{ und } \min(U_1, U_{12}) > t_2 + U_2]$$
$$= \int_0^{t_1} \lambda_1 e^{-\lambda_1 \tau_1} e^{-(\lambda_2+\lambda_{12})(t_2+\tau_1)}\, d\tau_1 + \int_0^{t_1} \lambda_2 e^{-\lambda_2 \tau_2} e^{-(\lambda_1+\lambda_{12})(t_2+\tau_2)}\, d\tau_2$$
$$= (1 - e^{-\lambda t_1}) \left[\frac{\lambda_1}{\lambda} e^{-(\lambda_2+\lambda_{12})t_2} + \frac{\lambda_2}{\lambda} e^{-(\lambda_1+\lambda_{12})t_2}\right]$$
$$= P[\min(T_1, T_2) \leqq t_1]\, \{P[T_1 < T_2]\, P[T_2 - T_1 > t_2 \mid T_1 < T_2]$$
$$+ P[T_2 < T_1]\, P[T_1 - T_2 > t_2 \mid T_2 < T_1]\}$$
$$= P[\min(T_1, T_2) \leqq t_1]\, P[|T_1 - T_2| > t_2] . \blacksquare$$

Abhängigkeit einer Variablen von der anderen. Wenn T_1 und T_2 die BVE-Verteilung (1.1) besitzen, kann die bedingte Überlebenswahrscheinlichkeit $P[T_2 > t_2 \mid T_1 = t_1]$ als

$$P[T_2 > t_2 \mid T_1 = t_1] = \begin{cases} e^{-\lambda_2 t_2} & \text{für } t_1 > t_2\,, \\ \dfrac{\lambda_1}{\lambda_1 + \lambda_{12}} e^{-\lambda_{12}(t_2 - t_1) - \lambda_2 t_2} & \text{für } t_1 \leqq t_2\,. \end{cases} \tag{1.9}$$

berechnet werden (vgl. Übung 9). Man beachte, daß diese bedingte Überlebenswahrscheinlichkeit in t_1 wachsend ist. Wir sprechen davon, daß T_2 in T_1 *stochastisch wachsend* ist. In § 4 behandeln wir diesen und andere Begriffe zweidimensionaler Abhängigkeit ausführlicher.

Mit (1.9) können wir auch die Regression $E[T_2 \mid T_1 = t_1]$ von T_2 auf T_1 als

$$E[T_2 \mid T_1 = t_1] = \frac{1}{\lambda_2} - \frac{\lambda \lambda_{12}\, e^{-\lambda_2 t_1}}{\lambda_2(\lambda_1 + \lambda_{12})\,(\lambda_2 + \lambda_{12})}\,, \tag{1.10}$$

eine konkave wachsende Funktion von t_1, berechnen (vgl. Übung 9).

Zerlegung der BVE-Verteilung in absolutstetige und singuläre Anteile. Die BVE besitzt einen absolutstetigen Anteil F_a und einen singulären Anteil F_s, jedoch keinen diskreten Anteil. Folglich können wir

$$\overline{F}(t_1, t_2) = \alpha \overline{F}_a(t_1, t_2) + (1 - \alpha)\, \overline{F}_s(t_1, t_2) \qquad \text{für alle } t_1, t_2 \geqq 0$$

schreiben, wobei $0 \leqq \alpha \leqq 1$, F_a absolutstetig und $\partial^2 F_s/\partial t_1\, \partial t_2 = 0$ für fast alle (t_1, t_2) bezüglich des zweidimensionalen LEBESGUE-Maßes sind. Im nächsten Satz bestimmen wir α, $\overline{F}_a$ und $\overline{F}_s$ als Funktionen der Parameter $\lambda_1, \lambda_2, \lambda_{12}$ der BVE F.

1.5. Satz. *Sind $\overline{F}$ die* BVE *aus* (1.1) *und* $\lambda = \lambda_1 + \lambda_2 + \lambda_{12}$, *dann gilt*

$$\overline{F}(t_1, t_2) = \frac{\lambda_1 + \lambda_2}{\lambda} \overline{F}_a(t_1, t_2) + \frac{\lambda_{12}}{\lambda} \overline{F}_s(t_1, t_2)\,, \tag{1.11}$$

wobei

$$F_s(t_1, t_2) = e^{-\lambda \max(t_1, t_2)}$$

singulär ist und

$$\overline{F}_a(t_1, t_2) = \frac{\lambda}{\lambda_1 + \lambda_2} e^{-\lambda_1 t_1 - \lambda_2 t_2 - \lambda_{12} \max(t_1, t_2)} - \frac{\lambda_{12}}{\lambda_1 + \lambda_2} e^{-\lambda \max(t_1, t_2)}$$

absolutstetig.

Beweis. Es gilt

$$\begin{aligned} \overline{F}(t_1, t_2) = {} & P[T_1 > t_1, T_2 > t_2 \mid U_{12} > \min(U_1, U_2)] \\ & \times P[U_{12} > \min(U_1, U_2)] \\ & + P[T_1 > t_1, T_2 > t_2 \mid U_{12} \leqq \min(U_1, U_2)] \\ & \times P[U_{12} \leqq \min(U_1, U_2)]\,. \end{aligned} \tag{1.12}$$

Nach Übung 1 folgt

$$P[U_{12} \leqq \min(U_1, U_2)] = \frac{\lambda_{12}}{\lambda}\,,$$

also

$$P[U_{12} > \min(U_1, U_2)] = \frac{\lambda_1 + \lambda_2}{\lambda}\,.$$

Folglich gilt

$$P[T_1 > t_1, T_2 > t_2 \mid U_{12} \leqq \min(U_1, U_2)]$$
$$= P[\min(U_1, U_{12}) > t_1, \min(U_2, U_{12}) > t_2 \mid U_{12} \leqq \min(U_1, U_2)]$$
$$= P[U_{12} > \max(t_1, t_2) \mid U_{12} \leqq \min(U_1, U_2)] = e^{-\lambda \max(t_1, t_2)},$$

da ja $\min(U_1, U_2, U_{12})$ eine exponentielle Zufallsvariable mit der Ausfallrate λ ist.

Es gilt (1.11), und wir erhalten $\overline{F}_s(t_1, t_2)$ in der Form

$$P[T_1 > t_1, T_2 > t_2 \mid U_{12} \leqq \min(U_1, U_2)]$$

und $\overline{F}_a(t_1, t_2)$ in der Form

$$P[T_1 > t_1, T_2 > t_2 \mid U_{12} > \min(U_1, U_2)] .$$

Da wir in (1.12) alle Ausdrücke außer $\overline{F}_a(t_1, t_2)$ kennen, erhalten wir $\overline{F}_a(t_1, t_2)$ durch Subtraktion und folglich gilt die Behauptung. ∎

Übungen

1. Es seien $Y_1, \ldots, Y_n$ unabhängige exponentielle Zufallsvariablen mit den jeweiligen Ausfallraten $\lambda_1, \ldots, \lambda_n$. Dann gilt
$$P[Y_1 \leqq \min(Y_2, \ldots, Y_n)] = \frac{\lambda_1}{\lambda_1 + \ldots + \lambda_n} .$$
2. Man zeige (1.3b) mit Hilfe von (1.1) und (1.2).
3. Sei F eine zweidimensionale Verteilung mit den Randverteilungen F_1 und F_2. Dann gilt
$$\overline{F}(x, y) - \overline{F}_1(x)\,\overline{F}_2(y) = F(x, y) - F_1(x)\,F_2(y) .$$
Unter Benutzung dieses Resultates zeige man, daß aus (1.3a) die Beziehung (1.3b) folgt.
4. Man zeige, daß die einzige zweidimensionale Verteilung, die für alle $s_1, s_2, t_1, t_2, \geqq 0$
$$\overline{F}(s_1 + t_1, s_2 + t_2) = \overline{F}(s_1, s_2)\,\overline{F}(t_1, t_2)$$
erfüllt, die gemeinsame Verteilung unabhängiger exponentieller Zufallsvariablen ist.
5. Unter Benutzung der Randverteilungen der BVE zeige man
$$ET_1 = \frac{1}{\lambda_1 + \lambda_{12}}, \qquad \operatorname{var} T_1 = \frac{1}{(\lambda_1 + \lambda_{12})^2},$$
$$ET_2 = \frac{1}{\lambda_2 + \lambda_{12}}, \qquad \operatorname{var} T_2 = \frac{1}{(\lambda_2 + \lambda_{12})^2}.$$
6. Das folgende Ergebnis über die partielle Integration kann dazu benutzt werden, die Momente der BVE zu bestimmen. Es seien F und G zweidimensionale Verteilungen mit $G(0, y) \equiv 0 \equiv G(x, 0)$ und G sei auf endlichen Intervallen von beschränkter Variation. Dann gilt
$$\int_0^\infty \int_0^\infty G(x, y)\, dF(x, y) = \int_0^\infty \int_0^\infty \overline{F}(x, y)\, dG(x, y) . \tag{1.13}$$
7. Mit Hilfe der Methode aus Übung 6 zeige man, daß die erzeugende Funktion der Momente für die BVE aus (1.1) durch
$$\int_0^\infty \int_0^\infty e^{-z_1 t_1 - z_2 t_2}\, dF(t_1, t_2) = \frac{(\lambda + z_1 + z_2)(\lambda_1 + \lambda_{12})(\lambda_2 + \lambda_{12}) + z_1 z_2 \lambda_{12}}{(\lambda + z_1 + z_2)(\lambda_1 + \lambda_{12} + z_1)(\lambda_2 + \lambda_{12} + z_2)} .$$
gegeben ist.

8. (a) Mit Hilfe von (1.13) zeige man, daß $\iint x^i y^j \, dF(x, y) = \iint ij x^{i-1} y^{j-1} \bar{F}(x, y) \, dx \, dy$ für $i, j > 0$ gilt.

   b) Unter Benutzung von (1.13) zeige man, daß für positive ganze Zahlen i und j die Momente der BVE durch

$$EX^iY^j = j\Gamma(i+1) \sum_{k=0}^{i-1} \frac{\Gamma(j+k)}{\Gamma(k+1)(\lambda_1+\lambda_{12})^{i-k}\lambda^{j+k}}$$
$$+ i\Gamma(j+1) \sum_{k=0}^{j-1} \frac{\Gamma(i+k)}{\Gamma(k+1)(\lambda_2+\lambda_{12})^{j-k}\lambda^{i+k}}.$$

   gegeben sind.

   (c) Man setze in (b) $i = 1, j = 1$ und zeige, daß für die BVE

$$\operatorname{cov}(X, Y) = \frac{\lambda_{12}}{\lambda(\lambda_1+\lambda_{12})(\lambda_2+\lambda_{12})}$$

   gilt, und die Korrelation $\varrho(T_1, T_2) = \lambda_{12}/\lambda$ ist.

9. Man zeige (1.9) und (1.10).
10. Man berechne die Dichte f_a der in (1.11) gegebenen absolutstetigen Verteilung F_a.
11. Man bestimme eine Verteilung $F(x, y)$ mit nichtexponentiellen Randverteilungen, die aber (1.5) erfüllt.
12. Man berechne eine untere Schranke für die Korrelation zwischen zwei korrelierten exponentiellen Randverteilungen (nicht notwendigerweise BVE). Man benutze Gleichung (0.7) und Übung 4 aus § 2, Kapitel 2.

§ 2. Schockmodelle, die zweidimensionale Verteilungen erzeugen

Wir erinnern daran, daß die BVE aus (1.1) die gemeinsame Überlebenswahrscheinlichkeit für die Lebenszeiten zweier Komponenten, die zerstörenden Schocks aus drei voneinander unabhängigen Quellen ausgesetzt waren, beschreibt. Die Zeit bis zum ersten Schock aus der Quelle i ist exponentiell mit einer Ausfallrate λ_i verteilt. Bei einer etwas anderen, aber äquivalenten Betrachtungsweise können wir die Schocks aus der Quelle i durch einen Poisson-Prozeß $\{Z_i(t), t \geqq 0\}$ mit dem Parameter λ_i beschreiben, wobei $Z_i(t)$ die Anzahl der Schocks aus der Quelle i, die im Intervall $[0, t]$ auftraten, angibt. Für $i = 3$ schreiben wir λ_{12} und $Z_{12}(t)$.

2.1. Die von nicht-zerstörenden Schockmodellen abgeleitete BVE. Wir nehmen jetzt an, daß die Schocks von den drei Quellen nicht notwendigerweise zerstörend sind. Vielmehr bewirkt ein Schock der Quelle 1 den Ausfall der Komponente 1 mit der Wahrscheinlichkeit q_1, ein Schock aus der Quelle 2 bewirkt mit der Wahrscheinlichkeit q_2 den Ausfall der Komponente 2. Schließlich bewirkt ein Schock der Quelle 3 den Ausfall (a) beider Komponenten mit der Wahrscheinlichkeit q_{11}, (b) der Komponente 1 allein mit der Wahrscheinlichkeit q_{10}, (c) der Komponente 2 allein mit der Wahrscheinlichkeit q_{01}, (d) keiner Komponente mit der Wahrscheinlichkeit q_{00}, wobei natürlich $q_{11} + q_{10} + q_{01} + q_{00} = 1$ ist. Wir nehmen an, daß jeder Schock eine unabhängige Ausfallmöglichkeit darstellt.

Dann können wir die gemeinsame Überlebenswahrscheinlichkeit für T_1, die Lebensdauer der Komponente 1, und T_2, die Lebensdauer der Komponente 2, in der Form

$$P[T_1 > t_1, T_2 > t_2] = \left\{\sum_{k=0}^{\infty} e^{-\lambda_1 t_1} \frac{(\lambda_1 t_1)^k}{k!} (1-q_1)^k\right\} \left\{\sum_{l=0}^{\infty} e^{-\lambda_2 t_2} \frac{(\lambda_2 t_2)^l}{l!} (1-q_2)^l\right\}$$
$$\times \left\{\sum_{n=0}^{\infty} \sum_{m=0}^{\infty} \left[e^{-\lambda_{12} t_1} \frac{(\lambda_{12} t_1)^m}{m!} q_{00}^m\right] \left[e^{-\lambda_{12}(t_2-t_1)} \frac{(\lambda_{12}(t_2-t_1))^n}{n!} (q_{00}+q_{10})^n\right]\right\}$$

schreiben, wobei $0 \leqq t_1 \leqq t_2$ ist. Durch Summation und Vereinfachung erhalten wir die Formel

$$P[T_1 > t_1, T_2 > t_2] = e^{-t_1[\lambda_1 q_1 + \lambda_{12} q_{10}] - t_2[\lambda_2 q_2 + \lambda_{12}(1 - q_{00} - q_{10})]} .$$

Im Falle $0 \leqq t_2 \leqq t_1$ erhalten wir aus Symmetriegründen

$$P[T_1 > t_1, T_2 > t_2] = e^{-t_1[\lambda_1 q_1 + \lambda_{12}(1 - q_{00} - q_{01})] - t_2[\lambda_2 q_2 + \lambda_{12} q_{01}]} .$$

Durch Kombinieren dieser beiden Überlebenswahrscheinlichkeiten erhalten wir die BVE

$$P[T_1 > t_1, T_2 > t_2] = e^{-\lambda_1^* t_1 - \lambda_2^* t_2 - \lambda_{12}^* \max(t_1, t_2)}, \tag{2.1}$$

wobei

$$\lambda_1^* = \lambda_1 q_1 + \lambda_{12} q_{10}, \qquad \lambda_2^* = \lambda_2 q_2 + \lambda_{12} q_{01}, \qquad \lambda_{12}^* = \lambda_{12} q_{11}$$

ist. Man beachte, daß man die BVE in (2.1) direkt unter Benutzung der nachfolgenden Übung 3 erhalten kann. Ferner beachte man, daß sich (2.1) für $q_1 = q_2 = q_{11} = 1$ auf das zerstörende Schockmodell mit der durch (1.1) gegebenen BVE reduziert.

2.2. Der von einem Schockmodell abgeleitete zweidimensionale Poisson-Prozeß. Wir nehmen das gleiche Schockmodell wie bereits oben an. Aber wir setzen jetzt voraus, daß ausgefallene Komponenten unmittelbar ersetzt werden. Wir wollen die gemeinsame Wahrscheinlichkeit $P[N_1(t) = n_1, N_2(t) = n_2]$ dafür, daß die Anzahl der Ersetzungen der Komponente i im Intervall $[0, t]$ gerade n_i ist, $i = 1, 2$, bestimmen.

Man beachte, daß $\{Z(t), t \geqq 0\}$ mit $Z(t) = Z_1(t) + Z_2(t) + Z_{12}(t)$ ein Poisson-Prozeß mit dem Parameter $\lambda = \lambda_1 + \lambda_2 + \lambda_{12}$ ist; er entspricht der kombinierten Folge der Schocks der drei Typen. Es sei ein Schock dem Prozeß $Z(t)$ entsprechend aufgetreten, dann ist

$p_{11} = (\lambda_{12}/\lambda)\, q_{11}$ die Wahrscheinlichkeit dafür, daß beide Komponenten ersetzt werden;
$p_{10} = (\lambda_1/\lambda)\, q_1 + (\lambda_{12}/\lambda)\, q_{10}$, daß nur die Komponente 1 ersetzt wird;
$p_{01} = (\lambda_2/\lambda)\, q_2 + (\lambda_{12}/\lambda)\, q_{01}$, daß nur die Komponente 2 ersetzt wird;
$p_{00} = (\lambda_1/\lambda)\,(1 - q_1) + (\lambda_2/\lambda)\,(1 - q_2) + (\lambda_{12}/\lambda)\, q_{00}$, daß keine Komponente ersetzt wird.

Man beachte, daß $p_{11} + p_{10} + p_{01} + p_{00} = (\lambda_1/\lambda) + (\lambda_2/\lambda) + (\lambda_{12}/\lambda) = 1$ ist.

Wir können unmittelbar verifizieren

$$P[N_1(t) = n_1, N_2(t) = n_2]$$
$$= \sum_{m=0}^{\min(n_1, n_2)} \sum_{k=n_1+n_2-m}^{\infty} e^{-\lambda t} \frac{(\lambda t)^k}{k!} \frac{k!\, p_{11}^m p_{10}^{n_1-m} p_{01}^{n_2-m} p_{00}^{k-n_1-n_2+m}}{m!(n_1 - m)!\,(n_2 - m)!\,(k - n_1 - n_2 + m)!} .$$

Durch Ausführung der inneren Summation erhalten wir die zweidimensionale Poisson-Verteilung

$$P[N_1(t) = n_1, N_2(t) = n_2] = e^{-\lambda t(p_{11} + p_{10} + p_{01})} \sum_{m=0}^{\min(n_1, n_2)} \frac{(\lambda t p_{11})^m (\lambda t p_{10})^{n_1-m} (\lambda t p_{01})^{n_2-m}}{m!(n_1 - m)!\,(n_2 - m)!} . \tag{2.2}$$

Der entsprechende zweidimensionale Prozeß $\{N_1(t), N_2(t), t \geqq 0\}$ wird *zweidimensionaler* Poisson-*Prozeß* genannt.

Man kann leicht zeigen, daß die in (2.2) angegebene zweidimensionale Poisson-Verteilung Poissonsche Randverteilungen besitzt (Übung 1). Dwass und Teicher (1957) haben gezeigt, daß dies die einzige zweidimensionale Verteilung mit Poissonschen Randverteilung ist, die unbegrenzt teilbar ist. (Eine Verteilung F ist unbegrenzt teilbar, wenn wir für jede natürliche Zahl n die Funktion F als n-fache Faltung einer Verteilungsfunktion F_n, $F = F_n^{(n)}$, schreiben können.)

Im Spezialfall, wenn jeder Schock zerstörend wirkt (wobei jeder Schock des Prozesses $\{Z_{12}(t), t \geqq 0\}$ auf beide Komponenten zerstörend wirkt), reduzieren sich die Parameter in (2.2) zu $p_{00} = 0$, $p_{01} = \lambda_2/\lambda$, $p_{10} = \lambda_1/\lambda$, $p_{11} = \lambda_{12}/\lambda$.

2.3. Eine zweidimensionale Verteilung mit Gamma-Randverteilungen. Unter Benutzung des Modells mit zerstörenden Schocks aus § 1 erhalten wir für $t_1 < t_2$ die Formel

$$\begin{aligned}\bar{F}^{(k)}(t_1, t_2) &= P[Z_1(t_1) + Z_{12}(t_1) \leqq k - 1; Z_2(t_2) + Z_{12}(t_2) \leqq k - 1] \\ &= \sum_{l+m \leqq k-1} P[Z_{12}(t_1) = l, Z_{12}(t_2) = l + m] \\ &\quad \times P[Z_1(t_1) \leqq k - 1 - l]\, P[Z_2(t_2) \leqq k - 1 - l - m] \\ &= \sum_{l+m=0}^{k-1} e^{-\lambda_{12}t_1} \frac{(\lambda_{12}t_1)^l}{l!} e^{-\lambda_{12}(t_2-t_1)} \frac{[\lambda_{12}(t_2 - t_1)]^m}{m!} \sum_{i=0}^{k-1-l} e^{-\lambda_1 t_1} \frac{(\lambda_1 t_1)^i}{i!} \\ &\quad \times \sum_{j=0}^{k-1-l-m} e^{-\lambda_2 t_2} \frac{(\lambda_2 t_2)^j}{j!}.\end{aligned}$$

Folglich ist

$$\bar{F}^{(k)}(t_1, t_2) = e^{-\lambda_1 t_1 - \lambda_2 t_2 - \lambda_{12} t_2} \sum_{l+m=0}^{k-1} \lambda_{12}^{l+m} \frac{t_1^l}{l!} \frac{(t_2 - t_1)^m}{m!} \sum_{i=0}^{k-1-l} \frac{(\lambda_1 t_1)^i}{i!} \sum_{j=0}^{k-1-l-m} \frac{(\lambda_2 t_2)^j}{j!}. \tag{2.3}$$

Eine weitere Form kann man durch Benutzung der Übung 5, § 2, Kapitel 3, erhalten.

$$\bar{F}^{(k)}(t_1, t_2) = e^{-\lambda_{12} t_2} \sum_{l+m=0}^{k-1} \lambda_{12}^{l+m} \frac{t_1^l}{l!} \frac{(t_2 - t_1)^m}{m!} \int_{\lambda_1 t_1}^{\infty} \frac{x^{k-1-l} e^{-x}}{(k - 1 - l)!} dx \int_{\lambda_2 t_2}^{\infty} \frac{y^{k-1-l-m} e^{-y}}{(k - 1 - l - m)!} dy,$$

wobei $t_1 < t_2$ ist. Die in (2.3) angegebene Verteilung $F^{(k)}$ ist eine zweidimensionale Verteilung mit Gamma-Randverteilungen. In dem Spezialfall $k = 2$ reduziert sich (2.3) zu

$$\bar{F}^{(2)}(t_1, t_2) = e^{-\lambda_1 t_1 - \lambda_2 t_2 - \lambda_{12} t_2} [(1 + \lambda_1 t_1)(1 + \lambda_2 t_2) + \lambda_{12} t_1 + \lambda_{12}(t_2 - t_1)(1 + \lambda_1 t_1)].$$

Übungen

1. Man zeige, daß die zweidimensionale Poisson-Verteilung Poissonsche Randverteilungen besitzt.
2. Man zeige, daß für den zweidimensionalen Poisson-Prozeß

$$P[N_1(t) \leqq k_1, N_2(t) \leqq k_2] \geqq P[N_1(t) \leqq k_1]\, P[N_2(t) \leqq k_2]$$

und

$$P[N_1(t) > k_1, N_2(t) > k_2] \geqq P[N_1(t) > k_2]\, P[N_2(t) > k_2]$$

gilt. (Hinweis: Man benutze die Assoziiertheit wie sie in § 2, Kapitel 2 definiert wurde.)

3. Man formuliere eine mehrdimensionale Verallgemeinerung des zweidimensionalen Poisson-Prozesses.

§ 3. Mehrdimensionale Verteilungen

In diesem Paragraphen untersuchen wir zwei interessante Familien mehrdimensionaler Verteilungen, die Exponential- und die Normalverteilung.

3.1. Die mehrdimensionale Exponentialverteilung. Um die Grundidee zu erkennen, betrachten wir zunächst eine Verallgemeinerung des Modells mit zerstörenden Schocks auf ein System aus drei Komponenten. Nehmen wir an, daß der POISSON-Prozeß $Z_i(t)$ mit der Intensität λ_i das Auftreten von Schocks, die auf die Komponente i, $i = 1, 2, 3$, zerstörend wirken, beschreibe, der POISSON-Prozeß $Z_{ij}(t)$ mit der Intensität λ_{ij} bestimmt das Auftreten von Schocks, die die Komponenten i und j gleichzeitig zerstören, wobei $1 \leqq i < j \leqq 3$ ist und der POISSON-Prozeß $Z_{123}(t)$ mit der Intensität λ_{123} bestimmt das Auftreten von Schocks, die auf alle drei Komponenten gleichzeitig zerstörend wirken. Wir nehmen an, daß alle diese POISSON-Prozesse voneinander unabhängig sind. Es bezeichne T_i die Lebensdauer der Komponente i für $i = 1, 2, 3$. Dann ist die gemeinsame Überlebenswahrscheinlichkeit gleich

$$\begin{aligned}\bar{F}(t_1, t_2, t_3) &= P[T_1 > t_1, T_2 > t_2, T_3 > t_3] \\ &= P[Z_i(t_i) = 0\,,\ i = 1, 2, 3;\ Z_{ij}(\max(t_i, t_j)) = 0\,,\ 1 \leqq i < j \leqq 3; \\ &\qquad Z_{123}(\max\,(t_1, t_2, t_3)) = 0]\,.\end{aligned}$$

Folglich gilt

$$\begin{aligned}\bar{F}(t_1, t_2, t_3) = \exp\,[&-\lambda_1 t_1 - \lambda_2 t_2 - \lambda_3 t_3 - \lambda_{12} \max\,(t_1, t_2) - \lambda_{13} \max\,(t_1, t_3) \\ &- \lambda_{23} \max\,(t_2, t_3) - \lambda_{123} \max\,(t_1, t_2, t_3)]\,. \end{aligned} \tag{3.1}$$

Auf ähnliche Weise erhalten wir die *n-dimensionale Exponentialverteilung* (MVE — multivariate exponential distribution) mit der gemeinsamen Überlebenswahrscheinlichkeit

$$\begin{aligned}\bar{F}(t_1, \dots, t_n) = \exp\Bigg[&-\sum_{i=1}^{n} \lambda_i t_i - \sum_{i<j} \lambda_{ij} \max\,(t_i, t_j) \\ &- \sum_{i<j<k} \lambda_{ijk} \max\,(t_i, t_j, t_k) - \dots - \lambda_{12\dots n} \max\,(t_1, \dots, t_n)\Bigg]\,. \end{aligned} \tag{3.2}$$

Indem wir $t_i = 0$ setzen erhalten wir eine $(n - 1)$-dimensionale MVE in den verbleibenden Variablen. Durch Iteration dieses Prozesses erkennen wir, daß die Randverteilungen jeder Ordnung MVE sind; insbesondere sind die zweidimensionalen Randverteilungen BVE und die eindimensionalen Randverteilungen sind Exponentialverteilungen.

Im zweidimensionalen Fall ergibt sich die BVE sowohl bei nichtzerstörenden, als auch bei zerstörenden Schocks (vgl. 2.1.). In ähnlicher Weise kann die MVE erhalten werden, wenn die Schocks nichtzerstörend sind. Die Berechnungen sind langwierig, aber direkt.

Wir erinnern daran, daß im zweidimensionalen Fall die BVE die einzige gemeinsame Lebensdauerverteilung mit exponentiellen Randverteilungen war, für die die gemeinsame Überlebenswahrscheinlichkeit eines Paars von Komponenten, wobei jede das Alter t besaß, die gleiche war wie für ein Paar neuer Komponenten. Ähnlich zeigen wir jetzt, daß *die n-dimensionale* MVE *die einzige gemeinsame Lebensdauerverteilung mit* $(n-1)$*-dimensionalen* MVE-*Randverteilungen ist, für die die gemeinsame Überlebenswahrscheinlichkeit einer Menge von n Komponenten, jede des Alters t, die gleiche ist wie die einer Menge neuer Komponenten.*

Nehmen wir

$$P[T_1 > s_1 + t, \dots, T_n > s_n + t \mid T_1 > t, \dots, T_n > t] = P[T_1 > s_1, \dots, T_n > s_n],$$

oder, äquivalent dazu,

$$\bar{F}(s_1 + t, \dots, s_n + t) = \bar{F}(s_1, \dots, s_n)\, \bar{F}(t, \dots, t) \tag{3.3}$$

an. Indem wir $s_1 = \dots = s_n = s$ setzen, erhalten wir $\bar{F}(s, \dots, s) = e^{-\Theta s}$ für ein gewisses $\Theta > 0$. Als nächstes setzen wir $s_n = 0$ und erhalten

$$\bar{F}(s_1 + t, \dots, s_{n-1} + t, t) = \bar{F}(s_1, \dots, s_{n-1}, 0)\, \bar{F}(t, \dots, t) = e^{-\Theta t}\, \bar{F}_{n-1}(s_1, \dots, s_{n-1}),$$

wobei F_{n-1} eine $(n-1)$-dimensionale Randverteilung und nach der Voraussetzung eine MVE ist. Folglich gilt (3.2) im Gebiet $t_i \geqq t_n$ für $i = 1, \dots, n-1$. Aus Symmetriegründen gilt (3.2) für alle $t_i \geqq 0$, $i = 1, \dots, n$. Somit ist F eine n-dimensionale MVE.

3.2. Bemerkung. Genauso wie im zweidimensionalen Fall (Bemerkung 1.3) ist eine andere Interpretation von (3.3) möglich. *Nehmen wie an, daß die gemeinsame Lebensdauerverteilung F von n Komponenten* $(n-1)$*-dimensionale Randverteilungen, die* MVE *sind, besitzt. Dann ist die Lebensdauerverteilung eines Seriensystems aus diesen n Komponenten genau dann vom Alter der Komponenten unabhängig, wenn F eine* MVE *ist.*

Eine sehr wesentliche Eigenschaft eines MVE-Zufallsvektors besteht darin, daß er mit Hilfe unabhängiger exponentieller Zufallsvariablen dargestellt werden kann. Wie im zweidimensionalen Fall erhalten wir dieses Ergebnis aus einem Modell mit zerstörenden Schocks. Wenn $T_1, \dots, T_n$ MVE-Größen sind, so existieren unabhängige exponentielle Zufallsvariablen $U_{\mathbf{s}}$, $\mathbf{s} \in S$, wobei S die Menge der Vektoren $\mathbf{s} = (s_1, \dots, s_n)$ mit $s_j = 0$ oder 1, aber $(s_1, \dots, s_n) \neq (0, \dots, 0)$ ist, so daß $T_i = \min_{s_i=1} U_{\mathbf{s}}$ ist.

3.3. Die assoziierte mehrdimensionale Normalverteilung. Alle bisher betrachteten mehrdimensionalen Verteilungen besaßen einen singulären Anteil, der die Tatsache widerspiegelte, daß mit positiver Wahrscheinlichkeit zwei oder mehrere Komponenten gleichzeitig ausfallen können. Für einige Anwendungen ergibt sich dadurch nicht unbedingt ein geeignetes Modell. Dies führt uns dazu, die mehrdimensionale Normalverteilung mit einer positiv definiten Kovarianzmatrix ohne singulären Anteil zu betrachten. Wir verallgemeinern auf diese Weise die eindimensionale (oder die gestutzte) Normalverteilung, die oft zur Beschreibung der Lebensdauer von Geräten, wie z. B. Glühbirnen benutzt wird. Ihre mehrdimensionale Verallgemeinerung (oder eine gestutzte Version) kann gleichfalls ein nützliches Modell für die Lebensdauer von Komponenten in bestimmten Systemen sein.

Es besitze $\boldsymbol{T} = (T_1, \dots, T_n)$ eine mehrdimensionale Normalverteilung mit dem Erwartungswertvektor $\boldsymbol{\mu} = (\mu_1, \dots, \mu_n)$ und der positiv definiten Kovarianzmatrix $\Sigma = (\sigma_{ij})_{i,j=1}^n$. Da Σ positiv definit ist, ist $|\Sigma| > 0$, und $\Sigma^{-1} \equiv R = (r_{ij})_{i,j=1}^n$ existiert.

Folglich können wir die Dichte von $\boldsymbol{T}$ in der Form

$$f(t_1, \dots, t_n) = \frac{1}{(2\pi)^{n/2}|\Sigma|^{1/2}} \exp\left[-\frac{1}{2}\sum_{i,j=1}^{n} r_{ij}(t_i - \mu_i)(t_j - \mu_j)\right] \tag{3.4}$$

$$\text{für } -\infty < t_i < \infty\,, \qquad i = 1, \dots, n$$

schreiben.

Wie unten in 4.16 gezeigt werden wird, sind *mehrdimensionale normalverteilte* $\boldsymbol{T}$ *assoziiert, falls* $r_{ij} \leqq 0$ *für alle* $i \neq j$ *gilt.*

3.4. Beispiel: Die zweidimensionale Normalverteilung. Der einfachste und gebräuchlichste Fall ergibt sich für $n = 2$. Genauer gesagt haben wir

$$\boldsymbol{\mu} = (\mu_1, \mu_2)\,, \qquad \Sigma = \begin{pmatrix} \sigma_1^2 & \varrho\sigma_1\sigma_2 \\ \varrho\sigma_1\sigma_2 & \sigma_2^2 \end{pmatrix},$$

und

$$R = \frac{1}{1-\varrho^2}\begin{pmatrix} \dfrac{1}{\sigma_1^2} & -\dfrac{\varrho}{\sigma_1\sigma_2} \\ -\dfrac{\varrho}{\sigma_1\sigma_2} & \dfrac{1}{\sigma_2^2} \end{pmatrix},$$

wobei σ_i^2 die Varianz von T_i, $i = 1, 2$, ist und ϱ der Korrelationskoeffizient. Die Wahrscheinlichkeitsdichte (3.4) ergibt sich zu

$$f(t_1, t_2) = \frac{1}{2\pi\sigma_1\sigma_2\sqrt{1-\varrho^2}} \exp\left\{-\frac{1}{2(1-\varrho^2)}\left[\frac{(t_1-\mu_1)^2}{\sigma_1^2} - 2\varrho\frac{(t_1-\mu_1)(t_2-\mu_2)}{\sigma_1\sigma_2} + \frac{(t_2-\mu_2)^2}{\sigma_2^2}\right]\right\} \tag{3.5}$$

$$\text{für } -\infty < t_1 < \infty\,, \qquad -\infty < t_2 < \infty\,.$$

Aus der Definition der Assoziiertheit, 2.1 in Kapitel 2, ersehen wir unmittelbar: Wenn T_1 und T_2 assoziiert sind, gilt $\operatorname{cov}[T_1, T_2] \geqq 0$ und $\varrho \geqq 0$. Umgekehrt sind T_1 und T_2 assoziiert falls $\varrho \geqq 0$, was aus der Tatsache $\varrho \geqq 0 \Leftrightarrow r_{12} = -\varrho/[(1-\varrho^2) \times \sigma_1\sigma_2] \leqq 0$ folgt.

Übungen

1. Man zeige, daß $T_1, \dots, T_n$ assoziiert sind, wenn sie die MVE-Verteilung besitzen.
2. Man zeige, daß die Lebensdauer eines monotonen Systems aus n Komponenten, deren gemeinsame Lebensdauerverteilung MVE ist, eine IFRA-Verteilung ist. (Wir erinnern daran, daß im Satz 2.6 des Kapitels 4 die Unabhängigkeit der Komponenten gefordert wird.)

§ 4. Beziehungen zwischen einigen Begriffen mehrdimensionaler Abhängigkeit

Wir haben wiederholt gesehen, daß der mehrdimensionale Begriff der Assoziiertheit zwischen Zufallsvariablen, wie er in Kapitel 2 eingeführt wurde, ein in der Zuverlässigkeitstheorie nützlicher Begriff ist. Viele grundlegende Resultate, die ursprünglich für den Fall unabhängiger Komponenten erhalten wurden, konnten auch in dem allgemeineren Fall assoziierter Komponenten als gültig nachgewiesen werden. Außerdem erhielt man Vergleiche, in denen der Fall unabhängiger Komponenten eine Schranke für den Fall assoziierter Komponenten darstellt.

Jedoch ist der Begriff der Assoziiertheit zufälliger Variablen nur einer unter vielen Begriffen der mehrdimensionalen Abhängigkeit. In diesem Paragraphen betrachten wir eine Reihe weiterer Begriffe der positiven Abhängigkeit und untersuchen die Beziehungen zwischen ihnen. In Anwendungen ist es oft einfacher, einen dieser anderen Begriffe nachzuweisen, der die Assoziiertheit zur Folge hat, als die Assoziiertheit direkt zu beweisen.

Der zweidimensionale Fall. Wie man erwartet, sind die Begriffe der Abhängigkeit im zweidimensionalen Fall einfacher, und ihre Beziehungen sind leichter beschreibbar.

4.1. Definitionen. Gegeben seien Zufallsvariablen S und T. Wir sprechen davon, daß

(a) S und T „positively quadrant dependent" sind, wenn

$$P[S \leqq s, T \leqq t] \geqq P[S \leqq s]\, P[T \leqq t] \qquad \text{für alle } s, t. \tag{4.1}$$

gilt. Wir schreiben dafür PQD(S, T).

(b) T ist in S *linksseitig fallend* (left tail decreasing), wenn

$$P[T \leqq t \mid S \leqq s] \tag{4.2}$$

in s für alle t fallend ist. Wir schreiben dafür LTD($T \mid S$). Dazu symmetrisch haben wir:

(c) T ist in S *rechtsseitig wachsend* (right tail increasing), wenn

$$P[T > t \mid S > s] \tag{4.3}$$

in s für alle t wachsend ist. Wir schreiben dafür RTI($T \mid S$).

(d) T ist in S *stochastisch wachsend* (stochastically increasing), wenn

$$P[T > t \mid S = s] \tag{4.4}$$

in s für alle t wachsend ist. Wir schreiben dafür SI($T \mid S$).

(e) S und T sollen eine gemeinsame Dichte (oder, im diskreten Fall, eine gemeinsame Wahrscheinlichkeitsverteilung) $f(s, t)$ besitzen. Dann bezeichnen wir gemäß Definition 3.2 aus Kapitel 4 die Funktion $f(t, s)$ als *total positiv der Ordnung* 2, wenn

$$\begin{vmatrix} f(s_1, t_1) & f(s_1, t_2) \\ f(s_2, t_1) & f(s_2, t_2) \end{vmatrix} \geqq 0 \tag{4.5}$$

für alle $s_1 < s_2$, $t_1 < t_2$ im Wertebereich von S und T gilt. Wir schreiben dafür $f(t, s)$ ist TP_2 oder $\mathrm{TP}_2(S, T)$.

Wir können diese zweidimensionalen Begriffe positiver Abhängigkeit in folgende Hierarchie einordnen. (Die Bezeichnung A(S, T) bedeutet, daß die Zufallsvariablen assoziiert sind).

4.2. Satz. $\mathrm{TP}_2(S, T) \Rightarrow \mathrm{SI}(T \mid S) \Rightarrow \mathrm{RTI}(T \mid S) \Rightarrow \mathrm{A}(S, T) \Rightarrow \mathrm{PQD}(S, T)$. *Die Folge der Implikationen bleibt gültig, wenn* RTI($T \mid S$) *durch* LTD($T \mid S$) *ersetzt wird.*

Beweis. a) Von $\mathrm{TP}_2(S, T) \Rightarrow \mathrm{SI}(T \mid S)$. Aus (4.5) erhalten wir

$$\begin{vmatrix} \int\limits_t^\infty f(s_1, \tau)\, d\tau & \int\limits_t^\infty f(s_2, \tau)\, d\tau \\ \int\limits_0^t f(s_1, \tau)\, d\tau & \int\limits_0^t f(s_2, \tau)\, d\tau \end{vmatrix} \leqq 0$$

für $s_1 < s_2$. Der Wert der Determinante ändert sich nicht, wenn wir die zweite Zeile durch die Summe der beiden Zeilen ersetzen. Daraus erhalten wir die Ungleichung

$$\int\limits_0^\infty f(s_2, \tau)\, d\tau \int\limits_t^\infty f(s_1, \tau)\, d\tau \leqq \int\limits_0^\infty f(s_1, \tau)\, d\tau \int\limits_t^\infty f(s_2, \tau)\, d\tau\,.$$

Durch Division durch $\int\limits_0^\infty f(s_2, \tau)\, d\tau \int\limits_0^\infty f(s_1, \tau)\, d\tau$ folgt dann die gewünschte Ungleichung für die bedingten Wahrscheinlichkeiten.

$$P[T > t \mid S = s_1] \leqq P[T > t \mid S = s_2]\,.$$

Folglich gilt $\mathrm{SI}(T \mid S)$.

b) Von $\mathrm{SI}(T \mid S) \Rightarrow \mathrm{RTI}(T \mid S)$. Aus (4.4) erhalten wir für $s_1' \leqq s_2'$

$$\begin{vmatrix} \int\limits_t^\infty f(s_1', \tau)\, d\tau & \int\limits_t^\infty f(s_2', \tau)\, d\tau \\ f_1(s_1') & f_1(s_2') \end{vmatrix} \leqq 0\,,$$

wobei $f_1(s)$ die Randdichte von S ist. Durch Integration der ersten Spalte zwischen s_1 und s_2 und der zweiten Spalte zwischen s_2 und ∞ erhalten wir

$$\begin{vmatrix} \int\limits_{s_1}^{s_2} \int\limits_t^\infty f(s, \tau)\, d\tau\, ds & \int\limits_{s_2}^\infty \int\limits_t^\infty f(s, \tau)\, d\tau\, ds \\ \int\limits_{s_1}^{s_2} f_1(s)\, ds & \int\limits_{s_2}^\infty f_1(s)\, ds \end{vmatrix} \leqq 0\,.$$

Ersetzt man die erste Spalte durch die Summe der beiden Spalten, so verändert sich der Wert der Determinante nicht, und wir erhalten

$$\begin{vmatrix} \int\limits_{s_1}^\infty \int\limits_t^\infty f(s, \tau)\, d\tau\, ds & \int\limits_{s_2}^\infty \int\limits_t^\infty f(s, \tau)\, d\tau\, ds \\ \int\limits_{s_1}^\infty f_1(s)\, ds & \int\limits_{s_2}^\infty f_1(s)\, ds \end{vmatrix} \leqq 0\,,$$

was zu (4.3) äquivalent ist.

c) Der Beweis von $\mathrm{SI}(T \mid S) \Rightarrow \mathrm{LTD}(T \mid S)$ wird dem Leser überlassen (Übung 1).

d) Von $\mathrm{RTI}(T \mid S) \Rightarrow \mathrm{A}(S, T)$. Der Beweis ist lang, deshalb verweisen wir den Leser auf Esary-Proschan (1972), Lemmata 1 und 2 und den entsprechenden Satz. Der Beweis von $\mathrm{LTD}(T \mid S) \Rightarrow \mathrm{A}(S, T)$ ist natürlich ähnlich.

Obwohl die Implikation $\mathrm{SI}(T \mid S) \Rightarrow \mathrm{A}(S, T)$ eine Konsequenz von $\mathrm{SI}(T \mid S) \Rightarrow$ $\Rightarrow \mathrm{RTI}(T \mid S) \Rightarrow \mathrm{A}(S, T)$ ist, geben wir einen direkten Beweis, da es eine Implikation ist, die praktische Anwendungen bei der Aufstellung nützlicher Ungleichungen findet.

e) Von $\mathrm{SI}(T \mid S) \Rightarrow \mathrm{A}(S, T)$. Es sei $F_t(s) = P[S \leqq s \mid T = t]$. Wir definieren $h(u, t) = \inf \{s : u \leqq F_t(s)\}$. Da S in T stochastisch wachsend ist, folgt, daß $h(u, t)$ in beiden Argumenten wachsend ist. Sei U eine von S unabhängige gleichverteilte Zufallsvariable. Dann ist $(S, T) \overset{\text{st}}{=} (S, h(U, S))$. Da S und U assoziiert sind, sind auch S und $h(U, S)$ assoziiert. Somit folgt $\mathrm{A}(S, T)$.

f) Von $\mathrm{A}(S, T) \Rightarrow \mathrm{PQD}(S, T)$. Sei $X_1 = 1$ falls $S > s$ und 0 sonst; $X_2 = 1$ falls $T > t$ und 0 sonst. Dann sind X_1 und X_2 wachsende Funktionen von S und T und somit nach E_3, § 2 in Kapitel 2, assoziiert. Folglich gilt

$$\begin{aligned} 0 \leqq \operatorname{cov}[X_1, X_2] &= \operatorname{cov}[1 - X_1, 1 - X_2] \\ &= E(1 - X_1)(1 - X_2) - E(1 - X_1)\,E(1 - X_2) \\ &= P[S \leqq s, T \leqq t] - P[S \leqq s]\,P[T \leqq t]\,. \blacksquare \end{aligned}$$

Bemerkung. Wenn S und T binäre Variablen sind, dann sind alle obigen Begriffe zweidimensionaler Abhängigkeit äquivalent. Um dies zu beweisen, genügt es zu zeigen $\mathrm{PQD}(S, T) \Rightarrow \mathrm{TP}_2(S, T)$, oder, äquivalent dazu,

$$D \equiv \begin{vmatrix} P[S = 0, T = 0] & P[S = 0, T = 1] \\ P[S = 1, T = 0] & P[S = 1, T = 1] \end{vmatrix} \geqq 0\,.$$

Durch Addition der unteren zur oberen Zeile und danach der zweiten zur ersten Spalte erhält man die Determinante

$$D = \begin{vmatrix} 1 & P[T = 1] \\ P[S = 1] & P[S = 1, T = 1] \end{vmatrix},$$

die nichtnegativ ist, wenn $\mathrm{PQD}(S, T)$ gilt.

Im allgemeinen sind die Implikationen des Satzes 4.2 streng, d. h., es gilt nicht, daß zwei Bedingungen unter ihnen äquivalent sind. Der Beweis dieser Behauptung ist dem Leser überlassen (Übung 2).

Als nächstes definieren wir einen zusätzlichen Begriff zweidimensionaler Abhängigkeit, der sich nicht direkt in die in Satz 4.2 beschriebene Hierarchie einfügt, aber dessen mehrdimensionale Version bei der Formulierung des Begriffes einer mehrdimensionalen Verteilung mit wachsender Ausfallrate benutzt wird (vgl. HARRIS, 1970).

4.3. Definition. Zufallsvariablen S und T werden „(right corner set increasing" genannt, wenn $P[S > s, T > t \mid S > s', T > t']$ in s' und t' für beliebige feste s und t wachsend ist. Wir schreiben dafür $\mathrm{RCSI}(S, T)$.

4.4. Satz. $\mathrm{TP}_2(S, T) \Rightarrow \mathrm{RCSI}(S, T) \Rightarrow \mathrm{RTI}(T \mid S)$ *und* $\mathrm{RTI}(S \mid T)$.

Beweis a): $\mathrm{TP}_2(S, T) \Rightarrow \mathrm{RCSI}(S, T)$. Es sei:

$$P(s', t') = P[S > s, T > t \mid S > s', T > t']\,.$$

Man beachte, daß $P(s', t')$ für $s' < s$, $t' < t$ in s', t' wachsend ist.

Nehmen wir $s' \geqq s$, $t' < t$ an. Dann gilt $P(s', t') = P[T > t \mid S > s', T > t']$, und $P(s', t')$ ist in t' für alle (s, t) wachsend. Um zu zeigen, daß $P(s', t')$ in s' wächst, beachten wir, daß für $s' < s''$ wegen $\mathrm{TP}_2(S, T)$

$$\begin{aligned} D &= \begin{vmatrix} P[S > s', T > t] & P[S > s'', T > t] \\ P[S > s', T > t'] & P[S > s'', T > t'] \end{vmatrix} \\ &= \begin{vmatrix} P[s' < S \leqq s'', T > t] & P[S > s'', T > t] \\ P[s' < S \leqq s'', t' < T \leqq t] & P[S > s'', t' < T \leqq t] \end{vmatrix} \leqq 0 \end{aligned}$$

gilt.

Ähnliche Argumente sind für $s' < s,\ t' \geqq t$ anwendbar.

Schließlich beachte man, daß $P(s', t') = 1$ und somit in s', t' wachsend ist, wenn $s' \geqq s,\ t' \geqq t$ gilt.

b): RCSI(S, T) ⇒ RTI($T \mid S$). Man wähle $s = -\infty, t' = -\infty$. Dann ist $P(s', t') = P[T > t \mid S > s']$ in s' wachsend.

c): RCSI(S, T) ⇒ RTI($S \mid T$). Der Beweis ist analog aus Gründen der Symmetrie.

Obwohl sowohl RCSI als auch SI zwischen TP_2 und RTI liegen, hat keiner der beiden Begriffe den anderen zur Folge. Man vergleiche dazu Übung 17.

In Abb. 5.4.1 stellen wir die Implikationen zwischen den in diesem Paragraphen aufgeführten Begriffen zweidimensionaler Abhängigkeit zusammen. I(S, T) bedeutet, daß die Zufallsvariablen S und T unabhängig sind.

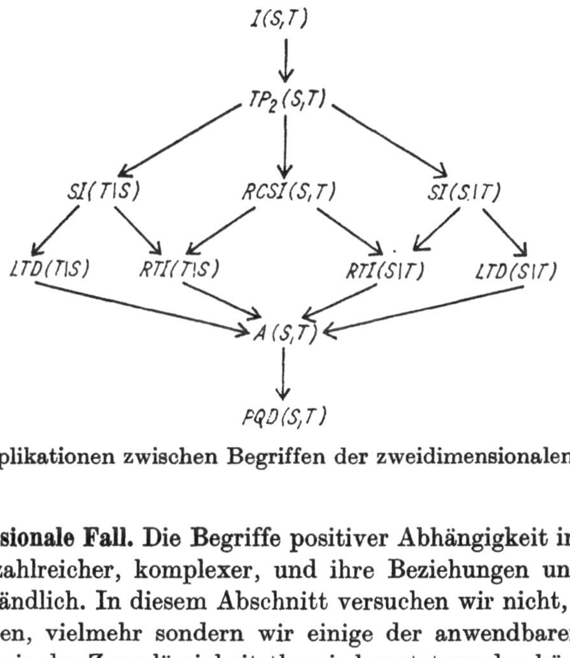

Abb. 5.4.1. Implikationen zwischen Begriffen der zweidimensionalen Abhängigkeit

Der mehrdimensionale Fall. Die Begriffe positiver Abhängigkeit im mehrdimensionalen Fall sind zahlreicher, komplexer, und ihre Beziehungen untereinander sind weniger gut verständlich. In diesem Abschnitt versuchen wir nicht, eine umfassende Übersicht zu geben, vielmehr sondern wir einige der anwendbareren Begriffe aus und zeigen, wie sie in der Zuverlässigkeitstheorie benutzt werden können

4.5. Definition. Eine Zufallsvariable T ist *in den Zufallsvariablen* $S_1, \ldots, S_k$ *stochastisch wachsend,* wenn $P[T > t \mid S_1 = s_1, \ldots, S_k = s_k]$ in $s_1, \ldots, s_k$ wachsend ist. Wir schreiben dafür $T \uparrow st$ in $S_1, \ldots, S_k$. Dies ist eine direkte Verallgemeinerung des entsprechenden zweidimensionalen Begriffes von 4.1 (d).

Bezeichnung. Wir schreiben $\boldsymbol{U}_{\boldsymbol{V}=\boldsymbol{v}}$ um den bedingten Zufallsvektor $\boldsymbol{U}$ unter der Bedingung, daß der Zufallsvektor $\boldsymbol{V}$ den Wert $\boldsymbol{v}$ annimmt, zu bezeichnen.

4.6. Definition. Zufallsvariablen $T_1, \ldots, T_n$ sind *in der Folge bedingt wachsend,* wenn T_i in $T_1, \ldots, T_{i-1}$, für $i = 2, \ldots, n$, stochastisch wachsend ist.

Als unser Hauptergebnis wollen wir den folgenden Satz beweisen.

4.7. Satz. *Seien $T_1, \ldots, T_n$ in der Folge bedingt wachsend. Dann sind $T_1, \ldots, T_n$ assoziiert.*

Das folgende Lemma führt zu einem Beweis des Satzes 4.7.

4.8. Lemma. *Es sei $S \uparrow st$ in $\boldsymbol{T} = (T_1, \ldots, T_n)$. Dann existieren eine wachsende Funktion $h(u, t)$ und eine von $\boldsymbol{T}$ unabhängige Zufallsvariable U mit $(S, \boldsymbol{T}) \stackrel{\text{st}}{=} (h(U, \boldsymbol{T}), \boldsymbol{T})$.* (Wir schreiben $\boldsymbol{X} \stackrel{\text{st}}{=} \boldsymbol{Y}$, wenn $\boldsymbol{X}$ und $\boldsymbol{Y}$ die gleiche Wahrscheinlichkeitsverteilung besitzen.)

Beweis. Es sei $F_{\boldsymbol{t}}$ die Verteilungsfunktion von $S_{\boldsymbol{T}=\boldsymbol{t}}$; d. h. $F_{\boldsymbol{t}}(s) = P[S \leqq s \mid \boldsymbol{T} = \boldsymbol{t}]$. Wir definieren $h(u, \boldsymbol{t}) = \inf \{s : u \leqq F_{\boldsymbol{t}}(s)\}$. Dann ist nach der Definition h in u wachsend. Da $S \uparrow st$ in $\boldsymbol{T}$, gilt $h(u, \boldsymbol{t}^{(1)}) \leqq h(u, \boldsymbol{t}^{(2)})$ für $\boldsymbol{t}^{(1)} \leqq \boldsymbol{t}^{(2)}$. Folglich ist h in $\boldsymbol{t}$ wachsend. Da $F_{\boldsymbol{t}}(s)$ in s von rechts stetig ist, gilt $h(u, \boldsymbol{t}) \leqq s \Leftrightarrow u \leqq F_{\boldsymbol{t}}(s)$.

Als nächstes wählen wir U als eine auf $[0, 1]$ gleichverteilte Zufallsvariable. Dann gilt $P[h(U, \boldsymbol{t}) \leqq s] = P[U \leqq F_{\boldsymbol{t}}(s)] = F_{\boldsymbol{t}}(s)$; d. h. $h(U, \boldsymbol{t}) \stackrel{\text{st}}{=} S_{\boldsymbol{T}=\boldsymbol{t}}$. Es sei U von $\boldsymbol{T}$ unabhängig. Dann ist $h(U, \boldsymbol{t})_{\boldsymbol{T}=\boldsymbol{t}} \stackrel{\text{st}}{=} h(U, \boldsymbol{t})$. Folglich gilt

$$S_{\boldsymbol{T}=\boldsymbol{t}} \stackrel{\text{st}}{=} h(U, \boldsymbol{t}) \stackrel{\text{st}}{=} h(U, \boldsymbol{t})_{\boldsymbol{T}=\boldsymbol{t}} \stackrel{\text{st}}{=} h(U, \boldsymbol{T})_{\boldsymbol{T}=\boldsymbol{t}}.$$

Es folgt, daß $(S, \boldsymbol{T}) \stackrel{\text{st}}{=} (h(U, \boldsymbol{T}), \boldsymbol{T})$. ∎

Beweis von Satz 4.7. Nach Voraussetzung ist T_2 in T_1 stochastisch wachsend. Folglich sind T_1 und T_2 nach Satz 4.2 assoziiert.

Als nächstes nehmen wir an, daß $T_1, \ldots, T_k$ assoziiert und T_{k+1} in $T_1, \ldots, T_k$ stochastisch wachsend sind. Dann gilt nach Lemma 4.8.

$$(T_1, \ldots, T_k, T_{k+1}) \stackrel{\text{st}}{=} (T_1, \ldots, T_k, h(U, T_1, \ldots, T_k)),$$

wobei h wachsend ist und U eine von $T_1, \ldots, T_k$ unabhängige gleichverteilte Zufallsvariable. Da $U, T_1, \ldots, T_k$ assoziiert sind und h wachsend ist, sind $T_1, \ldots, T_k$, $h(U, T_1, \ldots, T_k)$ assoziiert. Folglich sind $T_1, \ldots, T_k, T_{k+1}$ assoziiert.

Die Behauptung folgt nun durch Induktion. ∎

Der folgende Begriff wird sich als nützlich erweisen.

4.9. Definition. $\boldsymbol{S}$ ist *stochastisch kleiner* als $\boldsymbol{S}'$ wenn $f(\boldsymbol{S}) \stackrel{\text{st}}{\leqq} f(\boldsymbol{S}')$ für alle wachsenden Funktionen $f(\boldsymbol{s})$ gilt. Wir schreiben dafür $\boldsymbol{S} \stackrel{\text{st}}{\leqq} \boldsymbol{S}'$!

Eine Verallgemeinerung des in Definition 4.5 eingeführten Begriffes wird in Definition 4.10 gegeben.

4.10. Definition. $\boldsymbol{S}$ ist in $\boldsymbol{T}$ *stochastisch wachsend*, wenn $f(\boldsymbol{S}) \uparrow st$ in $\boldsymbol{T}$ für alle wachsenden Funktionen $f(\boldsymbol{s})$. Wir schreiben dafür $\boldsymbol{S} \uparrow st$ in $\boldsymbol{T}$.

Als nächstes geben wir hinreichende Bedingungen dafür an, daß ein Vektor stochastisch kleiner als ein zweiter Vektor ist.

4.11. Definition. Eine Menge S wird wachsend genannt, wenn die Indikatorfunktion I_S von S wachsend ist.

4.12. Satz. $\boldsymbol{X} \stackrel{\text{st}}{\leqq} \boldsymbol{Y} \Leftrightarrow P_{\boldsymbol{X}}(S) \leqq P_{\boldsymbol{Y}}(S)$ *für jede wachsende Menge S.*

Beweis. Es sei $h(x)$ eine wachsende Funktion. Dann gilt $P[h(\boldsymbol{X}) > u] = P_{\boldsymbol{X}}(S_u)$ und $P[h(\boldsymbol{Y}) > u] = P_{\boldsymbol{Y}}(S_u)$, wobei $S_u = [\boldsymbol{x} \mid h(\boldsymbol{x}) > u]$. Man beachte, daß S_u eine wachsende Menge ist, da gilt $\boldsymbol{x} \in S_u, \boldsymbol{x}' \geqq \boldsymbol{x} \Rightarrow h(\boldsymbol{x}') \geqq h(\boldsymbol{x}) > u \Rightarrow \boldsymbol{x}' \in S_u$. Folglich gilt

$P_X(S_u) \leqq P_Y(S_u)$, und somit $P[h(X) > u] \leqq P[h(Y) > u]$ für jedes u. Daraus folgt $X \overset{\text{st}}{\leqq} Y$.

Sei S eine wachsende Menge. Wir definieren $I_S(x) = 1$ falls $x \in S$, 0 sonst. Dann ist $I_S(x)$ in x wachsend. Folglich ist $P_X(S) = P[I_S(X) = 1] \leqq P[I_S(Y) = 1] = P_Y(S)$. ∎

Eine zweite hinreichende Bedingung kann mit Hilfe bedingter Wahrscheinlichkeiten gegeben werden.

4.13. Satz. *Sei* (a) $X = (X_1, \dots, X_n)$ *in der Folge bedingt wachsend und* (b) $X_1 \overset{\text{st}}{\leqq} Y_1$ *und*

$$X_{j, X_1 = x_1, \dots, X_{j-1} = x_{j-1}} \overset{\text{st}}{\leqq} Y_{j, Y_1 = x_1, \dots, Y_{j-1} = x_{j-1}}$$

für beliebige $x_1, \dots, x_{j-1}$, $j = 2, \dots, n - 1$. *Dann gilt* $X \overset{\text{st}}{\leqq} Y$.

Beweis. Nach Voraussetzung (b) gilt $X_1 \overset{\text{st}}{\leqq} Y_1$. Somit gilt die Behauptung für $n = 1$.

Nehmen wir an, der Satz gelte für $n - 1$. Sei h eine wachsende Funktion von n Argumenten. Nach Satz 4.12 genügt es zu zeigen, daß $Eh(X_1, \dots, X_n) \leqq Eh(Y_1, \dots, Y_n)$ gilt. Es ist

$$\begin{aligned} Eh(X_1, \dots, X_n) &= \int \dots \int h(x_1, \dots, x_{n-1}, x_n)\, dF_{X_n}(x_n \mid X_1 = x_1, \dots, X_{n-1} = x_{n-1}) \times \\ &\times dF_{X_1, \dots, X_{n-1}}(x_1, \dots, x_{n-1}) \leqq \int \dots \int h(x_1, \dots, x_{n-1}, x_n) \times \\ &\times dF_{Y_n}(x_n \mid Y_1 = x_1, \dots, Y_{n-1} = x_{n-1})\, dF_{X_1, \dots, X_{n-1}}(x_1, \dots, x_{n-1}), \end{aligned}$$

da $h \uparrow$ in x_n und (b) gilt. Das letzte Integral ist auf jeden Fall

$$\begin{aligned} &\leqq \int \dots \int h(x_1, \dots, x_{n-1}, x_n)\, dF_{Y_n}(x_n \mid Y_1 = x_1, \\ &\dots, Y_{n-1} = x_{n-1})\, dF_{Y_1, \dots, Y_{n-1}}(x_1, \dots, x_{n-1}), \end{aligned}$$

da nach (a)

$$\int h(x_1, \dots, x_{n-1}, x_n)\, dF_{Y_n}(x_n \mid Y_1 = x_1, \dots, Y_{n-1} = x_{n-1}) \uparrow \quad \text{in } x_1, \dots, x_{n-1}$$

ist, und die Induktionsannahme für $n - 1$ gilt. Da das letzte Integral gleich $Eh(Y)$ ist gilt der Satz für n. ∎

Wir haben im zweidimensionalen Fall gezeigt, daß T in S stochastisch wachsend ist, wenn S und T TP_2 sind (Satz 4.2). Als nächstes erhalten wir eine mehrdimensionale Verallgemeinerung.

4.14. Satz. *Es besitze* $X_1, \dots, X_n$ *die gemeinsame Dichte* $f_n(x_1, \dots, x_n)$, *die in jedem Paar von Argumenten für fixierte Werte der übrigen Argumente* TP_2 *ist. Dann sind* $X_1, \dots, X_n$ *in der Folge bedingt wachsend.*

Beweis. Wir definieren $f_i(x_1, \dots, x_i)$ als die Randdichte von $X_1, \dots, X_i$. Dann können wir $f_{n-1}(x_1, \dots, x_{n-1}) = \int_{-\infty}^{\infty} f_n(x_1, \dots, x_n)\, g(x_1, \dots, x_n)\, dx_n$ schreiben, wobei $g(x_1, \dots, x_n) \equiv \equiv 1$ ist. Da f_n und g in jedem Paar von Argumenten TP_2 sind, ist f_{n-1} in jedem Paar von Argumenten für feste Werte der übrigen Argumente TP_2 (Satz 5.1 und Ergänzung 5.1 in Karlin, 1968, S. 123—124). Die Wiederholung dieser Schlußweise zeigt, daß f_i in jedem Paar von Argumenten, $i = 2, 3, \dots, n$, TP_2 ist.

Da $f_2(x_1, x_2)$ TP_2 ist, gilt nach Satz 4.2 $P[X_2 > x_2 \mid X_1 = x_1] \uparrow$ in x_1. Ähnlich erhält man, daß $f(x_1, x_2, x_3)$ für festes x_2 in x_1, x_3 TP_2 ist, so daß

$$P[X_3 > x_3 \mid X_1 = x_1, X_2 = x_2] \uparrow \qquad \text{in } x_1$$

gilt; und aus Symmetriegründen für festes x_1

$$P[X_3 > x_3 \mid X_1 = x_1, X_2 = x_2] \uparrow \qquad \text{in } x_2 .$$

Es folgt

$$P[X_3 > x_3 \mid X_1 = x_1, X_2 = x_2] \uparrow \qquad \text{in } x_1, x_2 .$$

Die Wiederholung dieser Schlußweise zeigt $X_i \uparrow st$ in $X_1, \ldots, X_{i-1}$ für $i = 2, \ldots, n$. ∎

4.15. Korollar. *$X_1, \ldots, X_n$ mögen die gemeinsame Dichte $f(x_1, \ldots, x_n)$ besitzen, die in jedem Paar von Argumenten für fixierte Werte der übrigen Argumente* TP_2 *ist. Dann sind $X_1, \ldots, X_n$ assoziiert.*

Beweis. Nach Satz 4.14 sind $X_1, \ldots, X_n$ in der Folge bedingt wachsend. Aus Satz 4.7 folgt unmittelbar, daß $X_1, \ldots, X_n$ assoziiert sind. ∎

4.16. Beispiel: Normalverteilte TP_2 Variablen. Die Dichte der mehrdimensionalen Normalverteilung aus (3.4) ist genau dann in jedem Paar von Argumenten für fixierte Werte der übrigen Argumente TP_2, wenn $r_{ij} \leqq 0$ für alle $i \neq j$ ist.

Für jedes Paar (i, j) reduziert sich (3.4) zu $C_1(t)\, C_2(t)\, \mathrm{e}^{-r_{ij}t_it_j}$, wobei C_1 nicht von t_i und C_2 nicht von t_j abhängt. Nach Übung 12(d), § 3, Kapitel 4 ist f genau dann in t_i, t_j für fixierte Werte der übrigen Argumente TP_2, wenn $r_{ij} \leqq 0$ ist.

Nach Korollar 4.15 können wir schlußfolgern, daß $T_1, \ldots, T_n$ assoziiert sind, wenn $T_1, \ldots, T_n$ eine mehrdimensionale Normalverteilungsdichte mit $r_{ij} \leqq 0$ für alle $i \neq j$ besitzen.

Schranken für die Systemzuverlässigkeit. Es kann unter Benutzung der vorangegangenen Resultate gezeigt werden, daß wir, wenn die Lebenszeiten $T_1, \ldots, T_n$ der Komponenten assoziiert sind, nützliche Schranken der Lebensdauer des Systems erhalten können. Wir erinnern daran, daß nach (3.7), Kapitel 1 für die Lebensdauer T eines monotonen Systems φ mit den minimalen Pfadmengen $P_1, P_2, \ldots, P_p$ und den minimalen Schnittmengen $K_1, K_2, \ldots, K_k$ die Gleichung

$$T = \min_{1 \leqq s \leqq k} \max_{i \in K_s} T_i \tag{4.6}$$

$$= \max_{1 \leqq r \leqq p} \min_{i \in P_r} T_i \tag{4.7}$$

gilt. Wir werden unter Benutzung von (4.6) und (4.7) den folgenden Satz beweisen, der im Grunde als eine Neuformulierung des Satzes 3.9 in Kapitel 2 angesehen werden kann.

4.17. Satz. *Sind $T_1, \ldots, T_n$ assoziiert und besitzt die monotone Struktur φ minimale Pfadmengen $P_1, \ldots, P_p$ und minimale Schnittmengen $K_1, \ldots, K_k$, dann gilt*

$$\max_{1 \leqq r \leqq p} \prod_{i \in P_r} P[T_i > t] \leqq P[T > t] \leqq \min_{1 \leqq s \leqq k} \coprod_{i \in K_s} P[T_i > t] , \tag{4.8}$$

wobei T die Lebensdauer des Systems ist.

Beweis. Da $T_1, \ldots, T_n$ assoziiert sind, gilt

$$P\Big[\min_{i \in P_r} T_i > t\Big] \geqq \prod_{i \in P_r} P[T_i > t] \tag{4.9}$$

und

$$P\Big[\max_{i\in K_s} T_i > t\Big] \leqq \prod_{i\in K_s} P[T_i > t] \tag{4.10}$$

nach (3.5) und (3.6) des Korollars 3.3 des Kapitels 2. Folglich gilt

$$\prod_{i\in P_r} P[T_i > t] \leqq P[T > t] \leqq \prod_{i\in K_s} P[T_i > t]$$

für alle r mit $1 \leqq r \leqq p$ und s mit $1 \leqq s \leqq k$ nach (4.6), (4.7), (4.9) und (4.10). Die Gleichung (4.8) ist leicht zu folgern. ▮

Übungen

1. Man beweise $\mathrm{SI}(T \mid S) \Rightarrow \mathrm{LTD}(T \mid S)$.
2. Man gebe Beispiele dafür an, daß keine zwei der Bedingungen (4.1) bis (4.5) einander äquivalent sind.
3. Man beweise, daß S und T „positive quadrant dependent" sind $\Leftrightarrow P[S < s, T < t] \geqq P[S > s]\, P([T > t]$ für alle s, t gilt.
4. Es seien $(X_1, Y_1), \ldots, (X_n, Y_n)$ unabhängige Paare von Zufallsvariablen, wobei X_i, Y_i „positive quadrant dependent" für $i = 1, \ldots, n$ sein sollen. Es sei $X = r(X_1, \ldots, X_n)$, $Y = s(Y_1, \ldots, Y_n)$, wobei r und s wachsend seien. Dann sind X und Y „positive quadrant dependent".
5. Wenn X, Y „positive quadrant dependent" sind, dann gilt $\operatorname{cov}(X, Y) \geqq 0$, wenn die Kovarianz existiert.
6. Sei $Y = \alpha + \beta X + U$, wobei X und U unabhängig voneinander sind, und $\beta \geqq 0$. Dann ist Y in X stochastisch wachsend.
7. $U_1, \ldots, U_k$ besitze eine Multinomialverteilung, die n Versuchen mit den Erfolgswahrscheinlichkeiten $p_1, \ldots, p_k$ entspricht. Dann ist U_i in $-U_j$ für $i \neq j$ stochastisch wachsend.
8. Es seien $X_{1:n} \leqq \ldots \leqq X_{n:n}$ die Ordnungsstatistiken von einer DFR-Verteilung. Dann ist $X_{s:n} - X_{r:n}$ in $X_{r:n}$ für $r < s$ stochastisch wachsend.
9. Man zeige: Ist die Dichte einer mehrdimensionalen Normalverteilung in jedem Paar TP_2, dann ist jeder Korrelationskoeffizient $\varrho_{ij} \geqq 0$, aber nicht umgekehrt.
10. Es seien $X_{i:n}$ und $X_{j:n}$ Ordnungsstatistiken von einer beliebigen Verteilung. Dann gelten die folgenden Eigenschaften: (a) $\mathrm{TP}_2(X_{i:n}, X_{j:n})$, (b) $X_{1:n}, X_{2:n}, \ldots, X_{n:n}$ sind in der Folge bedingt wachsend.
11. Sei $f(x, y, z) = e^{xyz}$. (a) Ist f TP_2 in jedem Paar reeller x, y, z? (b) In welchem Gebiet ist f in jedem Paar TP_2?
12. Es seien $X_{1:n} \leqq \ldots \leqq X_{n:n}$ die Ordnungsstatistiken in einer Stichprobe vom Umfang n einer DFR-Verteilung, weiter $D_1 = X_{1:n}$ und $D_i = X_{i:n} - X_{(i-1):n}$, $i = 2, \ldots, n$. Dann sind (a) $D_1, \ldots, D_n$ in der Folge bedingt wachsend und (b) $D_1, \ldots, D_n$ assoziiert.
13. Sei $\boldsymbol{X} = (X_1, \ldots, X_n)$ und $\boldsymbol{Y} = (Y_1, \ldots, Y_n)$. $\boldsymbol{X}$ habe die Verteilung F und $\boldsymbol{Y}$ die Verteilung G. Man zeige, daß aus $\bar{F}(\boldsymbol{x}) \geqq \bar{G}(\boldsymbol{x})$ für jedes $\boldsymbol{x}$ nicht die Beziehung $\boldsymbol{X} \overset{\mathrm{st}}{\geqq} \boldsymbol{Y}$ folgt.
14. Man suche ein Gegenbeispiel für die folgende Behauptung: $X_1, \ldots, X_n$ seien assoziiert; $Y_1, \ldots, Y_n$ seien untereinander unabhängig und $X_i \overset{\mathrm{st}}{=} Y_i$ für $i = 1, \ldots, n$. Dann gilt $\boldsymbol{X} \overset{\mathrm{st}}{\geqq} \boldsymbol{Y}$.
15. Man zeige, daß $\boldsymbol{S} \overset{\mathrm{st}}{\leqq} \boldsymbol{S}' \Leftrightarrow Eh(\boldsymbol{S}) \leqq Eh(\boldsymbol{S}')$ für alle wachsenden Funktionen h gilt.
16. Man gebe Beispiele an, die zeigen, daß keiner der Begriffe $\mathrm{RCSI}(S, T)$ und $\mathrm{SI}(T \mid S)$ den anderen zur Folge hat.
17. Man zeige, daß die Eigenschaft TP_2 bei Translation und Skalentransformation erhalten bleibt. Bleibt sie bei einer Drehung der Achsen erhalten?

18. Man zeige, daß (a) $\bar{F}(t, t, \dots, t) \geqq \prod_{i=1}^{n} \bar{F}_i(t)$ genau dann gilt, wenn (b) $F(t, t, \dots, t) \geqq \geqq \prod_{i=1}^{n} F_i(t)$. (Hinweis: Man benutze Übung 3, § 1) Folglich gilt (4.8), falls entweder (a) oder (b) für alle Randverteilungen, die Teilmengen von $T_1, \dots, T_n$ entsprechen, gilt.

*19. Ein stochastischer Prozeß $\{X(t); t \geqq 0\}$ ist zeitlich assoziiert, wenn $X(t_1), \dots, X(t_n)$ für jede beliebige Wahl von $t_1, \dots, t_n$ und alle $n \geqq 1$ assoziiert sind. Man zeige, daß ein Prozeß zeitlich assoziiert ist, wenn er Markowsch ist und $P[X(t) = y \mid X(s) = x]$ in x und y für alle $s \leqq t$ PT_2 ist.

*20. Man benutze Übung 19 um zu zeigen, daß ein Geburts- und Todesprozeß mit zwei Zuständen assoziiert ist (In § 3, Kapitel 7 werden Geburts- und Todesprozesse diskutiert).

§ 5. Mehrdimensionale Verteilungen mit monotoner Ausfallrate

In diesem Paragraphen definieren wir eine mehrdimensionale Version einer Verteilung mit wachsender (fallender) Ausfallrate, die von Thompson und Brindley (1972) stammt, und leiten einige ihrer wünschenswerten Eigenschaften ab. Wir erwähnen ebenfalls die strengere Version einer mehrdimensionalen IFR-Verteilung, die von Harris (1970) stammt, und geben einen kurzen Vergleich dieser beiden Begriffe.

5.1. Definition. Eine Verteilung $F(x_1, \dots, x_n)$ wird als *mehrdimensionale Verteilung mit wachsender Ausfallrate* (MIFR — multivariate increasing failure rate distribution) bezeichnet, wenn ihre Randverteilungen $F_{i_1,\dots,i_k}(x_{i_1}, \dots, x_{i_k})$

$$\frac{\bar{F}_{i_1,\dots,i_k}(x_{i_1} + t, \dots, x_{i_k} + t)}{\bar{F}_{i_1,\dots,i_k}(x_{i_1}, \dots, x_{i_k})} \downarrow \tag{5.1}$$

in $x_{i_1} > -\infty, \dots, x_{i_k} > -\infty$ für $t > 0$ und jede Teilmenge $\{i_1, \dots, i_k\} \subset \{1, 2, \dots, n\}$ erfüllen. Zusätzlich nehmen wir an, daß F nur auf dem nichtnegativen Orthanten positive Werte annimmt, obwohl sie für alle n-Tupel definiert ist.

Die Gleichung (5.1) sagt uns, daß die Lebensdauer eines Seriensystems, bestehend aus einer beliebigen Teilmenge von Komponenten, stochastisch fällt, wenn das Alter der Komponenten wächst. Man beachte, daß (5.1) für $n = 1$ die gewöhnliche eindimensionale IFR-Verteilung definiert (vgl. (1.7) des Kapitels 3). In diesem Sinne stellt die MIFR-Verteilung die mehrdimensionale Verallgemeinerung der eindimensionalen IFR-Verteilung dar. Auf ähnliche Weise kommen wir zur folgenden Definition.

5.2. Definition. Eine Verteilung $F(x_1, \dots, x_n)$ auf dem nichtnegativen Orthanten wird *mehrdimensionale Verteilung mit fallender Ausfallrate* (MDFR — multivariate decreasing failure rate distribution) genannt, wenn ihre Randverteilungen $F_{i_1,\dots,i_k}$

$$\frac{\bar{F}_{i_1,\dots,i_k}(x_{i_1} + t, \dots, x_{i_k} + t)}{\bar{F}_{i_1,\dots,i_k}(x_{i_1}, \dots, x_{i_k})} \uparrow \quad \text{in } x_{i_1} \geqq 0, \dots, x_{i_k} \geqq 0 \quad \text{für } t > 0\,, \tag{5.2}$$

für jede Teilmenge $\{i_1, \dots, i_k\} \subset \{1, \dots, n\}$ erfüllen.

Ähnliche Bemerkungen wie die, die Definition 5.1 folgten, können auch für MDFR-Verteilungen gemacht werden, wobei die Richtung der Monotonie umgekehrt werden muß.

MIFR und MDFR-Verteilungen besitzen die folgenden wünschenswerten mehrdimensionalen Eigenschaften.

5.3. Satz. (a) *Eine eindimensionale* MIFR (MDFR)-*Zufallsvariable besitzt eine* IFR(DFR)-*Verteilung im gewöhnlichen Sinne.*

(b) *Die Vereinigung zweier unabhängiger Mengen von* MIFR(MDFR)-*verteilten Zufallsgrößen besitzt die Eigenschaft* MIFR(MDFR).

(c) *Jede Teilmenge von* MIFR(MDFR)-*verteilten Zufallsgrößen besitzt die Eigenschaft* MIFR(MDFR).

(d) *Minima von Teilmengen* MIFR(MDFR)-*verteilter Zufallsgrößen besitzen die Eigenschaft* MIFR(MDFR).

(e) *Zufallsvariablen* $X_1, \ldots, X_n$ *besitzen genau dann eine Verteilung, die sowohl* MIFR *als auch* MDFR *ist, wenn ihre Verteilung die* MVE *ist.*

Beweis. Wir beweisen (a)—(d) für den Fall MIFR. Der Beweis für den Fall MDFR ist analog.

(a) Nach (1.7) des Kapitels 3 folgt (a) unmittelbar.

(b) Der Beweis bleibt dem Leser überlassen (Übung 1).

(c) Um zu zeigen, daß eine gegebene Teilmenge die MIFR-Eigenschaft besitzt, setze man alle x_i in der Komplementmenge in (5.1) gleich $-\infty$.

(d) $Y_1, \ldots, Y_m$ sollen eine MIFR-Verteilung besitzen. Es sei $X_i = \min\limits_{j \in J_i} Y_j$, wobei J_i eine Teilmenge von $\{1, \ldots, m\}$, $i = 1, \ldots, n$, ist. Für gegebenes $t > 0$ und reelle $x_1, \ldots, x_n$ erhalten wir

$$P[X_1 > x_1 + t, \ldots, X_n > x_n + t \mid X_1 > x_1, \ldots, X_n > x_n] =$$
$$= P[Y_1 > y_1 + t, \ldots, Y_m > y_m + t \mid Y_1 > y_1, \ldots, Y_m > y_m],$$

wobei $y_j = \max\limits_{i \in J_j} x_i$, $j = 1, \ldots, m$. Da die letzte bedingte Wahrscheinlichkeit in jedem y_j fallend ist, und jedes y_j in jedem x_i wachsend, folgt, daß die erste bedingte Wahrscheinlichkeit in jedem x_i fallend ist. Folglich besitzt $X_1, \ldots, X_n$ eine MIFR-Verteilung.

(e) Sei F die in (3.2) gegebene MVE. Dann ist

$$\frac{\bar{F}(x_1 + t, \ldots, x_n + t)}{\bar{F}(x_1, \ldots, x_n)} = \exp\left\{-t\left[\sum_1^n \lambda_i + \sum_{i<j} \lambda_{ij} + \cdots + \lambda_{12\ldots n}\right]\right\},$$

in $x_1 \geqq 0, \ldots, x_n \geqq 0$ für $t > 0$ konstant. Ein ähnliches Resultat gilt für jede Randverteilung von F. Folglich ist F sowohl MIFR- als auch MDFR-Verteilung.

Umgekehrt besitze $X_1, \ldots, X_n$ eine Verteilung, die sowohl MIFR-als auch MDFR-Verteilung ist. Dann gilt nach (5.1) und (5.2)

$$\frac{\bar{F}(x_1 + t, \ldots, x_n + t)}{\bar{F}(x_1, \ldots, x_n)} = c(t) \qquad \text{für } x_1 \geqq 0, \ldots, x_n \geqq 0,\ t > 0\,, \tag{5.3}$$

wobei $c(t)$ von t, aber nicht von $x_1, \ldots, x_n$ abhängt. Wir setzen in (5.3) $x_1 = \ldots = x_n = 0$ um $c(t) = \bar{F}(t, \ldots, t)$ zu erhalten. Folglich gilt

$$\bar{F}(x_1 + t, \ldots, x_n + t) = \bar{F}(x_1, \ldots, x_n)\, \bar{F}(t, \ldots, t) \tag{5.4}$$

für alle $x \geqq 0$, $t \geqq 0$. Auf ähnliche Weise können wir zeigen, daß $\bar{F}_{i_1,\ldots,i_k}$ eine Gleichung der Form (5.4) erfüllt, wenn $F_{i_1,\ldots,i_k}(x_{i_1}, \ldots, x_{i_k})$ eine k-dimensionale Randverteilung von F ist. Nach den Schlußweisen aus 3.1 folgt, daß F eine MVE ist. ▌

Aus (a) und (b) des Satzes 5.3 können wir unmittelbar Korollar 5.4 folgern.

5.4. Korollar. *Es seien* $X_1, \ldots, X_n$ *unabhängige Zufallsvariablen mit* IFR (DFR)-*Verteilungen. Dann hat* $X_1, \ldots, X_n$ *eine* MIFR(MDFR)-*Verteilung.*

Aus (e) des Satzes 5.3 ersehen wir, daß die MVE auf dem Rand sowohl der Klasse der MIFR- als auch der Klasse der MDFR-Verteilungen liegt. Dies ist analog zur Situation im eindimensionalen Fall, in dem die eindimensionale Exponentialverteilung die einzige Verteilung ist, die sowohl IFR- als auch DFR-Verteilung ist.

Als nächstes zeigen wir, daß die MIFR(MDFR)-Eigenschaft unter bestimmten Skalentransformationen und Translationen erhalten bleibt.

5.5. Satz. (a) *Wenn* $X_1, \ldots, X_n$ *eine* MIFR-(MDFR-)*Verteilung besitzt und* $a > 0$ *ist, dann besitzt auch* $aX_1, \ldots, aX_n$ *eine* MIFR-(MDFR-)*Verteilung.*

(b) *Wenn* $X_1, \ldots, X_n$ *eine* MIFR-*Verteilung besitzt und* $b_1 \geqq 0, \ldots, b_n \geqq 0$ *ist, dann besitzt* $X_1 + b_1, \ldots, X_n + b_n$ *eine* MIFR-*Verteilung.*

Beweis. (a) Nehmen wir an, daß $X_1, \ldots, X_n$ eine MIFR-Verteilung besitzt. Dann ist

$$P[aX_1 > x_1 + t, \ldots, aX_n > x_n + t \mid aX_1 > x_1, \ldots, aX_n > x_n] =$$
$$= P\left[X_1 > \frac{x_1}{a} + \frac{t}{a}, \ldots, X_n > \frac{x_n}{a} + \frac{t}{a} \,\middle|\, X_1 > \frac{x_1}{a}, \ldots, X_n > \frac{x_n}{a}\right] \downarrow$$

in $x_1 > -\infty, \ldots, x_n > -\infty$ für $t > 0$, da $X_1, \ldots, X_n$ eine MIFR-Verteilung besitzt. Der Beweis für den MDFR-Fall verläuft analog.

(b)

$$P[X_1 + b_1 > x_1 + t, \ldots, X_n + b_n > x_n + t \mid X_1 + b_1 > x_1, \ldots, X_n + b_n > x_n]$$
$$= P[X_1 > x_1 - b_1 + t, \ldots, X_n > x_n - b_n + t \mid X_1 > x_1 - b_1, \ldots, X_n > x_n - b_n] \uparrow$$

in $x_1 > -\infty, \ldots, x_n > -\infty$ für $t > 0$, da $X_1, \ldots, X_n$ eine MIFR-Verteilung besitzt. ∎

In (a) beachte man, daß der Faktor a für alle X_i der gleiche sein muß. In (b) beachte man, daß die $b_1, \ldots, b_n$ unterschiedlich sein können; jedoch müssen sie alle nichtnegativ sein, da die Zufallsvariablen als nichtnegativ vorausgesetzt wurden. Man beachte ebenfalls, daß es kein zu (b) duales Resultat im MDFR-Fall gibt. Dies folgt aus der Tatsache, daß für

$x_i - b_i + t < 0, i = 1, \ldots, n,$

$$P[X_1 > x_1 - b_1 + t, \ldots, X_n > x_n - b_n + t \mid X_1 > x_1 - b_1, \ldots, X_n > x_n - b_n] = 1\,,$$

gilt und folglich diese bedingte Wahrscheinlichkeit nicht in $x_1, \ldots, x_n$ wachsen kann.

Eine weitere Formulierung des Begriffes einer mehrdimensionalen Verteilung mit wachsender Ausfallrate wurde durch Harris (1970) gegeben. Wir brauchen zunächst die folgende Verallgemeinerung des zweidimensionalen Begriffes „right corner set increasing", wie er in 4.3 definiert wurde.

5.6. Definition. Eine Menge von Zufallsvariablen $X_1, \ldots, X_n$ wird „right corner set increasing" genannt, wenn

$$P[X_1 > x_1, \ldots, X_n > x_n \mid X_1 > x_1', \ldots, X_n > x_n']$$

in $x_1', \ldots, x_n'$ für jede Wahl von $x_1, \ldots, x_n$ wachsend ist. Wir schreiben dafür RCSI $(X_1, \ldots, X_n)$. Wir bezeichnen auch die gemeinsame Verteilung F von $X_1, \ldots, X_n$ als RCSI.

Man beachte, daß die Menge, die aus einer einzigen Zufallsvariablen besteht (d. h. $n = 1$), stets RCSI ist. Für $n \geqq 2$ stellt die Eigenschaft RCSI eine Form positiver Abhängigkeit dar.

Harris' Definition einer mehrdimensionalen Verteilung mit wachsender Ausfallrate fordert, daß die Menge von Zufallsvariablen $X_1, \dots, X_n$ MIFR im Sinne von (5.1) ist und auch die Eigenschaft RCSI besitzt. Somit ist die Harrissche Klasse der mehrdimensionalen Verteilungen mit wachsender Ausfallrate eine Teilklasse der Thompsonschen MIFR-Verteilungen. Ein Nachteil der Harrisschen Formulierung ist der, daß es keinen für Anwendungen in der Zuverlässigkeitstheorie nützlichen dualen Begriff einer Verteilung mit fallender Ausfallrate zu geben scheint.

Wir behaupten nicht, daß Definition 5.1 die einzige mehrdimensionale Version einer eindimensionalen IFR-(DFR-)Verteilung von praktischem Interesse ist. Jedoch sind die in Satz 5.3 dargestellten Eigenschaften für jede solche Klasse intuitiv wünschenswert.

5.7. Beispiel. Es seien U, V und W unabhängige Zufallsvariablen mit IFR-Verteilungen F_1, F_2 und F_3. Sei $X_1 = \min(U, W)$ und $X_2 = \min(V, W)$. Dann besitzt (X_1, X_2) eine Definition 5.1 entsprechende zweidimensionale IFR-Verteilung, wenn

$$\bar{F}(x_1, x_2) = \bar{F}_1(x_1)\, \bar{F}(x_2)\, \bar{F}_3(\max(x_1, x_2))$$

gilt.

Übungen

1. Man beweise, daß die Vereinigung zweier untereinander unabhängiger Mengen von Zufallsvariablen mit einer MIFR-Verteilung eine MIFR-Verteilung besitzt.
2. Mit der Harrisschen Definition einer mehrdimensionalen IFR-Verteilung beweise man, daß die Eigenschaften (a), (b), (c) und (d) des Satzes 5.3 gelten. Man zeige, daß die MVE die Harrissche Definition erfüllt.
3. Es seien $X_1, \dots, X_n$ RCSI. Dann gilt
$$P[X_1 > x_1, \dots, X_n > x_n] \geqq \prod_{i=1}^{n} P[X_i > x_i]\,.$$
4. Erfüllt eine Menge von Zufallsvariablen mit einer MIFR-Verteilung die Ungleichung der Übung 3?
5. Gumbel (1960) schlug eine zweidimensionale Exponentialverteilung mit der gemeinsamen Überlebenswahrscheinlichkeit $\bar{G}(x, y) = e^{-x-y-\delta xy}$ für $x \geqq 0$, $y \geqq 0$ mit $0 \leqq \delta \leqq 1$ vor. Man zeige, daß (a) die Randverteilungen Exponentialverteilungen sind, und (b) die gemeinsame Verteilung eine MIFR-, aber keine mehrdimensionale IFR-Verteilung nach Harris ist.
6. Es sei $\bar{F}(x_1 + t_1, \dots, x_n + t_n)/\bar{F}(x_1, \dots, x_n)$ in $x_1 \geqq 0, \dots, x_n \geqq 0$ für $t_1 \geqq 0, \dots, t_n \geqq 0$ fallend. Dann ist $\bar{F}(x_1, \dots, x_n) \leqq \prod_{i=1}^{n} \bar{F}_i(x_i)$, wobei $F_1, \dots, F_n$ die Randverteilungen von F sind.
7. Sei $\boldsymbol{X} \sim F(x_1, \dots, x_n)$ und F eine MIFR-Verteilung. Es sei $F_{\boldsymbol{y}}(x_1, \dots, x_n)$ die bedingte Verteilung von $\boldsymbol{X}$ unter der Bedingung $X_i > y_i$, $i = 1, \dots, n$. Dann ist $F_{\boldsymbol{y}}(x_1, \dots, x_n)$ eine MIFR-Verteilung für fixierte $\boldsymbol{y}$.
8. In Analogie zur Herleitung der MVE aus einem Schockmodell (§ 3) betrachte man Schocks, die auf ein System aus n Komponenten wirken. Sei H_i, $i = 1, \dots, n$, die IFR-Verteilung der Zeitpunkte des Auftretens von unabhängigen Schocks, die auf die Komponente i, $i = 1, \dots, n$, wirken. Jeder Teilmengen von Komponenten ordnen wir eine IFR-Verteilung der Zeitpunkte, in denen Schocks auftreten, zu; H_{ijk} zum Beispiel soll die den Komponenten i, j und k zugeordnete Verteilung sein. Alle Zeitpunkte des Auftretens von Schocks werden als unabhängig angenommen, so daß die mehrdimensionale

Überlebenswahrscheinlichkeit der Komponenten gleich

$$\overline{F}(t_1, t_2, \ldots, t_n) = \prod_{i=1}^{n} \overline{H}_i(t_i) \prod_{i<j} \overline{H}_{ij}[\max(t_i, t_j)] \ldots \overline{H}_{1,2,3,\ldots,n}[\max(t_1, \ldots, t_n)]$$

ist. Man zeige, daß F eine der Definition 5.1 entsprechende MIFR-Verteilung ist.

§ 6. Bemerkungen und Literaturhinweise

§ 1. Die zweidimensionale Exponentialverteilung wird in Marshall und Olkin (1967a) untersucht. Eine allgemeinere zweidimensionale Exponentialverteilung wird in Marshall und Olkin (1967b) behandelt.

§ 2. Die Herleitung der BVE und des zweidimensionalen Poisson-Prozesses von einem Schockmodell mit nicht-zerstörenden Schocks kann man in Marshall und Olkin (1967a) finden. Der mehrdimensionale Poisson-Prozeß wurde von Teicher (1954) behandelt.

§ 3. Die mehrdimensionale Exponentialverteilung dieses Paragraphen wird vom Standpunkt des Schockmodells in Marshall und Olkin (1967a) hergeleitet. Eine Verallgemeinerung der MVE wird durch Arnold (1967) vorgeschlagen; er zeigt, wie man mehrdimensionale Verteilungen mit Randverteilungen in einer vorgeschriebenen Familie, z. B. der geometrischen Verteilung, Gleichverteilung oder der Familie der Normalverteilungen, erzeugt. Die hinreichende Bedingung dafür, daß eine Menge normalverteilter Zufallsvariablen assoziiert ist, die in diesem Paragraphen angegeben wurde, wurde durch Sarkar (1969) hergeleitet. Sein Beweis unterscheidet sich von dem in § 4 gegebenen.

§ 4. Die Untersuchung der zweidimensionalen Abhängigkeit basiert im wesentlichen auf Esary und Proschan (1972). Lehmann (1966) weist die Beziehungen der TP_2-Abhängigkeit zu anderen Formen der zweidimensionalen Abhängigkeit nach. Harris (1970) führt den Begriff right corner set increasing ein, um mehrdimensionale Verteilungen mit wachsender Ausfallrate zu definieren.
Der Begriff der in der Folge bedingt wachsenden Zufallsgrößen und die Tatsache, daß daraus ihre Assoziiertheit folgt (Satz 4.7), werden in Esary und Proschan (1968) dargestellt. Der stochastische Vergleich zweier Zufallsvektoren und eine hinreichende Existenzbedingung (Satz 4.13) werden in Veinott (1965) gegeben. Die hinreichende Bedingung des Satzes 4.14 dafür, daß eine Menge von Zufallsvariablen in der Folge bedingt wachsend ist, ist neu[1]). Die notwendige und hinreichende Bedingung dafür, daß die Dichte einer mehrdimensionalen Normalverteilung in jedem Paar von Argumenten TP_2 ist, die in 4.16 angegeben wurde, wurde zuerst in Sarkar (1969) hergeleitet; unser Beweis ist einfacher.

§ 5. Diese mehrdimensionale Version einer Verteilung mit wachsender Ausfallrate wird in Thompson und Brindley (1972) dargestellt; obwohl unsere Untersuchung auf dieser Arbeit basiert, unterscheidet sie sich etwas in technischen Details. Eine weitere Version einer mehrdimensionalen IFR-Verteilung erschien zuvor in Harris (1970); die Harrissche Definition ist in der Originalfassung nicht ganz korrekt, da sie Masse im Ursprung und auf den Koordinatenachsen zuläßt. In 5.1 korrigieren wir diese Schwäche, indem wir als Monotoniebereich den gesamten n-dimensionalen Euklidischen Raum fordern.

---

[1]) Eine schärfere hinreichende Bedingung für die stochastische Vergleichbarkeit von Vektoren findet man in Franken und Kirstein (1977) (Anm. der Red.).

KAPITEL 6

HILFSMITTEL ZUR UNTERSUCHUNG VON INSTANDHALTUNGSSTRATEGIEN

§ 1. Einführung

Instandhaltungsstrategien verfolgen das Ziel, das Eintreten von Systemausfällen zu reduzieren oder ein ausgefallenes System in den arbeitenden Zustand zurückzuführen. In diesem Kapitel entwickeln wir die zur Untersuchung von Instandhaltungsstrategien notwendige Theorie. Wir betrachten dabei Klassen von Wahrscheinlichkeitsverteilungen, die besonders in der Instandhaltungstheorie anwendbar sind und leiten einige nützliche und interessante Eigenschaften dieser Klassen ab. Wir gehen auch auf die Erneuerungstheorie ein und zeigen, wie sie zur Lösung gewisser Instandhaltungsprobleme angewendet werden kann. Abschließend vergleichen wir stochastisch verschiedene Ersatzstrategien.

In Kapitel 7 wenden wir die hier entwickelten Hilfsmittel zur Lösung gewisser Instandhaltungsprobleme an und gelangen zu optimalen Strategien.

Wir werden die folgenden Typen von Ersatzstrategien untersuchen.

1.1. Definition. Bei einer *altersabhängigen Ersatzstrategie*, die wir im folgenden kurz als *Altersersatzstrategie* bezeichnen, wird ein Element nach Ausfall oder nach Erreichen des Alters T ersetzt, je nachdem welches Ereignis zuerst eintritt.

In diesem Kapitel ist T nicht zufällig.

1.2. Definition. Bei einer *Gruppen-* (oder Block-) *Ersatzstrategie* wird das arbeitende Element nach Ausfall und zu den Zeitpunkten $T, 2T, 3T, \ldots$ ersetzt.

Naturgemäß ist eine Altersersatzstrategie viel schwieriger als eine Gruppenersatzstrategie zu handhaben, da das Alter des Elements registriert werden muß. Andererseits ist ein Gruppenersatz zwar einfacher auszuführen, da ja das Alter des Elements nicht bekannt sein muß, führt aber des öfteren zum Ersatz relativ neuer Elemente. Das Wort „Gruppe“ wird benutzt um anzudeuten, daß zu den Zeitpunkten T, $2T$, $3T, \ldots$ praktisch ein ganzer Block oder eine Gruppe von Komponenten ohne Rücksicht darauf ersetzt wird, ob überhaupt welche ausgefallen sind.

§ 2. Einige Klassen von Lebensdauerverteilungen, die in der Instandhaltungstheorie auftreten

Bei der Betrachtung von Ersatzstrategien bieten sich gewisse Klassen von Verteilungen auf natürliche Art und Weise an.

Neu besser (schlechter) als gebraucht. F ist eine NBU (NWU)-Verteilung (new better (worse) than used) falls gilt

$$\bar{F}(x + y) \leqq (\geqq)\, \bar{F}(x)\, \bar{F}(y) \qquad \text{für } x \geqq 0,\, y \geqq 0\,. \tag{2.1}$$

Äquivalent dazu ist, daß die bedingte Überlebenswahrscheinlichkeit $\overline{F}(x+y)/\overline{F}(x)$ eines Elements, das bereits das Alter x erreicht hat, kleiner (größer) ist als die entsprechende Überlebenswahrscheinlichkeit $\overline{F}(y)$ eines neuen Elements. In (2.1) steht genau dann das Gleichheitszeichen, wenn F eine Exponentialverteilung ist.

Im Mittel neu besser (schlechter) als gebraucht. F ist eine NBUE-(NWUE-)Lebensdauerverteilung (new better (worse) than used in expectation), falls

(a) F einen endlichen (endlichen oder unendlichen) Erwartungswert besitzt;

(b) $$\int_t^\infty \overline{F}(x)\,dx \leqq (\geqq)\,\mu\overline{F}(t) \qquad \text{für } t \geqq 0\,. \tag{2.2}$$

Ist F eine NBUE-Verteilung, so besagt die Bedingung (2.2), daß ein gebrauchtes Element mit dem Alter t eine kleinere mittlere restliche Lebensdauer als ein neues Element besitzt, da $\int_t^\infty [\overline{F}(x)/\overline{F}(t)]\,dx$ der mittleren restlichen Lebensdauer eines Elements mit dem Alter t entspricht.

Die Beziehungen

$$\text{IFR} \Rightarrow \text{IFRA} \Rightarrow \text{NBU} \Rightarrow \text{NBUE} \tag{2.3}$$

$$\text{DFR} \Rightarrow \text{DFRA} \Rightarrow \text{NWU} \Rightarrow \text{NWUE} \tag{2.4}$$

sind leicht zu begründen. Der Beweis der zweiten Beziehung in (2.3) und (2.4) wird dem Leser überlassen (Übung 1). Die letzte Beziehung in (2.3) und (2.4) erhält man unter Berücksichtigung von Übung 11 aus Kapitel 3, § 6, indem man beide Seiten von (2.1) bez. y in den Grenzen von 0 bis ∞ integriert.

Als nächstes zeigen wir, wie die Lebensdauerverteilungsklassen NBU, NBUE, NWU und NWUE durch Schockmodelle, die denen des § 3, Kapitel 4 entsprechen, erzeugt werden.

2.1. Schockmodelle mit NBU-Lebensdauerverteilungen. Wir nehmen an, daß auf ein Gerät Schocks einwirken, die gemäß eines POISSON-Prozesses der Intensität λ eintreffen. Weiterhin bezeichnen wir mit $\overline{P}_k$ die Wahrscheinlichkeit dafür, daß das Gerät genau k Schocks überlebt, wobei wir $1 = \overline{P}_0 \geqq \overline{P}_1 \geqq \dots$ voraussetzen. Dann ist gemäß (3.6), Kapitel 4 die Überlebenswahrscheinlichkeit $\overline{H}(t)$ des Gerätes im entsprechenden Zeitintervall $[0, t]$ durch die Formel

$$\overline{H}(t) = \sum_{k=0}^{\infty} \overline{P}_k \frac{(\lambda t)^k}{k!} e^{-\lambda t} \qquad \text{für } 0 \leqq t < \infty\,. \tag{2.5}$$

gegeben.

Wenn wir nun annehmen, daß die Überlebenswahrscheinlichkeit bei K zusätzlichen Schocks unter der Voraussetzung, daß auf das Gerät bereits ein oder mehrere Schocks einwirkten, kleiner ist als beim „frischen" Gerät, so können wir, wie im Satz 2.2 bewiesen wird, folgern, daß H eine NBU-Lebensdauerverteilung ist.

2.2. Satz. *Die $\overline{P}_k$ mögen der Ungleichung*

$$\overline{P}_{k+l} \leqq (\geqq)\ \overline{P}_k \overline{P}_l \qquad \textit{für } h = 0, 1, 2, \dots;\ l = 0, 1, 2, \dots \tag{2.6}$$

genügen. Dann ist H eine NBU-(NWU-) *Verteilung.*

Beweis.

$$\overline{H}(x)\,\overline{H}(t) = \sum_{k=0}^{\infty}\sum_{l=0}^{\infty} \overline{P}_k\overline{P}_l\, \mathrm{e}^{-\lambda(x+t)} \frac{(\lambda x)^k}{k!}\frac{(\lambda t)^l}{l!} = \sum_{j=0}^{\infty}\sum_{k=0}^{j} \overline{P}_k\overline{P}_{j-k}\, \mathrm{e}^{-\lambda(x+t)} \frac{(\lambda x)^k}{k!}\frac{(\lambda t)^{j-k}}{(j-k)!}$$

$$\geqq (\leqq) \sum_{j=0}^{\infty} \frac{\overline{P}_j}{j!} \mathrm{e}^{-\lambda(x+t)} \sum_{k=0}^{j} \binom{j}{k} (\lambda x)^k (\lambda t)^{j-k} = \overline{H}(x+t)\,. \blacksquare$$

Die diskrete NBU-(NWU-)Eigenschaft (2.6) wird also durch die Transformation (2.5) in die stetige NBU-(NWU-)Eigenschaft (2.1) überführt. Ebenso wird auch die diskrete NBUE-(NWUE-)Eigenschaft in die entsprechende stetige NBUE-(NWUE-) Eigenschaft übertragen, was im nachfolgenden Satz 2.3 bewiesen wird.

2.3. Satz. *Genügen die $\overline{P}_k$ der Ungleichung*

$$\overline{P}_k \sum_{j=0}^{\infty} \overline{P}_j \geqq (\leqq) \sum_{j=k}^{\infty} \overline{P}_j\,, \qquad k = 0, 1, 2, \dots, \tag{2.7}$$

so ist H eine NBUE-(NWUE-) *Verteilung.*

Beweis. Es ist

$$\overline{H}(t)\,\mu - \int_t^{\infty} \overline{H}(x)\,dx = \overline{H}(t) \int_0^{\infty} \overline{H}(x)\,dx - \int_t^{\infty} \overline{H}(x)\,dx$$

$$= \sum_{k=0}^{\infty} \overline{P}_k\, \mathrm{e}^{-\lambda t} \frac{(\lambda t)^k}{k!} \sum_{j=0}^{\infty} \overline{P}_j \int_0^{\infty} \mathrm{e}^{-\lambda x} \frac{(\lambda x)^j}{j!}\,dx - \sum_{k=0}^{\infty} \overline{P}_k \int_t^{\infty} \mathrm{e}^{-\lambda x} \frac{(\lambda x)^k}{k!}\,dx$$

$$= \sum_{k=0}^{\infty} \overline{P}_k\, \mathrm{e}^{-\lambda t} \frac{(\lambda t)^k}{k!} \sum_{j=0}^{\infty} \overline{P}_j \frac{1}{\lambda} - \sum_{k=0}^{\infty} \overline{P}_k \frac{1}{\lambda} \sum_{j=0}^{k} \mathrm{e}^{-\lambda t} \frac{(\lambda t)^j}{j!}$$

[nach (5.4), Kapitel 3]

$$= \frac{1}{\lambda} \sum_{k=0}^{\infty} \overline{P}_k\, \mathrm{e}^{-\lambda t} \frac{(\lambda t)^k}{k!} \sum_{j=0}^{\infty} \overline{P}_j - \frac{1}{\lambda} \sum_{k=0}^{\infty} \sum_{j=k}^{\infty} \overline{P}_j\, \mathrm{e}^{-\lambda t} \frac{(\lambda t)^j}{j!}$$

(partielle Summation)

$$= \frac{1}{\lambda} \sum_{k=0}^{\infty} \mathrm{e}^{-\lambda t} \frac{(\lambda t)^k}{k!} \left[\overline{P}_k \sum_{j=0}^{\infty} \overline{P}_j - \sum_{j=k}^{\infty} \overline{P}_j \right] \geqq (\leqq)\ 0 \qquad \text{nach (2.7).} \blacksquare$$

Übungen

1. Man beweise, daß F eine NBU-(NWU-)Verteilung sein muß, falls F eine IFRA-(DFRA-) Verteilung ist.
2. Man zeige, daß F genau dann eine NBU-(NWU-)Verteilung ist, wenn ihre Gefahrfunktion $-\ln \overline{F}(t)$ auf $(0, \infty)$ superadditiv (subadditiv) ist.
3. Man beweise, daß F genau dann eine NBUE-Verteilung ist, wenn die Ungleichung $\int_0^t \overline{F}(x)\,dx \geqq \mu F(t)$ für alle $t \geqq 0$ gilt.
4. Man konstruiere
   (a) eine NBU-Verteilung, die keine IFRA-Verteilung ist.
   (b) eine NBUE-Verteilung, die keine NBU-Verteilung ist.

§ 3. Erneuerungstheorie

Ein Erneuerungsprozeß ist eine Folge unabhängiger, identisch verteilter, nichtnegativer zufälliger Variablen $X_1, X_2, \ldots$ die mit Wahrscheinlichkeit 1 nicht alle gleich Null sind. Mit F bezeichnen wir die Verteilung von X_1 und sprechen im folgenden von der dem Erneuerungsprozeß zugrundeliegenden Verteilung. Weiterhin ist $F^{(k)}$, die k-fache Faltung von F mit sich selbst, d. h. die Verteilung von $S_k \equiv X_1 + X_2 + \ldots + X_k$, wobei wir wie üblich

$$F^{(0)}(t) = \begin{cases} 1 & \text{für } t \geqq 0\,, \\ 0 & \text{für } t < 0 \end{cases}$$

definieren.

Ein einfaches Beispiel eines Erneuerungsprozesses ist ein unendlich lange arbeitendes System, das jeweils nach Ausfall in vernachlässigbar kleiner Zeit repariert (oder ersetzt) wird. Die aufeinanderfolgenden Intervalle zwischen den Ausfällen sind dann die unabhängigen, identisch verteilten zufälligen Variablen $X_1, X_2, \ldots$ eines Erneuerungsprozesses.

Besondere Bedeutung hat in der Erneuerungstheorie die Anzahl $N(t)$ der Erneuerungen in $[0, t]$. Die zufällige Variable $N(t)$ ist offenbar gleich dem Maximum aller k für die $S_k \leqq t$ gilt, wobei natürlicherweise $N(t) = 0$ gesetzt wird, solange $X_1 > t$ ist. Oft wird der Prozeß $\{N(t), t \geqq 0\}$ als Erneuerungszählprozeß bezeichnet.

Da offenbar $P[N(t) \geqq n] = P[S_n \leqq t] = F^{(n)}(t)$ und $P[N(t) = n] = P[N(t) \geqq n] - P[N(t) \geqq n + 1]$ gilt, folgt die Beziehung

$$P[N(t) = n] = F^{(n)}(t) - F^{(n+1)}(t)\,. \tag{3.1}$$

Weiterhin ist es leicht zu verifizieren, daß $N(t)$ endliche Momente beliebiger Ordnung besitzt.

3.1. Beispiel. Ist F eine IFR-Verteilung mit dem Erwartungswert μ, so gilt $\bar{F}(t) \geqq e^{-t/\mu}$ für $0 \leqq t < \mu$, wie in 6.7 des Kapitels 4 gezeigt wurde. Somit folgt

$$F^{(n)}(t) \leqq 1 - \sum_{j=0}^{n-1} \frac{(t/\mu)^j}{j!} e^{-t/\mu} \qquad \text{für } 0 \leqq t < \mu$$

und deshalb

$$P[N(t) \geqq n] \leqq \sum_{j=n}^{\infty} \frac{(t/\mu)^j}{j!} e^{-t/\mu} \qquad \text{für } 0 \leqq t < \mu\,. \tag{3.2}$$

Damit haben wir das elementare aber wichtige Resultat erhalten, daß die Poisson-Verteilung eine pessimistische Abschätzung für die Wahrscheinlichkeit dafür, daß in $[0, t]$ n oder mehr Ausfälle auftreten, darstellt, falls die Lebenszeiten der Komponenten IFR-verteilt sind und falls t kleiner als die mittlere Lebensdauer einer Komponente ist.

NBU-Schranken für $P[N(t) < n]$. Die Poisson-Schranke (3.2) ist zur Abschätzung von $P[N(t) \geqq n]$ sehr gut geeignet, da nur der Erwartungswert der Lebensdauerverteilung bekannt sein muß. Nachteilig ist jedoch, daß diese Schranke nicht mehr gilt, falls F nur eine NBU-Verteilung ist oder $t \geqq \mu$ gilt. Für diese Fälle werden im Satz 3.2 Schranken angegeben.

3.2. Satz. *Es sei F eine stetige Verteilung mit $F(0) = 0$, und es sei $R(t) = -\ln \bar{F}(t)$. Dann gilt*

$$\text{(a)} \qquad P[N(t) < n] \geqq (\leqq) \sum_{j=0}^{n-1} \frac{[R(t)]^j}{j!} \mathrm{e}^{-R(t)} \qquad \textit{für } t \geqq 0,\ n = 1, 2, \ldots, \qquad (3.3\text{a})$$

falls F eine NBU-(NWU-) *Verteilung ist, und*

$$\text{(b)} \qquad P[N(t) < n] \leqq (\geqq) \sum_{j=0}^{n-1} \frac{[nR(t/n)]^j}{j!} \mathrm{e}^{-nR(t/n)} \qquad \textit{für } t \geqq 0,\ n = 1, 2, \ldots \qquad (3.3\text{b})$$

falls F eine IFR-(DFR-) *Verteilung ist.*

Beweis. (a) F sei eine NBU-Verteilung. Dann ist nach Übung 2, § 2 die Funktion $R(t)$ superadditiv. Demnach ist $R^{-1}(t)$ subadditiv, d. h., es gilt

$$R^{-1}(x + y) \leqq R^{-1}(x) + R^{-1}(y) \qquad \text{für } x, y \geqq 0\,.$$

Sind nun Y_j ($j = 1, 2, \ldots, n + 1$) unabhängige, identisch verteilte zufällige Variablen mit der Verteilungsfunktion $G(x) = 1 - \mathrm{e}^{-x}$ für $x \geqq 0$, so sind die zufälligen Variablen $X_j = R^{-1}(Y_j)$ ($j = 1, \ldots, n$) ebenfalls unabhängig und identisch gemäß F verteilt. Da R^{-1} subadditiv ist, gilt

$$\sum_{j=1}^{n} R^{-1}(Y_j) \geqq R^{-1}\left(\sum_{j=1}^{n} Y_j\right).$$

Daher erhalten wir

$$P[N(t) < n] = P\left[\sum_{j=1}^{n} X_j > t\right] \geqq P\left[R^{-1}\left(\sum_{j=1}^{n} Y_j\right) > t\right]$$

$$= P\left[\sum_{j=1}^{n} Y_j > R(t)\right] = \sum_{j=0}^{n-1} \frac{[R(t)]^j}{j!} \mathrm{e}^{-R(t)}\,.$$

Für den Fall, daß F eine NWU-Verteilung ist, läßt sich der Beweis analog durchführen.

(b) F sei eine IFR-Verteilung. Offensichtlich genügt es zu zeigen, daß

$$F^{(n)}(t) \geqq G^{(n)}\left[nR\left(\frac{t}{n}\right)\right] \qquad \text{für } t \geqq 0,\ n = 1, 2, \ldots$$

erfüllt ist. Der Beweis verläuft induktiv. Für $n = 1$ gilt nach Definition von $R(t)$ sogar das Gleichheitszeichen. Wir nehmen nun an, daß die obige Ungleichung für $n - 1$ bereits bewiesen ist. Dann gilt

$$F^{(n)}(t) = \int_0^\infty F^{(n-1)}(t - x)\, dF(x) \geqq \int_0^\infty G^{(n-1)}\left[(n - 1)\, R\left(\frac{t - x}{n - 1}\right)\right] dG[R(x)]\,.$$

Aus der Konvexität von $R(t)$ erhalten wir

$$R\left(\frac{t}{n}\right) \leqq \frac{n - 1}{n} R\left(\frac{t - x}{n - 1}\right) + \frac{1}{n} R(x)\,,$$

da

$$\frac{t}{n} = \frac{(n - 1)}{n} \frac{(t - x)}{(n - 1)} + \frac{x}{n}$$

gilt. Daher haben wir

$$(n-1)\,R\left(\frac{t-x}{n-1}\right) \geqq nR\left(\frac{t}{n}\right) - R(x)\,,$$

woraus

$$F^{(n)}(t) \geqq \int_0^\infty G^{(n-1)}\left[nR\left(\frac{t}{n}\right) - R(x)\right] dG[R(x)]$$

$$= \int_0^\infty G^{(n-1)}\left[nR\left(\frac{t}{n}\right) - u\right] dG(u) = G^{(n)}\left[nR\left(\frac{t}{n}\right)\right]$$

folgt.

Ist F eine DFR-Verteilung, so ist R konkav, und es läßt sich analog wie oben die umgekehrte Ungleichung zeigen. ▮

Nach (6.4) Kapitel 4 gilt $R(t) \leqq t/\mu$, falls F eine IFR-Verteilung und $t < \mu$ ist. Daraus ergibt sich die Abschätzung

$$\sum_{j=0}^{n-1} \frac{[R(t)]^j}{j!} e^{-R(t)} \geqq \sum_{j=0}^{n-1} \frac{(t/\mu)^j}{j!} e^{-t/\mu}\,,$$

und demnach ist (3.3a) für IFR-Verteilungen eine genauere Schranke als (3.2). Die Beziehungen (3.3a) und (3.3b) sind zur Berechnung von Schranken für $F^{(n)}(t)$ bei bekanntem $R(t)$ sehr geeignet, da nur eine Tafel der Poisson-Verteilung benötigt wird.

Bemerkung: Satz 3.2 läßt sich leicht auf den Fall, in dem (a) F superadditiv bez. G und (b) F konvex bez. G ist, verallgemeinern (vgl. dazu Übung 11 und 12).

3.3. Beispiel: Schranken für die Weibull-Verteilung. Im Fall der Weibull-Verteilung $F(t) = 1 - e^{-(\lambda t)^\alpha}$ (vgl. Kapitel 3, § 5 und Kapitel 8, § 1) gilt $R(t) = (\lambda t)^\alpha$. Nach (3.3a) erhalten wir für $\alpha \geqq 1$ die Abschätzung

$$P[N(t) \leqq n] \geqq \sum_{j=0}^{n} \frac{(\lambda t)^{\alpha j}}{j!} e^{-(\lambda t)^\alpha}$$

für $t \geqq 0$ und $n = 1, 2, \ldots$ Da $F^{(n)}$ für die Weibull-Verteilung nur numerisch berechnet werden kann, sind diese Schranken außerordentlich nützlich.

3.4. Beispiel. Die Reifen am Fahrgestell eines Flugzeugs fallen beim Starten oder Landen viel eher als zu anderen Zeitpunkten aus. Somit hat die Überlebenswahrscheinlichkeit als Funktion der Arbeitszeit das Aussehen einer Treppenfunktion, wobei die Sprünge in den entsprechenden Start- und Landezeitpunkten erfolgen. Intuitiv erscheint es vernünftig anzunehmen, daß ein neuer Reifen besser als ein gebrauchter ist. Ein mögliches Modell für die Überlebenswahrscheinlichkeit wird durch

$$\overline{F}(t) = e^{-\alpha[t/h]} \qquad \text{für } t \geqq 0$$

gegeben, wobei h das Intervall zwischen den Flügen, das der Einfachheit halber als konstant angenommen wird, darstellt und wie üblich mit $[t]$ die größte ganze Zahl bezeichnet wird, die kleiner oder gleich t ist. Es ist leicht zu überprüfen, daß diese Ver-

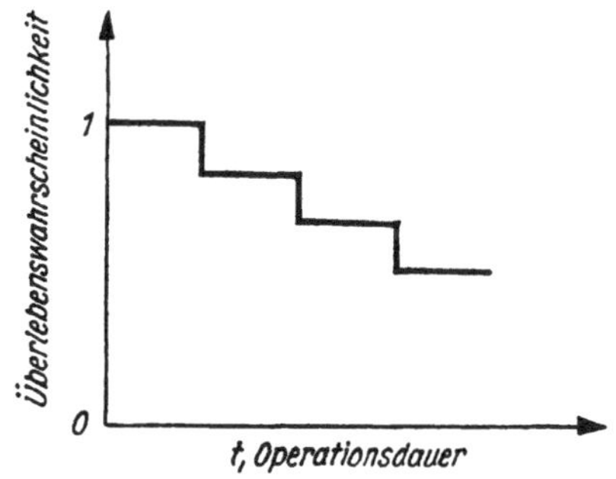

Abb. 6.3.1. Überlebenswahrscheinlichkeit für Flugzeugreifen

teilung zwar eine NBU- aber weder eine IFR- noch IFRA-Verteilung ist. Mit Hilfe von (3.3a) erhält man die Ungleichung

$$P[N(t) \leqq n] \geqq \sum_{j=0}^{n} \frac{\alpha^j [t/h]^j}{j!} e^{-\alpha[t/h]} \qquad \text{für } t \geqq 0 .$$

Numerisches Beispiel. Wir nehmen an, daß jeder der acht Reifen eines gewissen Flugzeuges, dessen einzelne Flüge zwei Stunden dauern, die Überlebenswahrscheinlichkeit

$$\bar{F}(t) = e^{-0{,}002[t/2]} \qquad \text{für } t \geqq 0$$

besitzt. Damit ist die mittlere Zeit bis zum Ausfall eines Reifens bekannt und beträgt etwa

$$\approx \int_0^\infty e^{-0{,}002[t/2]} dt = 2[1 + e^{-0{,}002} + e^{-0{,}004} + \ldots] = \frac{2}{1 - e^{-0{,}002}} \approx 1000 \text{ Stunden} .$$

Es soll nun die Anzahl der Ersatzreifen so bestimmt werden, daß mit Sicherheit $\alpha \geqq 0{,}95$ während einer 200 Stunden langen Arbeitsperiode kein Mangel an Reifen auftritt.

Sei N_i die Anzahl der Ausfälle, die durch den Reifen i, $i = 1, \ldots, 8$, im Intervall $[0, 200]$ verursacht werden. Dann folgt aus (3.3) für $i = 1, \ldots, 8$

$$N_i \overset{\text{st}}{\leqq} M_i ,$$

wobei die $M_1, \ldots, M_8$ unabhängige Poisson-verteilte zufällige Variablen mit dem Erwartungswert $0{,}002 \cdot [\frac{1}{2}(200)] = 0{,}2$ sind. Unter der Annahme, daß die $N_1, \ldots, N_8$ ebenfalls gegenseitig unabhängig sind, folgt $\sum_{i=1}^{8} N_i \overset{\text{st}}{\leqq} \sum_{i=1}^{8} M_i$, wobei $\sum_{i=1}^{8} M_i$ Poisson-verteilt ist und den Erwartungswert $8 \cdot 0{,}2 = 1{,}6$ besitzt. Daher erhalten wir nun

$$P\left[\sum_1^8 N_i \leqq n\right] \geqq P\left[\sum_1^8 M_i \leqq n\right] = \sum_{j=0}^{n} e^{-1{,}0} \frac{1{,}6^j}{j!} .$$

Das kleinste n, für das diese kumulative Poisson-Verteilung mit dem Erwartungswert 1,6 das erste mal den Wert 0,95 überschreitet ist $n = 4$. Insbesondere gilt also $P\left[\sum_{i=1}^{8} N_i \leqq 4\right] \geqq 0{,}976$.

Die Erneuerungsfunktion. Die Erneuerungsfunktion $M(t)$ wird durch die mittlere Anzahl von Erneuerungen in $[0, t]$ definiert, d. h. also, es gilt

$$M(t) = EN(t) .$$

Diese Funktion nimmt in der Erneuerungstheorie eine zentrale Stellung ein und hat besondere Bedeutung bei vielen praktischen Anwendungen in der Zuverlässigkeitstheorie, insbesondere in der Instandhaltungstheorie. Nach Übung 11 aus § 6, Kapitel 4 gilt

$$EN(t) = \sum_{k=1}^{\infty} P[N(t) \geqq k]$$

und infolgedessen

$$M(t) = \sum_{k=1}^{\infty} F^{(k)}(t) . \tag{3.4}$$

Indem wir $F^{(k+1)}(t)$ in (3.4) durch den äquivalenten Ausdruck $\int_0^t F^{(k)}(t-x)\,dF(x)$ ersetzen, erhalten wir eine Integralgleichung für die Erneuerungsfunktion, nämlich

$$M(t) = F(t) + \sum_{k=1}^{\infty} \int_0^t F^{(k)}(t-x)\,dF(x)$$

oder

$$M(t) = F(t) + \int_0^t M(t-x)\,dF(x) . \tag{3.5}$$

Die Gleichung (3.5) heißt *Erneuerungsgleichung.*

Besitzt F eine Dichte f, so ergibt sich durch differenzieren von (3.4) die Beziehung

$$m(t) = \sum_{k=1}^{\infty} f^{(k)}(t) , \tag{3.6}$$

wobei $m(t) \equiv dM(t)/dt$ als Erneuerungsdichte bezeichnet wird. Wegen (3.6) können wir $m(t)\,dt$ als Wahrscheinlichkeit dafür interpretieren, daß in $[t, t+dt]$ eine Erneuerung stattfindet. Durch differenzieren von (3.5) erhalten wir die Gleichung

$$m(t) = f(t) + \int_0^t m(t-x)\,f(x)\,dx . \tag{3.7}$$

Die Laplace-Stieltjes-Transformierte

$$M^*(s) = \int_0^{\infty} e^{-sx}\,dM(x)$$

ist in der Erneuerungstheorie des öfteren nützlich. Wenden wir die Transformation auf (3.5) an, so erhalten wir die Gleichung

$$M^*(s) = F^*(s) + M^*(s)\,F^*(s) ,$$

aus der

$$M^*(s) = \frac{F^*(s)}{1 - F^*(s)}$$

oder dazu äquivalent

$$F^*(s) = \frac{M^*(s)}{1 + M^*(s)}$$

folgt. $M(t)$ ist also eindeutig durch $F(t)$ bestimmt und auch umgekehrt wird $F(t)$ durch $M(t)$ eindeutig bestimmt.

3.5. Definition. Eine Aussage gilt *fast sicher* (f.s.), falls sie mit Wahrscheinlichkeit 1 gilt.

3.6. Satz. *Besitzt die Lebensdauerverteilung F den Erwartungswert μ, so gilt für $t \to \infty$*

$$\frac{N(t)}{t} \xrightarrow{\text{f.s.}} \frac{1}{\mu}$$

(*wobei wir $1/\mu$ als 0 interpretieren, falls $\mu = \infty$ ist*).

Beweis. Zunächst sei $\mu < \infty$. Offenbar gilt $S_{N(t)} \leqq t \leqq S_{N(t)+1}$ und demnach erhalten wir die Abschätzung

$$\frac{S_{N(t)}}{N(t)} \leqq \frac{t}{N(t)} \leqq \frac{S_{N(t)+1}}{N(t)+1} \frac{N(t)+1}{N(t)} .$$

Nach dem starken Gesetz der großen Zahlen gilt $S_{N(t)}/N(t) \to \mu$ f.s., da für $t \to \infty$ $N(t) \to \infty$ f.s. erfüllt ist, und wir erhalten somit sofort $t/N(t) \xrightarrow{\text{f.s.}} \mu$.

Im Fall $\mu = \infty$ können wir mit Hilfe eines Abschneideverfahrens ebenfalls zeigen, daß $S_{N(t)}/N(t) \to \infty$ f.s. gilt. ∎

Bemerkung. Das in Ross (1970) auf den Seiten 40, 41 bewiesene *elementare Erneuerungstheorem* besagt, daß $\lim_{t\to\infty} M(t)/t = 1/\mu$ gilt, falls F den Erwartungswert μ besitzt. An dieser Stelle sei auf den Unterschied zwischen den Konvergenzarten im Satz 3.6 und im elementaren Erneuerungstheorem hingewiesen.

Nach Kapitel 3 kann man jeden homogenen Poisson-Prozeß als einen Erneuerungsprozeß mit exponentieller Lebensdauerverteilung $F(t) = 1 - e^{-t/\mu}$ auffassen. Die entsprechende Erneuerungsfunktion $M(t)$ ist in diesem Falle linear und zwar gilt $M(t) = t/\mu$ für $t \geqq 0$ (vgl. Übung 3(a)). Somit gilt $M(t+h) - M(t) = h/\mu$ für $t \geqq 0$, $h \geqq 0$ und, daher ist für einen homogenen Poisson-Prozeß die mittlere Anzahl von Erneuerungen in einem beliebigen Intervall der Länge h einfach gleich h dividiert durch die mittlere Lebensdauer.

Intuitiv könnten wir erwarten, daß diese Aussage nach hinreichend langer Zeit auch für jeden anderen Erneuerungsprozeß gilt. Unter schwachen Voraussetzungen trifft dies auch tatsächlich zu, wie im Satz von Blackwell weiter unten gezeigt wird.

3.7. Definition. Eine zufällige Variable X heißt *arithmetisch* (oder *periodisch*), falls ein $h > 0$ existiert mit

$$P[X = nh, n = 0, 1, 2, \ldots] = 1 .$$

Die Verteilung von X heißt ebenfalls arithmetisch.

3.8. Satz (Blackwell). *Ist F eine nicht arithmetische Verteilung mit dem Erwartungswert μ, so gilt*

$$\lim_{t\to\infty} [M(t+h) - M(t)] = \frac{h}{\mu} .$$

Einen elementaren Beweis dieses grundlegenden Satzes findet man in Feller (1966), Kapitel XI.

Bemerkung. Der zum Satz von Blackwell äquivalente Hauptsatz der Erneuerungstheorie von Smith (1958) besagt: *Ist F eine nicht arithmetische Verteilung mit dem Erwartungswert μ und ist $Q(t)$ direkt* Riemann-*integrierbar* (Feller 1966, *Seite* 348), *dann gilt*

$$\lim_{t\to\infty} \int_0^t Q(t-x)\,dM(x) = \frac{1}{\mu} \int_0^\infty Q(t)\,dt\,.$$

Das zufällige *Alter* $\delta(t)$ in einem Erneuerungsprozeß definieren wir durch

$$\delta(t) = t - S_{N(t)}; \tag{3.8}$$

$\delta(t)$ ist anschaulich das Alter der zur Zeit t arbeitenden Einheit. Die zufällige *restliche Lebensdauer* $\gamma(t)$ wird definiert durch

$$\gamma(t) = S_{N(t)+1} - t; \tag{3.9}$$

$\gamma(t)$ ist die restliche Lebensdauer der zur Zeit t arbeitenden Einheit. Wir bemerken, daß offenbar

$$P[\delta(t) \leqq t] = 1$$

und

$$P[\delta(t) = t] = \overline{F}(t)$$

gilt.

Weiterhin gilt

$$P[\gamma(t) > u] = \overline{F}(t+u) + \sum_{n=1}^{\infty} \int_0^t \overline{F}(t-x+u)\,dF^{(n)}(x)\,,$$

woraus

$$P[\gamma(t) > u] = \overline{F}(t+u) + \int_0^t \overline{F}(t-x+u)\,dM(x) \tag{3.10}$$

folgt. Aus (3.10) können wir eine untere Schranke für $P[\gamma(t) > u]$ ableiten.

3.9. Beispiel: Intervallzuverlässigkeit. Falls die Einheiten nach Ausfall ersetzt werden und die Ersetzung nur eine vernachlässigbar kleine Zeit in Anspruch nimmt, dann interessiert man sich für die Wahrscheinlichkeit dafür, daß die Einheit zur Zeit t arbeitet und in einem zusätzlichen Intervall der Länge u nicht ausfällt. Diese Wahrscheinlichkeit ist gerade durch die Formel (3.10) bestimmt.

3.10. Lemma. *Ist F eine* NBU-(NWU-) *Verteilung, dann gilt*

$$P[\gamma(t) > u] \leqq (\geqq)\, \overline{F}(u)\,. \tag{3.11}$$

Beweis. Sei F eine NBU-Verteilung. Nach (3.10) folgt sofort

$$\begin{aligned} P[\gamma(t) > u] &= \overline{F}(t+u) + \int_0^t \overline{F}(t-x+u)\,dM(x) \\ &\leqq \overline{F}(u)\,\overline{F}(t) + \overline{F}(u) \int_0^t \overline{F}(t-x)\,dM(x) \\ &= \overline{F}(u)\,P[\gamma(t) \geqq 0] = \overline{F}(u)\,. \end{aligned}$$

Ist F eine NWU-Verteilung, so läßt sich der Beweis analog durchführen. ∎

Ist die zugrunde liegende Lebensdauerverteilung F eine NBU-Verteilung, so können wir mit Hilfe von Lemma 3.10 die Superadditivität der Erneuerungsfunktion zeigen.

3.11. Satz. *Sei F eine* NBU-(NWU-) *Verteilung. Dann gilt*

$$M(h) \leqq (\geqq)\, M(t + h) - M(t)\,. \tag{3.12}$$

Beweis. Sei F eine NBU-Verteilung und $F_{\gamma(t)}(u) = P[\gamma(t) \leqq u]$. Dann folgt aus Lemma 3.10 die Ungleichung

$$M(t + h) - M(t) = \sum_{k=0}^{\infty} F_{\gamma(t)} * F^{(k)}(h) \geqq \sum_{k=0}^{\infty} F * F^{(k)}(h)\,.$$

Da $\sum_{k=0}^{\infty} F^{(k+1)}(h) = M(h)$ ist, ergibt sich sofort die Behauptung (3.12).

Analog wird der Beweis im Fall einer NWU-Verteilung durchgeführt. ▮

Wir bemerken noch, daß nach Satz 3.11

$$M(h) \leqq (\geqq) \lim_{t\to\infty} [M(t + h) - M(t)]$$

gilt, falls F eine nicht arithmetische NBU-(NWU-)Verteilung mit dem Erwartungswert μ ist. Dieser Grenzwert ist aber nach Satz 3.8 gleich h/μ, und deshalb erhalten wir die Ungleichung

$$M(h) \leqq (\geqq) \frac{h}{\mu}\,. \tag{3.13}$$

Diese Ungleichung ist auch unter einer schwächeren Voraussetzung gültig. Um dies weiter unten zeigen zu können, benötigen wir ein Resultat von Kolmogorow und Prochorow.

3.12. Satz. (Waldsche Identität). *Es sei $\{X_i\}_{i=1}^{\infty}$ eine Folge von unabhängigen und identisch verteilten zufälligen Variablen mit $EX_i < \infty$. Des weiteren sei N eine zufällige natürliche Zahl, und das Ereignis $\{N = n\}$ möge für alle $n = 1, 2, \ldots$ unabhängig von $X_{n+1}, X_{n+2}, \ldots$ sein. Dann gilt die Gleichung*

$$E \sum_{i=1}^{N} X_i = ENEX_i\,.$$

Beweis. Wir setzen

$$Z_i = \begin{cases} 1 & \text{wenn } N \geqq i\,, \\ 0 & \text{wenn } N < i \end{cases}$$

und erhalten

$$\sum_{i=1}^{N} X_i = \sum_{i=1}^{\infty} X_i Z_i\,.$$

Also gilt

$$E \sum_{i=1}^{N} X_i = E \sum_{i=1}^{\infty} X_i Z_i = \sum_{i=1}^{\infty} E(X_i Z_i)\,.$$

Da Z_i durch $\{N < i\}$ eindeutig festgelegt wird und somit unabhängig von X_i ist, folgt

$$E \sum_{i=1}^{N} X_i = \sum_{i=1}^{\infty} EX_i EZ_i = EX_i \sum_{i=1}^{\infty} EZ_i$$

$$= EX_i \sum_{i=1}^{\infty} P[N \geqq i] = EX_i EN\,. \;▮$$

Bemerkung. Aus Satz 3.12 folgt unmittelbar die Relation

$$ES_{N(t)+1} = \mu[M(t) + 1]\,,$$

da $N(t) + 1$ unabhängig von $X_{n+2}, X_{n+3}, \ldots$ ist.

3.13. Definition. $\{\hat{X}_k\}_{k=1}^{\infty}$ ist ein *stationärer Erneuerungsprozeß*, falls alle Variablen unabhängig sind, die $\hat{X}_2, \hat{X}_3, \ldots$ gemäß F mit dem (endlichen) Erwartungswert μ und $\hat{X}_1$ gemäß $\hat{F}(t) = (1/\mu) \int_0^t \overline{F}(x)\,dx$ verteilt ist. Mit $\{\hat{N}(t); t \geqq 0\}$ bezeichnen wir den entsprechenden stationären Erneuerungszählprozeß.

Wie in Cox (1962), Seite 46 beschrieben wird, läßt sich der stationäre Erneuerungsprozeß physikalisch sehr einfach interpretieren. Beginnt ein Erneuerungsprozeß zur Zeit $t = -\infty$ zu wirken, seine Beobachtung aber erst zur Zeit $t = 0$, so ist $\hat{X}_1$ gemäß $\hat{F}$ verteilt. Für einen stationären Erneuerungsprozeß gilt $E\hat{N}(t) = t/\mu$.

Durch Vergleich eines Erneuerungsprozesses mit dem zugehörigen stationären Prozeß können wir die Beziehung (3.13) unter der schwächeren Annahme, — F ist eine NBUE-(NWUE-)Verteilung — erhalten.

3.14. Satz. (a) *Die zugrundeliegende Verteilung F eines Erneuerungsprozesses möge den Erwartungswert $\mu < \infty$ besitzen. Dann gilt*

$$M(t) \geqq \frac{t}{\mu} - 1 \qquad \text{für } t \geqq 0\,. \tag{3.14}$$

(b) *Falls zusätzlich F eine* NBUE-(NWUE-)*Verteilung ist, dann gilt*

$$M(t) \leqq (\geqq)\, \frac{t}{\mu} \qquad \text{für } t \geqq 0\,. \tag{3.13}$$

Beweis. (a) Nach Satz 3.12 gilt

$$0 \leqq E\gamma(t) \equiv ES_{N(t)+1} - t = \mu[M(t) + 1] - t\,,$$

woraus sofort die Ungleichung (3.14) folgt.

(b) Sei F eine NBUE-Verteilung. Dann ist nach Definition $\hat{F}(t) = (1/\mu) \int_0^t \overline{F}(x)\,dx \geqq F(t)$ und somit

$$\frac{t}{\mu} = \hat{M}(t) = \sum_{n=1}^{\infty} \int_0^t F^{(n-1)}(t-x)\,d\hat{F}(x) \geqq \sum_{n=1}^{\infty} \int_0^t F^{(n-1)}(t-x)\,dF(x) = M(t)\,.$$

Ist F eine NWUE-Verteilung, so läßt sich der Beweis mit umgekehrten Ungleichungszeichen analog durchführen. ∎

Ist also F eine NBUE-Verteilung, so können wir aus (3.13) und (3.14) die zweiseitige Schranke

$$\frac{t}{\mu} - 1 \leqq M(t) \leqq \frac{t}{\mu} \qquad \text{für } t \geqq 0 \tag{3.15}$$

ableiten. Demnach können wir $M(t)$ beispielsweise durch $t/\mu - 1/2$ schätzen, falls die zugrundeliegende Verteilung F eine NBUE-Verteilung mit dem Erwartungswert μ ist. Der Fehler, der bei dieser Schätzung entsteht, ist für alle $t \geqq 0$ kleiner oder gleich

1/2. Durch (3.15) ist ein wertvolles Paar von Schranken gegeben, da es im allgemeinen schwierig ist, $M(t)$ exakt zu berechnen.

Aus (3.13) erhalten wir, falls F eine NBUE-Verteilung mit dem Erwartungswert μ und $\bar{G}(t) = \exp(-t/\mu)$ ist, die Ungleichung

$$\sum_{n=1}^{\infty} F^{(n)}(t) \leqq \frac{t}{\mu} \equiv \sum_{n=1}^{\infty} G^{(n)}(t) \qquad \text{für } t \geqq 0\,,$$

wobei $F^{(n)}$ ($G^{(n)}$) die n-fache Faltung von F (G) ist.

Dieses Ergebnis kann verallgemeinert und auf Ersatzteilprobleme angewendet werden.

3.15. Satz. *Es seien* F_i $(i = 1, 2, \ldots)$ NBUE-*Verteilungen mit dem Erwartungswert* μ *und* $\bar{G}(t) = \exp(-t/\mu)$. *Dann gilt*

$$\sum_{i=j}^{\infty} F_1 * \ldots * F_i(t) \leqq \sum_{n=j}^{\infty} G^{(n)}(t)\,, \qquad j = 1, 2, \ldots;\ t \geqq 0\,.$$

Beweis. Fall 1: $j = 1$. Als erstes zeigen wir die Gültigkeit der Behauptung für $j = 1$. Nach Satz 3.14 gilt diese bereits für gleiche F_i und $j = 1$. Wir nehmen nun an, daß die Behauptung für $F_k \equiv F_{k+1} \equiv \ldots$ (d. h. also nur die ersten k Verteilungen können unterschiedlich sein), richtig ist. Wir betrachten einen Erneuerungsprozeß mit $F_{k+1} \equiv F_{k+2} \equiv \ldots$ Nach Induktionsvoraussetzung gilt die Behauptung natürlich für Verteilungen $F_2, F_3, \ldots, F_k, F_{k+1} \equiv F_{k+2} \equiv \ldots$, da sich nur die ersten $k-1$ Verteilungen unterscheiden können. Folglich gilt

$$\sum_{i=1}^{\infty} F_1 * \ldots * F_i(t) = \int_0^t \left[1 + \sum_{j=1}^{\infty} F_2 * \ldots * F_{j+1}(t-x)\right] dF_1(x)$$

$$\leqq \int_0^t \left[1 + \frac{t-x}{\mu}\right] dF_1(x) = \frac{t}{\mu} + F_1(t) - \frac{1}{\mu}\int_0^t \bar{F}_1(x)\,dx < \frac{t}{\mu}\,,$$

da F_1 eine NBUE-Verteilung ist. Lassen wir k gegen ∞ streben, so erhalten wir die Behauptung.

Fall 2: $j > 1$. Wir führen den Beweis wieder induktiv. Die Behauptung gilt nach Fall 1 für $j = 1$. Wir nehmen nun an, daß sie auch für $j = 1, 2, \ldots, j_0$ gültig ist. Dann folgt nach Induktionsvoraussetzung

$$\sum_{i=j_0+1}^{\infty} F_1 * \ldots * F_i(t) = \sum_{i=j_0+1}^{\infty} \int_0^t F_2 * \ldots * F_i(t-x)\,dF_1(x)$$

$$= \int_0^t \left[\sum_{i=j_0}^{\infty} F_2 * \ldots * F_{i-1}(t-x)\right] dF_1(x) \leqq \int_0^t \sum_{i=j_0}^{\infty} G^{(i)}(t-x)\,dF_1(x)\,.$$

Durch Vertauschung der Faltungen erhalten wir

$$\int_0^t \sum_{i=j_0}^{\infty} G^{(i)}(t-x)\,dF_1(x) = \int_0^t \sum_{i=j_0}^{\infty} (G^{(i-1)} * F_1)(t-x)\,dG(x)$$

$$\leqq \int_0^t \sum_{i=j_0}^{\infty} G^{(i)}(t-x)\,dG(x) = \sum_{i=j_0+1}^{\infty} G^{(i)}(t)\,.$$

Die letzte Ungleichung folgt wieder nach Induktionsvoraussetzung. ∎

Aus Satz 3.15 folgt für $F_i \equiv F$ ($i = 1, 2, \ldots$) sofort die Gültigkeit der Ungleichung

$$\sum_{n=j}^{\infty} F^{(n)}(t) \leqq \sum_{n=j}^{\infty} G^{(n)}(t)\,, \qquad j = 1, 2, \ldots; t \geqq 0\,.$$

3.16. Korollar. *Sei F eine* NBUE-*Verteilung mit dem Erwartungswert μ, $\overline{G}(t) = \mathrm{e}^{-t/\mu}$ und $0 \leqq h(1) \leqq h(2) \leqq \ldots$ Dann gilt die Ungleichung*

$$\sum_{n=1}^{\infty} h(n)\, F^{(n)}(t) \leqq \sum_{n=1}^{\infty} h(n)\, G^{(n)}(t)\,.$$

Beweis. Durch partielle Summation erhalten wir

$$\begin{aligned}\sum_{n=1}^{\infty} h(n)\, F^{(n)}(t) &= h(1) \sum_{n=1}^{\infty} F^{(n)}(t) + [h(2) - h(1)] \sum_{n=2}^{\infty} F^{(n)}(t)\\ &\quad + [h(3) - h(2)] \sum_{n=3}^{\infty} F^{(n)}(t) + \ldots\\ &\leqq h(1) \sum_{n=1}^{\infty} G^{(n)}(t) + [h(2) - h(1)] \sum_{n=2}^{\infty} G^{(n)}(t)\\ &\quad + [h(3) - h(2)] \sum_{n=3}^{\infty} G^{(n)}(t) + \ldots = \sum_{n=1}^{\infty} h(n)\, G^{(n)}(t)\,.\end{aligned}$$

Die letzte Ungleichung folgt aus Satz 3.15 und der Voraussetzung $[h(i+1) - h(i)] \geqq 0$. ∎

3.17. Satz. *Ist F eine* NBUE-*Verteilung mit dem Erwartungswert $\mu = 1/\lambda$ und $c(k)$ eine konvexe, wachsende Funktion mit der Eigenschaft $c(0) = 0$, so gilt*

$$\sum_{k=0}^{\infty} c(k)\, P[N(t) = k] \leqq \sum_{k=0}^{\infty} c(k) \frac{(\lambda t)^k}{k!} \mathrm{e}^{-\lambda t}\,.$$

Beweis. Wir erinnern daran, daß $P[N(t) = k] = F^{(k)}(t) - F^{(k+1)}(t)$ gilt. Daraus folgt die Gleichung

$$\sum_{k=0}^{\infty} c(k)\, P[N(t) = k] = \sum_{k=0}^{\infty} c(k)\, [F^{(k)}(t) - F^{(k+1)}(t)]\,.$$

Da offenbar

$$\sum_{k=0}^{\infty} a_k b_k = (a_1 - a_0) \sum_{k=1}^{\infty} b_k + (a_2 - a_1) \sum_{k=2}^{\infty} b_k + (a_3 - a_2) \sum_{k=3}^{\infty} b_k + \ldots$$

mit $a_0 = 0$ gilt, folgt wegen $c(0) = 0$

$$\sum_{k=0}^{\infty} c(k)\, [F^{(k)}(t) - F^{(k+1)}(t)] = \sum_{k=1}^{\infty} [c(k) - c(k-1)]\, F^{(k)}(t)\,.$$

Nach Voraussetzung ist $c(k)$ wachsend und somit

$$h(k) = c(k) - c(k-1) \geqq 0\,.$$

Da außerdem $c(k)$ konvex ist, muß $h(k)$ wachsend sein, und es folgt nach Korollar 3.16 die Relation

$$\sum_{k=0}^{\infty} [c(k) - c(k-1)]\, F^{(k)}(t) \leqq \sum_{k=0}^{\infty} [c(k) - c(k-1)]\, G^{(k)}(t) = \sum_{k=0}^{\infty} c(k) \frac{(\lambda t)^k \mathrm{e}^{-\lambda t}}{k!}\,,$$

wobei $G(t) = 1 - e^{-\lambda t}$ ist. Die letzte Gleichung folgt unmittelbar durch Zusammenfassen der Summanden. ▮

3.18. Beispiel. Minimierung des mittleren Mangels. In dem Ersatzteilbeispiel aus Kapitel 4 wollten wir die Anzahl der Ersatzteile bestimmen, die notwendig ist, damit die Wahrscheinlichkeit des Fehlens von Ersatzteilen klein wird. Stattdessen möchten wir nun den mittleren Mangel klein halten. Dieser ist durch

$$\sum_{k=N}^{\infty} [k - N]\, P[N(t) = k]$$

gegeben, falls wir N Ersatzteile zur Verfügung stellen. Die Funktion

$$c(k) = \begin{cases} 0, & k \leqq N\,, \\ k - N, & k \geqq N \end{cases}$$

ist über ihrem Definitionsbereich konvex. Besitzen die Ersatzteile eine NBUE-verteilte Lebensdauer mit dem Erwartungswert $\mu = 1/\lambda$, dann gilt nach Satz 3.17 für $N = 0, 1, 2, \ldots$

$$\sum_{k=N}^{\infty} [k - N]\, P[N(t) = k] \leqq \sum_{k=N}^{\infty} [k - N] \frac{(\lambda t)^k}{k!} e^{-\lambda t}\,.$$

Wir bemerken, daß die obere Schranke für den mittleren Mangel einer zugrundeliegenden exponentiellen Lebensdauerverteilung der Ersatzteile entspricht; wir können sie in der Form

$$(\lambda t) \sum_{j=N-1}^{\infty} \frac{(\lambda t)^j}{j!} e^{-\lambda t} - N \sum_{j=N}^{\infty} \frac{(\lambda t)^j}{j!} e^{-\lambda t} \tag{3.16}$$

schreiben, falls $N \geqq 1$ ist. Diese Schranke kann für spezielle N mit Hilfe von Tafeln der Poisson-Verteilung ausgerechnet werden. In Abb. 6.3.2 ist die obere Schranke (3.16) für $N = 1$, 2, und 3 dargestellt.

3.19. Satz. *Ist F eine* NBU-(NWU-) *Verteilung, so gilt*

$$\operatorname{var} N(t) \leqq (\geqq)\, M(t)\,. \tag{3.17}$$

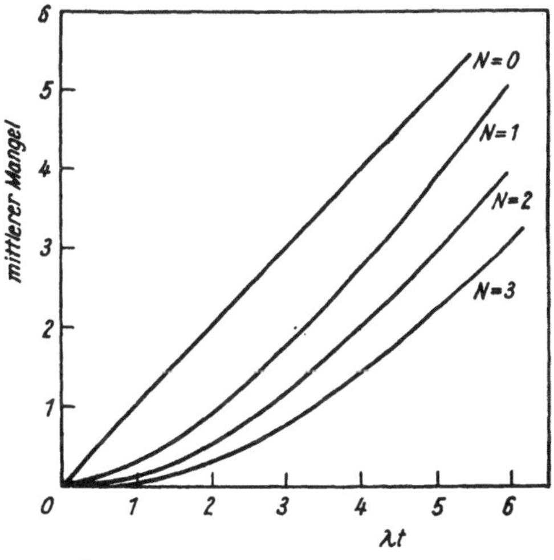

Abb. 6.3.2. Graphische Darstellung der oberen Schranke (3.16) für den mittleren Mangel

Beweis. Ist F eine NBU-Verteilung, so ergibt sich

$$\operatorname{var} N(t) - M(t) = EN^2(t) - M^2(t) - M(t) = 2E\binom{N(t)}{2} - M^2(t)$$

$$= 2M^{(2)}(t) - M^2(t) = \int_0^t [2M(t-x) - M(t)]\, dM(x)\,,$$

da $E\binom{N(t)}{2} = M^{(2)}(t)$ erfüllt ist (vgl. Übung 14).

Nach Satz 3.11 ist

$$M(t) - M(t-x) \geqq M(x)\,,$$

woraus sofort

$$\operatorname{var} N(t) - M(t) \leqq \int_0^t [M(t-x) - M(x)]\, dM(x)$$

folgt. Indem wir

$$\int_0^t [M(t-x) - M(x)]\, dM(x)$$

$$= \int_0^{t/2} [M(t-x) - M(x)]\, dM(x) + \int_{t/2}^t [M(t-y) - M(y)]\, dM(y)$$

schreiben und im zweiten Integral $x = t - y$ substituieren, erhalten wir

$$\operatorname{var} N(t) - M(t) \leqq \int_0^{t/2} [M(t-x) - M(x)]\, dM(x)$$

$$+ \int_0^{t/2} [M(t-x) - M(x)]\, d_x M(t-x)$$

$$= \int_0^{t/2} [M(t-x) - M(x)]\, d_x[M(x) + M(t-x)]\,.$$

Wir bemerken, daß $M(t-x) - M(x)$ in x fallend und für $0 \leqq x \leqq t/2$ nichtnegativ ist. Des weiteren ist

$$\int_0^x d_u[M(u) + M(t-u)] = M(x) + M(t-x) - M(t) \leqq 0\,,$$

und wir erhalten mit Hilfe von Lemma 7.1(b), Kapitel 4, die Ungleichung

$$\int_0^{t/2} [M(t-x) - M(x)]\, d_x[M(x) + M(t-x)] \leqq 0\,,$$

woraus schließlich die Behauptung folgt.

Ist F eine NWU-Verteilung, so läßt sich der Beweis mit umgekehrten Ungleichungszeichen analog durchführen. ▮

Übungen

1. Es gelte $X_i \overset{\text{st}}{\geqq} Y_i$, $i = 1, 2$, und X_1, X_2 sowie Y_1, Y_2 seien unabhängig. Dann gilt $X_1 + X_2 \overset{\text{st}}{\geqq} Y_1 + Y_2$. Man zeige, daß die Voraussetzung der Unabhängigkeit nicht weggelassen werden kann.

2. Gegeben sei ein Erneuerungsprozeß mit der zugrundeliegenden Exponentialverteilung $F(t) = 1 - e^{-\lambda t}$ (gegeben ist also ein homogener POISSON-Prozeß). Man berechne
   (a) $M(t)$, die mittlere Anzahl von Erneuerungen in $[0, t]$;
   (b) $P[N(t) \leqq n]$, die Verteilung der Anzahl der Erneuerungen in $[0, t]$;
   (c) $M^*(s)$, die LAPLACE-STIELTJES-Transformierte von $M(t)$;
   (d) Die Verteilung von S_k.
3. Die Komponentenpositionen 1, 2 und 3 eines Systems werden alle mit demselben Transistor bestückt. Die Lebensdauerverteilung der Transistoren jeder Komponentenposition ist exponentiell, aber mit den Ausfallraten 0,001 in der ersten Position, 0,002 in der zweiten Position und 0,0015 in der dritten Position. Während einer vorgegebenen Operationsdauer des Systems wird gefordert, daß die erste Komponentenposition 3000 Stunden, die zweite 5000 Stunden und die dritte 1000 Stunden ununterbrochen arbeitet. Wie viele Ersatzteile müssen bereitgestellt werden, damit mit wenigstens 95% Sicherheit während der vorgegebenen Operationsdauer des Systems kein Mangel an Ersatzteilen auftritt?
4. (a) Man zeige, daß durch den Altersersatz zwei Erneuerungsprozesse erzeugt werden, wobei der eine der Folge der Ausfälle und der andere der Folge der Ersetzungen sowohl der ausgefallenen als auch der nicht ausgefallenen Elemente entspricht.
   (b) Welche Verteilungen liegen diesen Erneuerungsprozessen zugrunde?
   (c) Wird durch den Gruppenersatz ebenfalls ein Erneuerungsprozeß erzeugt?
5. Man beweise, daß F genau dann eine NBUE-(NWUE-)Verteilung ist, wenn $\hat{N}(t) \geqq (\leqq)\ N(t)$ für alle $t \geqq 0$ gilt. Man benutze dieses Resultat, um einen anderen Beweis des Satzes 3.14(b) anzugeben.
6. (a) Man zeige, daß die in (3.14) angegebene untere Schranke für $M(t)$ nicht für alle $t \geqq 0$ gleichzeitig durch eine einzige Verteilung angenommen werden kann.
   (b) Man zeige, daß man für gegebene $\mu = 1$, $t > 1$, $\varepsilon > 1$ die zugrundeliegende Verteilung eines Erneuerungsprozesses so wählen kann, (indem man eine Verteilung mit der Masse $1/(t + \varepsilon)$ in $t + \varepsilon$ und der Masse $1 - (1/(t + \varepsilon))$ in 0 wählt), daß
$$M(t) = \frac{t}{\mu} - 1 + \varepsilon$$
   erfüllt ist. Somit kann zu jedem Punkt $t > \mu$ die untere Schranke $(t/\mu) - 1$ für $M(t)$ beliebig dicht angenähert werden.
7. Man schätze die mittlere Anzahl der Erneuerungen eines Erneuerungsprozesses mit zugrundeliegender Dichte $f(x) = (0{,}01)^2 \times e^{-0{,}1x}$ in $[0, 1000]$ ab. Wie groß ist der maximale Fehler ihrer Abschätzung?
8. Man betrachte das folgende schematische Systemdiagramm

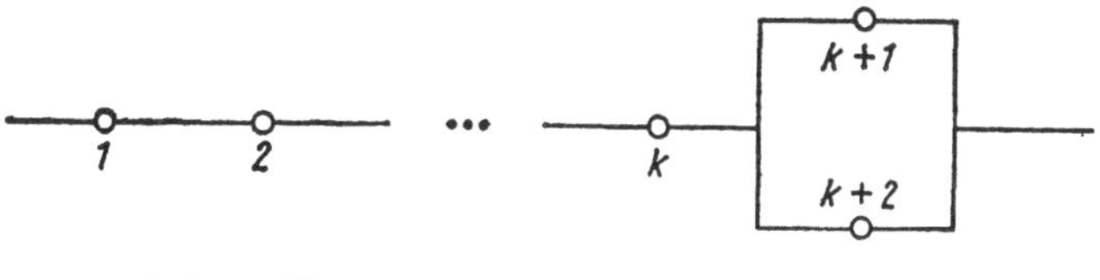

   Wir nehmen an, daß die Komponenten nach Ausfall in vernachlässigbar kleiner Zeit ersetzt werden. Weiterhin besitze die Komponente i die Lebensdauerverteilung F_i. Man gebe die Wahrscheinlichkeit dafür an, daß das System zur Zeit t arbeitet und im nächsten Intervall der Länge x nicht ausfällt. (Diese Wahrscheinlichkeit entspricht der Intervallzuverlässigkeit des Beispiels 3.9).

*9. Sei $m_\alpha(x)$ die Erneuerungsdichte einer Gammadichte f_α mit dem Formparameter α. Seien r und p ganze Zahlen. Man zeige die Gültigkeit der Beziehung
$$m_{r/p}(x) = \sum_{j=1}^{p-1} f_{(jr/p)} * m_r(x) + \sum_{j=1}^{p-1} f_{(jr/p)}(x) + m_r(x)\,.$$

Demnach kann $m_{r/p}(x)$ mit Hilfe der Formel (3.6) für die Erneuerungsdichte berechnet werden, wenn die zugrundeliegende Verteilung eine Gammaverteilung mit ganzzahligem Formparameter ist.

*10. Mit $N(t)$ bezeichnen wir in einem Erneuerungsprozeß die Anzahl der Erneuerungen in $[0, t]$. Man beweise, daß $N(t)$ für feste $t > 0$ der diskreten IFRA-Eigenschaft $P^{1/k}[N(t) \geqq k] \downarrow$ in $k = 1, 2, \ldots$ genügt (vgl. Lemma 3.7, Kapitel 4).

*11. Es gelte $F \underset{\text{su}}{<} G$, wobei F und G auf $[0, \infty]$ stetig sind und der Bedingung $F(0) = G(0) = 0$ genügen. Ferner sei $R(t) = G^{-1}(F(t))$. Man zeige die Gültigkeit der Ungleichung

$$\bar{F}^{(n)}(t) \geqq \bar{G}^{(n)}[R(t)] \quad \text{für} \quad t \geqq 0, n = 0, 1, 2, \ldots$$

($F \underset{\text{su}}{<} G$ bedeutet nach Kapitel 4, § 5, daß $G^{-1}(F(x))$ für $x \geqq 0$ superadditiv ist.)

*12. Es gelte $F \underset{\text{c}}{<} G$, wobei F und G auf $[0, \infty]$ stetig sind und der Bedingung $F(0) = G(0) = 0$ genügen. Ferner sei $R(t) = G^{-1}F(t)$. Man beweise für $t \geqq 0, n = 0, 1, 2, \ldots$ die Ungleichung

$$\bar{F}^{(n)}(t) \leqq \bar{G}^{(n)}\left[nR\left(\frac{t}{n}\right)\right]$$

($F \underset{\text{c}}{<} G$ bedeutet nach Kapitel 4, § 5, daß $G^{-1}F$ konvex ist.)

*13. Es gelte $F \underset{\text{c}}{<} G$, wobei $G(x) = 1 - e^{-x}$ für $x \geqq 0$ gilt, F auf $[0, \infty]$ stetig ist, der Bedingung $F(0) = 0$ genügt und den Erwartungswert $\mu = 1$ besitzt. Man zeige, daß

$$\bar{F}^{(n)}(t) \leqq \begin{cases} 1 & t < n\,, \\ \bar{G}_n[tW(t/n)] & t \geqq n \end{cases} \qquad (n \geqq 1)$$

gilt, wobei $W(t/n)$ der Bedingung

$$\int_0^{t/n} e^{-xW(t/n)}\, dx = 1\,.$$

genügt.

*14. $\{N(t); t \geqq 0\}$ sei ein Erneuerungszählprozeß mit der Erneuerungsfunktion $M(t)$. Weiterhin sei $B_k(t) = E\binom{N(t)}{k}$ das k-te Binomialmoment von $N(t)$ und $M^{(k)}(k)$ die k-fache Faltung der Erneuerungsfunktion. Man zeige, daß für $k = 1, 2, \ldots$ und $t \geqq 0$ die Gleichung

$$B_k(t) \equiv M^{(k)}(t)$$

gilt.

15. F sei eine NBUE-(NWUE-)Verteilung mit dem Erwartungswert μ. Man zeige die Gültigkeit der Ungleichung

$$EN^k(t) \leqq (\geqq) \sum_{j=0}^{\infty} \frac{j^k(t/\mu)^j}{j!} e^{-t/\mu}$$

für $k = 1, 2, \ldots$ und $0 \leqq t \leqq \infty$.

16. F sei eine IFR-Verteilung mit dem Erwartungswert μ. Dann gilt

$$\sum_{j=0}^{n-1} \frac{[R(t)]^j}{j!} e^{-R(t)} \leqq \sum_{j=0}^{n-1} \frac{[nR(t/n)]^j}{j!} e^{-nR(t/n)}$$

für $t \geqq 0, n = 1, 2, \ldots$ Das zeigt, daß die untere Schranke in (3.3a) die obere Schranke in (3.3b) nicht überschreitet.

17. F sei eine NBU-Verteilung und Y_t sei die zufällige restliche Lebensdauer eines Elements, das bereits die Zeit t gelebt hat. Man zeige, daß $EY_t \leqq \mu = \int_0^\infty x\, dF(x)$ gilt.

§ 4. Vergleich von Ersatzstrategien

In diesem Paragraphen vergleichen wir verschiedene grundlegende Ersatzstrategien, wobei wir annehmen, daß die zugrundeliegende Verteilung F zu einer der im § 2 eingeführten Klassen gehört.

Es seien im weiteren

$N(t)$ = die Anzahl der Erneuerungen eines gewöhnlichen Erneuerungsprozesses im Intervall $[0, t]$.

$\hat{N}(t)$ = die Anzahl der Erneuerungen eines stationären Erneuerungsprozesses im Intervall $[0, t]$.

$N_A(t, T)$ = die Anzahl der Ausfälle im Intervall $[0, t]$ bei einer Altersersatzstrategie mit Ersatzperiode T.

$N_B(t, T)$ = die Anzahl der Ausfälle im Intervall $[0, t]$ bei einer Gruppenersatzstrategie mit Ersatzperiode T.

4.1. Satz. *Für alle* $t \geqq 0$ *gilt* $\hat{N}(t) \overset{\text{st}}{\geqq} (\overset{\text{st}}{\leqq})\, N(t)$ *genau dann, wenn* F *eine* NBUE-(NWUE-) *Verteilung ist.*

Beweis. $\Leftarrow$: Ist F eine NBUE-Verteilung, so gilt nach Übung 3, § 2 die Ungleichung $\hat{F}(t) = (1/\mu) \int_0^t \bar{F}(x)\, dx \geqq F(t)$. Folglich erhalten wir

$$P[\hat{N}(t) \geqq n] = \int_0^t F^{(n-1)}(t-x)\, d\hat{F}(x) \geqq \int_0^t F^{(n-1)}(t-x)\, dF(x) = P[N(t) \geqq n]\,,$$

d. h. aber $\hat{N}(t) \overset{\text{st}}{\geqq} N(t)$.

Ist F eine NWUE-Verteilung, so läßt sich der Beweis mit umgekehrtem Ungleichungszeichen analog durchführen.

$\Rightarrow$: Wir nehmen nun an, daß $\hat{N}(t) \overset{\text{st}}{\geqq} N(t)$ für alle $t \geqq 0$ gilt. Hieraus folgt unmittelbar $P[\hat{N}(t) = 0] \leqq P[N(t) = 0]$, also $\int_t^\infty [\bar{F}(x)/\mu]\, dx \leqq \bar{F}(t)$. Somit ist F eine NBUE-Verteilung.

Nehmen wir dagegen $\hat{N}(t) \overset{\text{st}}{\leqq} N(t)$ für alle $t \geqq 0$ an, so können wir in analoger Art und Weise zeigen, daß F eine NWUE-Verteilung ist. ∎

4.2. Satz. *Für alle* $t \geqq 0$, $T \geqq 0$ *gilt* $N(t) \overset{\text{st}}{\geqq} N_A(t, T)$ *genau dann, wenn* F *eine* NBU-*Verteilung ist.*

Beweis. Es sei τ_i (τ_{iA}) das Intervall zwischen dem $(i-1)$-ten und i-ten Ausfall eines gewöhnlichen Erneuerungsprozesses (bei einer Altersersatzstrategie). Dann gilt

$$P[\tau_i > x] = \bar{F}(x) \qquad \text{für } x \geqq 0\,,$$

$$P[\tau_{iA} > x] = [\bar{F}(T)]^j\, \bar{F}(x - jT) \qquad \text{für } jT \leqq x \leqq (j+1)\, T,\ j = 0, 1, 2, \ldots$$

Da F eine NBU-Verteilung ist, gilt $\bar{F}(x) \leqq [\bar{F}(T)]^j\, \bar{F}(x - jT)$ und folglich $\tau_i \overset{\text{st}}{\leqq} \tau_{iA}$. Da des weiteren die zufälligen Variablen $\tau_1, \tau_2, \ldots$ sowie $\tau_{1A}, \tau_{2A}, \ldots$ unabhängig sind, erhalten wir $\tau_1 + \cdots + \tau_n \overset{\text{st}}{\leqq} \tau_{1A} + \cdots + \tau_{nA}$ für $n = 1, 2, \ldots$ Hieraus folgt sofort $P[N(t) \geqq n] = P[\tau_1 + \cdots + \tau_n \leqq t] \geqq P[\tau_{1A} + \cdots + \tau_{nA} \leqq t] = P[N_A(t, T) \geqq n]$, und daher gilt $N(t) \overset{\text{st}}{\geqq} N_A(t, T)$.

$\Rightarrow$: Es sei $T < t < 2T$. Da nach Voraussetzung $N(t) \overset{st}{\geqq} N_A(t, T)$ ist, folgt $\overline{F}(t) = P[N(t) = 0] \leqq P[N_A(t, T) = 0] = \overline{F}(t)\,\overline{F}(t - T)$. Also ist F eine NBU-Verteilung. ∎

Satz 4.2 besagt, daß die Klasse der NBU-Verteilungen die größte Klasse ist, für die eine Altersersatzstrategie die Anzahl der in einem beliebigen Intervall $[0, t]$, $0 < t < \infty$ aufgetretenen Ausfälle stochastisch verringert. In diesem Sinne ist die Klasse der NBU-Verteilungen eine ganz natürliche Klasse, die bei der Untersuchung von Altersersatz betrachtet werden muß.

Als nächstes zeigen wir, daß eine analoge Charakterisierung auch im Fall einer Gruppenersatzstrategie möglich ist. Als erstes beweisen wir dazu folgendes Lemma.

4.3. Lemma. *Es mögen bei der Strategie* 1 *bzw.* 2 *zu den festen Zeitpunkten* $\{0 < t_1 < t_2 < \ldots\}$ *bzw.* $\{0 < t_1 < t_2 < \ldots\} \cup \{t_0\}$ *planmäßige Ersetzungen auftreten. Weiterhin bezeichnen wir mit* $N_i(t)$ *die Anzahl der bei der Strategie* i, $i = 1, 2$, *in* $[0, t]$ *aufgetretenen Ausfälle. Dann gilt für jedes* $t \geqq 0$ *genau dann* $N_1(t) \overset{st}{\geqq} N_2(t)$, *wenn die zugrundeliegende Lebensdauerverteilung* F *eine* NBU-*Verteilung ist.*

Beweis. $\Leftarrow$: Für $t < t_0$ ist $N_1(t) \equiv N_2(t)$. Wir nehmen jetzt an, daß $t_0 < t \leqq t_s$ gilt, wobei t_s das kleinste t_i mit $t_i > t_0$ ist. Mit Z bezeichnen wir bei beiden Strategien das Alter des arbeitenden Elements zur Zeit t_0 und mit τ_i das Intervall zwischen t_0 und dem Zeitpunkt des ersten Ausfalls nach t_0 bei der Strategie i, $i = 1, 2$. Da F eine NBU-Verteilung ist, gilt

$$P[\tau_1 > x \mid Z] \leqq P[\tau_2 > x \mid Z] \qquad \text{für } x \geqq 0\,.$$

Ferner bezeichnen wir mit U_i die Anzahl der Ausfälle in (t_0, t) bei der Strategie i, $i = 1, 2$, und wir erhalten für $n = 0, 1, 2, \ldots$ die Beziehung

$$\begin{aligned} P[U_1 \geqq n \mid Z] &= P[t_0 + \tau_1 + X_1 + \ldots + X_{n-1} \leqq t \mid Z] \\ &\geqq P[t_0 + \tau_2 + X_1 + \ldots + X_{n-1} \leqq t \mid Z] \\ &= P[U_2 \geqq n \mid Z]\,. \end{aligned}$$

Hieraus folgt mit Hilfe der Formel der totalen Wahrscheinlichkeit die Gültigkeit der Ungleichung

$$P[U_1 \geqq n] \geqq P[U_2 \geqq n] \qquad \text{für } n = 0, 1, 2, \ldots$$

und somit $N_1(t) \overset{st}{\geqq} N_2(t)$.

Abschließend betrachten wir den Fall $t > t_s$. Mit $N_i(t_s, t)$ bezeichnen wir die Anzahl der Ausfälle in (t_s, t) bei der Strategie i, $i = 1, 2$. Dann gilt $N_i(t_s) + N_i(t_s, t) = N_i(t)$, wobei $N_i(t_s)$ und $N_i(t_s, t)$ für $i = 1, 2$ unabhängig sind. Da weiterhin $N_1(t_s) \overset{st}{\geqq} N_2(t_s)$ und $N_1(t_s, t) \overset{st}{\geqq} N_2(t_s, t)$ gilt, erhalten wir $N_1(t) \overset{st}{\geqq} N_2(t)$.

$\Rightarrow$: Wählen wir $0 < t_0 < t_1$, so gilt nach Voraussetzung $\overline{F}(t_1) = P[N_1(t_1) = 0] \leqq P[N_2(t_1) = 0] = \overline{F}(t_0)\,\overline{F}(t_1 - t_0)$. Da aber $0 < t_0 < t_1$ beliebig gewählt sind, ist F eine NBU-Verteilung. ∎

4.4. Satz. *Für alle* $t \geqq 0$, $T \geqq 0$ *gilt genau dann* $N(t) \overset{st}{\geqq} N_B(t, T)$, *wenn* F *eine* NBU-*Verteilung ist.*

Beweis. $\Leftarrow$: Man wende Lemma 4.3 an, um die aufeinanderfolgenden Paare einer Folge von Ersatzstrategien zu vergleichen, wobei bei der i-ten Strategie in den Zeitpunkten $\{0, T, \ldots, (i-1)\,T\}$ planmäßige Ersetzungen erfolgen.

$\Rightarrow$: Die Beweisidee ist genau dieselbe wie die in der zweiten Hälfte des Beweises von Satz 4.2. ▮

Satz 4.4 besagt, daß die Klasse der NBU-Verteilungen die größte Klasse ist, für die eine Gruppenersatzstrategie die Anzahl der in einem beliebigen Zeitintervall $[0, t]$, $0 < t < \infty$, aufgetretenen Ausfälle stochastisch verringert. In diesem Sinne ist die Klasse der NBU-Verteilungen eine ganz natürliche Klasse, die bei der Untersuchung von Gruppenersatz wie auch von Altersersatz betrachtet werden muß.

Mit Hilfe ähnlicher Überlegungen können wir auch für Gruppenersatz mit unterschiedlichen Ersatzperioden stochastische Vergleiche erhalten.

4.5. Satz. *Für* $t \geqq 0$, $T \geqq 0$, $k = 1, 2, \ldots$ *gilt genau dann* $N_B(t, kT) \overset{\text{st}}{\geqq} N_B(t, T)$, *wenn* F *eine* NBU-*Verteilung ist.*

Als nächstes untersuchen wir die Auswirkungen, die sich bei Altersersatz durch Veränderung der Ersatzperiode T ergeben.

4.6. Satz. *Für jedes* $t \geqq 0$ *ist* $N_A(t, T)$ *genau dann in* $T \geqq 0$ *stochastisch wachsend, wenn* F *eine* IFR-*Verteilung ist.*

Beweis. $\Leftarrow$: Für festes $T > 0$ ist $\{N_A(t, T);\ t \geqq 0\}$ ein Erneuerungszählprozeß mit zugrundeliegender Verteilung

$$S_T(t) = 1 - [\bar{F}(T)]^n\,\bar{F}(t - nT)\,, \tag{4.1}$$

wobei für $t \geqq 0$ die ganze Zahl n aus $nT \leqq t < (n+1)\,T$ bestimmt wird. Durch Differenzieren von $S_T(t)$ bez. T ist es leicht zu verifizieren, daß $S_T(t)$ für festes $t \geqq 0$ wachsend in $T \geqq 0$ ist. Daher ist auch $P[N_A(t, T) \geqq n] = S_T^{(n)}(t)$ für festes $t \geqq 0$ wachsend in $T \geqq 0$.

$\Rightarrow$: Für jedes $t \geqq 0$ ist $S_T(t) = P[N_A(t, T) = 0]$ fallend in $T \geqq 0$. Indem wir wieder $S_T(t)$ bez. T differenzieren erhalten wir, daß F eine IFR-Verteilung ist. ▮

Somit ist bei einer Altersersatzstrategie mit einer IFR-Lebensdauerverteilung die Anzahl der in einem beliebigen Zeitintervall $[0, t]$ beobachteten Ausfälle mit wachsender Ersatzperiode T stochastisch wachsend. Für die breitere Klasse der NBU-Verteilungen ist, wie im Satz 4.7 gezeigt wird, ein schwächerer Vergleich möglich.

4.7. Satz. *Für* $t \geqq 0$, $T \geqq 0$, $k = 1, 2, \ldots$ *gilt genau dann* $N_A(t, kT) \overset{\text{st}}{\geqq} N_A(t, T)$, *wenn* F *eine* NBU-*Verteilung ist.*

Beweis. $\Leftarrow$: Für $nT \leqq t \leqq (n+1)\,T$ gilt $\bar{S}_T(t) - \bar{S}_{kT}(t) = \bar{F}^n(T)\,\bar{F}(t - nT) - \bar{F}^{[n/k]}(kT)\,\bar{F}(t - [n/k]\,kT)$. Da F eine NBU-Verteilung ist, sind die Ungleichungen $\bar{F}^{[n/k]}(kT) \leqq [\bar{F}(T)]^{[n/k]k}$ und $\bar{F}(t - [n/k]\,kT) \leqq \bar{F}(T)^{n-k[n/k]}\,\bar{F}(t - nT)$ erfüllt, und wir erhalten $\bar{S}_T(t) \geqq \bar{S}_{kT}(t)$. Daher gilt $P[N_A(t, kT) \geqq n] = S_{kT}^{(n)}(t) \geqq S_T^{(n)}(t) = P[N_A(t, T) \geqq n]$ für $t \geqq 0$, $T \geqq 0$, und es folgt unmittelbar die Behauptung $N_A(t, kT) \overset{\text{st}}{\geqq} N_A(t, T)$.

$\Rightarrow$: Im Fall $k = 2$ gilt für $T \leqq t \leqq 2T$, $\bar{F}(T)\,\bar{F}(t - T) = P[N_A(t, T) = 0] \geqq P[N_A(t, 2T) = 0] = \bar{F}(t)$. Damit ist aber F eine NBU-Verteilung, da t, T beliebige nichtnegative Zahlen sind. ▮

Für Altersersatz ist der Satz 4.7 das Analogon des Satzes 4.5.

Vergleiche zwischen Alters- und Gruppenersatzstrategien wurden in B-P (1965) durchgeführt. Vollständigkeitshalber geben wir hier die Resultate ohne Beweise an. Mit $R_A(t, T)$ $(R_B(t, T))$ bezeichnen wir die Anzahl der Ersetzungen sowohl der ausgefallenen als auch der nicht ausgefallenen Komponenten in $[0, t]$ bei einer Alters-(Gruppen-)Ersatzstrategie mit Ersatzperiode T.

4.8. Satz. *Für alle $t > 0$, $T > 0$ gilt:*

(a) $R_A(t, T) \overset{\text{st}}{\leqq} R_B(t, T)$.

(b) $N_A(t, T) \overset{\text{st}}{\geqq} N_B(t, T)$, *falls F eine* IFR-*Verteilung ist.*

Somit führt für jede zugrundeliegende Lebensdauerverteilung ein Gruppenersatz zu einer stochastisch höheren Zahl von Ersetzungen als ein Altersersatz. Andererseits wird die Zahl der aufgetretenen Ausfälle bei einem Gruppenersatz stochastisch verringert, wenn die Lebensdauerverteilung eine IFR-Verteilung ist.

§ 5. Abgeschlossenheit von Klassen von Lebensdauerverteilungen bezüglich Zuverlässigkeitsoperationen

In Kapitel 4, § 4, betrachteten wir Zuverlässigkeitsoperationen, unter denen Klassen von IFR-, DFR-, IFRA- und DFRA-Lebensdauerverteilungen erhalten bleiben. In diesem Paragraphen führen wir eine ähnliche Klassifizierung für NBU-, NWU-, NBUE- und NWUE-Klassen durch. Wie im § 4, Kapitel 4, berücksichtigen wir dabei die folgenden Zuverlässigkeitsoperationen

(a) Bildung monotoner Systeme;
(b) Addition von Lebenszeiten;
(c) Mischung von Verteilungen.

Monotone Systeme. Um zu zeigen, daß die NBU-Eigenschaft bei der Bildung monotoner Systeme erhalten bleibt, ist es zweckmäßig, den Begriff der Gefahrtransformation eines monotonen Systems zu definieren und die Eigenschaften dieser Transformation auszunutzen.

Definition. Für ein monotones System mit n Komponenten sei F_i die Lebensdauerverteilung der i-ten Komponente, $i = 1, \dots, n$. Dann wird $R_i(t) = -\ln \overline{F}_i(t)$ als *Gefahrfunktion* R_i der i-ten Komponente bezeichnet.

Sei R die Gefahrfunktion des Systems. Die Funktion η, die die Gefahrfunktion des Systems mit Hilfe der Gefahrfunktionen der Komponenten $\boldsymbol{R} = (R_1, \dots, R_n)$ ausdrückt, heißt *Gefahrtransformation*:

$$R = \eta(\boldsymbol{R}) .$$

Ist h die Zuverlässigkeitsfunktion des Systems, so erhalten wir für η den expliziten Ausdruck

$$\eta(\boldsymbol{\varrho}) = -\ln h(\mathrm{e}^{-\varrho_1}, \dots, \mathrm{e}^{-\varrho_n}) \qquad \text{für } 0 \leqq \varrho_i < \infty,\ i = 1, \dots, n .$$

Es ist leicht zu überprüfen, daß η in $\varrho_1, \dots, \varrho_n$ wachsend ist und daß $\eta(0) = 0$ sowie $\eta(\infty) = \infty$ gelten (vgl. Übung 10).

5.1. Satz. *Ein monotones System hat eine* NBU-*Lebensdauerverteilung, falls jede Komponente des Systems eine* NBU-*verteilte Lebensdauer besitzt.*

Beweis. Es sei R_i die Gefahrfunktion der i-ten Komponente und R die Gefahrfunktion des Systems. Nach Übung 2, § 2, gilt $R_i(s + t) \geqq R_i(s) + R_i(t)$. Da die Gefahrtransformation η wachsend ist, erhalten wir

$$\eta[\boldsymbol{R}(s + t)] \geqq \eta[\boldsymbol{R}(s) + \boldsymbol{R}(t)] \,. \tag{5.1}$$

Nach Übung 10 ist η superadditiv, es gilt also

$$\eta[\boldsymbol{R}(s) + \boldsymbol{R}(t)] \geqq \eta[\boldsymbol{R}(s)] + \eta[\boldsymbol{R}(t)] \,. \tag{5.2}$$

Da aus (5.1) und (5.2) offenbar

$$R(s + t) \equiv \eta[\boldsymbol{R}(s + t)] \geqq \eta[\boldsymbol{R}(s)] + \eta[\boldsymbol{R}(t)] \equiv R(s) + R(t)$$

folgt, erhalten wir für die Überlebenswahrscheinlichkeit des Systems $\overline{F}(s + t) = = \mathrm{e}^{-R(s+t)} \leqq \mathrm{e}^{-R(s)}\, \mathrm{e}^{-R(t)} = \overline{F}(s)\, \overline{F}(t)$, und demnach ist die Lebensdauer des Systems NBU-verteilt.

5.2. NBUE bleibt nicht erhalten. Um zu zeigen, daß die NBUE-Klasse bei der Bildung monotoner Systeme nicht erhalten bleiben muß, betrachten wir ein Seriensystem aus zwei unabhängigen Komponenten mit derselben Lebensdauerverteilung

$$F(x) = \begin{cases} 0 & \text{für } 0 \leqq x < 1\,, \\ \frac{1}{2} & \text{für } 1 \leqq x < 3\,, \\ 1 & \text{für } 3 \leqq x\,. \end{cases}$$

Es ist leicht zu prüfen, daß F eine NBUE-, aber keine NBU-Verteilung ist. Da die mittlere Lebensdauer eines neuen Systems gleich $\int_0^3 \overline{F}^2(x)\, dx$ ist, während die mittlere Lebensdauer eines Systems mit dem Alter 1 gleich 2 ist, kann die Lebensdauer des Systems nicht NBUE-verteilt sein.

5.3. NWU, NWUE bleiben nicht erhalten. Um zu zeigen, daß weder die NWU- noch die NWUE-Klasse bei der Bildung monotoner Systeme erhalten bleibt, betrachten wir ein Parallelsystem aus zwei unabhängigen Komponenten mit derselben NWU- und damit auch NWUE-Lebensdauerverteilung $1 - \mathrm{e}^{-t}$. Die Lebensdauerverteilung des Systems ist in diesem Fall durch

$$F(t) = (1 - \mathrm{e}^{-t})^2$$

gegeben, so daß die Ausfallrate des Systems

$$r(t) = 1 - \frac{1}{2\mathrm{e}^t - 1}\,,$$

eine streng wachsende Funktion ist. Damit kann aber die Lebensdauer des Systems weder NWU- noch NWUE-verteilt sein.

Faltungen. Als nächstes zeigen wir, daß die Summe unabhängiger NBU-verteilter, zufälliger Variablen selbst wieder NBU-verteilt ist.

5.4. Satz. *Es seien* F_1, F_2 NBU-*Verteilungen. Dann ist die Faltung*

$$F(t) = \int_0^t F_1(t - x)\, dF_2(x)$$

eine NBU-*Verteilung.*

Beweis. Offenbar gilt

$$\bar{F}(x+y) = \int_0^x \bar{F}_2(x+y-z)\,dF_1(z) + \int_0^\infty \bar{F}_2(y-z)\,d_zF_1(x+z)\,,$$

sowie

$$\int_0^x \bar{F}_2(x+y-z)\,dF_1(z) \leqq \bar{F}_2(y) \int_0^x \bar{F}_2(x-z)\,dF_1(z) = \bar{F}_2(y)\,[\bar{F}(x) - \bar{F}_1(x)]\,.$$

Weiterhin erhalten wir durch partielle Integration

$$\begin{aligned}\int_0^\infty \bar{F}_2(y-z)\,d_zF_1(x+z) &= \bar{F}_2(y)\,\bar{F}_1(x) + \int_0^\infty \bar{F}_1(x+z)\,[-d_zF_2(y-z)]\\ &\leqq \bar{F}_2(y)\,\bar{F}_1(x) + \bar{F}_1(x) \int_0^\infty \bar{F}_1(z)\,[-d_zF_2(y-z)]\\ &= \bar{F}_2(y)\,\bar{F}_1(x) + \bar{F}_1(x)\,[\bar{F}(y) - \bar{F}_2(y)]\end{aligned}$$

und folglich

$$\begin{aligned}\bar{F}(x+y) &\leqq \bar{F}_2(y)\,\bar{F}(x) + \bar{F}_1(x)\,\bar{F}(y) - \bar{F}_1(x)\,\bar{F}_2(y)\\ &= \bar{F}(x)\,\bar{F}(y) - [\bar{F}(x) - \bar{F}_1(x)]\,[\bar{F}(y) - \bar{F}_2(y)] \leqq \bar{F}(x)\,\bar{F}(y)\,. \blacksquare\end{aligned}$$

Ähnlich können wir zeigen, daß die Summe unabhängiger NBUE-verteilter zufälliger Variablen ebenfalls NBUE-verteilt ist.

5.5. Satz. *Es seien F_1, F_2 NBUE-Verteilungen. Dann ist die Faltung*

$$F(t) = \int_0^t F_1(t-x)\,dF_2(x)$$

eine NBUE-Verteilung.

Beweis. Es gilt

$$\int_0^\infty \bar{F}(t+x)\,dx = \int_0^\infty \int_0^t \bar{F}_1(t+x-u)\,dF_2(u)\,dx + \int_0^\infty \int_t^\infty \bar{F}_1(t+x-u)\,dF_2(u)\,dx\,.$$

Für $u \leqq t$ erhalten wir nach (2.2) aber

$$\int_0^\infty \bar{F}_1(t-u+x)\,dx \leqq \mu_1 \bar{F}_1(t-u)\,,$$

wobei μ_i der Erwartungswert bez. F_i, $i = 1, 2$ ist. Somit gilt die Ungleichung

$$\int_0^\infty \int_0^t \bar{F}_1(t+x-u)\,dF_2(u)\,dx \leqq \mu_1 \int_0^t \bar{F}_1(t-u)\,dF_2(u) = \mu_1[\bar{F}(t) - \bar{F}_2(t)]\,.$$

Für $u > t$ ist

$$\int_0^\infty \bar{F}_1(t+x-u)\,dx = u - t + \mu_1\,,$$

so daß

$$\int_0^\infty \int_t^\infty \bar{F}_1(t+x-u)\,dF_2(u)\,dx = \int_t^\infty (u-t+\mu_1)\,dF_2(u)$$

ist. Indem wir $w = u - t$ setzen, erhalten wir

$$\int_t^\infty (u - t + \mu_1)\, dF_2(u) = \mu_1 \bar{F}_2(t) + \int_0^\infty w\, dF_2(w + t)$$

$$= \mu_1 \bar{F}_2(t) + \int_0^\infty \bar{F}_2(w + t)\, dw \leqq \mu_1 \bar{F}_2(t) + \mu_2 \bar{F}_2(t) .$$

Somit folgt

$$\int_0^\infty \bar{F}(t + x)\, dx \leqq \mu_1 \bar{F}(t) + \mu_2 \bar{F}_2(t) \leqq (\mu_1 + \mu_2)\, \bar{F}(t) . \blacksquare$$

5.6. NWU, NWUE bleiben nicht erhalten. Um zu zeigen, daß weder die NWU- noch die NWUE-Klasse bei der Faltung erhalten bleibt, betrachten wir die NWU- und damit auch NWUE-Verteilung $F(t) = 1 - e^{-t}$. In diesem Fall ist die Faltung $F^{(2)}(t) = 1 - (1 + t)\, e^{-t}$ eine Gammaverteilung mit einer streng wachsenden Ausfallrate und kann somit weder eine NWU- noch NWUE-Verteilung sein.

Mischungen. Ist $\mathcal{F} = \{F_\alpha : \alpha \in \mathcal{A}\}$ eine Familie von Wahrscheinlichkeitsverteilungen und ist G ebenfalls eine Wahrscheinlichkeitsverteilung, so bezeichnen wir wie üblich mit $F(t) = \int F_\alpha(t)\, dG(\alpha)$ eine Mischung von Wahrscheinlichkeitsverteilungen aus $\mathcal{F}$. Wie wir weiter unten sehen werden, bleibt bei Mischungen keine der vier Klassen — NBU, NBUE, NWU, NWUE — erhalten. Wir können jedoch zeigen, daß eine gewisse Teilmenge von NWU- und NWUE-Verteilungen bei Mischungen erhalten bleiben.

5.7. Satz. *Wir nehmen an, daß F die Mischung von* NWU-(NWUE-) *Verteilungen F_α, $\alpha \in \mathcal{A}$, ist, und sich verschiedene F_α, $F_{\alpha'}$ auf* $(0, \infty)$ *nicht schneiden. Dann ist F eine* NWU-(NWUE-) *Verteilung.*

Beweis. Wir betrachten zunächst den Fall NWU. Mit Hilfe der Tschebyscheffschen Ungleichung für ähnlich geordnete Funktionen (Hardy, Littlewood und Pólya, 1952, Satz 4.3) erhalten wir

$$\bar{F}(s)\, \bar{F}(t) \equiv \int \bar{F}_\alpha(s)\, dG(\alpha) \int \bar{F}_\alpha(t)\, dG(\alpha) \leqq \int \bar{F}_\alpha(s)\, \bar{F}_\alpha(t)\, dG(\alpha) ,$$

woraus unmittelbar die Gültigkeit der Ungleichung

$$\int \bar{F}_\alpha(s)\, \bar{F}_\alpha(t)\, dG(\alpha) \leqq \int \bar{F}_\alpha(s + t)\, dG(\alpha) \equiv \bar{F}(s + t)$$

folgt, da jedes F_α eine NWU-Verteilung ist. Somit ist aber auch F eine NWU-Verteilung.

Wir zeigen nun die Behauptung für den Fall NWUE. Ähnlich wie im Fall NWU erhält man die Abschätzung

$$\mu \bar{F}(t) \equiv \int \mu_\alpha\, dG(\alpha) \int \bar{F}_\alpha(t)\, dG(\alpha) \leqq \int \mu_\alpha \bar{F}_\alpha(t)\, dG(\alpha) .$$

Indem wir die Definitionseigenschaft (2.2) von NWUE-Verteilungen ausnutzen und anschließend den Satz von Fubini anwenden, erhalten wir

$$\int \mu_\alpha \bar{F}_\alpha(t)\, dG(\alpha) \leqq \int \int \bar{F}_\alpha(t + x)\, dx\, dG(\alpha) = \int \int \bar{F}_\alpha(t + x)\, dG(\alpha)\, dx = \int \bar{F}(t + x)\, dx ,$$

und folglich ist nach (2.2) F eine NWUE-Verteilung.

5.8. NBU, NBUE bleiben nicht erhalten. Um zu zeigen, daß weder die NBU- noch die NBUE-Eigenschaft bei Mischungen erhalten bleiben, bemerken wir, daß eine Mischung von nicht identischen Exponentialverteilungen eine streng fallende Ausfallrate besitzt und somit weder eine NBU- noch NBUE-Verteilung sein kann.

5.9. NWU bleibt nicht erhalten. Eine Mischung von NWU-Verteilungen muß selbst keine NWU-Verteilung sein, wie das folgende Beispiel zeigt. Sei $\bar{F}_\delta(x) = \mathrm{e}^{-k\delta}$ für $(k-1)\,\delta < x \leqq k\delta$, $k = 1, 2, \ldots$ In diesem Fall ist es leicht zu überprüfen, daß F eine NWU-Verteilung ist. Als nächstes zeigen wir, daß die Mischung $F = \frac{1}{2} F_\delta + \frac{1}{2} F_\gamma$ für $0 < y < \delta < x < \gamma < 2\delta < x + y < 2\gamma$ *nicht* die NWU-Eigenschaft $\bar{F}(x + y) \geqq \geqq \bar{F}(x)\,\bar{F}(y)$ erfüllt (man nehme z. B. die Werte $y = 3$, $\delta = 4$, $x = 6$, $x = 7$). Dann gilt offenbar $\bar{F}_\delta(x) = \mathrm{e}^{-2\delta}$, $\bar{F}_\delta(y) = \mathrm{e}^{-\delta}$, $\bar{F}_\delta(x + y) = \mathrm{e}^{-3\delta}$, $\bar{F}_\gamma(x) = \mathrm{e}^{-\gamma}$, $\bar{F}_\gamma(y) = \mathrm{e}^{-\gamma}$, $\bar{F}_\gamma(x + y) = \mathrm{e}^{-2\gamma}$, und wir erhalten $\bar{F}(x + y) - \bar{F}(x)\,\bar{F}(y) = \frac{1}{2}\,(\mathrm{e}^{-3\delta} + \mathrm{e}^{-2\gamma}) - \frac{1}{4}\,(\mathrm{e}^{-2\delta} + \mathrm{e}^{-\gamma})\,(\mathrm{e}^{-\delta} + \mathrm{e}^{-\gamma}) = \frac{1}{4}\,(\mathrm{e}^{-\gamma} - \mathrm{e}^{-\delta})\,(\mathrm{e}^{-\gamma} - \mathrm{e}^{-2\delta}) < 0$. Demnach ist F keine NWU-Verteilung.

In Tabelle 5.1 sind die Ergebnisse dieses Paragraphen zusammengefaßt. Wir vermuten, daß die NWUE-Eigenschaft bei beliebigen Mischungen *nicht* erhalten bleibt.

Tabelle 5.1. Abgeschlossenheit von Klassen von Lebensdauerverteilungen bezüglich Zuverlässigkeitsoperation

	Bildung monotoner Systeme	Faltungen	Beliebige Mischungen	Mischungen von sich nicht schneidenden Verteilungen
NBU	abgeschlossen	abgeschlossen	nicht abgeschlossen	nicht abgeschlossen
NBUE	nicht abgeschlossen	abgeschlossen	nicht abgeschlossen	nicht abgeschlossen
NWU	nicht abgeschlossen	nicht abgeschlossen	nicht abgeschlossen	abgeschlossen
NWUE	nicht abgeschlossen	nicht abgeschlossen	?	abgeschlossen

Übungen

1. Ist die Lebensdauer eines monotonen Systems mit gleichen NBUE-(NWU-) ((NWUE-))Lebensdauerverteilungen der Komponenten notwendig NBUE-(NWU-) ((NWUE-))verteilt?
2. Man zeige, daß man jede beliebige Verteilung auf $[0, \infty)$ als Mischung einer geeigneten Teilmenge der IFR-Verteilungen darstellen kann.

*3. Es seien $\mu_t = \int_0^\infty x^t\,dF(x)$ und $\lambda_t = \mu_t/\Gamma(t+1)$. Man zeige für $r \geqq 0, s \geqq 0$ die Gültigkeit der Ungleichung

$$\lambda_{r+s} \leqq (\geqq)\,\lambda_r\lambda_s\,,$$

falls F eine NBU-(NWU-)Verteilung ist (vgl. Folgerung 6.5, Kapitel 4).

*4. F sei eine NBUE-(NWUE-)Verteilung. Man zeige die Gültigkeit von

$$\lambda_{r+1} \leqq (\geqq)\,\lambda_r\lambda_1 \quad \text{für} \quad r \geqq 0\,,$$

wobei λ_r wie in Übung 3 definiert ist.

*5. F sei eine NBUE-(NWUE-)Verteilung mit dem Erwartungswert μ. Man beweise die Ungleichung

$$\int_x^\infty \bar{F}(t)\,dt \leqq (\geqq)\,\mu\,\mathrm{e}^{-x/\mu} \quad \text{für} \quad x \geqq 0\,.$$

*6. Es seien F_i NBUE-(NWUE-)Verteilungen mit dem Mittelwert μ_i, $i = 1, 2, \ldots, n$. Man zeige die Gültigkeit von

$$\text{(a)} \int_0^x \prod_{i=1}^n F_i(t)\, dt \geqq (\leqq) \left(\sum_{i=1}^n \frac{1}{\mu_i}\right)^{-1} \left[1 - \exp\left[-x_i \sum_{i=1}^n \frac{1}{\mu_i}\right]\right] \qquad \text{für} \quad x \geqq 0\,.$$

$$\text{(b)} \int_x^\infty \left[1 - \prod_{i=1}^n F_i(t)\right] dt \leqq (\geqq) \int_x^\infty \left[1 - \prod_{i=1}^n (1 - e^{-t/\mu_i})\right] dt \qquad \text{für} \quad x \geqq 0\,.$$

Indem wir in (a) $x = \infty$ setzen sehen wir, daß die mittlere Lebensdauer eines Seriensystems mit unabhängigen Komponenten im Fall NBUE-(NWUE-)verteilter Lebenszeiten der Komponenten größer (kleiner) als im Fall exponentieller Lebenszeiten der Komponenten ist. Indem wir in (b) $x = 0$ setzen, können wir analog folgern, daß die mittlere Lebensdauer eines Parallelsystems mit unabhängigen Komponenten im Fall NBUE-(NWUE-)verteilter Lebenszeiten der Komponenten kleiner (größer) als im Fall exponentieller Lebenszeiten der Komponenten ist.

*7. F sei eine NBU-Verteilung mit $\bar{F}(t) = \alpha$ für einen festen Wert von t. Dann gilt

$$\bar{F}(x) \begin{cases} \geqq \alpha^{1/k} & \text{für } \dfrac{t}{k+1} < x \leqq \dfrac{t}{k}, \qquad k = 0, 1, 2, \ldots, \\ \leqq \alpha^k & \text{für } kt \leqq x < (k+1)\,t, \qquad k = 0, 1, 2, \ldots \end{cases}$$

Nach dem Beweis der Gültigkeit dieser Schranken zeige man, daß sie nicht verbessert werden können.

*8. F sei eine NWU-Verteilung mit $\bar{F}(t) = \alpha$ für einen festen Wert von t. Dann gilt

$$\bar{F}(x) \begin{cases} \leqq \alpha^{1/(k+1)} & \text{für } \dfrac{t}{k+1} \leqq x < \dfrac{t}{k}, \qquad k = 0, 1, 2, \ldots, \\ \geqq \alpha^{k+1} & \text{für } kt \leqq x < (k+1)\,t, \qquad k = 0, 1, 2, \ldots \end{cases}$$

Nach dem Beweis der Gültigkeit dieser Schranken zeige man, daß sie nicht verbessert werden können.

*9. F sei eine NBUE-Verteilung mit dem Mittelwert μ. Dann gilt für $t \leqq \mu$ die Ungleichung

$$F(t) \leqq \frac{t}{\mu}\,.$$

Man zeige, daß die Schranke nicht verbessert werden kann.

*10. Man zeige, daß die Gefahrtransformation $\eta(\boldsymbol{R}) = -\ln h(e^{-R_1}, \ldots, e^{-R_n})$ eines monotonen Systems mit der Zuverlässigkeitsfunktion $h(p_1, \ldots, p_n)$

(a) in jedem Argument wachsend ist;
(b) den Bedingungen $\eta(\boldsymbol{0}) = 0$ und $\eta(\infty) = \infty$ genügt;
(c) im Endlichen stetig ist;
(d) superadditiv ist, d. h., es gilt

$$\eta(\boldsymbol{R}^{(1)} + \boldsymbol{R}^{(2)}) \geqq \eta(\boldsymbol{R}^{(1)}) + \eta(\boldsymbol{R}^{(2)})\,.$$

§ 6. Bemerkungen und Literaturhinweise

§ 1. Alters- bzw. Gruppenersatzstrategien wurden von Cox (1962) bzw. FLEHINGER (1962) untersucht. Beide Strategien werden ausführlich in B-P (1965) behandelt.

§ 2. Die Klassen NBU, NWU, NBUE und NWUE und ihre Anwendungen in der Instandhaltungstheorie sind in MARSHALL-PROSCHAN (1972) systematisch analysiert und beschrieben worden. Viele der hier hinsichtlich dieser Klassen angegebenen Resultate sind dieser Arbeit entnommen.

§ 3. Die Darstellung zu Beginn dieses Paragraphen stimmt bis zu einem gewissen Grade mit § 2, Kapitel 3 des Buches von B-P (1965) überein. Der Unterschied besteht hauptsächlich darin, daß in den meisten Fällen in den Voraussetzungen die nicht notwendige Annahme IFR (DFR) durch NBU (NWU) ersetzt wird.

Die NBU-Schranke des Satzes 3.2 ist im wesentlichen ein Resultat von E. Straub (1970). Die Sätze 3.15, 3.17 und Korollar 3.16 sind ebenfalls durch die Arbeit von E. Straub (1970) motiviert worden.

§ 4. Die stochastischen Vergleichbarkeitsaussagen der Sätze 4.1, 4.2 und 4.4 wurden in Barlow-Proschan (1964) unter der zu strengen Voraussetzung erhalten, daß eine IFR- (bzw. im Satz 4.1 entsprechend eine DFR-) Lebensdauerverteilung vorliegt. Die notwendigen Bedingungen für den stochastischen Vergleich in den drei Sätzen sind in dieser Arbeit nicht erzielt worden.

§ 5. Satz 5.1 sowie Eigenschaften und Anwendung der Gefahrtransformation sind in Esary-Marshall-Proschan (1970) angegeben.

KAPITEL 7

INSTANDHALTUNGS- UND ERSATZMODELLE

§ 1. Einführung

Wir untersuchen in diesem Kapitel einige Modelle der Instandhaltungstheorie. Im § 2 werden wir einige Ergebnisse hinsichtlich der Verfügbarkeit von Komponenten und Systemen erhalten. Im § 3 untersuchen wir verschiedene Modelle, in denen ein System durch Ersetzen ausgefallener Teile durch Reserveteile und Reparatur ausgefallener Teile, die nach Beendigung der Reparatur wieder als Reserve zur Verfügung gestellt werden, instand gehalten wird. Abschließend zeigen wir im § 4, wie eine optimale Aufteilung der Reserveteile auf die verschiedenen Komponenten eines Systems zu bestimmen ist, wenn der gesamte Kostenaufwand für Reserveteile eine gewisse Summe nicht übersteigen soll. Es wird ein allgemeines Aufteilungsmodell aufgestellt und ein Algorithmus für dessen Lösung angegeben. Dabei ist der vorgeschlagene Algorithmus eine Verallgemeinerung eines entsprechenden Algorithmus von KETTELLE (1962). Das allgemeine Aufteilungsmodell kann in einer Reihe von Zuverlässigkeitsproblemen sowie anderen aus der Operationsforschung hervorgegangenen Optimierungsaufgaben, die einer einzelnen Restriktion unterliegen, angewendet werden.

Es ist in diesem Kapitel keine vollständige oder umfassende Behandlung von Instandhaltungsstrategien beabsichtigt, sondern es sollen vielmehr gewisse ausgewählte, interessante Themen der gegenwärtigen Forschung etwas gründlicher untersucht werden.

§ 2. Verfügbarkeitstheorie

Eine wichtige Kenngröße eines reparierbaren Systems ist die Wahrscheinlichkeit dafür, daß das System zu einem bestimmten Zeitpunkt t arbeitet. Im folgenden sei $X(t) = 1$, falls das System zur Zeit t arbeitet, und 0 sonst.

2.1. Definitionen. (a) Als *Verfügbarkeit $A(t)$ zur Zeit t* bezeichnet man die Größe

$$A(t) = P[X(t) = 1] = EX(t) . \tag{2.1}$$

(b) Als *stationäre Verfügbarkeit* (*Dauerverfügbarkeit*) A bezeichnet man die Größe

$$A = \lim_{t \to \infty} A(t) , \tag{2.2}$$

falls sie existiert.

(c) Die *mittlere Verfügbarkeit* im Intervall $[0, T]$ ist gleich $(1/T) \int_0^T A(t)\, dt$.

(d) Die *mittlere Grenzverfügbarkeit* A_{av} ist gleich $A_{av} = \lim_{T \to \infty} (1/T) \int_0^T A(t)\, dt$.

Bemerkungen. (a) Sind Reparaturen nicht erlaubt, so ist $A(t)$ gerade die Systemzuverlässigkeit, also die Wahrscheinlichkeit dafür, daß das System in $[0, t]$ ohne Ausfall arbeitet.

(b) Wir bemerken, daß die mittlere Verfügbarkeit in $[0, T]$ dem mittleren Anteil der Arbeitszeit des Systems in $[0, T]$ entspricht. Um dies zu überprüfen, setzen wir $U(T) = \int_0^T X(t)\, dt$, d. h. also, wir bezeichnen mit $U(T)$ die gesamte (zufällige) Arbeitszeit in $[0, T]$. Dann gilt nach dem Satz von Fubini

$$\frac{1}{T} EU(T) = \frac{1}{T} E \int_0^T X(t)\, dt = \frac{1}{T} \int_0^T EX(t)\, dt = \frac{1}{T} \int_0^T A(t)\, dt\,,$$

wenn eines der Integrale existiert.

Als nächstes zeigen wir, daß die mittlere Grenzverfügbarkeit mit der stationären Verfügbarkeit zusammenfällt.

2.2. Lemma. *Existiert* $\lim_{t\to\infty} A(t) = A$, *so gilt*

$$A_{\text{av}} = \lim_{T\to\infty} \frac{1}{T} E \int_0^T X(t)\, dt = A\,. \tag{2.3}$$

Beweis. Nach Voraussetzung existiert zu jedem $\varepsilon > 0$ ein hinreichend großes t_0 mit $|A(t) - A| < \varepsilon$ für alle $t > t_0$. Für $T > t_0$ folgt somit

$$\frac{1}{T} \int_0^T A(t)\, dt \leqq \frac{1}{T} \int_0^{t_0} A(t)\, dt + \frac{1}{T} \int_{t_0}^T (A + \varepsilon)\, dt\,,$$

und da t_0 fest ist, erhalten wir die Ungleichung

$$\lim_{T\to\infty} \frac{1}{T} \int_0^T A(t)\, dt \leqq A + \varepsilon\,.$$

Analog erhalten wir

$$\lim_{T\to\infty} \frac{1}{T} \int_0^T A(t)\, dt \geqq A - \varepsilon\,.$$

Damit ist aber die Behauptung bewiesen, da ε beliebig gewählt wurde. ∎

Als nächstes werden wir einen von der mittleren Arbeits- und mittleren Reparaturdauer abhängenden Ausdruck für die stationäre Verfügbarkeit erhalten. Mit T_i bezeichnen wir im folgenden die Dauer der i-ten Arbeitsperiode und mit D_i die Dauer der i-ten Reparatur- oder Ersatzperiode. Die Größen T_i und D_i müssen nicht unabhängig sein, wir fordern jedoch, daß $\{T_i + D_i\}_{i=1,2,\ldots}$ eine Folge gegenseitig unabhängiger zufälliger Variablen ist.

Des weiteren sei F die gemeinsame Verteilung der T_i, $i = 1, 2, \ldots$, und H die gemeinsame Verteilung der Summen $T_i + D_i$, $i = 1, 2, \ldots$ Schließlich bezeichnen wir noch mit $M_H(t) = \sum_{n=1}^{\infty} H^{(n)}(t)$ die Erneuerungsfunktion eines gewöhnlichen Erneuerungsprozesses mit der zugrundeliegenden Verteilung H (vgl. Kapitel 6, § 3). Wie man leicht sieht, läßt sich nun die Verfügbarkeit durch

$$A(t) = \bar{F}(t) + \int_0^t \bar{F}(t-u)\, dM_H(u)$$

ausdrücken. Ist die Verteilung H nicht arithmetisch, so folgt mit Hilfe des Hauptsatzes der Erneuerungstheorie (vgl. Satz 3.8, Kapitel 6 und die sich daran anschließende Bemerkung) die Beziehung

$$A = \lim_{t\to\infty} A(t) = \frac{ET}{ET + ED}\,. \tag{2.4}$$

Die durch (2.4) gegebene stationäre Verfügbarkeit hängt also nur von der mittleren Arbeits- und Reparaturdauer ab. Die Gleichung (2.4) ist eine der grundlegenden Beziehungen der Verfügbarkeitstheorie.

Bisher haben wir grundlegende Ergebnisse für die Verfügbarkeit einer Komponente oder eines Systems erhalten, das als eine Einheit behandelt wird. Im folgenden werden wir nun die Systemverfügbarkeit unter Berücksichtigung zweier einander ausschließender Modelle von Komponentenausfall und Komponentenreparatur untersuchen.

Systemverfügbarkeit: Prozesse mit unabhängigen Komponenten, Modell 1. Zunächst betrachten wir ein monotones System φ mit n Komponenten „Positionen" und nehmen an, daß die Komponente auf der Position i, die nach Ausfall ersetzt wird, einen alternierenden Erneuerungsprozeß erzeugt (vgl. B-P, 1965, Seite 74—83). Mit T_{ij} bezeichnen wir die (zufällige) Länge der j-ten Arbeitsperiode, die gemäß F_i mit dem Erwartungswert μ_i, $0 < \mu_i < \infty$, verteilt sei, und mit D_{ij} die (zufällige) Länge der j-ten Ersatzperiode mit der Verteilung G_i und dem Erwartungswert ν_i, $0 \leqq \nu_i < \infty$, $j = 1, 2, \ldots; i = 1, \ldots, n$. Wir nehmen weiterhin an, daß die $\{T_{ij} + D_{ij}\}_{j=1,2,\ldots;i=1,\ldots,n}$ gegenseitig unabhängige zufällige Variablen sind, wobei jedoch beliebige Paare T_{ij}, D_{ij} abhängig sein dürfen. Abb. 7.2.1 zeigt eine Realisierung der aufeinanderfolgenden Arbeits- und Ersatzperioden. Dabei ist die Ordinate $N_i(t)$ gleich 1, falls die i-te Komponente zur Zeit t arbeitet und 0, wenn sie ausgefallen ist, $i = 1, \ldots, n$.

In diesem ersten Modell setzen wir voraus, daß die n Komponentenpositionen unabhängig voneinander arbeiten. Insbesondere arbeiten während der Ersetzung einer ausgefallenen Komponente auf einer Position die Komponenten auf den restlichen Positionen weiter.

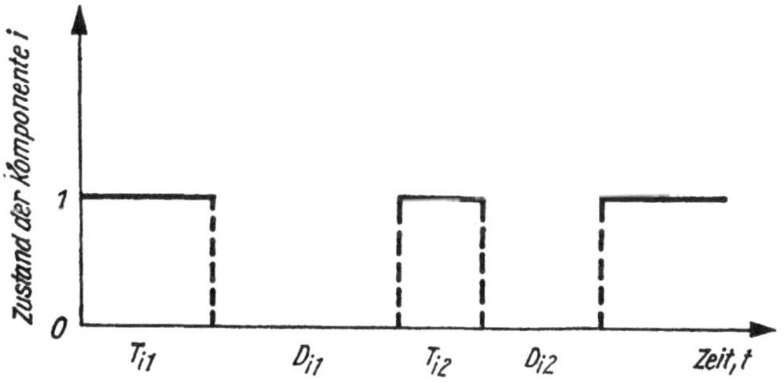

Abb. 7.2.1. Aufeinanderfolgende Ausfall- und Reparaturzeiten der Komponente i

Da sich offenbar der Zustand $X(t)$ des Systems mit Hilfe der Zustände $X_1(t), \ldots, X_n(t)$ der Komponenten gemäß

$$X(t) = \varphi(X_1(t), \ldots, X_n(t))$$

ausdrücken läßt, erhalten wir für die Verfügbarkeit $A(t)$ des Systems zur Zeit t die Formel

$$A(t) = EX(t) = h(EX_1(t), \ldots, EX_n(t))$$

oder die dazu äquivalente Beziehung

$$A(t) = h(A_1(t), \ldots, A_n(t)), \tag{2.5}$$

wobei h die Zuverlässigkeitsfunktion der Struktur φ (vgl. Kapitel 2, § 1) und $A_i(t)$ die Verfügbarkeit der Komponente i, $i = 1, \ldots, n$, zur Zeit t ist. Da h in seinen Argumenten multilinear ist, erhalten wir für die stationäre Systemverfügbarkeit $A = \lim_{t\to\infty} A(t)$ die Beziehung

$$A = h(A_1, \ldots, A_n), \tag{2.6}$$

falls die stationären Komponentenverfügbarkeiten $A_i = \lim_{t\to\infty} A_i(t)$ für $i = 1, \ldots, n$ existieren.

Indem wir annehmen, daß die Verteilung von $T_{i1} + D_{i1}$ nicht arithmetisch ist, $i = 1, \ldots, n$, folgt aus (2.4) die Beziehung

$$A = h\left(\frac{\mu_1}{\mu_1 + \nu_1}, \ldots, \frac{\mu_n}{\mu_n + \nu_n}\right). \tag{2.7}$$

2.3. Beispiel. Wir betrachten ein System, in dem ein Rechner mit zwei parallel angeordneten Stromgeneratoren in Reihe geschaltet ist (Abb. 7.2.2).

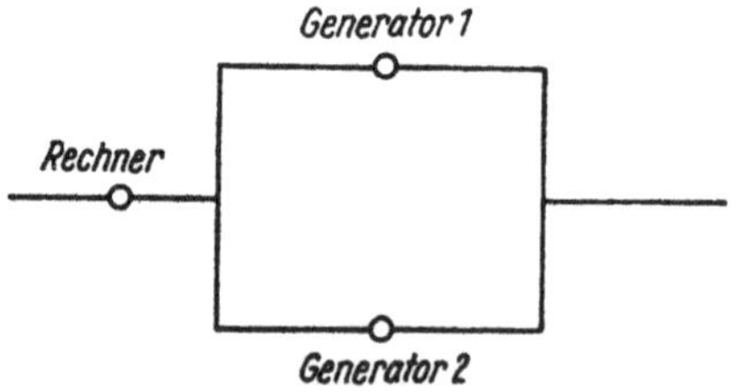

Abb. 7.2.2. Rechnersysteme

Die Lebens- und Reparaturzeiten seien unabhängig und die nicht ausgefallenen Komponenten mögen während der Ersetzung einer ausgefallenen Komponente weiterarbeiten. Die notwendigen Daten zur Berechnung der stationären Systemverfügbarkeit sind in Tab. 2.1 angegeben.

Tabelle 2.1. Komponentendaten

Komponente	Mittlere Lebensdauer (Stunden)	Mittlere Reparaturdauer (Stunden)	Verfügbarkeit
Rechner	1000	1	0,999
Generator 1	98	2	0,98
Generator 2	96	4	0,96

Mit Hilfe von (2.7) berechnen wir die stationäre Systemverfügbarkeit

$$A = 0{,}999(1 - 0{,}02 \times 0{,}04) = 0{,}998\,.$$

Verfügbarkeit von Seriensystemen, in denen intakte Komponenten die Arbeit während einer Reparatur einstellen, Modell 2. Das zweite Modell unterscheidet sich hinsichtlich zweier Aspekte vom ersten Modell:

(a) Anstelle beliebiger monotoner Systeme werden nur Seriensysteme betrachtet. Sonst fallen System- und Komponentenausfall zusammen.

(b) Während eine ausgefallene Komponente ersetzt wird, stellen alle anderen Komponenten die Arbeit ein. Ist die Ersetzung der ausgefallenen Komponente beendet, so nehmen auch die restlichen Komponenten die Arbeit wieder auf. In diesem Zeitpunkt sind sie zwar nicht „so gut wie neu" aber immerhin so gut, wie sie zu Beginn der Arbeitsunterbrechung des Systems waren.

Zusätzlich setzen wir voraus, daß in einem Zeitpunkt nicht zwei oder mehr Komponenten ausfallen können. Dies ist z. B. dann erfüllt, wenn alle auftretenden Lebensdauerverteilungen stetig sind.

Für dieses Modell werden wir asymptotische Aussagen im Sinne der Konvergenz mit Wahrscheinlichkeit 1 über die Verfügbarkeit des Systems, den Anteil der Ausfallzeit jeder Komponentenposition, die Anzahl der Komponentenausfälle pro Zeiteinheit, die mittlere Zeit zwischen den Ausfällen einer beliebigen Komponentenposition oder des Systems, usw. erhalten. Dabei werden diese Ergebnisse nur von der mittleren Lebensdauer μ_i $(0 < \mu_i < \infty)$ und der mittleren Reparaturdauer ν_i $(0 \leqq \nu_i < \infty)$, $i = 1, \ldots, n$, und nicht unmittelbar von den Lebens- und Reparaturdauerverteilungen F_i, G_i, $i = 1, \ldots, n$, abhängen. Es ist bemerkenswert, daß diese asymptotischen Ergebnisse mathematisch sehr einfach sind, obwohl die Lebensdauerverteilung der Komponenten sehr kompliziert sein kann. In der Tat, sei $\xi(t)$ gleich i, falls die i-te Komponente zur Zeit t ausgefallen ist, und 0, falls alle Komponenten zur Zeit t arbeiten, so besitzt der Prozeß $\{\xi(t);\, 0 \leqq t < \infty\}$ keine Regenerationspunkte.

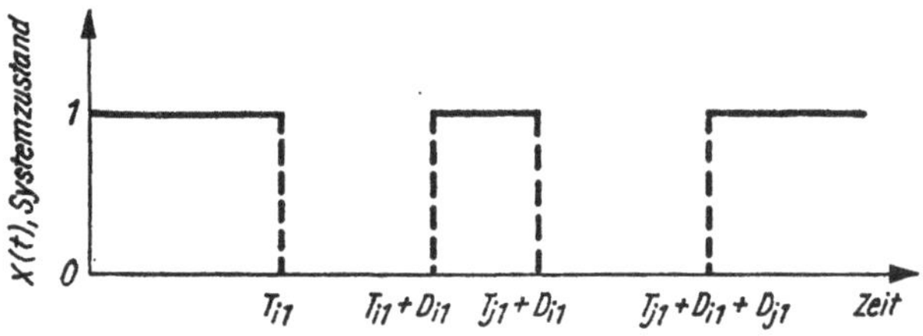

Abb. 7.2.3. Realisierung des Systemzustandes

Ein typischer Verlauf der aufeinanderfolgenden Arbeits- und Reparaturzeiten eines derartigen Seriensystems ist in Abb. 7.2.3 dargestellt.

In Abb. 7.2.3 fällt die Komponente i zur Zeit T_{i1} aus und verursacht für die Dauer von D_{i1} Stunden einen Systemausfall. Zum Zeitpunkt $T_{i1} + D_{i1}$ ist die Reparatur der i-ten Komponente beendet und das System beginnt wieder zu arbeiten, bis die Komponente j zum Zeitpunkt $T_{j1} + D_{i1}$ ausfällt. Die Reparatur der Komponente j ist zum Zeitpunkt $T_{j1} + D_{i1} + D_{j1}$ beendet, in dem das System die Arbeit wieder aufnimmt ... usw.

In Abb. 7.2.3 ist eine Realisierung in Abhängigkeit von der gesamten vergangenen Zeit (Kalenderzeit) aufgezeichnet. Eine andere Art und Weise der Darstellung der Ergebnisse, nämlich die Darstellung in Abhängigkeit der Gesamtarbeitszeit $U(t)$ des Systems bis zur Zeit t ist ebenfalls sehr vorteilhaft. In Abb. 7.2.4 wird dieselbe Realisierung wie in Abb. 7.2.3, jedoch auf eine andere Weise dargestellt. Wir bemerken noch, daß man die Gesamtausfallzeit $D(t)$ des Systems bis zur Zeit t aus der Beziehung $U(t) + D(t) = t$ erhalten kann.

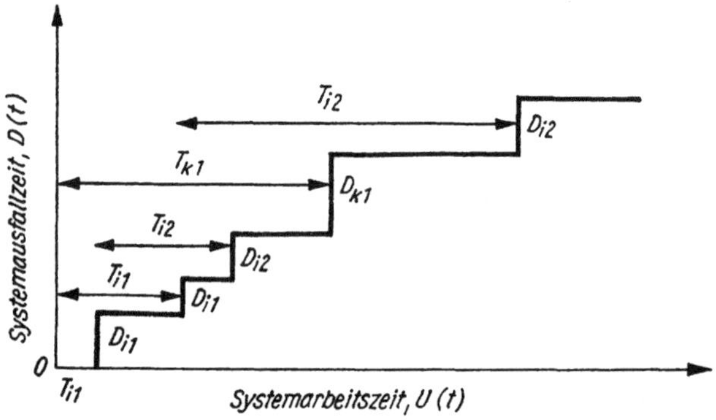

Abb. 7.2.4. Ausfall-Reparatur-Verlauf in Abhängigkeit der Arbeitszeit des Systems

Mit $\tilde{N}_i(t, \omega)$ bezeichnen wir die Anzahl der Ausfälle der Komponente i während der gesamten Zeit t bei gegebener Realisierung ω.

Dann gilt

$$\tilde{N}_i(t, \omega) \equiv N_i[U(t, \omega), \omega], \tag{2.8}$$

wobei $\{N_i(t);\, t \geqq 0\}$ der Erneuerungszählprozeß mit den Ausfallabständen $\{T_{ir}\}_{r=1}^{\infty}$ ist, d. h., es gilt $N_i(t) = \sup\{n \mid S_{in} \leqq t\}$, falls wir $S_{i0} = 0$ und $S_{in} = \sum_{r=1}^{n} T_{ir}$ für $n \geqq 1$ setzen. Es ist wichtig zu erwähnen, daß (2.8) für jede Realisierung gilt, die Beziehung $\tilde{N}_i(t) \overset{\text{st}}{=} N_i(U(t))$, wobei die $U(.)$ und $N_i(.)$ durch die unabhängigen Prozesse $\{U(t),\, t \geqq 0\}$, $\{N_i(x);\, x \geqq 0\}$ definiert sind, jedoch nicht wahr ist. Denn ist z. B. für ein System, das nur aus einer Komponente besteht, die Beziehung $D_1 < 1$ mit Wahrscheinlichkeit 1 erfüllt und ist weiterhin die zugrundeliegende Lebensdauerverteilung F_1 in $[0, 1]$ streng wachsend, so gilt einerseits $P[\tilde{N}_1(1) > 1] = 0$, andererseits aber $P[N_1(U(1)) > 1] > 0$. Bei der Anwendung der Beziehung (2.8) werden wir des öfteren ω weglassen.

Im restlichen Teil dieses Paragraphen nehmen wir an, daß zum Zeitpunkt $t = 0$ alle Komponenten neu sind. Die erzielten asymptotischen Ergebnisse gelten jedoch auch für beliebige Anfangsbedingungen.

2.4. Lemma. *Es gilt* $\lim_{t\to\infty} [N_i(U(t, \omega))/U(t, \omega)] = 1/\mu_i$ *mit Ausnahme einer Menge von Realisierungen* ω, *die die Wahrscheinlichkeit* 0 *hat.*

Beweis. Für $t \to \infty$ gilt $U(t, \omega) \to \infty$ mit Wahrscheinlichkeit 1. Des weiteren gilt nach Satz 3.6, Kapitel 6 für $x \to \infty$ mit Wahrscheinlichkeit 1 auch $N_i(x, \omega)/x \to (1/\mu_i)$. Daraus folgt sofort die Behauptung. ▮

Wir bemerken, daß allen betrachteten Zufallsgrößen die gleiche Realisierung (Elementarereignis) ω zugrundeliegt. Wir können jetzt einen Ausdruck für die mittlere Grenzverfügbarkeit A_{av} ableiten.

2.5. Satz. *Mit Wahrscheinlichkeit* 1 *gilt*

$$\lim_{t\to\infty} \frac{U(t)}{t} = \left(1 + \sum_{j=1}^{n} \frac{\nu_j}{\mu_j}\right)^{-1} \tag{2.9}$$

Beweis. Wir bemerken zunächst, daß die Ungleichungen

$$\sum_{i=1}^{n} \sum_{r=1}^{\tilde{N}_i(t)-1} D_{ir} \leqq D(t) \leqq \sum_{i=1}^{n} \sum_{r=1}^{\tilde{N}_i(t)} D_{ir}$$

erfüllt sind. Dabei folgt die linke Ungleichung aus der Tatsache, daß die letzte vor t beginnende Ausfallzeit mit berücksichtigt wird und die rechte Ungleichung gilt, da die letzte vor t beginnende Ausfallzeit in Wirklichkeit über den Zeitpunkt t hinausgehen kann. Wegen $U(t) + D(t) \equiv t$ erhalten wir

$$\frac{U(t)}{t} = \left[1 + \frac{D(t)}{U(t)}\right]^{-1} \geqq \left[1 + \sum_{i=1}^{n} \frac{1}{\tilde{N}_j(t)} \sum_{r=1}^{\tilde{N}_i(t)} D_{ir} \frac{N_i(U(t))}{U(t)}\right]^{-1}.$$

Nach dem starken Gesetz der großen Zahlen gilt mit Wahrscheinlichkeit 1 $[1/\tilde{N}_i(t)] \sum_{r=1}^{\tilde{N}_i(t)} D_{ir} \to \nu_i$ für $t \to \infty$.

Nach Lemma 2.4 konvergiert $N_j(U(t))/U(t)$ mit Wahrscheinlichkeit 1 gegen $1/\mu_i$ für $t \to \infty$ und daher ist

$$\lim_{t\to\infty} \frac{U(t)}{t} \geqq \left[1 + \sum_{i=1}^{n} \frac{\nu_i}{\mu_i}\right]^{-1}$$

mit Wahrscheinlichkeit 1 erfüllt. Die umgekehrte Ungleichung wird analog bewiesen. ∎

Der in (2.9) angegebene Grenzwert hängt nur von den mittleren Lebens- und Ersetzungszeiten ab, und demnach ist es nicht erforderlich, die wirklichen Lebens- und Reparaturzeitverteilungen zu kennen.

Das Endergebnis wird in Korollar 2.6 angegeben.

2.6. Korollar.

$$A_{av} = \lim_{t\to\infty} \frac{EU(t)}{t} = \left(1 + \sum_{j=1}^{n} \frac{\nu_j}{\mu_j}\right)^{-1}. \tag{2.10}$$

Beweis. Da $U(t)/t \leq 1$ für alle $t \geqq 0$ gilt und $U(t)/t$ mit Wahrscheinlichkeit 1 gegen $\left(1 + \sum_{j=1}^{n} (\nu_j/\mu_j)\right)^{-1}$ konvergiert, folgt mit Hilfe des Satzes von Lebesgue $EU(t)/t \to \left(1 + \sum_{j=1}^{n} (\nu_j/\mu_j)\right)^{-1}$ für $t \to \infty$. Somit erhalten wir die Behauptung, da wegen Bemerkung (b) zur Definition 2.1 $A_{av} = \lim_{t\to\infty} [EU(t)/t]$ gilt. ∎

Bemerkung. Bisher haben wir asymptotische Ergebnisse für die mittlere Verfügbarkeit erhalten. Existiert die stationäre Verfügbarkeit $A = \lim_{t\to\infty} P[\xi(t) = 0]$, dann gilt nach Lemma 2.2., $A = A_{av}$. Der Grenzwert $\lim_{t\to\infty} P[\xi(t) = 0]$ muß jedoch nicht immer existieren. Hinreichend für die Existenz dieses Grenzwertes sind z. B. die Bedingungen, daß ein beliebiges F_i nicht arithmetisch und alle F_j mit $j \neq i$ exponentiell sind.

In ähnlicher Art und Weise erhalten wir asymptotischen Ergebnisse für die gesamte Ausfallzeit $D_i(t)$ die durch Ausfälle in der i-ten Komponentenposition während $[0, t]$ verursacht wird. Wir setzen $D_{i,\mathrm{av}} \overset{\text{f.s.}}{=} \lim_{t\to\infty} [D_i(t)/t]$ und $D_{\mathrm{av}} \overset{\text{f.s.}}{=} \lim_{t\to\infty} [D(t)/t]$. Dann gilt die folgende Aussage.

2.7. Korollar. *Mit Wahrscheinlichkeit* 1 *ist*

(a)
$$D_{i,\mathrm{av}} = \frac{\nu_i}{\mu_i} A_{\mathrm{av}} \qquad \text{für } i = 1, \dots, n, \tag{2.11a}$$

b)
$$D_{\mathrm{av}} = A_{\mathrm{av}} \sum_{i=1}^{n} \frac{\nu_i}{\mu_i}. \tag{2.11b}$$

Beweis. (a) Ähnlich wie im Beweis von Satz 2.5 erhalten wir zunächst die Gültigkeit der Ungleichungen

$$\sum_{r=1}^{\tilde{N}_i(t)-1} D_{ir} \leqq D_i(t) \leqq \sum_{r=1}^{\tilde{N}_i(t)} D_{ir}.$$

Somit gilt offenbar

$$\frac{D_i(t)}{t} \leqq \frac{1}{\tilde{N}_i(t)} \sum_{r=1}^{\tilde{N}_i(t)} D_{ir} \cdot \frac{N_i(U(t))}{U(t)} \cdot \frac{U(t)}{t},$$

woraus mit Hilfe des starken Gesetzes der großen Zahlen (angewendet auf den ersten Faktor), Lemma 2.4 (angewendet auf den zweiten Faktor) und Satz 2.5 (angewendet auf den dritten Faktor) die Ungleichung

$$\lim_{t\to\infty} \frac{D_i(t)}{t} \leqq \frac{\nu_i}{\mu_i} A_{\mathrm{av}}$$

folgt.

Die umgekehrte Ungleichung wird analog bewiesen.

b) Indem wir in (2.11a) über i summieren, erhalten wir (2.11b). ∎

Bemerkungen. (a) Mit Hilfe von Lemma 2.2 und der Beweismethode von Korollar 2.6 können wir zeigen, daß

$$\lim_{t\to\infty} P[\xi(t) = i] = D_{i,\mathrm{av}} \tag{2.12}$$

gilt, falls $\lim_{t\to\infty} P[\xi(t) = i]$ existiert.

(b) Die Beziehung (2.11a) läßt sich wie folgt heuristisch rechtfertigen. Das Produkt $A_{\mathrm{av}} \cdot (1/\mu_i)\, dt$ kann im stationären Fall angenähert als die Wahrscheinlichkeit dafür angesehen werden, daß das System arbeitet und im nächsten Zeitintervall der Länge dt durch Ausfall der i-ten Komponente ausfällt. Analog kann man im stationären Fall das Produkt $D_{i,\mathrm{av}} \cdot (1/\nu_i)\, dt$ angenähert als Wahrscheinlichkeit dafür interpretieren, daß das System wegen der ausgefallenen i-ten Komponente nicht arbeitet und die Reparatur der i-ten Komponente im nächsten Zeitintervall der Länge dt beendet wird. In (2.11a) sind somit diese stationären Wahrscheinlichkeiten gleichgesetzt.

Als nächstes erhalten wir asymptotische Ergebnisse für die Anzahl $\tilde{N}_i(t)$ der Ausfälle der i-ten Komponentenposition während $[0, t]$.

2.8. Korollar.

(a) *Mit Wahrscheinlichkeit* 1 *gilt*

$$\lim_{t\to\infty} \frac{\tilde{N}_i(t)}{t} = \frac{A_{av}}{\mu_i} \quad \textit{für } i = 1, \dots, n\,, \tag{2.13a}$$

(b)
$$\lim_{t\to\infty} \frac{E\tilde{N}_i(t)}{t} = \frac{A_{av}}{\mu_i} \quad \textit{für } i = 1, \dots, n\,. \tag{2.13b}$$

Beweis. (a) Aus (2.8) erhalten wir $\tilde{N}_i(t)/t = [N_i(U/t))/U(t)]\,[U(t)/t]$, woraus sofort die Behauptung folgt, da nach Lemma 2.4 mit Wahrscheinlichkeit 1 $N_i(Ut))/U(t)$ gegen $1/\mu_i$ und nach (2.9) und (2.10) $U(t)/t$ gegen A_{av} konvergiert.

(b) Offenbar gilt $\tilde{N}_i(t)/t = N_i(U(t))/t \leqq N_i(t)/t$. Mit Hilfe des elementaren Erneuerungstheorems (vgl. mit der auf Satz 3.6, Kapitel 6 folgenden Bemerkung) erhalten wir $EN_i(t)/t \to 1/\mu$. Weiterhin gilt, wie in Kapitel 6, § 3, behauptet wurde, $EN_i(t) < \infty$ für jedes $t \geqq 0$. Somit existiert ein M mit $\sup_t (EN_i(t)/t) < M$. Die Behauptung (b) folgt jetzt mit Hilfe des Satzes von LEBESGUE aus (a). ∎

Bemerkungen. (a) Eine heuristische Rechtfertigung von (2.13a) läßt sich wie folgt angeben. Die Beziehung (2.13a) besagt nämlich, daß die gesamte Arbeitszeit während $[0, t]$ (die angenähert dem Produkt $\tilde{N}_i(t) \cdot \mu_i$ entspricht) gleich der gesamten Zeit multipliziert mit dem Anteil der Arbeitszeit (was angenähert dem Produkt $t \cdot A_{av}$ entspricht) ist.

(b) Offensichtlich konvergiert $\tilde{N}(t)/t$ mit Wahrscheinlichkeit 1 und im Mittel gegen $A_{av} \sum_{i=1}^{n} (1/\mu_i)$, wobei $\tilde{N}(t) = \sum_{i=1}^{n} \tilde{N}_i(t)$ der Gesamtzahl der Systemausfälle in $[0, t]$ entspricht.

Mittlere Zeit zwischen Systemausfällen. Nach einer beliebigen Reparatur hängt die Verteilung der Zeit von diesem Zeitpunkt bis zum nächsten Systemausfall von der gesamten Vorgeschichte des Systems ab. Wie wir jedoch als nächstes zeigen werden, konvergieren die mittleren Längen der Systemarbeitsperioden während $[0, t]$ gegen einen Grenzwert, den wir mit μ bezeichnen. Analog dazu konvergieren auch die mittleren Längen aller Ersatzperioden (Systemausfallzeiten) während $[0, t]$ gegen einen Grenzwert, der mit ν bezeichnet wird.

2.9. Satz. (a) *Die mittleren Systemarbeitszeiten konvergieren mit Wahrscheinlichkeit* 1 *gegen* $\mu = \left(\sum_{i=1}^{n} (1/\mu_i)\right)^{-1}$.

(b) *Die mittleren Systemausfallzeiten konvergieren mit Wahrscheinlichkeit* 1 *gegen* $\nu = \mu \cdot \sum_{i=1}^{n} \nu_i/\mu_i$.

Beweis. (a) Wie im folgenden gezeigt wird, unterscheiden sich die mittleren Arbeitsperioden des Systems in $[0, t]$ von $U(t)/\tilde{N}(t)$ nur durch einen Ausdruck, der für $t \to \infty$ mit Wahrscheinlichkeit 1 gegen 0 konvergiert. Nach Satz 2.5 und Korollar 2.6 gilt mit Wahrscheinlichkeit 1 $\lim_{t\to\infty} (U(t)/t) = A_{av}$ und nach Korollar 2.8 $\lim_{t\to\infty} (\tilde{N}_i(t)/t) = A_{av}/\mu_i$.

Somit folgt mit Wahrscheinlichkeit 1

$$\lim_{t\to\infty} \frac{U(t)}{\widetilde{N}(t)} \overset{\text{f.s.}}{=} \frac{A_{\text{av}}}{A_{\text{av}} \sum_{i=1}^{n} \mu_i^{-1}} = \left(\sum_{i=1}^{n} \mu_i^{-1}\right)^{-1},$$

woraus wir unmittelbar die Behauptung erhalten.

(b) Die mittleren Systemausfallzeiten in $[0, t]$ unterscheiden sich von $\sum_{i=1}^{n} \sum_{r=1}^{\widetilde{N}_i(t)} D_{ir}/\widetilde{N}(t)$ lediglich durch einen Ausdruck, der für $t \to \infty$ mit Wahrscheinlichkeit 1 gegen 0 konvergiert. Für die Doppelsumme können wir offenbar auch $\sum_{i=1}^{n} [\widetilde{N}_i(t)/\widetilde{N}(t)] \times \times [1/\widetilde{N}_i(t)] \cdot \sum_{r=1}^{\widetilde{N}_i(t)} D_{ir}$ schreiben. Da aber nach Korollar 2.8 $\widetilde{N}_i(t)/\widetilde{N}(t) \to \mu_i^{-1}/\sum_{j=1}^{n} \mu_j^{-1}$ und nach dem starken Gesetz der großen Zahlen $[1/\widetilde{N}_i(t)] \sum_{r=1}^{\widetilde{N}_i(t)} D_{ir} \to \nu_i$ mit Wahrscheinlichkeit 1 gilt, konvergiert die mittlere Ausfallzeit des Systems mit Wahrscheinlichkeit 1 gegen $\sum_{i=1}^{n} (\nu_i/\mu_i)/\sum_{i=1}^{n} \mu_i^{-1} = \mu \sum_{i=1}^{n} \nu_i/\mu_i$.

Bemerkungen. (a) Sind die Lebensdauerverteilungen exponentiell, dann ist $\left(\sum_{i=1}^{n} \mu_i^{-1}\right)^{-1}$ gleich der mittleren Dauer jeder Arbeitsperiode des Systems, wobei wegen der charakteristischen Eigenschaft der Exponentialverteilung (Gedächtnislosigkeit) die Vorgeschichte des Systems nicht berücksichtigt werden muß (vgl. Kapitel 3, § 2). Der Satz 2.9(a) besagt, daß für beliebige Lebensdauerverteilungen die mittleren Systemarbeitszeiten mit Wahrscheinlichkeit 1 gerade gegen diesen Wert konvergieren.

(b) Die mittlere Grenzverfügbarkeit eines einelementigen Systems mit der mittleren Lebensdauer μ und der mittleren Reparaturdauer ν ist nach (2.4) gleich $\mu/(\mu + \nu)$. Für die mittlere Grenzverfügbarkeit des hier betrachteten Seriensystems erhalten wir nach (2.9) und Satz 2.9

$$A_{\text{av}} = \left(1 + \sum_{i=1}^{n} \frac{\nu_i}{\mu_i}\right)^{-1} = \frac{\mu}{\mu + \mu \sum_{i=1}^{n} (\nu_i/\mu_i)} = \frac{\mu}{\mu + \nu}, \tag{2.14}$$

wobei μ und ν wie in Satz 2.9 definiert sind und den mittleren Systemarbeits- bzw. ausfallzeiten entsprechen. Die Beziehung (2.14) ist für Seriensysteme offenbar das Analogon zu dem in (2.4) angegebenen Ergebnis für das einelementige System.

2.10. Numerisches Beispiel. Wir betrachten ein Seriensystem mit vier Komponenten, das wie im Modell 2 beschrieben arbeitet. Die Daten dazu enthält Tab. 2.2.

Tabelle 2.2. Mittlere Ausfall- und Reparaturzeiten für Teilsysteme

Komponentenindex, i	Typ	Mittlere Lebensdauer (Stunden)	Mittlere Reparaturdauer (Stunden)
1	Stromzufuhr	50	0,1
2	Analogausrüstung	100	0,2
3	Digitalausrüstung	1000	1
4	Mechanik	10000	20

Mit Hilfe von (2.10) berechnen wir die mittlere Grenzverfügbarkeit $A_{av} = \left(1 + \sum_{j=1}^{4} \nu_j/\mu_j\right)^{-1} = 1{,}007^{-1} = 0{,}993.$

Nach (2.11a) können wir den asymptotischen Anteil der Zeit berechnen, in der das System wegen Ausfall einer der vier Komponententypen arbeitsunfähig ist. Wir erhalten

$$D_{1,av} = \frac{\nu_1}{\mu_1} A_{av} = \frac{1}{50} \times 0{,}993 = 0{,}002\,,$$

$$D_{2,av} = \frac{\nu_2}{\mu_2} A_{av} = \frac{2}{100} \times 0{,}993 = 0{,}002\,.$$

$$D_{3,av} = \frac{\nu_3}{\mu_3} A_{av} = \frac{1}{1000} \times 0{,}993 = 0{,}001\,,$$

$$D_{4,av} = \frac{\nu_4}{\mu_4} A_{av} = \frac{20}{10000} \times 0{,}993 = 0{,}002\,.$$

Ferner können wir aus (2.13a) für jeden Komponententyp den asymptotischen Wert der mittleren Anzahl der Ausfälle pro Stunde berechnen.

$$\lim_{t\to\infty} \frac{\tilde{N}_1(t)}{t} \stackrel{\text{f.s.}}{=} \frac{A_{av}}{\mu_1} = \frac{0{,}993}{50} = 0{,}020\,,$$

$$\lim_{t\to\infty} \frac{\tilde{N}_2(t)}{t} \stackrel{\text{f.s.}}{=} \frac{A_{av}}{\mu_2} = \frac{0{,}993}{100} = 0{,}010\,,$$

$$\lim_{t\to\infty} \frac{\tilde{N}_3(t)}{t} \stackrel{\text{f.s.}}{=} \frac{A_{av}}{\mu_3} = \frac{0{,}993}{1000} = 0{,}001\,,$$

$$\lim_{t\to\infty} \frac{\tilde{N}_4(t)}{t} \stackrel{\text{f.s.}}{=} \frac{A_{av}}{\mu_4} = \frac{0{,}993}{10000} = 0{,}0001\,.$$

Die asymptotische mittlere Systemarbeitszeit hat nach Satz 2.9(a) den Wert $\mu = \left(\sum_{i=1}^{n} \mu_i^{-1}\right)^{-1} = (0{,}02 + 0{,}01 + 0{,}001 + 0{,}0001)^{-1} = 32{,}15$ Stunden, und nach Satz 2.9(b) erhalten wir für die asymptotische mittlere Systemausfallzeit $\nu = \mu \sum_{i=1}^{n} (\nu_i/\mu_i) = 32{,}15 \cdot 0{,}007 = 0{,}225$ Stunden.

Übungen

1. Gegeben sei ein Rechner mit der exponentiellen Lebensdauerverteilung $F(t) = 1 - e^{-t/\mu}$ und der exponentiellen Reparaturdauerverteilung $G(t) = 1 - e^{-t/\nu}$.
   (a) Man berechne die Verfügbarkeit zur Zeit t_0 und die mittlere Verfügbarkeit in $[0, t_0]$.
   (b) Man zeige, daß sowohl die Verfügbarkeit als auch die mittlere Verfügbarkeit fallend in t_0 sind.
   (c) Mit Hilfe von (b) leite man für beliebige t_0 eine einfache pessimistische untere Schranke für die Verfügbarkeit und mittlere Verfügbarkeit her.

2. Wir nehmen an, daß im Modell 2 die i-te Komponente mit der Lebensdauerverteilung F_i nach dem Ausfall bzw. nach Erreichen des Alters T ersetzt wird, je nachdem welches Ereignis zuerst eintritt. Die mittlere Ersatzperiode sei ν_i gleichgültig ob die Ersetzung planmäßig oder außerplanmäßig erfolgt, $i = 1, \ldots, n$. Man berechne die mittlere stationäre Verfügbarkeit!
3. Man gebe ein Beispiel an, in dem die stationäre Verfügbarkeit (2.2) nicht existiert.
4. Man gebe ein Beispiel dafür an, daß (2.4) nicht mehr gelten muß, falls die $\{T_i + D_i\}_{i=1,2,\ldots}$ nicht untereinander unabhängig sind.
5. Unter den Annahmen des Modells 1 berechne man die stationäre Verfügbarkeit für ein 2-aus-3-System mit unabhängigen Komponenten, deren mittlere Lebensdauer 100 Stunden und deren mittlere Reparaturdauer 2 Stunden beträgt.
6. Wir betrachten ein Seriensystem mit unabhängigen Komponenten, das den Voraussetzungen des Modells 1 genügt. Man zeige, daß die Nichtverfügbarkeit des Systems für große mittlere Lebens- und kleine mittlere Reparaturzeiten angenähert gleich der Summe der Nichtverfügbarkeiten der Komponenten ist.
7. Im Modell 2 seien alle Komponenten stochastisch gleich. Ferner sei mit wachsender Anzahl n der Komponenten des Seriensystems die mittlere Reparaturdauer ν fallend, sodaß also $\nu = \nu_0/n$ gilt. Man zeige, daß die mittlere Grenzverfügbarkeit des Systems A_{av} bez. n konstant bleibt.
8. Man erkläre heuristisch, warum die asymptotischen mittleren Systemarbeitszeiten $\mu = \left(\sum_{i=1}^{n} \mu_i^{-1}\right)^{-1}$ Satz 2.9(a) nur von $\mu_1, \ldots, \mu_n$, die asymptotischen mittleren Systemausfallzeiten $\nu = \mu \sum_{i=1}^{n} \nu_i/\mu_i$ Satz 2.9(b) jedoch sowohl von $\mu_1, \ldots, \mu_n$ als auch von $\nu_1, \ldots, \nu_n$ abhängen.

§ 3. Instandhaltung durch Reservierung und Reparaturen

In den Modellen von § 2 war für eine ausgefallene Komponente immer eine Ersatzkomponente verfügbar. Im Gegensatz dazu werden wir bei den Modellen dieses Paragraphen voraussetzen, daß die Anzahl der verfügbaren Ersatz- oder Reservekomponenten beschränkt ist. Das System fällt jetzt dann aus, wenn keine Reservekomponente zur Ersetzung einer ausgefallenen Komponente verfügbar ist. Zusätzlich ist zur Reparatur ausgefallener Komponenten eine Reparatureinrichtung vorhanden. Als erstes betrachten wir das folgende Modell.

Modell 3. Gegeben sei ein aus einer einzigen Einheit bestehendes System, für das eine (gleichwertige) Reserveeinheit und eine Reparatureinrichtung zur Verfügung steht. Fällt die arbeitende Einheit aus, so wird sie in vernachlässigbar kleiner Zeit durch die Reserveeinheit ersetzt. Zum gleichen Zeitpunkt, der offenbar ein Regenerationspunkt ist, wird die Reparatur der ausgefallenen Einheit begonnen. Das System fällt aus, wenn die arbeitende Einheit ausfällt und keine Reserveeinheit zur Ersetzung derselben verfügbar ist (d. h. also, die Reparatur der zuletzt ausgefallenen Einheit ist noch nicht beendet). Wir nehmen im folgenden an, daß die arbeitende Einheit die Lebensdauerverteilung F mit dem Erwartungswert μ besitzt, die Reparaturzeiten gemäß G mit dem Erwartungswert ν verteilt sind und die Arbeits- und Reparaturzeiten untereinander unabhängig sind. Die in Reserve befindliche Einheit soll keinerlei Veränderungen erleiden (kalte Reserve). Der Instandhaltungszyklus ist in Abb. 7.3.1 dargestellt. Abschließend setzen wir noch voraus, daß zum Zeitpunkt $t = 0$ sowohl die arbeitende als auch die Reserveeinheit neu sind.

Wir können jetzt verschiedene interessierende Zuverlässigkeitskenngrößen in Abhängigkeit von F und G berechnen. Als erstes drücken wir die Zeit T_1 bis zum ersten

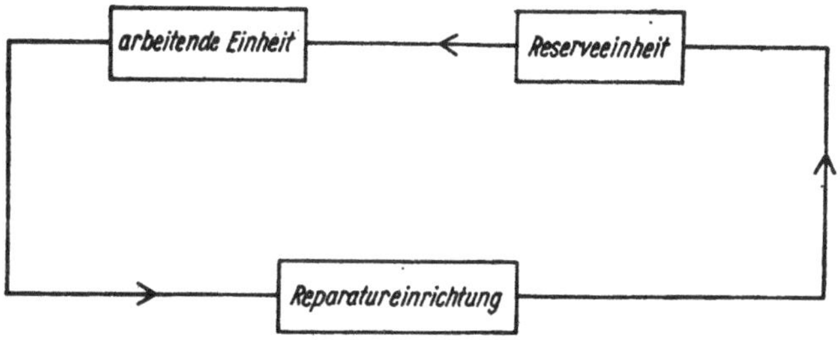

Abb. 7.3.1. Eine arbeitende Einheit unterstützt eine Reserveeinheit und eine Reparatureinheit

Systemausfall in der Form

$$T_1 = X_1' + X_2 + X_3 + \dots + X_N \tag{3.1}$$

aus, wobei die $X_1', X_2, X_3, \dots$ unabhängig und identisch gemäß F verteilt sind und mit N die (zufällige) Anzahl der Ausfälle der arbeitenden Einheit bis zum ersten Systemausfall bezeichnet wird. N besitzt eine durch

$$P[N = k + 1] = \alpha^{k-1}(1 - \alpha) \qquad \text{für } k = 1, 2, \dots, \tag{3.2}$$

definierte geometrische Verteilung, wobei

$$\alpha = \int_0^\infty G(t)\, dF(t) \tag{3.3}$$

ist. Dabei ist α gerade die Wahrscheinlichkeit dafür, daß eine ausgefallene Einheit vor dem Ausfall der arbeitenden Einheit repariert (und somit wieder als Reserveeinheit verfügbar) wird.

Da N eine Stoppzeit ist (d. h. das Ereignis $[N = n]$ ist für jedes $n = 2, 3, \dots$ unabhängig von $X_{n+1}, X_{n+2}, \dots$), folgt aus Satz 3.12, Kapitel 6, die Beziehung

$$ET_1 = EX_1' + EX_2 + \dots + EX_N = \mu EN .$$

Somit ist die mittlere Zeit bis zum ersten Systemausfall gleich

$$ET_1 = \mu\left(1 + \frac{1}{1-\alpha}\right). \tag{3.4}$$

Analog können wir die mittlere Zeit ET bis zum Systemausfall berechnen, indem die Zeit von einem Regenerationspunkt an, d. h. einem Moment, in dem die arbeitende Einheit ausfällt und in Reparatur geht, während gleichzeitig die Reserveeinheit die Arbeit aufnimmt, gemessen wird. Mit derselben Begründung wie oben erhalten wir die Formel

$$ET = \frac{\mu}{1-\alpha}. \tag{3.5}$$

ET_1 in (3.4) übertrifft demnach ET in (3.5) gerade um den Wert μ, also um den Erwartungswert der Zeit, bis das System den ersten Regenerationspunkt erreicht, falls es zum Zeitpunkt 0 die Arbeit aufgenommen hat.

Als nächstes können wir direkt zeigen, daß die mittlere Ausfallzeit ED des Systems gleich

$$ED = \int_0^\infty \int_0^\infty \frac{\overline{G}(t + x)}{\overline{G}(x)}\, dt\, dF(x) \tag{3.6}$$

ist. Die Gleichung (3.6) kann leicht verifiziert werden, wenn man berücksichtigt, daß ein Systemausfall nur dann auftritt, wenn die arbeitende Einheit vor Beendigung der Reparatur der Reserveeinheit ausfällt. Die arbeitende Einheit fällt aber mit Wahrscheinlichkeit $dF(x)$ genau x Stunden nach ihrem Arbeitsbeginn aus, während $\overline{G}(t + x) / \overline{G}(x)$ die Wahrscheinlichkeit dafür ist, daß die in Reparatur befindliche Einheit wenigstens noch t Stunden (in denen das System arbeitsunfähig bleibt) repariert wird. Indem wir alle Möglichkeiten für x und t berücksichtigen, erhalten wir so die in (3.6) gegebene mittlere Ausfallzeit ED des Systems.

Mit Hilfe von (2.4) erhalten wir für die stationäre Systemverfügbarkeit A

$$A = \frac{\mu(1-\alpha)^{-1}}{\mu(1-\alpha)^{-1} + ED}, \tag{3.7}$$

wobei ED in (3.6) gegeben ist. Wir weisen darauf hin, daß jetzt die stationäre Systemverfügbarkeit von der Ausfallverteilung F und Reparaturdauerverteilung G und nicht nur von den entsprechenden Erwartungswerten abhängig ist.

In (3.4) haben wir eine Formel für die mittlere Zeit bis zum ersten Systemausfall angegeben. Wir werden jetzt die Verteilung H der Zeit bis zum ersten Systemausfall mit Hilfe der LAPLACE-Transformierten bestimmen. Sei dazu H_1 die Verteilung der Zeit bis zum ersten Systemausfall unter der Bedingung, daß die arbeitende Einheit gerade ausgefallen ist und durch die Reserveeinheit ersetzt wurde, d. h., H_1 ist die Verteilung der Zeit, die zwischen dem ersten Regenerationspunkt und dem ersten Systemausfall vergeht. Dann können wir H in Abhängigkeit von H_1 durch

$$H(t) = \int_0^t H_1(t-x)\, dF(x) \tag{3.8}$$

ausdrücken.

Weiterhin können wir H_1 mit Hilfe von F und G durch die Integralgleichung

$$\overline{H}_1(t) = \overline{F}(t) + \int_0^t \overline{H}_1(t-x)\, G(x)\, dF(x) \tag{3.9}$$

darstellen. Zur Begründung von (3.9) bemerken wir, daß $\overline{F}(t)$ die Wahrscheinlichkeit dafür ist, daß die arbeitende Einheit während $[0,t]$ nicht ausfällt, daß $G(x)\, dF(x)$ der Wahrscheinlichkeit des Ereignisses entspricht, daß die arbeitende Einheit zur Zeit x ausfällt und eine Reserveeinheit zum Ersatz derselben verfügbar ist und $\overline{H}_1(t-x)$ die bedingte Wahrscheinlichkeit dafür ist, daß in den verbleibenden $t - x$ Stunden kein Systemausfall eintritt.

Um die Gleichung (3.9) in der Sprache der LAPLACE-STIELTJES-Transformierten nach H_1 aufzulösen, führen wir die Bezeichnungen $H_1^*(s) = \int_0^\infty e^{-st}\, dH_1(t)$, $F^*(s) = \int_0^\infty e^{-st}\, dF(t)$ und $K^*(s) = \int_0^\infty e^{-st}\, G(t)\, dF(t)$ ein. Aus (3.9) folgt unmittelbar

$$H_1^*(s) = F^*(s) + H_1^*(s)\, K^*(s) - K^*(s)$$

und somit

$$H_1^*(s) = \frac{F^*(s) - K^*(s)}{1 - K^*(s)}.$$

Aus (3.8) erhalten wir

$$H^*(s) = F^*(s)\, \frac{F^*(s) - K^*(s)}{1 - K^*(s)}. \tag{3.10}$$

Durch Umkehrung kann man aus (3.10) $H(t)$ erhalten. Des weiteren können wir (3.10) zur Überprüfung der Gültigkeit von (3.4) benutzen, indem wir einfach beide Seiten von (3.10) differenzieren und $s = 0$ setzen.

Im Modell 3 wird eine arbeitende Einheit durch eine Reserveeinheit und durch eine Reparatureinrichtung unterstützt. Im folgenden Modell 4 lassen wir dagegen eine beliebige Anzahl von arbeitenden Elementen, Reserveelementen und Reparatureinrichtungen zu. Da jedoch der Prozeß der Ausfälle und Reparaturen bei einer allgemeinen Ausfallverteilung F und einer allgemeinen Reparaturdauerverteilung G keine Regenerationspunkte besitzt, würde die mathematische Behandlung sehr kompliziert werden. Wir beschränken uns daher auf den Fall exponentieller Ausfall- und Reparaturdauer und benutzen die Methode der Bilanzgleichungen, um die stationären Wahrscheinlichkeiten zu erhalten.

Modell 4. Wir betrachten ein System, das aus m arbeitenden Elementen (Komponenten), n Reserveelementen und s Reparatureinrichtungen besteht. Jedes arbeitende Element möge die Lebensdauerverteilung $F(t) = 1 - e^{-t}$ besitzen, und jede Reparaturdauer sei gemäß $G(t) = 1 - e^{-t}$ verteilt. Weiterhin sei vorausgesetzt, daß ein Element im Reservezustand nicht ausfallen kann (kalte Reserve) und alle Lebens- und Reparaturzeiten untereinander unabhängig sind. Wie im Modell 3 wird auch hier angenommen, daß das arbeitende Element bei Ausfall sofort durch ein Reserveelement, falls eines verfügbar ist, ersetzt wird, daß das ausgefallene Element ohne Verzögerung zur Reparatureinrichtung geschickt wird und die Reparatur, außer wenn alle s Reparatureinrichtungen besetzt sind, sofort beginnt.

Mit $X(t)$ bezeichnen wir die Anzahl der zum Zeitpunkt t ausgefallenen Elemente, d. h. die Anzahl der Elemente, die sich in Reparatur befinden oder auf Reparatur warten. Dann ist $\{X(t); 0 \leqq t < \infty\}$ ein Markowscher Prozeß mit kontinuierlicher Zeit, d. h., für beliebige Zeitpunkte $0 \leqq t_1 < t_2 < \dots < t_k$ und nichtnegative ganze Zahlen $x_1, x_2, \dots, x_k$ gilt

$$P[X(t_k) = x_k \mid X(t_1) = x_1, \dots, X(t_{k-1}) = x_{k-1}] = P[X(t_k) = x_k \mid X(t_{k-1}) = x_{k-1}]\,.$$

Genauer gesagt ist $\{X(t); 0 \leqq t < \infty\}$ ein *Geburts-* und *Todesprozeß*, also eine Markowsche Kette mit kontinuierlicher Zeit, dem Zustandsraum $\{0, 1, 2, \dots\}$ und homogener Übergangsfunktion, wobei nur Übergänge von einem Zustand in den unmittelbar benachbarten Zustand möglich sind (vgl. Parzen (1962), Seite 278ff.[1]). Im Fall von Geburts- und Todesprozessen ist es nicht schwierig, die stationären Wahrscheinlichkeiten $\pi_i = \lim_{t\to\infty} P[X(t) = i]$ zu bestimmen.

Wir veranschaulichen den Lösungsweg für den einfachsten Fall, in dem ein arbeitendes Element durch ein Reserveelement und eine Reparatureinrichtung, wie oben im Modell 3, unterstützt wird. Sei im folgenden $P_i(t) = P(X(t) = i)$, $i = 0, 1, 2$. Wegen der charakteristischen Eigenschaft der Exponentialverteilung gilt

$$P_0(t + h) = P_0(t)\,[1 - \lambda h + o(h)\,] + P_1(t)\,[\gamma h + o(h)]$$
$$P_1(t + h) = P_1(t)\,[1 - \lambda h - \gamma h + o(h)] + P_0(t)\,[\lambda h + o(h)] + P_2(t)\,[\gamma h + o(h)]\,,$$

[1]) Markowsche Modelle der Zuverlässigkeitstheorie sind sehr ausführlich in Gnedenko, Beljajew, Solowjew „Mathematische Methoden der Zuverlässigkeitstheorie I“, Akademie-Verlag Berlin 1968; Reinschke „Zuverlässigkeit von Systemen“, Band 1, Verlag Technik Berlin 1973; Koslow, Uschakow „Handbuch zur Berechnung der Zuverlässigkeit“. Akademie-Verlag Berlin 1978, beschrieben (Anm. d. Red.).

wobei wie üblich $o(h)$ eine Größe mit $\lim_{h \downarrow 0} [o(h)/h] = 0$ bezeichnet. Indem wir in den obigen Gleichungen $P_0(t)$ bzw. $P_1(t)$ subtrahieren, anschließend durch h dividieren und h gegen 0 streben lassen, erhalten wir die Differentialgleichungen

$$P_0'(t) = -\lambda P_0(t) + \gamma P_1(t) ,$$
$$P_1'(t) = \lambda P_0(t) - (\lambda + \gamma) P_1(t) + \gamma P_2(t) .$$

Es kann leicht gezeigt werden, daß $\lim_{t \to \infty} P_i'(t) = 0$ gilt und daß $\pi_i = \lim_{t \to \infty} P_i(t)$ existiert. Es folgt nun

$$\begin{aligned} -\lambda\pi_0 + \qquad\quad \gamma\pi_1 \qquad &= 0 , \\ \lambda\pi_0 - (\lambda + \gamma)\pi_1 + \gamma\pi_2 &= 0 , \\ \pi_0 + \qquad\quad \pi_1 + \pi_2 &= 1 . \end{aligned} \tag{3.11}$$

Indem wir dieses Gleichungssystem mit Hilfe der CRAMERschen Regel lösen, erhalten wir

$$\pi_0 = \frac{1}{D} \begin{vmatrix} 0 & \gamma & 0 \\ 0 & -(\lambda + \gamma) & \gamma \\ 1 & 1 & 1 \end{vmatrix} ,$$

$$\pi_1 = \frac{1}{D} \begin{vmatrix} -\lambda & 0 & 0 \\ \lambda & 0 & \gamma \\ 1 & 1 & 1 \end{vmatrix} ,$$

$$\pi_2 = \frac{1}{D} \begin{vmatrix} -\lambda & \gamma & 0 \\ \lambda & -(\lambda + \gamma) & 0 \\ 1 & 1 & 1 \end{vmatrix} ,$$

wobei

$$D = \begin{vmatrix} -\lambda & \gamma & 0 \\ \lambda & -(\lambda + \gamma) & \gamma \\ 1 & 1 & 1 \end{vmatrix}$$

ist. Rechnet man die Determinanten aus, so erhält man

$$\begin{aligned} \pi_0 &= \left(1 + \frac{\lambda}{\gamma} + \frac{\lambda^2}{\gamma^2}\right)^{-1} , \\ \pi_1 &= \frac{\lambda}{\gamma}\left(1 + \frac{\lambda}{\gamma} + \frac{\lambda^2}{\gamma^2}\right)^{-1} , \\ \pi_2 &= \frac{\lambda^2}{\gamma^2}\left(1 + \frac{\lambda}{\gamma} + \frac{\lambda^2}{\gamma^2}\right)^{-1} . \end{aligned} \tag{3.12}$$

Die ersten zwei Gleichungen von (3.11) sind Bilanzgleichungen für den stationären Fall. Die erste Gleichung von (3.11) besagt, daß im stationären Fall der Anteil $\pi_0 \lambda$ der Übergänge aus dem Zustand 0 heraus gleich dem Anteil $\pi_1\gamma$ der Übergänge in den Zustand 0 hinein ist. Die zweite Gleichung drückt analog aus, daß der Anteil $\pi_1(\lambda + \gamma)$ der Übergänge aus dem Zustand 1 heraus gleich dem Anteil $\pi_0\lambda + \pi_2\gamma$ der Übergänge in den Zustand 1 hinein ist. Die dritte Gleichung von (3.11) bedeutet einfach, daß die Summe der stationären Wahrscheinlichkeiten gleich 1 ist.

Da die stationäre Verfügbarkeit $A = \pi_0 + \pi_1$ ist, gilt

$$A = \left(1 + \frac{\lambda}{\gamma}\right)\left(1 + \frac{\lambda}{\gamma} + \frac{\lambda^2}{\gamma^2}\right)^{-1} . \tag{3.13}$$

Aus (3.12) und (3.13) ist ersichtlich, daß die stationären Werte π_0, π_1, π_2 und A nur vom Quotienten λ/γ und nicht direkt von λ und γ abhängen.

Um die stationären Wahrscheinlichkeiten eines beliebigen MARKOWschen Prozesses mit kontinuierlicher Zeit und endlichem Zustandsraum S zu erhalten, kann man ähnlich vorgehen. Zu jedem Paar (i, j) von Zuständen gehört die Intensität $\lambda_{ij} \geqq 0$, mit der ein Übergang vom Zustand i in den Zustand j erfolgt. Da im stationären Fall der Anteil der Übergänge in den Zustand j hinein gleich dem Anteil der Übergänge aus dem Zustand j heraus sein muß, erhalten wir die Bilanzgleichungen

$$\pi_j \sum_{\substack{i \in S \\ i \neq j}} \lambda_{ji} = \sum_{\substack{i \in S \\ i \neq j}} \pi_i \lambda_{ij} . \tag{3.14}$$

Die linke Seite stellt im stationären Fall den Anteil der Übergänge aus dem Zustand j heraus dar, während die rechte Seite gleich dem Anteil der Übergänge in den Zustand j hinein ist. Zur ausführlicheren Beschreibung vgl. Cox und SMITH (1961).

Ein Lagerhaltungsmodell: Modell 5. In den bisher betrachteten Modellen haben wir uns für die Berechnung der Zuverlässigkeit eines Systems mit Reserveelementen interessiert. In dem nun vorliegenden Modell richten wir unser Augenmerk auf die Bereitstellung von Ersatzteilen. Dies wird uns weiter unten im § 4 zu einer Betrachtung optimaler Aufteilungen von Ersatzteilen einer Gesamtheit von Elementetypen führen, wenn die Gesamtkosten für die Ersatzteile beschränkt sind.

Zur Zeit 0 mögen in einem Ersatzteillager n Ersatzteile eines gegebenen Elements (d. h. eines Elemententyps) verfügbar sein. (Ein Ersatzteil entspricht grundsätzlich einem Element.) Wir nehmen an, daß Kunden zu Zeiten, die den Sprungpunkten eines POISSON-Prozesses der Intensität λ entsprechen, ausgefallene Elemente zum Lager bringen. Für jedes ausgefallene Element erhält der Kunde ein Ersatzteil, soweit dieses verfügbar ist. Weiterhin beginnt sofort die Reparatur des ausgefallenen Elements, wobei unbegrenzt viele Reparatureinrichtungen vorhanden sein sollen. Die Reparatur wird in einer Zeit, die gemäß einer Verteilung G verteilt ist, beendet. Ferner seien die Reparaturzeiten untereinander und von den Kundenankunftszeiten unabhängig. Das reparierte Element wird ins Ersatzteillager gegeben.

Die Verteilung der Anzahl $N(t)$ der Elemente, die zur Zeit t in Reparatur sind, ist, wie im Satz 3.1 behauptet wird, POISSON-verteilt.

3.1. Satz. *Im Modell 5 gelten für $j = 0, 1, 2, \ldots$ die Formeln*

$$P[N(t) = j] = \frac{\left[\lambda \int_0^t \overline{G}(u)\, du\right]^j}{j!} \exp\left[-\lambda \int_0^t \overline{G}(u)\, du\right] \tag{3.15}$$

und

$$\lim_{t \to \infty} P[N(t) = j] = \frac{(\lambda \nu)^j}{j!} \mathrm{e}^{-\lambda \nu} , \tag{3.16}$$

wobei $\nu = \int_0^\infty \overline{G}(u)\, du$ die mittlere Reparaturdauer ist.

Beweis. Nach Voraussetzung ist die Wahrscheinlichkeit dafür, daß während $[0, t]$ m Ersatzteile angefordert werden, gleich $[(\lambda t)^m/m!]\,e^{-\lambda t}$. Unter der Bedingung, daß in $[0, t]$ m Ersatzteile angefordert werden, besitzen die Abstände zwischen den Zeitpunkten, in denen während $[0, t]$ Forderungen erhoben werden, dieselbe Verteilung, wie eine Stichprobe des Umfangs m aus einer in $[0, t]$ gleichverteilten Grundgesamtheit (Satz 3.7, Kapitel 3). Ist $P(t)$ die Wahrscheinlichkeit dafür, daß ein in $[0, t]$ gebrachtes, „typisches" ausgefallenes Element zur Zeit t noch in Reparatur ist, so gilt

$$P(t) = \int_0^t \bar{G}(t-x)\,\frac{dx}{t} = \frac{1}{t}\int_0^t \bar{G}(u)\,du\,.$$

Mit Hilfe der Formel der totalen Wahrscheinlichkeit folgt

$$P[N(t) = j\,] = \sum_{m=j}^{\infty} \frac{(\lambda t)^m}{m!}\,e^{-\lambda t}\left\{\binom{m}{j}[P(t)]^j\,[1-P(t)]^{m-j}\right\}$$

$$= e^{-\lambda t}\,\frac{[\lambda t P(t)]^j}{j!}\,e^{\lambda t[1-P(t)]} = \frac{[\lambda t P(t)]^j}{j!}\,e^{-\lambda t P(t)}\,,$$

woraus sich (3.15) ergibt.

Die Gleichung (3.16) folgt für $t \to \infty$ aus (3.15). ▮

Mit Hilfe von (3.16) ist es leicht einzusehen, daß die mittlere Anzahl der Kunden, die zur Zeit t auf Ersatzteile warten, durch

$$E\max\{[N(t)-n], 0\} = \sum_{j=n+1}^{\infty}(j-n)\,\frac{\left[\lambda\int_0^t \bar{G}(u)\,du\right]^j}{j!}\,\exp\left[-\lambda\int_0^t \bar{G}(u)\,du\right] \tag{3.17}$$

gegeben wird.

Für $t \to \infty$ erhalten wir für die stationäre mittlere Anzahl der Kunden, die auf Ersatzteile warten, die Formel

$$\lim_{t\to\infty} E\max\{[N(t)-n], 0\} = \sum_{j=n+1}^{\infty}(j-n)\,\frac{(\lambda\nu)^j}{j!}\,e^{-\lambda\nu}\,. \tag{3.18}$$

Wir erweitern nun das Modell 5, indem wir annehmen, daß anstelle eines einzelnen Ersatzteiltyps k verschiedene Ersatzteiltypen vorhanden sind. Des weiteren nehmen wir an, daß zur Zeit 0 n_i Ersatzteile vom Typ i, $i = 1, \ldots, k$, im Lager sind und daß das Lager für jeden Ersatzteiltyp wie im Modell 5 arbeitet. Ein Maß für den Grad der Leistungsfähigkeit des Instandhaltungslagers ist die Bereitstellungsrate (fill rate) $R(\boldsymbol{n})$, d. h. der asymptotisch mittlere Anteil derjenigen Ersatzteilforderungen, die ohne Verzögerung erfüllt werden. Es ist intuitiv klar, daß die Bereitstellungsrate $R(\boldsymbol{n})$ gleich

$$R(\boldsymbol{n}) = \sum_{i=1}^{k}\lambda_i\sum_{j=0}^{n_i-1}\frac{(\lambda_i\nu_i)^j}{j!}\,e^{-\lambda_i\nu_i}\left(\sum_{i=1}^{k}\lambda_i\right)^{-1} \tag{3.19}$$

ist, wobei $\sum_{j=0}^{-1} \equiv 0$ gesetzt wird. Wir bemerken noch, daß der Nenner der asymptotischen mittleren Gesamtzahl der Forderungen pro Zeiteinheit entspricht, während der Zähler gleich der asymptotischen mittleren Gesamtzahl der Forderungen, die ohne durch Mangel an Ersatzteilen hervorgerufenen Verzögerungen erfüllt werden, pro Zeiteinheit ist.

Übungen

1. Man gebe einen vollständigen Beweis von (3.5) an.
2. Man benutze (3.10) um zu zeigen, daß die mittlere Zeit bis zum ersten Systemausfall im Modell 3 gleich dem in (3.4) gegebenen Ausdruck ist.
3. Wir nehmen an, daß im Modell 4 $m = 1$ arbeitende Elemente, $n = 2$ Ersatzteile und $s = 1$ Reparatureinrichtungen vorhanden sind. Man gebe die Lösung für die stationären Wahrscheinlichkeiten π_i der Zustände i, $i = 0, 1, 2, 3$, an. Hängt die Lösung direkt von λ und γ oder nur von ihrem Quotienten ab?
4. Ist im Modell 5 die Reparaturverteilung 1 stochastisch größer als die Reparaturverteilung 2 (d. h., es gilt $\overline{G}_1(u) \geqq \overline{G}_2(u)$, $0 \leqq u < \infty$), so zeige man, daß die entsprechenden Verteilungen der Anzahl der in Reparatur befindlichen Elemente entsprechend stochastisch geordnet sind (d. h. $P[N_1(t) \geqq j] \geqq P[N_2(t) \geqq j]$, $0 \leqq j < \infty$).
5. Man zeige, daß im Modell 5 $N(t)$ in t stochastisch wachsend ist. Mit Hilfe dieser Tatsache gebe man eine untere Schranke für $P[N(t) \leqq j]$ an, die für alle Reparaturdauerverteilungen G gültig ist und nur von λ und ν abhängt.
6. Mit Hilfe von (3.19) beweise man, daß die Bereitstellungsrate eine in λ_i und ν_i, $i = 1, \ldots, k$, fallende Funktion ist.
7. Sei $\lambda_i \nu_i < 1$, $i = 1, \ldots, k$ (d. h. die mittlere Zeit zwischen den Ankünften sei größer als die mittlere Zeit zwischen den Reparaturen). Dann ist die Bereitstellungsrate $R(\boldsymbol{n})$ eine konkave Funktion.

§ 4. Optimale Ersatzteilaufteilung

Ein alltäglich vorkommendes Problem der Systeminstandhaltung besteht darin, den „bestmöglichen" Ersatzteilvorrat bei einer vorgegebenen Beschränkung der durch Bevorratung entstandenen Kosten zu bestimmen. Natürlich müssen wir, bevor wir zu dem besten Vorrat gelangen können, das Kriterium festlegen, mit dem wir über den Wert des Vorrats entscheiden. Einige Kriterien oder Kenngrößen zur Beurteilung des Wertes eines Ersatzteilvorrates sind:

(a) die mittlere Zeit, bis ein Mangel an Ersatzteilen auftritt;
(b) die Wahrscheinlichkeit dafür, daß in einem vorgegebenen Intervall $[0, t]$ kein Mangel an Ersatzteilen auftritt;
(c) die Bereitstellungsrate, d. h. der mittlere Anteil der Forderungen, die ohne Verzögerung befriedigt werden, wobei sich die Mittelung auf eine unendlich lange Arbeitsperiode des Systems bezieht;
(d) die asymptotisch mittlere Gesamtverzögerung, die bei der Befriedigung der Ersatzteilforderungen pro Zeiteinheit auftritt.

In diesem Abschnitt zeigen wir zunächst ausführlich, wie der Ersatzteilvorrat zu spezifizieren ist, damit die asymptotische Bereitstellungsrate (Kriterium c) maximiert wird, ohne daß eine Kostenbeschränkung für die Ersatzteile verletzt wird. Der dabei benutzte Algorithmus (Kettelle, 1962) kann aber ebensogut zur Optimierung jeder der drei anderen Kenngrößen (a), (b), (d) bei einer gleichzeitigen Kostenbeschränkung für den gesamten Ersatzteilvorrat benutzt werden. Tatsächlich verallgemeinern wir den Algorithmus von Kettelle, um eine ganz breite Klasse von Optimierungsproblemen zu lösen, in denen den verfügbaren Ressourcen eine Beschränkung auferlegt wird.

4.1. Modell für die Bereitstellungsrate. Wie in Modell 5 von § 3 machen wir folgende Annahmen:

(a) Die Forderungen nach Ersatzteilen vom Typ i treffen in dem Instandhaltungslager gemäß einem POISSON-Prozeß der Intensität λ_i ein.
(b) Es sind genügend Reparatureinrichtungen im Lager verfügbar, so daß mit der Reparatur eines ausgefallenen Elements begonnen wird, sobald es zur Reparatureinrichtung gelangt.
(c) Die mittlere Reparaturdauer eines Elements vom Typ i ist gleich ν_i.
(d) Die Anschaffungskosten von n_i Elementen des Typs i sind gleich $n_i c_i$.
(e) Es gibt k Typen von Elementen, d. h. $i = 1, \dots, k$.

Der Lagerverwalter möchte die in (3.18) gegebene Bereitstellungsrate $R(\boldsymbol{n})$ durch eine geeignete Wahl der Ersatzteilaufteilung $\boldsymbol{n} = (n_1, \dots, n_k)$, die der Kostenbeschränkung

$$\sum_{i=1}^{k} n_i c_i \leqq c_0 \tag{4.1}$$

genügt, maximieren. Die Bedingung (4.1) besagt, daß die Gesamtkosten für den Anfangsvorrat an Ersatzteilen die verfügbare Geldsumme c_0 nicht überschreiten dürfen.

Wir müssen zunächst gewisse Begriffe definieren, damit wir den Algorithmus von KETTELLE (1962) zur Konstruktion optimaler Ersatzteilaufteilungen, die einer Kostenbeschränkung unterliegen, erläutern können.

4.2. Definitionen. (a) Eine Aufteilung $\boldsymbol{n}$ *dominiert* eine Aufteilung $\boldsymbol{n}'$ (wir schreiben dafür $\boldsymbol{n} \overset{D}{>} \boldsymbol{n}'$), falls entweder

(i) $R(\boldsymbol{n}) > R(\boldsymbol{n}')$ und $\sum_{i=1}^{k} n_i c_i \leqq \sum_{i=1}^{k} n_i' c_i$, oder

(ii) $R(\boldsymbol{n}) = R(\boldsymbol{n}')$ und $\sum_{i=1}^{k} n_i c_i < \sum_{i=1}^{k} n_i' c_i$

gilt.

Falls $\boldsymbol{n} \overset{D}{>} \boldsymbol{n}'$ gilt, ist $\boldsymbol{n}$ natürlich wünschenswerter als $\boldsymbol{n}'$, da $\boldsymbol{n}$ bei nicht größeren Anschaffungskosten eine nicht geringere Bereitstellungsrate als $\boldsymbol{n}'$ sichert.

(b) $\boldsymbol{n}$ ist eine *zulässige Aufteilung*, falls kein $\boldsymbol{n}'$ mit $\boldsymbol{n}' \overset{D}{>} \boldsymbol{n}$ existiert.

Falls $\boldsymbol{n}$ eine zulässige Aufteilung ist, kann eine größere Bereitstellungsrate nur bei einem höheren Aufwand für den Ersatzteilvorrat erreicht werden.

(c) Eine *vollständige Folge zulässiger Aufteilungen* (die o. B. d. A. mit einer Aufteilung $\boldsymbol{n}^{(s)}$ endet) ist eine Folge zulässiger Aufteilungen $\boldsymbol{n}^{(1)}, \dots, \boldsymbol{n}^{(s)}$ mit den Eigenschaften

(i) $R(\boldsymbol{n}^{(1)}) \leqq R(\boldsymbol{n}^{(2)}) \leqq \dots \leqq R(\boldsymbol{n}^{(s)})$,

(ii) $\sum_{i=1}^{k} c_i n_i^{(1)} \leqq \sum_{i=1}^{k} c_i n_i^{(2)} \leqq \dots \leqq \sum_{i=1}^{k} c_i n_i^{(s)}$, und

(iii) $R(\boldsymbol{n}) \geqq R(\boldsymbol{n}^{(s)})$ und $\sum_{i=1}^{k} c_i n_i \geqq \sum_{i=1}^{k} c_i n_i^{(s)}$, falls $\boldsymbol{n}$ zulässig ist und ein Bereitstellungsrate-Kosten-Paar besitzt, das sich von den entsprechenden Paaren für $\boldsymbol{n}^{(1)}, \dots, \boldsymbol{n}^{(s)}$ unterscheidet.

Ist $\boldsymbol{n}^{(1)}, \dots, \boldsymbol{n}^{(s)}$ eine vollständige Folge zulässiger Aufteilungen, so können keine zusätzlichen zulässigen Aufteilungen, außer solchen, die die gleichen Bereitstellungsrate-Kosten-Paare besitzen, gefunden werden.

Der einfachste und klarste Weg, den KETTELLE-Algorithmus zu erklären, besteht darin, ihn an einem kleinen numerischen Beispiel zu erläutern. Wir nehmen an, daß

Tabelle 4.1. Eingangsdaten für Ersatzteilaufteilung

Teil vom Typ i	Forderungsintensität (pro Stunde), λ_i	Mittlere Reparaturdauer der ausgefallenen Teile, ν_i	Anschaffungskosten der Teile, c_i	Berechneter Wert: $\lambda_i\nu_i$
1	0,01	100	200	1,0
2	0,02	150	100	3,0
3	0,03	60	300	1,8
4	0,01	200	250	2,0

wir die Bereitstellungsrate für vier Teile mit den in Tab. 4.1 angegebenen Forderungs-, Reparatur- und Kostenangaben bei einer vorgegebenen Kostenbeschränkung von $c_0 = 1500$ (Geldeinheiten) maximieren wollen.

Anwendung des Kettelle-Algorithmus. Das grundlegende Prinzip besteht darin, daß wir eine vollständige Folge zulässiger Aufteilungen erzeugen, indem wir in jedem der aufeinanderfolgenden Schritte eine zusätzlichen Typ der Teile berücksichtigen und die in vorangegangenen Schritten der Berechnung enthaltenen zulässigen Aufteilungen geeignet zusammenfassen.

Um die folgende Berechnung zu vereinfachen, bestimmen wir den Zähler $\sum_{i=1}^{k} \lambda_i R_i(n_i)$, wobei $R_i(n)$ durch

$$R_i(n) = \sum_{j=0}^{n-1} \frac{(\lambda_i\nu_i)^j}{j!} e^{-\lambda_i\nu_i} \quad \text{für } i = 1, \ldots, k \tag{4.2}$$

definiert ist. D. h. also, wir lassen den Nenner $\sum_{i=1}^{k} \lambda_i$ aus (3.19), da er konstant ist, weg.

Die folgenden Schritte sind beim Kettelle-Algorithmus durchzuführen.

1. Man bestimme, indem man nur die Teile vom Typ 1 und 2 berücksichtigt, eine vollständige Folge zulässiger Aufteilungen. Um eine solche vollständige Folge zu erhalten, stelle man Tab. 4.2 auf. In der n_1-ten Spalte und n_2-ten Reihe (n_1, $= 0, 1, 2, \ldots$; $n_2 = 0, 1, 2, \ldots$) der Tab. 4.2 sind in vertikaler Reihenfolge eingetragen: (a) das Paar, das die Anzahl n_1 der Ersatzteile vom Typ 1 und die Anzahl n_2 der Ersatzteile vom Typ 2 angibt; (b) die Gesamtkosten dieser Ersatzteile und (c) der entsprechende Zähler der Bereitstellungsrate

$$0{,}01 \sum_{j=0}^{n_1-1} \frac{(1{,}0)^j}{j!} e^{-1{,}0} + 0{,}02 \sum_{j=0}^{n_2-1} \frac{(3{,}0)^j}{j!} e^{-3{,}0}.$$

Wir bemerken, daß nur solche Eintragungen vorgenommen wurden, bei denen die Gesamtkosten $c_1n_1 + c_2n_2$ die verfügbare Summe $c_0 = 1500$ nicht überschreiten.

2. Man beginne mit (0, 0), der ersten zulässigen Ersatzteilaufteilung. Der Zähler der Bereitstellungsrate ist in diesem Fall natürlich gleich 0.

3. Die zweite zulässige Ersatzteilaufteilung ist die mit den niedrigsten Kosten und einem Zähler der Bereitstellungsrate, der größer als 0 ist. Da (0, 1) die geringeren Kosten, nämlich 100, als (1, 0) mit den zugehörigen Kosten 200 verursacht, wähle man (0, 1).

4. Im allgemeinen ist die nächste zulässige Ersatzteilaufteilung diejenige, die die kleinsten Kosten verursacht und die einen höheren Zähler der Bereitstellungsrate als den unmittelbar davor erhaltenen Zähler besitzt. Falls verschiedene Eintragungen mit identischen Kosten auftreten, so wähle man diejenige mit dem höchsten Wert des Zählers der Bereitstellungsrate. Existieren verschiedene Eintragungen mit identischen

Tabelle 4.2. Zulässige Aufteilungen für die Teile 1 und 2

Teiltyp 1

Teiltyp 2

Zahl der Ersatzteile Kosten Zähler = Bereitstellungsrate	0 0 0	1 200 0,003 68	2 400 0,007 36	3 600 0,009 20	4 800 0,009 81	5 1000 0,009 96	6 1200 0,009 99	7 1400 0,010 00
0 0 0	(0,0) 0 0	(1,0) 200 0,003 68	(2,0) 400 0,007 36	(3,0) 600 0,009 20	(4,0) 800 0,009 81	(5,0) 1000 0,009 96	(6,0) 1200 0,009 99	(7,0) 1400 0,010 00
1 100 0,001 00	(0.1) 100 0,001 00	(1,1) 300 0,004 68	(2,1) 500 0,008 36	(3,1) 700 0,010 20	(4,1) 900 0,010 81	(5,1) 1100 0,010 96	(6,1) 1300 0,010 99	(7,1) 1500 0,011 00
2 200 0,003 98	(0,2) 200 0,003 98	(1,2) 400 0,007 66	(2,2) 600 0,011 34	(3,2) 800 0,013 18	(4,2) 1000 0,013 79	(5,2) 1200 0,013 94	(6,2) 1400 0,013 97	
3 300 0,008 46	(0,3) 300 0,008 46	(1,3) 500 0,012 14	(2,3) 700 0,016 12	(3,3) 900 0,017 66	(4,3) 1100 0,018 27	(5,3) 1300 0,018 42	(6,3) 1500 0,018 45	
4 400 0,012 94	(0,4) 400 0,012 94	(1,4) 600 0,016 62	(2,4) 800 0,020 30	(3,4) 1000 0,022 14	(4,4) 1200 0,022 75	(5,4) 1400 0,022 90		
5 500 0,016 30	(0,5) 500 0,016 30	(1,5) 700 0,019 98	(2,5) 900 0,023 66	(3,5) 1100 0,025 50	(4,5) 1300 0,026 11	(5,5) 1500 0,026 26		
6 600 0,018 32	(0,6) 600 0,018 32	(1,6) 800 0,022 00	(2,6) 1000 0,025 68	(3,6) 1200 0,027 52	(4,6) 1400 0,028 13			

Tab. 4.2 (Fortsetzung)

Teiltyp 2								
7 700 0,01932	(0,7) 700 0,01932	(1,7) 900 0,02300	(2,7) 1100 0,02668	(3,7) 1300 0,02852	(4,7) 1500 0,02913			
8 800 0,01976	(0,8) 800 0,01976	(1,8) 1000 0,02344	(2,8) 1200 0,02712	(3,8) 1400 0,02896				
9 900 0,01992	(0,9) 900 0,01992	(1,9) 1100 0,02350	(2,9) 1300 0,02728	(3,9) 1500 0,02912				
10 1000 0,01998	(0,10) 1000 0,01998	(1,10) 1200 0,02366	(2,10) 1400 0,02734					
11 1100 0,02000	(0,11) 1100 0,02000	(1,11) 1300 0,02368	(2,11) 1500 0,02736					
12 1200 0,02000	(0,12) 1200 0,02000	(1,12) 1400 0,02368						
13 1300 0,02000	(0,13) 1300 0,020000	(1,13) 1500 0,02368						
14 1400 0,02000	(0,14) 1400 0,02000							
15 1500 0,02000	(0,15) 1500 0,02000							

Tabelle 4.3. Zulässige Aufteilungen für die Teile 1 und 2

Teiltyp 3

Teiltyp 4								
Zahl der Ersatzteile Kosten Zähler = Bereitstellungsrate	0 0 0	1 300 0,004 95	2 600 0,013 89	3 900 0,021 93	4 1200 0,026 73	5 1500 0,028 92		
0 0 0	(0,0) 0 0	(1,0) 300 0,004 95	(2,0) 600 0,013 89	(3,0) 900 0,021 93	(4,0) 1200 0,026 73	(5,0) 1500 0,028 92		
1 250 0,001 35	(0,1) 250 0,001 35	(1,1) 550 0,006 30	(2,1) 850 0,015 24	(3,1) 1150 0,023 28	(4,1) 1450 0,028 08			
2 500 0,004 06	(0,2) 500 0,004 06	(1,2) 800 0,009 01	(2,2) 1100 0,017 95	(3,2) 1400 0,025 99				
3 750 0,006 77	(0,3) 750 0,006 77	(1,3) 1050 0,011 72	(2,3) 1350 0,020 66					
4 1000 0,008 57	(0,4) 1000 0,008 57	(1,4) 1300 0,013 52						
5 1250 0,009 47	(0,5) 1250 0,009 47							
6 1500 0,009 83	(0,6) 1500 0,009 83							

Kosten und dem gleichen höchsten Wert des Zählers der Bereitstellungsrate, so wähle man diejenige mit dem niedrigsten Teiltypindex. Ist die laufende Eintragung der Schnittpunkt der Zeile i mit der Spalte j, so kann man sich bei der Suche nach der nächsten Eintragung auf die Zeilen $1, 2, \dots, i$ und Spalten $1, 2, \dots, j$ einschränken.

5. Die Berechnung endet kurz vor Überschreiten der Kostenbeschränkung $c_0 = 1500$

6. Für die Teiltypen 3 und 4 erhält man in einer ähnlichen Art und Weise eine vollständige Folge zulässiger Aufteilungen (vgl. Tab. 4.3). Analog erhält man auch für jedes weitere Paar von Teiltypen eine vollständige Folge zulässiger Aufteilungen.

7. Als nächstes erhält man eine vollständige Folge zulässiger Ersatzteilaufteilungen für die Teiltypen 1, 2, 3 und 4, indem man die zulässigen Aufteilungen der Teiltypen 1, 2 und die zulässigen Aufteilungen der Teiltypen 3, 4 wie in Tab. 4.4 gezeigt wird, benutzt. Man benutze dasselbe Prinzip wie im Schritt 4. Wird die Anzahl der Teile größer, so können die Bewegungen beträchtlich regelloser werden. In dem angegebenen Beispiel sind nur vier Teiltypen enthalten und die sich aus Tab. 4.4 ergebende Folge zulässiger Aufteilungen bildet eine vollständige Folge zulässiger Ersatzteilaufteilungen, die die Kostenbeschränkung $c_0 = 1500$ einhalten.

8. In ähnlicher Art und Weise fasse man die Teiltypen 5, 6, 7, 8 usw. zusammen, bis alle Teiltypen zusammengefaßt sind. Es ist nicht notwendig, daß die zusammenzufassenden Gruppen die gleiche Größe besitzen, obwohl es erfahrungsgemäß wünschenswert ist, überall dort wo es möglich ist, Gruppen gleicher Größe zu benutzen.

Die Kombination von $n_1 = 0$, $n_2 = 6$, $n_3 = 3$, $n_4 = 0$ Ersatzteilen, die abschließend, in Tab. 4.4 für einen Kostenaufwand von $\sum_{i=1}^{4} n_i c_i = 1500$ erhalten wurde, stellt die

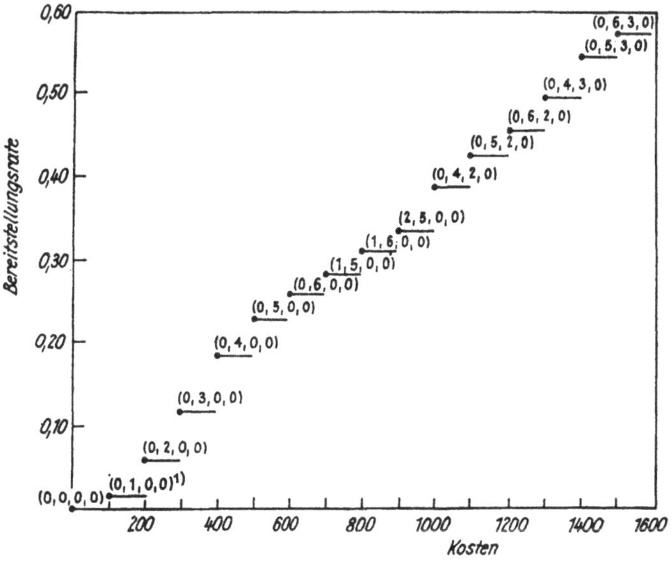

Abb. 7.4.1. Optimale Bereitstellungsrate, die für verschiedene Kostenbeschränkungen erreichbar ist

[1]) Diese optimale Bereitstellungsrate wird bei Null Ersatzteilen vom Typ 1, einem Ersatzteil vom Typ 2, Null Ersatzteilen vom Typ 3 und Null Ersatzteilen vom Typ 4 erreicht. Analoge Bedeutung haben die anderen Kombinationen aus 4 Zahlen.

Tabelle 4.4. Zulässige Aufteilungen für die Teile 1, 2, 3 und 4

Teiltypen 1, 2

Teiltypen 3, 4 — Ersatzteile Kosten ZdB	(0,0) 0 0	(0,1) 100 0,00100	(0,2) 200 0,00398	(0,3) 300 0,00846	(0,4) 400 0,01294	(0,5) 500 0,01630	(0,6) 600 0,01832
(0,0) 0 0	(0, 0, 0, 0) 0 0	0, 1, 0, 0 100 0,00100	0, 2, 0, 0 200 0,00398	0, 3, 0, 0 300 0,00846	0, 4, 0, 0 400 0,01294	0, 5, 0, 0 500 0,01630	0, 6, 0, 0 600 0,01832
(0,1) 250 0,00135	0, 0, 0, 1 250 0,00135	0, 1, 0, 1 350 0,00235	0, 2, 0, 1 450 0,00533	0, 3, 0, 1 550 0,00981	0, 4, 0, 1 650 0,01429	0, 5, 0, 1 750 0,01765	0, 6, 0, 1 850 0,01967
(1,0) 300 0,00495	0, 0, 1, 0 300 0,00495	0, 1, 1, 0 400 0,00595	0, 2, 1, 0 500 0,00893	0, 3, 1, 0 600 0,01341	0, 4, 1, 0 700 0,01789	0, 5, 1, 0 800 0,02125	0, 6, 1, 0 900 0,02327
(1,1) 550 0,00630	0, 0, 1, 1 550 0,00630	0, 1, 1, 1 650 0,00730	0, 2, 1, 1 750 0,01028	0, 3, 1, 1 850 0,01476	0, 4, 1, 1 950 0,01924	0, 5, 1, 1 1050 0,02260	0, 6, 1, 1 1150 0,02462
(2,0) 600 0,01389	0, 0, 2, 0 600 0,01389	0, 1, 2, 0 700 0,01489	0, 2, 2, 0 800 0,01787	0, 3, 2, 0 900 0,02235	0, 4, 2, 0 1000 0,02683	0, 5, 2, 0 1100 0,03019	0, 6, 2, 0 1200 0,03221
(2,1) 850 0,01524	0, 0, 2, 1 850 0,01524	0, 1, 2, 1 950 0,01624	0, 2, 2, 1 1050 0,01922	0, 3, 2, 1 1150 0,02370	0, 4, 2, 1 1250 0,02818	0, 5, 2, 1 1350 0,03154	0, 6, 2, 1 1450 0,03356
(3,0) 900 0,02193	0, 0, 3, 0 900 0,02193	0, 1, 3, 0 1000 0,02293	0, 2, 3, 0 1100 0,02591	0, 3, 3, 0 1200 0,03039	0, 4, 3, 0 1300 0,03487	0, 5, 3, 0 1400 0,03823	0, 6, 3, 0 1500 0,04025
(3,1) 1150 0,02328	0, 0, 3, 1 1150 0,02328	0, 1, 3, 1 1250 0,02428	0, 2, 3, 1 1350 0,02726	0, 3, 3, 1 1450 0,03174			
(4,0) 1200 0,02673	0, 0, 4, 0 1200 0,02673	0,1, 4, 0 1300 0,02773	0, 2, 4, 0 1400 0,03071	0, 3, 4, 0 1500 0,03519			
(4,1) 1450 0,02808	0, 0, 4, 1 1450 0,02808						
(5,0) 1500 0,02892	0, 0, 5, 0 1500 0,02892						

Lösung des Problems zur Maximierung der Bereitstellungsrate dar, ohne daß die verfügbare Geldsumme $c_0 = 1500$ überschritten wird. Die entsprechende Bereitstellungsrate ist durch

$$R(n) = \sum_{i=1}^{4} \lambda_i \sum_{j=0}^{n_i-1} \frac{(\lambda_i \nu_i)^j}{j!} e^{-\lambda_i \nu_i} \left(\sum_{i=1}^{4} \lambda_i \right)^{-1}$$

$$= \frac{0{,}01(0) + 0{,}02 \sum_{j=0}^{5} [(3{,}0)^j/j!]\, e^{-3{,}0} + 0{,}03 \sum_{j=0}^{2} [(1{,}8)^j/j!]\, e^{-1{,}8} + 0{,}01(0)}{0{,}01 + 0{,}02 + 0{,}03 + 0{,}01} = 0{,}575\,.$$

gegeben.

Tabelle 4.4 (Fortsetzung)

Teiltypen 1,2

Teiltypen 3, 4	(1,5) 700 0,01998	(1,6) 800 0,02200	(2,5) 900 0,02366	(2,6) 1000 0,02568	(2,7) 1100 0,02668	(3,6) 1200 0,02752	(3,7) 1300 0,02852	(3,8) 1400 0,02896	(4,7) 1500 0,02913
	1, 5, 0, 0 700 0,01998	1, 6, 0, 0 800 0,02200	2, 5, 0, 0 900 0,02366	2, 6, 0, 0 1000 0,02568	2, 7, 0, 0 1100 0,02668	3, 6, 0, 0 1200 0,02752	3, 7, 0, 0 1300 0,02852	3, 8, 0, 0 1400 0,02896	4, 7, 0, 0 1500 0,02913
	1, 5, 0, 1 950 0,02133	1, 6, 0, 1 1050 0,02335	2, 5, 0, 1 1150 0,02501	2, 6, 0, 1 1250 0,02703	2, 7, 0, 1 1350 0,02803	3, 6, 0, 1 1450 0,02887			
	1, 5, 1, 0 1000 0,02493	1, 6, 1, 0 1100 0,02695	2, 5, 1, 0 1200 0,02861	2, 6, 1, 0 1300 0,03063	2, 7, 1, 0 1400 0,03163	3, 6, 1, 0 1500 0,03247			
	1, 5, 1, 1 1250 0,02628	1, 6, 1, 1 1350 0,02830	2, 5, 1, 1 1450 0,02996						
	1, 5, 2, 0 1300 0,03387	1, 6, 2, 0 1400 0,03589	2, 5, 2, 0 1500 0,03755						

Weiterhin bemerken wir, daß jede zulässige Ersatzteilaufteilung in Tab. 4.4 Lösung eines Optimierungsproblems ist. Z. B. maximiert die Kombination von $n_1 = 0$, $n_2 = 5$, $n_3 = 3$, $n_4 = 0$ Ersatzteilen (die links neben der Lösung des Originalproblems steht) die Bereitstellungsrate für eine Kostenbeschränkung von 1400 anstelle der Kostenbeschränkung von 1500 im Originalproblem. In Abb. 7.4.1 sind die optimal erreichbaren Bereitstellungsraten für jede mögliche Kostenbeschränkung zwischen 0 und 1500 angegeben.

Bevor wir zeigen, daß man mit Hilfe des Kettelle-Algorithmus im vorliegenden Modell die optimale Ersatzteilausrüstung bestimmen kann, betrachten wir ein noch allgemeineres Modell und werden beweisen, daß der Kettelle-Algorithmus für dieses allgemeine Optimierungsmodell eine Lösung liefert. Anschließend ist es leicht zu prüfen, daß das Bereitstellungsrate-Modell ein Spezialfall des allgemeinen Optimierungsmodells ist.

4.3. Ein allgemeines Optimierungsmodell. Es seien im folgenden $x_1, \ldots, x_k$ die Entscheidungsvariablen mit $x_i \in S_i = \{x_i^{(1)} < x_i^{(2)} < \ldots\}$, $i = 1, \ldots, k$. Seien weiter $\boldsymbol{x}_i = (x_1, \ldots, x_i)$, $i = 1, \ldots, k$ und $f_1, \ldots, f_k$ streng wachsende Funktionen mit. $y_1(\boldsymbol{x}_1) = f_1(x_1)$, $y_2(\boldsymbol{x}_2) = f_2(y_1, x_2)$, $y_3(\boldsymbol{x}_3) = f_3(y_2, x_3), \ldots, y_k(\boldsymbol{x}_k) = f_k(y_{k-1}, x_k)$. Analog seien $g_1, \ldots, g_k$ streng wachsende Funktionen mit $z_1(\boldsymbol{x}_1) = g_1(x_1)$, $z_2(\boldsymbol{x}_2) = g_2(z_1, x_2)$, $z_3(\boldsymbol{x}_3) = g_3(z_2, x_3), \ldots, z_k(\boldsymbol{x}_k) = y_k(z_{k-1}, x_k)$. Der Bequemlichkeiten wegen lassen wir im folgenden oft das Argument bei den Funktionen y_i und z_i weg.

Es bietet sich an, x_i eine „Aufteilung" der Ordnung i, y_i „Gewinn" der Ordnung i und z_i „Kosten" der Ordnung i ($i = 1, \ldots, k$) zu nennen, selbst wenn das Modell allgemeiner ist, als es diese Ausdrücke andeuten.

Problem 1. Man maximiere den Gewinn $y_k(\boldsymbol{x}_k)$ bei vorgegebener Kostenbeschränkung $z_k(\boldsymbol{x}_k) \leqq c$.

Um Problem 1 zu lösen, müssen wir die Begriffe der Definition 4.2 verallgemeinern

4.4. Definitionen. (a) Die Aufteilung $\boldsymbol{x}_i$ *dominiert* die Aufteilung $\boldsymbol{x}_i'$, falls entweder

(i) $y_i(\boldsymbol{x}_i) > y_i(\boldsymbol{x}_i')$ und $z_i(\boldsymbol{x}_i') \leqq z_i(\boldsymbol{x}_i')$, oder

(ii) $y_i(\boldsymbol{x}_i) = y_i(\boldsymbol{x}_i')$ und $z_i(\boldsymbol{x}_i') < z_i(\boldsymbol{x}_i')$ ist.

Wir schreiben dafür $\boldsymbol{x}_i \overset{D}{>} \boldsymbol{x}_i'$.

Des öfteren sprechen wir auch davon, daß das entsprechende Gewinn-Kosten-Paar (y_i, z_i) das Paar (y_i', z_i') dominiert und schreiben dafür $(y_i, z_i) \overset{D}{>} (y_i', z_i')$. D

(b) $\boldsymbol{x}_i$ ist eine *zulässige Aufteilung* der Ordnung i, falls kein $\boldsymbol{x}_i'$ mit $\boldsymbol{x}_i' > \boldsymbol{x}_i$ existiert. Wir sprechen auch davon, daß das entsprechende Gewinn-Kosten-Paar (y_i, z_i) zulässig ist.

(c) Eine *vollständige Folge zulässiger Aufteilungen* der Ordnung i (die o. B. d. A. mit einer Aufteilung $\boldsymbol{x}_i^{(s)}$ endet) ist eine Folge zulässiger Aufteilungen $\boldsymbol{x}_i^{(1)}, \ldots, \boldsymbol{x}_i^{(s)}$ der Ordnungen i mit

(i) $y_i(\boldsymbol{x}_i^{(1)}) \leqq \ldots \leqq y_i(\boldsymbol{x}_i^{(s)})$

(ii) $z_i(\boldsymbol{x}_i^{(1)}) \leqq \ldots \leqq z_i(\boldsymbol{x}_i^{(s)})$ und

(iii) $y_i(\boldsymbol{x}_i) \geqq y_i(\boldsymbol{x}_i^{(s)})$ und $z_i(\boldsymbol{x}_i) \geqq z_i(\boldsymbol{x}_i^{(s)})$, falls $\boldsymbol{x}_i$ zulässig ist und ein Gewinn-Kosten-Paar besitzt, das sich von den entsprechenden Paaren der $\boldsymbol{x}_i^{(1)}, \ldots, \boldsymbol{x}_i^{(s)}$ unterscheidet.

Wir nennen auch die entsprechende Folge $(y_i^{(1)}, z_i^{(1)}), \ldots, (y_i^{(s)}, z_i^{(s)})$ eine vollständige zulässige Folge der Gewinn-Kosten-Paare der Ordnung i.

Um das Problem 1 zu lösen, benutzen wir den Verallgemeinerten KETTELLE-Algorithmus. Die grundlegenden Ideen sind dabei so ähnlich, wie in dem vorangegangenen Spezialfall, in dem die Bereitstellungsrate bei einer Beschränkung der Gesamtkosten für Ersatzteile maximiert wurde.

Der Verallgemeinerte KETTELLE-Algorithmus (VKA). Als erstes erzeuge man die längste vollständige Folge zulässiger Aufteilungen der Ordnung 1, die die Kostenbeschränkung c_0 nicht überschreiten. Danach erzeuge man die längste vollständige Folge zulässiger Aufteilungen der Ordnung 2, die sich auf die ersten zwei Koordinaten (x_1, x_2) stützen und die die Kostenbeschränkung nicht überschreiten. Die entsprechende vollständige Folge der Gewinn-Kosten-Paare $(y_2^{(1)}, z_2^{(1)}), (y_2^{(2)}, z_2^{(2)}), \ldots, (y_2^{(s_2)}, z_2^{(s_2)})$ wird zur Erzeugung der längsten vollständigen Folge zulässiger Aufteilungen der Ordnung 3, die die Kostenbeschränkung nicht überschreiten, benutzt, wobei $(y_3^{(1)}, z_3^{(1)}),$ $(y_3^{(2)}, z_3^{(2)}), \ldots, (y_3^{(s_3)}, z_3^{(s_3)})$ die entsprechende Folge der Gewinn-Kosten-Paare ist. In dieser Art verfahren wir weiter und nehmen bei jedem Schritt der rekursiven Berechnung solange eine zusätzliche x-Koordinate auf, bis beim letzten (k-ten) Schritt die längste vollständige Folge zulässiger Gewinn-Kosten-Paare $(y_k^{(1)}, z_k^{(1)}), (y_k^{(2)}, z_k^{(2)}), \ldots, (y_k^{(s_k)}, z_k^{(s_k)}),$ die die Kostenbeschränkung nicht überschreiten, erreicht ist.

Im Einzelnen verfahre man wie folgt:

1. Im ersten Schritt der Berechnung werden $y_1^{(i)} = f_1(x_1^{(i)})$, $z_1^{(i)} = g_1(x_1^{(i)})$ für $i = 1, \ldots, s_1$ bestimmt, wobei $z_1^{(s_1)} \leqq c$ und $z_1^{(s_1+1)} > c$ gilt. Trivialerweise bildet $(y_1^{(1)}, z_1^{(1)}), \ldots, y_1^{(s_1)}, z_1^{(s_1)})$ eine vollständige Folge zulässiger Gewinn-Kosten-Paare der Ordnung 1, wobei die Kostenbeschränkung nicht verletzt wird.

2. Im zweiten Schritt berechnet man $y_{2ij} = f_2(y_1^{(i)}, x_2^{(j)})$, $z_{2ij} = g_2(z_1^{(i)}, x_2^{(j)})$ für $i = 1, 2, \ldots, j = 1, 2, \ldots$ so, daß $z_{2ij} \leqq c$ erfüllt ist. Anschließend trage man das Gewinn-Kosten-Paar in die Reihe i und die Spalte j einer Tabelle der Gewinn-Kosten-Paare ein.

3. Das niedrigste kostenzulässige Paar $(y_2^{(1)}, z_2^{(1)})$ ist in der Tabelle offenbar (y_{211}, z_{211}).

4. Um $(y_2^{(2)}, z_2^{(2)})$ zu bestimmen, suche man ein Paar (y_{2ij}, z_{2ij}) mit $y_{2ij} > y_2^{(1)}$, wobei z_{2ij} das Minimum aller Eintragungen ist, die diese Ungleichung erfüllen. Falls verschiedene Eintragungen mit identischen Kosten auftreten, so wähle man diejenige mit dem höchsten Gewinn y_{2ij}. Falls verschiedene Eintragungen mit identischen Kosten und gleichem höchsten Gewinn auftreten, so wähle eine Eintragung zufällig aus, da alle die gleiche Aufwand-Nutzen-Relation besitzen. Die so gewählte Gewinn-Kosten Eintragung ist $(y_2^{(2)}, z_2^{(2)})$.

5. In dieser Art und Weise wird das Verfahren fortgesetzt; wurde also das Paar $(y_2^{(r)}, z_2^{(r)})$ gefunden, so ist $(y_2^{(r+1)}, z_2^{(r+1)})$ das Paar (y_{2ij}, z_{2ij}) mit $y_{2ij} > y_2^{(r)}$, wobei z_{2ij} das Minimum aller Paare ist, die die letzte Ungleichung erfüllen. Im Fall der Mehrdeutigkeit wende man die in 4 beschriebene Auswahlregeln an.

6. Man stoppe bei $(y_2^{(s_2)}, z_2^{(s_2)})$, wobei s_2 so bestimmt wird, daß $z_2^{(s_2)} \leqq c$ und $z_2^{(s_2+1)} > c$ gilt.

7. Die auf diese Art und Weise erhaltene Folge $(y_2^{(1)}, z_2^{(1)}), \ldots, (y_2^{(s_2)}, z_2^{(s_2)})$ bildet eine vollständige Folge zulässiger Gewinn-Kosten-Paare der Ordnung 2, die die Kostengrenze c nicht überschreiten.

8. Im Schritt 3 erhält man eine vollständige Folge zulässiger Gewinn-Kosten-Paare, die die Kostenbeschränkung nicht verletzen, auf ähnliche Weise, indem man die Gewinn-Kosten-Paare (y_{3ij}, z_{3ij}), wobei $y_{3ij} = f_3(y_2^{(i)}, x_3^{(j)})$, $z_{3ij} = g_3(z_2^{(i)}, x_3^{(j)})$ für $i = 1, 2, \ldots, j = 1, 2, \ldots$, und $z_{3ij} \leqq c$ gilt, benutzt.

9. In dieser Weise wird das Verfahren fortgesetzt, bis man zum k-ten Schritt, also bis zu der vollständigen Folge zulässiger Gewinn-Kosten-Paare $(y_k^{(1)}, z_k^{(1)}), \ldots, (y_k^{(s_k)}, z_k^{(s_k)})$ gelangt, wobei $z_k^{(s_k)} \leqq c$ und gleichzeitig $z_k^{(s_k+1)} > c$ gilt.

10. Dann ist $y_k^{(s_k)}$ der unter der Kostenbeschränkung maximal erreichbare Gewinn, und $z_k^{(s_k)}$ sind die entsprechenden Kosten. Die Aufteilung $\boldsymbol{x}^{(s_k)}$, die dem Gewinn-Kosten-Paar $(y_k^{(s_k)}, z_k^{(s_k)})$ entspricht, ist also die Lösung des obigen Problems 1.

Als nächstes werden wir beweisen, daß das oben durch den Verallgemeinerten KETTELLE-Algorithmus (VKA) erhaltene Gewinn-Kosten-Paar $(y_k^{(sk)}, z_k^{(sk)})$ wirklich die Lösung des Problems 1 darstellt.

4.5. Lemma. (a) *Jedes Gewinn-Kosten-Paar der Ordnung* 2, *das man durch den* VKA *erhält, ist zulässig.*

(b) *Jedes zulässige Gewinn-Kosten-Paar der Ordnung* 2 *kann man durch den* VKA *erhalten.*

Beweis. (a) Nach Konstruktion ist $(y_2^{(1)}, z_2^{(1)})$ zulässig. Wir nehmen nun an, daß das durch den VKA erhaltene Paar $(y_2^{(i)}, z_2^{(i)})$ für $i > 1$ o. B. d. A. durch (y_2, z_2) dominiert wird. Sei j die größte ganze Zahl, für die $z_2^{(j)} < z_2$ erfüllt ist. Dann gilt $z_2^{(j)} < z_2 \leqq z_2^{(i)}$ und somit $j < i$. Es folgt also $y_2 \geqq y_2^{(i)} \geqq y_2^{(j+1)}$. Da die Ungleichungen $z_2^{(j)} < z_2 \leqq$ $\leqq z_2^{(j+1)}$ und $y_2 \geqq y_2^{(j+1)}$ erfüllt sind, muß (y_2, z_2) der Nachfolger des Paares $(y_2^{(j)}, z_2^{(j)})$, das durch den VKA erhalten wurde, sein. Da nach Konstruktion in der Tabelle des VKA keine Eintragung durch irgendeine andere Eintragung in der Tabelle dominiert wird, folgt die gewünschte Beziehung.

(b) Sei (y_2, z_2) ein zulässiges Gewinn-Kosten-Paar der Ordnung 2. Weiterhin möge die Tabelleneintragung $(y_2^{(i)}, z_2^{(i)})$ den größten Wert i mit $z_2^{(i)} < z_2$ besitzen. Dann gilt $y_2 > y_2^{(i)}$, da sonst $(y_2^{(i)}, z_2^{(i)}) \overset{D}{>} (y_2, z_2)$ erfüllt ist. Somit muß (y_2, z_2) der Nachfolger von $(y_2^{(i)}, z_2^{(i)})$ sein. ∎

Um zu zeigen, daß der VKA das Problem 1 löst, benötigen wir noch ein anderes grundlegendes Resultat, das im folgenden Lemma angegeben wird.

4.6. Lemma. *Es sei* $(y_2, z_2) \overset{D}{>} (y_2', z_2')$, $y_3 = f_3(y_2, x_3)$, $z_3 = g_3(z_2, x_3)$, $y_3' = f_3(y_2', x_3)$ *und* $z_3' = g_3(z_2', x_3)$. *Dann gilt* $(y_3, z_3) \overset{D}{>} (y_3', z_3')$.

Beweis. Nach Voraussetzung gilt entweder

(a) $y_2 > y_2'$ und $z_2 \leqq z_2'$, oder

(b) $y_2 = y_2'$ und $z_2 < z_2'$.

Im Fall (a) gilt $y_3 > y_3'$, da f_3 streng wachsend ist. Ebenso gilt $z_3 \leqq z_3'$, da g_3 streng wachsend ist. Somit erhalten wir $(y_3, z_3) \overset{D}{>} (y_3', z_3')$.

Im Fall (b) gilt $y_3 = y_3'$, während andererseits $z_3 < z_3'$ gilt, da g_3 streng wachsend ist. In beiden Fällen haben wir also $(y_3, z_3) \overset{D}{>} (y_3', z_3')$ gezeigt. ∎

Bemerkung. Das Lemma 4.6 zeigt, daß wir in jedem Schritt der rekursiven Berechnung nur die zulässigen Gewinn-Kosten-Paare berücksichtigen müssen, da ein dominiertes Gewinn-Kosten-Paar der Ordnung i nur dominierte Gewinn-Kosten-Paare der Ordnung $i + 1$ erzeugen würde.

Wir können jetzt die Optimalität des VKA beweisen.

4.7. Satz. *Das durch den* VKA *erhaltene Gewinn-Kosten-Paar* $(y_k^{(sk)}, z_k^{(sk)})$ *ist die Lösung des Problems* 1, *d. h.,* $y_k^{(sk)}$ *ist der mit den entsprechenden Kosten* $z_k^{(sk)} \leqq c$, *wobei* c *die Kostenbeschränkung ist, maximal erreichbare Gewinn.*

Beweis. Durch wiederholte Anwendung von Lemma 4.5 und 4.6 sehen wir, daß die Folge $(y_n^{(1)}, z_n^{(1)}), \ldots, (y_k^{(sk)}, z_k^{(sk)})$ von Gewinn-Kosten-Paaren, die man im letzten Schritt der Berechnung gemäß des VKA erhält, aus allen zulässigen Gewinn-Kosten-Paaren der Ordnung k besteht, die der Kostenbeschränkung genügen. $(y_k^{(sk)}, z_k^{(sk)})$ ist die Lösung des Problems 1, da $y_k^{(sk)}$ unter allen zulässigen Paaren, die die Kostenbeschränkung einhalten, den höchsten Gewinn erreicht. ∎

Als nächstes geben wir einige Beispiele des in 4.3 formulierten Optimierungsmodells an und lösen diese mit Hilfe des Verallgemeinerten KETTELLE-Algorithmus.

Beispiel 1. Es soll ein Seriensystem mit k Teilsystemen entworfen werden. Für das Teilsystem i kann der Konstrukteur ein beliebiges System aus einer endlichen oder unendlichen Menge von möglichen Systemen mit den entsprechenden Zuverlässigkeit-Kosten-Kombinationen $(r_{i1}, c_{i1}), (r_{i2}, c_{i2}), \ldots$ für $i = 1, \ldots, n$ auswählen. Welche Wahl j_i muß der Konstrukteur für das Teilsystem i treffen, damit die Systemzuverlässigkeit $\prod_{i=1}^{k} r_{ij_i}$ bei der Kostenbeschränkung $\sum_{i=1}^{k} c_{ij_i} \leqq c$ maximiert wird?

In der Sprache des allgemeinen Optimierungsmodells 4.3 stellen die $j_1, \ldots, j_k$ die Entscheidungsvariablen dar, und es gilt

$$f_1(j_1) \equiv r_{1j_1}, \quad g_1(j_1) = c_{1j_1}, \quad f_i(r, j_i) = rr_{ij_i}, \quad \text{und} \quad g_i(c, c_{ij_i}) = c + c_{ij_i}, \quad i = 2, \ldots, k.$$

Die folgenden Spezialfälle von Beispiel 1 kommen in der Zuverlässigkeitstheorie häufig vor.

Beispiel 1(a): Parallelredundanz. Sei $r_{ij} = 1 - q_i^j$, wobei mit q_i die Unzuverlässigkeit eines einzelnen Elements vom Typ i bezeichnet wird, und r_{ij} der Zuverlässigkeit des i-ten Teilsystems entspricht, das aus j parallelgeschalteten Elementen vom Typ i besteht. Sei $c_{ij} = jc_i$, wobei c_i die Kosten eines einzelnen Elements vom Typ i und c_{ij} die Kosten von j Elementen des Typs i sind. In diesem Modell muß der Konstrukteur das Redundanzniveau für das i-te Teilsystem, das aus gleichen parallelgeschalteten Elementen besteht, $i = 1, \ldots, k$, auswählen, wobei die Gesamtkosten für die Redundanz beschränkt sind. Eine ausführliche Darstellung mit numerischen Beispielen findet man in B-P (1965), Kapitel 6.

Beispiel 1(b): Ersatzteilredundanz. In diesem Modell besteht ein System aus k in Serie geschalteten Komponentenpositionen. Fällt die Komponente in der Position i aus, so wird sie unmittelbar durch eine Ersatzkomponente desselben Typs ersetzt, falls ein derartiges Ersatzteil verfügbar ist. Eine Komponente des Typs i kostet c_i Einheiten und besitzt eine Lebensdauerverteilung F_i, $i = 1, \ldots, k$, wobei alle Lebenszeiten untereinander unabhängig sein sollen. Von der Komponentenposition i wird verlangt, daß sie die Zeit t_i, $i = 1, \ldots, k$, ununterbrochen arbeitet.

Das Problem besteht darin, diejenige Zahl n_i von Ersatzteilen des Typs i, $i = 1, \ldots, k$, zu bestimmen, die die Wahrscheinlichkeit für den Systemausfall, der durch Ersatzteilmangel hervorgerufen wird, minimiert, ohne daß eine Schranke c der Gesamtkosten $\sum_{i=1}^{k} n_i c_i$ für die Ersatzteile überschritten wird.

In diesem Modell ist $r_{ij} = \overline{F}^{(j+1)}(t_i)$ die Überlebenswahrscheinlichkeit, die der $(j + 1)$-ten Faltung der F_i entspricht.

Eine ausführlichere Darlegung mit numerischen Beispielen findet man in B-P (1965), Kapitel 6.

Beispiel 1(c): Ersatzteilredundanz für k-aus-m-Teilsysteme. In diesem Modell besteht ein System aus n in Serie geschalteten Teilsystemen. Das Teilsystem i funktioniert, falls wenigstens k_i der m_i Elemente des Teilsystems arbeiten. Vom Teilsystem i wird verlangt, daß es die Zeit t_i ununterbrochen arbeitet. Ein Element vom Typ i kostet c_i Einheiten und besitzt eine Lebensdauerverteilung F_i, wobei alle Lebenszeiten unabhängig sind. Es werden n_i Ersatzteile des Typs i zur Verfügung gestellt. Die Ersetzung eines ausgefallenen Teils erfolgt, solange ein Ersatzteil verfügbar ist.

Das Problem besteht darin, diejenige Anzahl n_i von Ersatzteilen des Typs i, $i = 1, \dots, k$, zu bestimmen, die die Wahrscheinlichkeit für den Systemausfall, der durch Ersatzteilmangel hervorgerufen wird, minimiert ohne daß eine Schranke c der Gesamtkosten der Ersatzteile überschritten wird.

In diesem Modell ist r_{ij} etwas komplizierter, obwohl man r_{ij} in geschlossener Form angeben kann, vgl. dazu Übung 1.

Die Beispiele 1(a), 1(b) und 1(c) sind Spezialfälle von Beispiel 1, in dem die zu maximierende Kenngröße die Überlebenswahrscheinlichkeit eines Seriensystems ist. In den folgenden Beispielen zum allgemeinen Optimierungsmodell 4.3 werden andere Kenngrößen zur Optimierung gewählt.

Beispiel 2: Bereitstellungsrate. Das in 4.1 beschriebene Bereitstellungsrate-Modell ist ein Spezialfall des allgemeinen Optimierungsmodells. Die Entscheidungsvariablen sind hier die Anzahlen der k verschiedenen Ersatzteiltypen $(n_1, \dots, n_k)$ und die Funktionen f_i und g_i des allgemeinen Optimierungsmodells 4.3 werden durch

$$f_1(n_1) = \lambda_1 \sum_{j=0}^{n_1-1} \frac{(\lambda_1 \nu_1)^j}{j!} e^{-\lambda_1 \nu_1},$$

$$f_i(R, n_i) = R + \lambda_i \sum_{j=0}^{n_i-1} \frac{(\lambda_i \nu_i)^j}{j!} e^{-\lambda_j \nu_j},$$

$$g_1(n_1) = c_1 n_1,$$

$$g_i(C, n_i) = C + c_i n_i$$

definiert, so daß alle f_i, g_i streng wachsende Funktionen sind.

Nach Satz 4.7 liefert der Kettelle-Algorithmus bei einer Kostenbeschränkung für die Ersatzteile die Lösung des Problems der Maximierung der Bereitstellungsrate.

Beispiel 3: Minimierung des mittleren gewichteten Mangels. Für k Typen von Komponenten seien zu Beginn n_i Ersatzteile vom Typ i verfügbar, wobei jedes Ersatzteil c_i Einheiten kostet. Des weiteren sei p_{ij} die Wahrscheinlichkeit dafür, daß während einer fest vorgegebenen Periode j Ersatzteile vom Typ i angefordert werden. Der Verlust, der durch fehlende Ersatzteile vom Typ i verursacht wird, sei w_i. Der mittlere gewichtete Mangel wird durch die Formel

$$S(\boldsymbol{n}) = \sum_{i=1}^{k} w_i \sum_{j=n_i}^{\infty} p_{ij}(j - n_i)$$

bestimmt. Wir wollen $S(\boldsymbol{n})$ unter der üblichen Einschränkung minimieren, daß die Gesamtkosten der Ungleichung $\sum_{i=1}^{k} c_i n_i \leqq c$ genügen.

Es wird dem Leser überlassen (Übung 2) zu beweisen, daß dieses Modell ein Spezialfall des allgemeinen Modells 4.3 ist.

Bemerkung. In den oben angeführten Beispielen sind die Kosten für die Ersatzteile jedes Komponententyps linear von der Zahl der Ersatzteile dieses Typs abhängig. Es ist jedoch offensichtlich, daß dies gefordert wird, damit die Kosten mit wachsender Zahl der Ersatzteile jedes Typs streng wachsend sind und folglich der VKA angewendet werden kann.

Es ist klar, daß viele andere Modelle, die unter gewissen Beschränkungen optimiert werden sollen und die aus der Zuverlässigkeitstheorie sowie aus dem allgemeineren Gebiet der Operationsforschung hervorgehen, Spezialfälle des allgemeinen Optimierungsmodells 4.3 sind. Derartige Probleme können mit Hilfe des verallgemeinerten KETTELLE-Algorithmus gelöst werden.

Übungen

1. Ein 1-aus-m-System soll t Stunden ununterbrochen arbeiten. Die ausgefallenen Komponenten werden solange wie Ersatzteile verfügbar sind sofort ersetzt. Dabei stehen zu Beginn n-Ersatzteile im Lager zur Verfügung. Komponenten und Ersatzteile besitzen gegenseitig unabhängige Lebenszeiten mit der gemeinsamen Verteilung F. Man gebe die Wahrscheinlichkeit dafür an, daß das System im Intervall $(0, t)$ ohne Unterbrechung (aus Ersatzteilmangel) arbeitet.
2. Man zeige, daß das Modell der Minimierung des mittleren gewichteten Mangels im Beispiel 3 ein Spezialfall des allgemeinen Modells 4.1 ist.
3. Man formuliere ein Modell, in dem die mittlere Zeit bis zum Systemausfall, der durch Mangel an Ersatzteilen hervorgerufen wird, unter einer Kostenbeschränkung minimiert wird. Liefert der verallgemeinerte KETTELLE-Algorithmus eine Lösung?
4. Man formuliere ein anderes Modell, in dem ebenfalls die mittlere Zeit bis zum Systemausfall unter einer Kostenbeschränkung minimiert wird, die redundanten Elemente aber im Gegensatz zu vorher in Parallelschaltung (d. h. in heißer Reserve) arbeiten. Liefert der verallgemeinerte KETTELLE-Algorithmus eine Lösung?
5. Man zeige, daß der verallgemeinerte KETTELLE-Algorithmus zur Lösung des Maximierungsproblems (a) $\sum_{i=1}^{k} u_i(x_i)$ oder (b) $\prod_{i=1}^{n} u_i(x_i)$ unter der Bedingung $\sum_{i=1}^{k} v_i(x_i) \leqq c$ benutzt werden kann, wobei alle u_i und v_i streng wachsend sind und in (b) zusätzlich $u_i > 0$ gefordert wird.
6. Wir benutzen dieselbe Bezeichnung wie in 4.3 und nehmen an, daß wir die Funktion $h(y_k(\boldsymbol{x}_k), z_k(\boldsymbol{x}_k))$, wobei $h(u, v)$ in u wachsend und in v fallend ist, unter der Bedingung $z_k(\boldsymbol{x}_k) \leqq c$ maximieren wollen. Man zeige, daß der verallgemeinerte KETTELLE-Algorithmus die Lösung liefert.
   Ein Beispiel für eine derartige Funktion $h(u, v)$ ist durch $h(u, v) = g(u) - v$ gegeben, wobei $g(u)$ als der Gewinn, der der Kenngröße u entspricht, interpretiert werden kann und v der Aufwand ist, der zum Erreichen von u erforderlich ist. Somit kann $h(y_k(\boldsymbol{x}_k), z_k(\boldsymbol{x}_k))$ als der Nettogewinn bei der entsprechenden Wahl der Entscheidungsvariablen $(x_1, \ldots, x_k)$ interpretiert werden.

§ 5. Bemerkungen und Literaturhinweise

§ 2. Die Behandlung des Modells 1 ist einer in Vorbereitung befindlichen Arbeit von ESARY und PROSCHAN entnommen, während die Diskussion des Modells 2 auf BARLOW und PROSCHAN (1973) beruht. Das Modell 2 wurde auch von BAZOVSKY, MAC FARLANE und WUNDERMANN (1962) betrachtet, die für Satz 2.5 einen heuristischen Beweis angaben. Im *Handbook of Reliability Engineering* (1968) wird das Modell 2 bei zugrundeliegender exponentieller Ausfall- und exponentieller Reparaturdauerverteilung behandelt.

§ 3. Die Modelle 3 und 4 wurden in GNEDENKO, BELJAJEW, SOLOWJEW (1968) und BARLOW (1962) untersucht[1]).

§ 4. Eine umfassende Untersuchung der optimalen Ersatzteilbereitstellung und allgemeiner der optimalen Redundanzaufteilung wird in B-P (1965), Kapitel 6, durchgeführt. Das Bereitstellungsrate-Modell und die numerische Illustration zu 4.1 wurden in konsultativer Zusammenarbeit mit den Boeing Scientific Research Laboratories entwickelt. Das allgemeine Optimierungsmodell 4.3 ist in dieser Allgemeinheit bisher nicht betrachtet worden.

Der damit verbundene verallgemeinerte KETTELLE-Algorithmus, der eine Gesamtheit von Lösungen für dieses Optimierungsmodell liefert, ist neu, obwohl er nur eine direkte Verallgemeinerung des KETTELLE-Algorithmus (1962) ist.

---

[1]) Weitere Resultate zur Verfügbarkeitstheorie monotoner Systeme mit Reparaturen findet man in Ross (1975), KEILSON (1975) ARNDT und FRANKEN (1977), FRANKEN und STRELLER (1977) (Anm. d. Red.).

KAPITEL 8

GRENZVERTEILUNGEN FÜR DIE LEBENSDAUER EINES MONOTONEN SYSTEMS

In Kapitel 4 charakterisierten wir die kleinste Klasse von Lebensdauerverteilungen, die die Exponentialverteilung enthält und bezüglich der Bildung monotoner Systeme und der Konvergenz der Verteilung nach abgeschlossen ist. Dies ist die Klasse der IFRA-Verteilungen. In dem folgenden Kapitel erhalten wir eine beschränktere Klasse von Lebensdauerverteilungen, indem wir andere Grenzübergänge, die verschiedenen Modellen der Zuverlässigkeitstheorie entsprechen, untersuchen.

In den Paragraphen 1, 2 und 3 geben wir auf die folgende Frage eine vollständige Antwort: *Gegeben sei ein Serien- oder Parallelsystem aus gleichartigen Komponenten, deren Anzahl unbeschränkt wächst, was sind die möglichen Arten von Grenzverteilungen für die Lebensdauer des Systems?* Schließlich erhalten wir in § 4 die Grenzverteilung der Lebensdauer eines Seriensystems aus ungleichen Komponenten, wobei die Komponenten bei einem Ausfall ersetzt werden.

§ 1. Grenzverteilungen für Serien- und Parallelsysteme

Wie wir gesehen haben, ist das Serien(Parallel)-system in der Zuverlässigkeitstheorie und -praxis grundlegend. Es ist deshalb von Interesse, die Art von Lebensdauerverteilungen zu bestimmen, die ein Serien(Parallel)-system aus gleichartigen Komponenten besitzen kann, wenn die Anzahl der Komponenten unbeschränkt wächst. (In § 4 beschreiben wir Resultate, die im Fall ungleicher Komponenten erhalten wurden.) Natürlich entspricht die Lebensdauer eines Serien(Parallel)-systems der kleinsten (größten) Ordnungsstatistik einer zufälligen Stichprobe, so daß die weiter unten erhaltenen Resultate sowohl für die Zuverlässigkeitstheorie als auch für die Theorie der Ordnungsstatistiken von Interesse sind.

Aus Gründen größerer Allgemeinheit betrachten wir, wenn es nicht anders vermerkt wird, $T_1, \dots, T_n$ als unabhängige, identisch verteilte Beobachtungen mit einer gemeinsamen Verteilung F, wobei der Träger von F nicht notwendigerweise auf $[0, \infty)$ beschränkt ist. Wir setzten $\xi_n = \min(T_1, \dots, T_n)$. (Im Zusammenhang mit der Zuverlässigkeitstheorie könnte T_i die Lebensdauer der i-ten Komponente eines Seriensystems bezeichnen, und ξ_n die Lebensdauer des Systems.) Offensichtlich konvergiert ξ_n für $n \to \infty$ f. ü. gegen den linksseitigen Grenzwert des Trägers von F. Deshalb normieren wir, um Trivialitäten zu vermeiden, ξ_n durch einen Skalenparameter a_n und einen Translationsparameter b_n, und suchen die Grenzverteilung der Folge $(\xi_n - b_n)/a_n$, wobei $a_n > 0$ und b_n geeignet gewählte Normierungskonstanten sind. Ebenfalls um Trivialitäten zu vermeiden, schließen wir ausgeartete Verteilungen als Grenzverteilungen aus, da man diese leicht erhalten kann, indem man a_n genügend groß nimmt, so daß $\xi_n/a_n \xrightarrow{P} 0$, und b_n geeignet wählt. Intuitiv können wir im Zusammenhang mit der Zuverlässigkeitstheorie a_n als die Einheit ansehen, in der die Zeit gemessen wird.

Bevor wir zur formalen Theorie übergehen wollen wir einige spezielle Lebensdauerverteilungen F der Komponenten zu betrachten und die entsprechenden Normierungskonstanten a_n und b_n, sowie die Grenzverteilung der Systemlebensdauer zu bestimmen. Man beachte, daß stets

$$P[\xi_n > x] = \bar{F}^n(x) ,$$

und

$$P\left[\frac{\xi_n - b_n}{a_n} > x\right] = P[\xi_n > a_n x + b_n] = \bar{F}^n(a_n x + b_n) .$$

gilt.

1.1. Beispiel. Es sei $F(x) = 1 - e^{-x^\alpha}$ für $x \geqq 0$, wobei der Parameter $\alpha > 0$ ist, d. h., F ist eine WEIBULL-Verteilung mit dem Formparameter α (vgl. Kapitel 3, § 5). Dann ist $\bar{F}^n(a_n x + b_n) = e^{-n(a_n x + b_n)^\alpha} = e^{-x^\alpha}$, wenn wir $a_n = n^{-1/\alpha}$ und $b_n = 0$ für $n = 1, 2, \ldots$ wählen. Folglich können wir schlußfolgern, daß die Klasse von WEIBULL-Verteilungen bezüglich der Bildung von Seriensystemen aus identisch WEIBULL-verteilten Komponenten abgeschlossen ist.

1.2. Beispiel. Es sei $F(x) = x$ für $0 \leqq x \leqq 1$. Durch die Wahl von $a_n = 1/n$, $b_n = 0$ erhalten wir $\lim\limits_{n\to\infty} \bar{F}^n(a_n x + b_n) = \lim\limits_{n\to\infty} (1 - (x/n))^n = e^{-x}$. Folglich ist die Grenzverteilung der Lebensdauer eines Seriensystems eine Exponentialverteilung, falls die Lebenszeiten der Komponenten identisch gleichverteilt sind.

1.3. Beispiel. Es sei $F(x) = e^{-(1-x)/x}$ für $0 \leqq x \leqq 1$. Durch die Wahl von $a_n = (\ln n)^{-2}$ und $b_n = (\ln n)/(1 + \ln n)$ können wir zeigen (vgl. Übung 2 weiter unten)

$$\lim_{n\to\infty} \bar{F}^n(a_n x + b_n) = 1 - e^{-e^x} \qquad \text{für } -\infty < x < \infty .$$

Eine allgemeine Methode zur Bestimmung der Verteilung des Minimums ist die Benutzung der Transformation

$$U_n = nF(\xi_n) ,$$

mit ihr gilt

$$P[U_n > y] = P[nF(\xi_n) > y] = P\left[\xi_n > F^{-1}\left(\frac{y}{n}\right)\right] = \left[1 - \frac{y}{n}\right]^n ,$$

also

$$\lim_{n\to\infty} P[U_n > y] = e^{-y} .$$

Wenn F invertiert werden kann, und zwar asymptotisch für $n \to \infty$, ist es möglich, a_n, b_n und die Grenzverteilung von Extremwerten zu bestimmen. Jedoch kann man mit dieser Methode nicht beweisen, wie wir in § 2 zeigen werden, daß nur drei Extremwert-Grenzverteilungen möglich sind. (Man vergleiche CRAMÉR, 1951, S. 370—378 zu einer Anwendung dieser Methode.)

1.4. Beispiel. Es sei

$$F(x) = \int_{-\infty}^{x} \frac{e^{-u^2/2}}{\sqrt{2\pi}}\, du .$$

Bei CRAMÉR (1951), S. 374—376, wird die Beziehung

$$\xi_n = -\sqrt{2\ln n} + \frac{\ln\ln n + \ln 4\pi}{2\sqrt{2\ln n}} + \frac{\ln U_n}{\sqrt{2\ln n}} + O\left(\frac{1}{\ln n}\right)$$

gezeigt. Wir setzen

$$b_n = -\sqrt{2\ln n} + \frac{\ln\ln n + \ln 4\pi}{2\sqrt{2\ln n}}$$

und $a_n = (2\ln n)^{-1/2}$. Dann gilt für $-\infty < x < \infty$

$$\lim_{n\to\infty} P\left[\frac{\xi_n - b_n}{a_n} \leqq x\right] = \lim_{n\to\infty} P[\ln U_n \leqq x] = \lim_{n\to\infty} P[U_n \leqq e^x] = 1 - e^{-e^x}.$$

Aus der obigen Approximation für ξ_n wird klar, daß die Konvergenz von der gleichen Ordnung wie $(\ln n)^{-1}$, also schwächer als jede Potenz von n ist. FISHER und TIPPET (1928) geben Tabellen an, die die langsame Konvergenz in diesem Falle illustrieren. Die unten abgeleitete Extremwert-Grenzverteilungen unterscheiden sich untereinander nur dem *Typ* nach.

1.5. Definition. Die Verteilungen G und H sind genau dann vom gleichen *Typ*, wenn Konstanten $A > 0$ und B existieren mit

$$G(Ax + B) = H(x) \qquad \text{für alle } x\,.$$

CHINTSCHIN bewies das folgende Fundamentallemma (einen Beweis findet man in FELLER, 1966, S. 246).

1.6. Fundamentallemma. *Ist F_n eine Folge von Verteilungen mit*

(a) $F_n(a_n x + b_n) \to G(x)$,

(b) $F_n(a_n^* x + b_n^*) \to G^*(x)$ *für alle x, wobei G und G^* nichtausgeartete Verteilungsfunktionen sind, dann sind G und G^* vom gleichen Typ, d. h., für gewisse $A > 0$, B gilt $G(x) = G^*(Ax + B)$ für alle x.*

Ist also $G(x)$ eine Grenzverteilung, so erhält man alle Verteilungen des gleichen Typs durch geeignetes Modifizieren von a_n und b_n. Aus Lemma 1.6 und dieser letzten Behauptung folgt, daß wir, um alle möglichen Lebensdauergrenzverteilungen für ξ_n zu finden, nur Grenzverteilungen zu betrachten brauchen, die sich dem Typ nach unterscheiden.

In § 2 werden wir das grundlegende Ergebnis herleiten, das von FISHER und TIPPET (1928) und GNEDENKO (1943) stammt: Die einzig möglichen Typen von Grenzverteilungen für $\xi_n = \min(T_1, \ldots, T_n)$, wobei $T_1, \ldots, T_n$ zufällige Beobachtungen aus einer beliebigen Verteilung F sind, haben die Form:

$$W_1(x) = 1 - e^{-x^\alpha} \qquad \text{für } x \geqq 0 \text{ und } \alpha > 0\,, \tag{1.1}$$

$$W_2(x) = 1 - e^{-(-x)^{-\alpha}} \qquad \text{für } x \leqq 0 \text{ und } \alpha > 0\,, \tag{1.2}$$

$$\Lambda(x) = 1 - e^{-e^x} \qquad \text{für } -\infty < x < \infty\,. \tag{1.3}$$

$W_1(x)$ ist die in Kapitel 3, § 5, diskutierte WEIBULL-Verteilung. $W_2(x)$ ist in der Zuverlässigkeitstheorie oder in Anwendungen von geringem Interesse, da sie auf der negativen Achse konzentriert ist, und daher nicht als Grenzverteilung des Minimums nichtnegativer Zufallsvariablen (zum Beispiel Lebenszeiten) auftreten kann, wie wir in § 2 sehen werden. Obwohl $\Lambda(x)$ negative Werte der Zufallsvariablen erlaubt, ist sie im Zusammenhang mit der Zuverlässigkeitstheorie von einigem Interesse, da sie als Grenzverteilung des Minimums von Lebenszeiten auftreten kann. Bei entsprechender Wahl von A und B liefert $\Lambda(Ax + B)$ eine ziemlich genaue Approximation der MAKEHAM-Verteilung

$$F(t) = 1 - e^{-[\alpha t + (\beta/\gamma)(e^{\lambda t} - 1)]}$$

mit der Ausfallrate

$$r(t) = \alpha + \beta\, e^{\gamma t}, \qquad t \geqq 0 .$$

Diese Verteilung wird vielfach in der Lebensversicherung und bei Sterblichkeitsuntersuchungen benutzt. Möglicherweise liegt eine theoretische Begründung ihrer erfolgreichen Anwendung in ihrer großen Ähnlichkeit mit Λ.

Wie zuvor sei $T_1, \ldots, T_n$ eine zufällige Stichprobe einer Verteilung F, die nicht notwendigerweise auf die positive Achse beschränkt ist. Es sei $\eta_n = \max(T_1, \ldots, T_n)$. (Im Zusammenhang mit der Zuverlässigkeitstheorie könnte η_n die Lebensdauer eines Parallelsystems aus unabhängigen Komponenten mit gemeinsamer Lebensdauerverteilung F darstellen.) Man beachte $\eta_n = \max(T_1, \ldots, T_n) = -\min(-T_1, \ldots, -T_n)$. Es folgt, daß $\overline{G}(-x)$ ein Grenzverteilungstyp für η_n ist, sofern $G(x)$ ein Grenzverteilungstyp für ξ_n ist. Folglich haben die möglichen Grenzverteilungen für $(\eta_n - b_n)/a_n$ die Gestalt:

$$W_1^*(x) = e^{-(-x)^\alpha} \qquad \text{für } x \leqq 0 \text{ und } \alpha > 0 , \tag{1.1*}$$

$$W_2^*(x) = e^{-x^{-\alpha}} \qquad \text{für } x \geqq 0 \text{ und } \alpha > 0 , \tag{1.2*}$$

$$\Lambda^*(x) = e^{-e^{-x}} \qquad \text{für } -\infty < x < \infty . \tag{1.3*}$$

W_1^* ist in der Zuverlässigkeitstheorie oder in Anwendungen von geringem Interesse, da sie auf der negativen Achse konzentriert ist, und daher nicht als Grenzverteilung des Maximums nichtnegativer Zufallsvariablen (zum Beispiel Lebenszeiten) auftreten kann.

Die sechs in (1.1), (1.2), (1.3), (1.1*), (1.2*) und (1.3*) dargestellten Extremwertverteilungen sind sicherlich zur Beschreibung von Messungen, die man durch Geräte, die Extremwerte messen, erhalten hat, geeignet. Zum Beispiel behauptet GUMBEL (1958), daß Λ^* für sehr hohe Temperaturen, Hochwasserspiegel und Windgeschwindigkeiten anwendbar ist; ähnlich ist Λ als ein Modell zur Beschreibung des Minimums von Temperaturen und Drücken brauchbar. Die WEIBULL-Verteilung W_1 ist der statischen und dynamischen Bruchfestigkeit von Materialien angepaßt (WEIBULL, 1939). Zahlreiche Anwendungen der Extremwertverteilungen kann man in GUMBEL (1958) finden. Andere Anwendungen sind kurz bei DAVID (1970) erwähnt; dort findet man weitere Literaturhinweise.

1.7. Beispiel. Messung der Luftverunreinigung. Verschiedene Luftverunreinigungen, wie Schwefeloxide, Kohlenmonoxid, Stichstoffoxide, Ozone usw. werden in bestimmten Zeitabständen überprüft, wobei die Verunreinigungskonzentrationen $X_1, X_2, \ldots$ in einen Computer eingegeben werden. LARSEN (1969) hat aufgrund empirischer Tatsachen behauptet, daß die Luftverunreinigungskonzentration als Zufallsvariable mit einer Lognormal-Verteilung angesehen werden kann. Da staatliche und nationale Luftqualitätsstandards fordern, daß der Maximalwert während einer, sagen wir, 24-

stündigen Periode einen vorgegebenen Standardwert nicht überschreitet, ist es von Interesse und Bedeutung die Verteilung von $\eta_n = \max(X_1, \ldots, X_n)$ zu bestimmen. Wie wir in § 3 sehen werden, hat η_n, geeignet normiert, annähernd die Extremwertverteilung $\Lambda^*(x)$, die in (1.3*) angegeben wurde. Mit dieser Kenntnis kann man die Wahrscheinlichkeit der Überschreitung des Luftverunreinigungsstandards berechnen.

Übungen

1. Es sei $\xi_n = \min(T_1, \ldots, T_n)$, wobei $T_1, \ldots, T_n$ unabhängige identisch verteilte Zufallsvariablen sind. Man zeige, wie a_n zu wählen sind, damit $\xi_n/a_n \to 0$ in Wahrscheinlichkeit gilt.
2. Man weise den in Beispiel 1.3 behaupteten Grenzwert nach.
3. Sei $X_1 \sim W_1(x)$ aus (1.1) und $X_1^* \sim W_1^*(x)$ aus (1.1*). Man zeige, daß X_1^* zu einer Funktion von X_1 stochastisch äquivalent ist. Ähnlich bringe man (a) W_2 aus (1.2) und W_2^* aus (1.2*) und (b) Λ aus (1.3) und Λ^* aus (1.3*) miteinander in Beziehung.
4. Zum Auffinden der Grenzverteilung von η_n benutze man die Transformation

$$V_n = n\overline{F}(\eta_n)\,,$$

so daß

$$\lim_{n\to\infty} P[V_n > y] = \mathrm{e}^{-y}$$

gilt. Man benutze diese Transformation und Beispiel 1.4, um b_n und a_n so zu finden, daß

$$\lim_{n\to\infty} P\left[\frac{\eta_n - b_n}{a_n} \leqq x\right] = \mathrm{e}^{-\mathrm{e}^{-x}} \quad \text{für} \quad -\infty < x < \infty$$

gilt. Dabei ist $F(x) = \int\limits_{-\infty}^{x} \left(\mathrm{e}^{-u^2/2}/\sqrt{2\pi}\right) du$.

5. Es sei

$$F(x) = \int\limits_0^x \frac{x^{\lambda-1}\mathrm{e}^{-x/\Theta}}{\Theta^\lambda \Gamma(\lambda)}\,dx\,.$$

Man zeige

$$\lim_{n\to\infty} P\left[\frac{\eta_n - b_n}{a_n} \leqq x\right] = \mathrm{e}^{-\mathrm{e}^{-x}} \quad \text{für} \quad -\infty < x < \infty\,,$$

mit $a_n = \Theta$ und

$$b_n = \Theta \ln\left(\frac{n}{\Theta^{\lambda-1}\Gamma(\lambda)}\right) + \Theta(\lambda - 1)\ln(\Theta \ln n)\,.$$

(Vgl. Gurland, 1955).

§ 2. Die Herleitung von Extremwertverteilungen

Minimum-stabile Verteilungen. Eine Verteilung G ist *minimum-stabil*, wenn für alle positiven ganzzahligen k Konstanten $\alpha_k > 0$ und β_k existieren mit

$$\overline{G}^k(\alpha_k x + \beta_k) = \overline{G}(x) \qquad \text{für alle } x\,. \tag{2.1}$$

Um zu zeigen, daß die in (1.1), (1.2) und (1.3) gegebenen Verteilungen W_1, W_2 und Λ die einzig möglichen Typen von Grenzverteilungen für das Stichprobenminimum ξ_n sind, werden wir zunächst beweisen, daß (a) alle möglichen Grenzverteilungen für ξ_n minimum-stabil sind, und (b) W_1, W_2 und Λ die einzig möglichen minimum-stabilen Verteilungen sind.

2.1. Satz. *G ist genau dann Grenzverteilung für ξ_n, wenn G minimum-stabil ist.*

Beweis. Zunächst setzen wir $\overline{F}^n(a_n x + b_n) \to \overline{G}(x)$ bei $n \to \infty$ voraus. Dann gilt

$$\overline{F}^{nk}(a_{nk}x + b_{nk}) \equiv \{\overline{F}^n(a_{nk}x + b_{nk})\}^k \to \overline{G}(x)\,,$$

d. h. $\overline{F}^n(a_{nk}x + b_{nk}) \to \overline{G}^{1/k}(x)$ für $n \to \infty$. Nach dem Fundamentallemma 1.6 folgt, daß $\overline{G}$ und $\overline{G}^{1/k}$ Überlebenswahrscheinlichkeiten des gleichen Typs sind. Folglich ist nach der Definition G minimum-stabil.

Nehmen wir umgekehrt an, G sei minimum-stabil. Dann existieren Konstanten $\alpha_k > 0$ und β_k, so daß (2.1) gilt. Folglich ist G eine Grenzverteilung des Stichprobenminimums. ▮

Mögliche Typen von minimumstabilen Verteilungen. Als nächstes werden wir zeigen, daß für minimum-stabile G die Normierungskonstanten α_k in (2.1) entweder alle < 1, oder alle $= 1$, beziehungsweise alle > 1 sind. Zu diesem Zweck formulieren wir folgendes Lemma 2.2.

2.2. Lemma. *Es seien α_k und β_k Normierungskonstanten, die (2.1) für eine minimum-stabile Verteilung G erfüllen. Dann gilt für alle positiven ganzen Zahlen j und k*

$$\alpha_{jk} = \alpha_j \alpha_k \tag{2.2}$$

und

$$\beta_{jk} = \beta_k + \alpha_k \beta_j = \beta_j + \alpha_j \beta_k\,. \tag{2.3}$$

Beweis. Aus (2.1) erhalten wir $\overline{G}^k(x) = \overline{G}((x - \beta_k)/\alpha_k)$ für gewisse α_k und β_k und alle $k = 1, 2, \ldots$, sowie für alle x. Folglich gilt

$$\overline{G}^{jk}(x) = \overline{G}^j\left(\frac{x - \beta_k}{\alpha_k}\right) = \overline{G}\left(\frac{[(x - \beta_k)/\alpha_k] - \beta_j}{\alpha_j}\right) = \overline{G}\left(\frac{[(x - \beta_j)/\alpha_j] - \beta_k}{\alpha_k}\right)$$

für alle x. Es folgt

$$\frac{x - \beta_k - \alpha_k \beta_j}{\alpha_j \alpha_k} = \frac{x - \beta_j - \alpha_j \beta_k}{\alpha_j \alpha_k} = \frac{x - \beta_{jk}}{\alpha_{jk}}$$

für alle x, so daß die Beziehungen (2.2) und (2.3) gelten müssen. ▮

Das folgende Lemma ergibt sich unmittelbar.

2.3. Lemma. *Wenn in (2.1) ein $j > 1$ existiert, für das $\alpha_j = 1$ ist, dann gilt $\alpha_j = 1$ für alle j.*

Beweis. Es gelte $\alpha_{j_0} = 1$ für ein gewisses $j_0 > 1$ in (2.1). Dann gilt nach (2.3) $\beta_k + \alpha_k \beta_{j_0} = \beta_{j_0} + \beta_k$ für alle $k \geqq 1$. Folglich gilt für alle $k \geqq 1$ entweder $\beta_{j_0} = 0$ oder $\alpha_k = 1$. Ist $\beta_{j_0} = 0$, so gilt $\overline{G}^{j_0}(x) = \overline{G}(x)$ für alle x. Aber dies ist, da G nichtausgeartet ist, unmöglich. Folglich gilt $\alpha_k = 1$ für alle k. ▮

Man beachte, daß $\Lambda(x) = 1 - \mathrm{e}^{-\mathrm{e}^x}$ mit $\alpha_k = 1$ und $\beta_k = -\ln k$ für $k \geqq 1$ die Beziehung (2.1) erfüllt.

Als nächstes zeigen wir, daß die minimum-stabile Verteilung G einen von unten beschränkten Träger besitzt, falls in (2.1) ein $j > 1$ existiert, für das $\alpha_j < 1$ ist.

2.4. Lemma. *Es sei* $\alpha_j < 1$ *für ein gewisses* $j > 1$ *in* (2.1). *Dann gilt*

(a) *Es existiert ein* x_0 *mit* $G(x_0) = 0$ *und* $G(x) > 0$ *für alle* $x > x_0$.
(b) $\beta_k/(1 - \alpha_k) = x_0$ *für alle* $k > 1$.

Beweis. Nehmen wir an, daß $\alpha_{j_0} < 1$ für ein gewisses $j_0 > 1$ in (2.1) ist. Sei $x^* = \beta_{j_0}/(1 - \alpha_{j_0})$. Man beachte, daß aus $x < x^*$ folgt $x > (x - \beta_{j_0})/\alpha_{j_0}$. Daher gilt für $x < x^*$

$$\overline{G}(x) \leqq \overline{G}\left(\frac{x - \beta_{j_0}}{\alpha_{j_0}}\right) = \overline{G}^{j_0}(x) .$$

Folglich gilt für $x < x^*$ entweder $\overline{G}(x) = 0$ oder 1. Da $\overline{G}$ fallend und nichtausgeartet ist, folgt $\overline{G}(x) = 1$ für $x < x^*$. Somit existiert ein $x_0 \geqq x^*$ mit $\overline{G}(x_0) = 1$ und $\overline{G}(x) < 1$ für alle $x > x_0$. Also ist $\overline{G}^k(x_0) = \overline{G}((x_0 - \beta_k)/\alpha_k) = 1$, während $\overline{G}^k(x_0 + \varepsilon) = \overline{G}([(x_0 - \beta_k)/\alpha_k] + [\varepsilon/\alpha_k]) < 1$ für beliebige $\varepsilon > 0$, $k > 1$ gilt. Dies hat $(x_0 - \beta_k)/\alpha_k = x_0$ für $k > 1$ zur Folge. Indem wir $k = j_0$ setzen, erhalten wir aus der Definition von x^* nun $x_0 = x^*$. Das Ergebnis (b) folgt unmittelbar. ∎

Auf ähnliche Weise können wir das folgende Lemma zeigen.

2.5. Lemma. *Es sei* $\alpha_j > 1$ *für ein gewisses* $j > 1$ *in* (2.1). *Dann gilt*

(a) *Es existiert ein* x_0 *mit* $G(x_0) = 1$ *und* $G(x) < 1$ *für alle* $x < x_0$;
(b) $\beta_k/(1 - \alpha_k) = x_0$ *für alle* $k > 1$.

Der Beweis ist dem Leser überlassen (Übung 3).

Aus den Lemmata 2.3, 2.4 und 2.5 können wir unmittelbar das gewünschte Resultat schlußfolgern.

2.6. Lemma. *Es seien* α_j, $j = 1, 2, \ldots$, *die Normierungskonstanten aus* (2.1). *Dann gilt genau einer der drei Fälle:*

(a) $\alpha_j < 1$ *für alle* $j > 1$,
(b) $\alpha_j = 1$ *für alle* $j \geqq 1$,
(c) $\alpha_j > 1$ *für alle* $j > 1$.

Der *Beweis* ist dem Leser überlassen (Übung 4).

Aus Beispiel 2.1 ersehen wir, daß W_1 die Bedingungen des Lemmas 2.4 erfüllt. Analog können wir zeigen, daß W_2 die Voraussetzungen des Lemmas 2.5 (vgl. Übung 5) erfüllt. Ohne Beschränkung der Allgemeinheit können wir in Lemma 2.4 und 2.5 $x_0 = 0$ nehmen. Folglich reduziert sich das Problem des Auffindens aller minimumstabilen Verteilungen auf die Lösung der Funktionalgleichungen

$$\overline{G}^n(\alpha_n x) = \overline{G}(x) , \quad \text{mit } G(x) = 0 \text{ für } x \leqq 0 , \tag{2.4}$$

$$\overline{G}^n(\alpha_n x) = \overline{G}(x), \quad \text{mit } G(x) = 1 \text{ für } x \geqq 0 , \tag{2.5}$$

$$\overline{G}^n(x + \beta_n) = \overline{G}(x) . \tag{2.6}$$

Zum Lösen dieser Funktionalgleichungen benutzen wir den Begriff der regulären Variation, der durch KARAMATA (1930) eingeführt wurde; man vergleiche dazu FELLER, II (1966), S. 268ff.

2.7. Lemma. *Sei U eine positive monotone Funktion auf* $(0, \infty)$, *so daß*

$$\frac{U(\gamma x)}{U(\gamma)} \to \psi(x) \qquad \text{für } \gamma \to \infty \tag{2.7}$$

gilt, wobei $\psi(x)$ in einem gewissen Intervall endlich und positiv ist. Dann gilt $\psi(x) = x^\varrho$, wobei $-\infty < \varrho < \infty$ ist.

Beweis. Aus

$$\frac{U(\gamma x_1 x_2)}{U(\gamma)} = \frac{U(\gamma x_1 x_2)}{U(\gamma x_2)} \cdot \frac{U(\gamma x_2)}{U(\gamma)}$$

folgt $\psi(x_1 x_2) = \psi(x_1)\,\psi(x_2)$, wobei die Werte endlich sind. Indem wir $x_i = \mathrm{e}^y$, $i = 1,2$, und $\varphi(y) = \psi(\mathrm{e}^y)$ setzen, erhalten wir die Funktionalgleichung

$$\varphi(y_1 + y_2) = \varphi(y_1)\,\varphi(y_2)\,.$$

Es ist bekannt, daß die einzige monotone Lösung

$$\varphi(y) = \mathrm{e}^{\varrho y} \qquad \text{für } -\infty < \varrho < \infty$$

ist. (Vgl. mit Satz 2.2, Kapitel 3, als einem eng verwandten Resultat.) Folglich ist $\psi(x) = \varphi(\ln x) = \mathrm{e}^{\varrho \ln x} = x^\varrho$ für $-\infty < \varrho < \infty$. ∎

2.8. Definition. (a) Es sei L eine auf $(0, \infty)$ definierte Funktion. Dann *variiert L* langsam *im Unendlichen,* wenn für jedes $x > 0$ gilt

$$\frac{L(\gamma x)}{L(\gamma)} \to 1 \qquad \text{für } \gamma \to \infty\,. \tag{2.8}$$

(b) Sei $U(x) = x^\varrho L(x)$ für $x > 0$, $-\infty < \varrho < \infty$, wobei L langsam variieren soll. Dann sagt man, daß U *regulär mit dem Exponenten ϱ variiert.*

Man beachte, daß in der Definition 2.8 weder L noch U als monoton vorausgesetzt werden. Weiterhin beachte man, daß die Begriffe des langsamen Variierens und des regulären Variierens nicht von dem Verhalten der Funktion auf endlichen Intervallen abhängen. Ein nützliches Kriterium für die reguläre Variation wird in folgendem Lemma formuliert.

2.9. Lemma. *Es sei vorausgesetzt, daß* (a) $\lambda_{n+1}/\lambda_n \to 1$ *und* $c_n \to \infty$ *für* $n \to \infty$, *sowie* (b) *U eine positive monotone Funktion ist, so daß*

$$\lim_{n\to\infty} \lambda_n U(c_n x) = \chi(x) \leqq \infty \tag{2.9}$$

auf einer dichten Menge existiert, wobei χ auf einem gewissen Intervall endlich und positiv ist. Dann variiert U regulär.

Beweis. Durch eine Skalentransformation können wir annehmen, daß $\chi(1) = 1$ ist und daß (2.9) für $x = 1$ gilt. Für ein gegebenes γ definieren wir n_γ als die kleinste ganze Zahl mit $c_{n_\gamma+1} > \gamma$. Dann gilt $c_{n_\gamma} \leqq \gamma < c_{n_\gamma+1}$. Folglich gelten für eine wachsende Funktion U die Ungleichungen

$$\frac{U(c_{n_\gamma} x)}{U(c_{n_\gamma+1})} \leqq \frac{U(\gamma x)}{U(\gamma)} \leqq \frac{U(c_{n_\gamma+1} x)}{U(c_{n_\gamma})}\,. \tag{2.10}$$

Aus der ersten Ungleichung in (2.10) folgt wegen $\lambda_n U(c_n) \to 1$ für $n \to \infty$

$$\chi(x) = \lim_{\gamma\to\infty} \frac{\lambda_{n_\gamma} U(c_{n_\gamma} x)}{\lambda_{n_\gamma+1} U(c_{n_\gamma+1})} \cdot \frac{\lambda_{n_\gamma+1}}{\lambda_{n_\gamma}} \leqq \lim_{\gamma\to\infty} \frac{U(\gamma x)}{U(\gamma)}\,,$$

während aus der zweiten Ungleichung

$$\chi(x) = \lim_{n\to\infty} \frac{\lambda_{n_\gamma+1} U(c_{n_\gamma+1} x)}{\lambda_{n_\gamma} U(c_{n_\gamma})} \cdot \frac{\lambda_{n_\gamma}}{\lambda_{n_\gamma+1}} \geqq \lim_{\gamma\to\infty} \frac{U(\gamma x)}{U(x)}$$

folgt. Daraus ergibt sich $\chi(x) = \lim_{\gamma\to\infty} U(\gamma x)/U(\gamma)$. Nach Lemma 2.7 und Definition 2.8 variiert U also regulär.

Für fallende Funktionen U kehren sich die Ungleichungen in (2.10) um, aber die darauffolgenden Beweisschlüsse sind analog. ∎

Nun können wir unser minimum-stabile Verteilungen betreffendes Hauptergebnis beweisen.

2.10. Satz. *Die Verteilung G sei minimum-stabil. Dann muß sie von einem der folgenden drei Typen sein:*

(a) $W_1(x) = 1 - e^{-x^\alpha}$ *für* $x \geqq 0$ *mit* $\alpha < 0$,
(b) $W_2(x) = 1 - e^{-(-x)^{-\alpha}}$ *für* $x \leqq 0$ *mit* $\alpha > 0$,
(c) $\Lambda(x) = 1 - e^{-e^x}$ *für* $-\infty < x < \infty$.

Beweis. Wie nach Lemma 2.6 festgestellt wurde, brauchen wir nur drei Fälle zu untersuchen.

Fall (a). Aus (2.4) erhalten wir bei $\alpha_n < 1$ für $n > 1$ die Beziehung $\overline{G}(x) = \overline{G}^{1/n}(x/\alpha_n)$, also $\lim_{n\to\infty} [-(1/n) \ln \overline{G}(x/\alpha_n)] = -\ln \overline{G}(x)$. Wegen $\alpha_n < 1$ für alle $n > 1$ folgt aus (2.2) $\alpha_{n^k} = \alpha_n^k \to 0$ für $n \to \infty$. Durch Anwendung der Lemmata 2.7 und 2.9 mit $c_n = 1/\alpha$, $\lambda_n = 1/n$ und $U(x) = -\ln \overline{G}(x)$ für $x > 0$ folgern wir, daß $-\ln \overline{G}(x)$ von der Form cx^ϱ ist. Da $\overline{G}(0) = 1$ und $\overline{G}(x)$ fallend ist, folgt $\varrho > 0$ und $c > 0$. Folglich ist G vom gleichen Typ wie W_1.

Fall (b). Der Beweis wird dem Leser überlassen (Übung 6).

Fall (c). Aus (2.6) erkennen wir, daß $\beta_n \leqq 0$ ist. Aus (2.3) und wegen $\alpha_n = 1$ für $n \geqq 1$ folgert, daß entweder $\beta_n \equiv 0$ oder $\lim_{n\to\infty} \beta_n = -\infty$ gilt. $\beta_n \equiv 0$ hat zur Folge, daß G ausgeartet ist. Da wir diesen Fall ausgeschlossen hatten, gilt $\beta_n \to -\infty$ für $n \to \infty$.

Als nächstes setzen wir die Transformation $z = e^x$, $\alpha_n = e^{\beta_n}$ und $\overline{H}(z) = \overline{G}(\ln z)$ für $z > 0$ an. Dann gilt $\alpha_n \to 0$, während $\overline{H}^n(\alpha_n z) = \overline{H}(z)$ ist. Durch Anwendung des Ergebnisses des Falles (a) und anschließende Variablentransformation erhalten wir $\overline{G}(x) = e^{-e^{\varrho x}}$, wobei $\varrho > 0$ ist. Folglich ist G vom gleichen Typ wie Λ. ∎

Durch Kombination der Sätze 2.1 und 2.8 erhalten wir Gnedenkos Hauptresultat.

2.11. Satz. *Sei* $\xi_n = \min(T_1, \ldots, T_n)$, *wobei* $T_1, \ldots, T_n$ *eine zufällige Stichprobe einer beliebigen Verteilung ist. Dann sind die einzig möglichen Typen von Grenzverteilungen für die Verteilung von* ξ_n *die in* (1.1), (1.2) *beziehungsweise* (1.3) *angegebenen Verteilungen* W_1, W_2 *und* Λ.

Im Zusammenhang mit der Zuverlässigkeitstheorie behauptet Satz 2.11, daß die möglichen Grenzverteilungen der Lebensdauer eines Seriensystems aus unabhängigen, identisch verteilten Komponenten von keinem anderen Typ als W_1, W_2 oder Λ sein können (vgl. (1.1), (1.2) und (1.3)). In § 3 werden wir sehen, daß W_2 mit dem Träger auf der negativen Achse nicht vorkommen kann, so daß nur noch die Typen W_1 und Λ mögliche Grenzverteilungen für Seriensysteme sind. Weiterhin scheint es sinnvoller zu sein, die Lebensdauer. eines großen Seriensystems aus identischen Komponenten mit Hilfe von W_1, d. h. der WEIBULL-Verteilung, zu beschreiben, da Λ negativen Werten der Lebensdauer eines Seriensystems positive Wahrscheinlichkeit zuweist. Dies kann eine Rechtfertigung der Popularität der WEIBULL-Verteilung bei Zuverlässigkeitsuntersuchungen sein.

Grenzverteilungen für Stichprobenmaxima. Von den oben erhaltenen Ergebnissen für mögliche Grenzverteilungen der Stichprobenminima können wir unter Benutzung der Beziehung $\eta_n = \max(T_1, \dots, T_n) = -\min(-T_1, \dots, -T_n)$ ein analoges Resultat für Stichprobenmaxima erhalten. Das Gegenstück zu Satz 2.11 ist der folgende Satz.

2.12. Satz. *Sei* $\eta_n = \max(T_1, \dots, T_n)$, *wobei* $T_1, \dots, T_n$ *eine zufällige Stichprobe einer beliebigen Verteilung ist. Dann sind die einzig möglichen Grenzverteilungen für* η_n *die in* (1.1*), (1.2*) *beziehungsweise* (1.3*) *angegebenen Verteilungen* W_1^*, W_2^* *und* Λ^*.

Der *Beweis* ist dem Leser überlassen (Übung 7).

Die *k*-te Ordnungsstatistik. Sei $\xi_{k,n}$ die k-te kleinste von n unabhängigen Zufallsvariablen. SMIRNOW (1952) hat gezeigt, daß für $n \to \infty$ und festes k die einzig möglichen Grenzverteilungen

$$\frac{1}{(k-1)!}\int_0^{x^\alpha} e^{-u}\, u^{k-1} du\,, \qquad x > 0, \alpha > 0\,, \tag{2.11}$$

$$\frac{1}{(k-1)!}\int_0^{|x|^{-\alpha}} e^{-u}\, u^{k-1} du\,, \qquad x < 0, \alpha > 0\,, \tag{2.12}$$

und

$$\frac{1}{(k-1)!}\int_0^{e^x} e^{-u}\, u^{k-1}\, du \tag{2.13}$$

sind.

SMIRNOW (1952) und TSCHIBISOW (1964) haben alle möglichen Grenzverteilungen gefunden, falls sowohl k als auch n gegen ∞ streben.

Diese Ergebnisse sind natürlich für das Studium von k-aus-n-Strukturen von Interesse.

Synthese von monotonen Strukturen. Die meisten klassischen Probleme der Extremwerttheorie sind in der folgenden allgemeinen Fragestellung enthalten: Gegeben sei eine monotone Struktur und eine gewisse Art des unbeschränkten Wachsens der Anzahl der Komponenten. Zu bestimmen sind die möglichen Grenzverteilungsfunktionen für die Systemlebensdauer bei gegebener Lebensdauerverteilung der Komponenten.

Zum Beispiel entspricht das Minimum einer Menge von Zufallsvariablen der Lebensdauer eines Seriensystems, und das Maximum entspricht einem Parallelsystem. Die k-aus-n-Struktur erzeugt die Ordnungsstatistik und Serien-Parallel- und Parallel-

Seriensysteme führen zum Minimax und Maximin (CHERNOFF und TEICHER, 1955) von Serienschemata zufälliger Variablen.

Wir beschreiben nun Ergebnisse, die erhalten wurden, wenn die Methode der „Ausdehnung" der Struktur in der wiederholten Synthese besteht. Dabei wird jede Komponente eines Systems aus n Komponenten durch ein gleiches System ersetzt, so daß man ein System aus n^2 Komponenten erhält. Dann wird jede Komponente dieses Systems durch ein Abbild des Originalsystems ersetzt, so daß man n^3 Komponenten erhält, usw. Die ersten drei Stufen der Synthese eines Systems aus drei Komponenten sind in Abb. 8.2.1 dargestellt. Diese Methode der wiederholten Synthese wurde in Kapitel 2, § 6 als eine Methode zur Konstruktion eines zuverlässigeren Sicherheitssystems aus 2-aus-3-Systemen diskutiert.

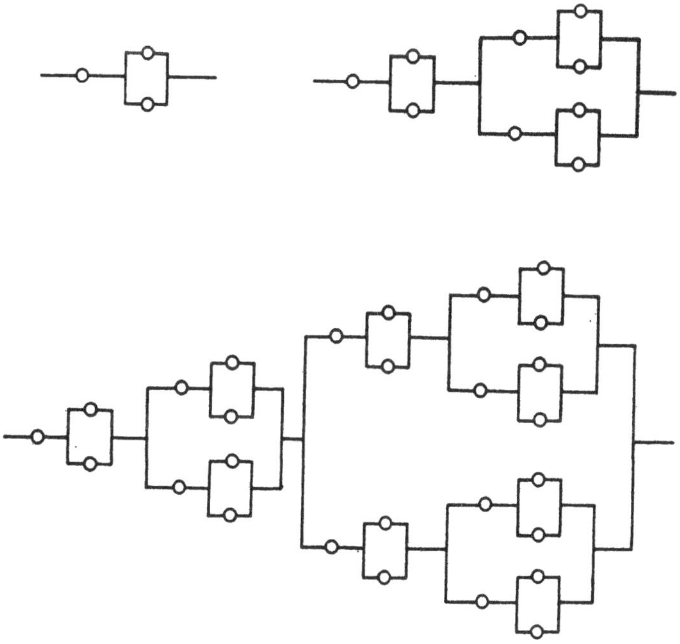

Abb. 8.2.1. Wiederholte Synthese einer monotonen Struktur

Es wird angenommen, daß alle Komponenten unabhängig und identisch verteilt sind. Insbesondere sei $p = P\{X_i = 1\}$ die Zuverlässigkeit der Komponente i, wobei X_i eine zwei Werte annehmende Zufallsvariable, die den Zustand der Komponente i angibt, ist. Die Zuverlässigkeit der Struktur wird durch $h(p) = P\{\varphi(X) = 1\}$ bezeichnet, wobei φ die Strukturfunktion ist. Nun nehmen wir an, daß die Komponenten im Laufe der Zeit ausfallen und eine gemeinsame Lebensdauerverteilung F besitzen, mit den zweiwertigen Indikatorvariablen $X_i(t)$, die 1 oder 0 sind, je nachdem ob die Komponente bis zum Zeitpunkt t arbeitsfähig war oder ausgefallen ist. Dann gilt $P\{X_i(t) = 1\} = \overline{F}(t)$ und das System hat somit die Lebensdauerverteilung $1 - h(\overline{F}(t))$. Das System, das sich nach n Syntheseschritten ergibt, hat die Lebensdauerverteilung $1 - h^{(n)}(\overline{F}(t))$, wobei $h^{(n)}$ die n-fache Komposition der Funktion h mit sich selbst bezeichnet. Es wird angenommen, daß $h(p) \not\equiv p$ ist. Nehmen wir an, daß für geeignete

$\{a_n > 0\}$ und $\{b_n\}$

$$h^{(n)}(\overline{F}(a_n x + b_n)) \to \overline{G}(x) \tag{2.14}$$

gilt. Dann erhalten wir das folgende Lemma.

2.13. Lemma. *Ist G eine Grenzverteilung in* (2.14), *dann existieren ein* $\alpha > 0$ *und ein* β *mit* $h(\overline{G}(x)) = \overline{G}(\alpha x + \beta)$.

Bemerkung. Dieses Lemma verallgemeinert den am Anfang von § 2 eingeführten Begriff einer *minimum-stabilen* Verteilung. Die Beziehung $h^{(n)}(\overline{G}(x)) = \overline{G}(\alpha_n x + \beta_n)$ für gewisse $\alpha_n > 0$ und β_n sowie für alle n, ist nicht allgemeiner als die Behauptung des Lemmas 2.13, da sie aus dem Lemma für $\alpha_n = \alpha^n$ und $\beta_n = (1 + \alpha + \ldots + \alpha^{n-1})\,\beta$ folgt.

Beweis. Aus (2.14) ergibt sich

$$h^{(n+1)}(\overline{F}(a_n x + b_n)) \to h(\overline{G}(x))$$

und

$$h^{(n+1)}(\overline{F}(a_{n+1} x + b_{n+1})) \to \overline{G}(x)\,.$$

Nach dem Fundamentallemma 1.6 müssen diese zwei Verteilungen vom gleichen Typ sein, d. h., es ist

$$h(\overline{G}(x)) = \overline{G}(\alpha x + \beta)\,. \blacksquare$$

Ist $\alpha \neq 1$, dann setzen wir $G^*(x) = G(x + [\beta/(1 - \alpha)])$ und haben

$$h(\overline{G}^*(x)) = h\left(\overline{G}\left(x + \frac{\beta}{1-\alpha}\right)\right) = \overline{G}\left(\alpha x + \frac{\beta}{1-\alpha}\right) = \overline{G}^*(\alpha x)\,. \tag{2.15}$$

Ist $\alpha = 1$, dann setzen wir $G^*(x) = G(\ln x)$ und $\alpha^* = e^\beta$ und erhalten

$$h(\overline{G}^*(x)) = h(\overline{G}(\ln x)) = \overline{G}(\ln x + \ln \alpha^*) = \overline{G}^*(\alpha^* x)\,. \tag{2.16}$$

2.14. Satz. *G ist genau dann eine Grenzverteilung wie in* (2.14), *wenn G vom gleichen Typ wie* $\psi(x)$ *oder* $\psi(e^x)$ *ist, wobei* $1 - \psi(x)$ *eine Verteilungsfunktion ist, und es gilt*

$$h(\psi(x)) = \psi(\alpha x) \qquad \text{für alle } x, \text{ bei } \alpha > 0, \alpha \neq 1\,. \tag{2.17}$$

(Man beachte, daß wir unsere Betrachtungen auf Lebensdauerverteilungen der Komponenten beschränken, die für negative Werte notwendigerweise gleich 0 sind.)

Beweis. Die Notwendigkeit folgt aus (2.15), (2.16) und Lemma 2.13. Für die Hinlänglichkeit beachte man, daß jede solche Verteilung in ihrem eigenen Anziehungsbereich (vgl. Definition 3.1) liegt, wobei wir $a_n = \alpha^{-n}$, $b_n = 0$ oder $a_n = 1$ und $b_n = -n \ln \alpha$ wählen. ∎

Die Klasse von Grenzverteilungen, die auf diese Weise entstehen kann, ist sehr groß. Im Falle der Synthese von Seriensystemen wurde die Klasse von Grenzverteilungen durch Mejzler (1965) charakterisiert. Sie schließt auch andere Verteilungen außer (1.1), (1.2), (1.3) oder (1.1*), (1.2*), (1.3*) ein. Zum Beispiel ist die Funktion

$$\psi(x) = \exp\left[-x^3\left(5 + \sin\left(2\pi\,\frac{\ln x}{\ln 2}\right)\right)\right] \quad \text{für } x > 0$$

die Einschränkung einer Verteilung und erfüllt (2.17) für $h(p) = p^8$ und $\alpha = 2$.

Übungen

1. (a) Sei $U(x) = (\ln x)^\alpha$ für $x > 1$, $-\infty < \alpha < \infty$. Dann variiert $U(x)$ regulär mit dem Exponenten $\varrho = 0$.
   (b) Sei $U(x)$ monoton mit endlichem Grenzwert $\lim_{x\to\infty} U(x) = a$. Dann gilt die gleiche Schlußfolgerung.
   (c) Sei $U(x) = (1 + x^2)^p$ für $x \geqq 0$. Dann variiert $U(x)$ regulär mit dem Exponenten $\varrho = 2p$.
   (d) Variiert $U(x) = e^x$ regulär?
2. Man zeige, daß $W_1(x)$, $W_2(x)$ und $\Lambda(x)$ minimum-stabil sind.
3. Man beweise Lemma 2.5.
4. Man beweise Lemma 2.6.
5. Man beweise, daß W_2 die Behauptung des Lemmas 2.5 erfüllt.
6. Man führe den Beweis für Fall (b) des Satzes 2.10.
7. Man beweise Satz 2.11.
8. Die Verteilung F besitze eine Ausfallratefunktion r, wobei $F(0) = 0$ gelte. Für $a \leqq 1$ existiere $\lim_{t\to\infty} t^a r(t) = L(a)$ (endlich oder unendlich). Dann gilt für alle $b \geqq 0$
$$\lim_{t\to\infty} \frac{\overline{F}(t + bt^a)}{\overline{F}(t)} = \begin{cases} e^{-bL(a)} & \text{für } a < 1\,, \\ (1 + b)^{-L(a)} & \text{für } a = 1\,. \end{cases}$$
9. Sei $X_1, X_2, \ldots$ eine Folge unabhängiger Zufallsvariablen mit der Verteilungsfunktion F. Dann spricht man davon, daß $\xi_n = \max(X_1, \ldots, X_n)$ das Gesetz der großen Zahlen erfüllt, wenn reelle Zahlen $\{A_n\}$ existieren mit $P[|\xi_n - A_n| < \varepsilon] \to 1$ für $n \to \infty$ für jedes beliebige $\varepsilon > 0$. Gnedenko (1943) zeigte, daß diese Bedingung zu $\lim_{t\to\infty} [\overline{F}(t + \varepsilon)/\overline{F}(t)] = 0$ äquivalent ist. Unter Benutzung der Übung 8 zeige man, daß dies zu $\lim_{t\to\infty} r(t) = \infty$ äquivalent ist.
10. Bei zwei Verteilungen F_1 und F_2 spricht man davon, daß sie *proportionale Gefahrfunktionen* R_1, R_2 besitzen (wobei $R_i = -\ln \overline{F}_i$ ist), wenn ein $a > 0$ existiert, so daß für alle $t \geqq 0$ gilt $R_2(t) = aR_1(t)$. Man zeige: ist F eine mögliche Grenzverteilung für das Stichprobenminimum, so gilt dies auch für jede Verteilung mit proportionaler Gefahrfunktion.

§ 3. Anziehungsbereiche

In § 2 leiteten wir als Hauptergebnis ab, daß Stichprobenminima(maxima) nur drei mögliche Typen von Grenzverteilungen besitzen konnten. In diesem Paragraphen charakterisieren wir die zugrundeliegenden Verteilungen, von denen die Stichproben entnommen werden, für die die Minima (Maxima) gegen einen der drei Verteilungstypen konvergiert. Wir können unser Ziel unter Benutzung der folgenden Definitionen präziser formulieren.

3.1. Definition. Eine Verteilung F gehört zum Minimum-Anziehungsbereich einer Verteilung G, wenn Konstanten $\alpha_n > 0$ und β_n existieren mit $\overline{F}^n(\alpha_n x + \beta_n) \xrightarrow{L} \overline{G}(x)$. [Man erinnere sich daran (Kapitel 4, § 2), daß $F_n \xrightarrow{L} F$ bedeutet, daß $\lim_{n\to\infty} F_n(x) = F(x)$ in jedem Stetigkeitspunkt der Verteilung F gilt.]

Analog gehört F zum *Maximum-Anziehungsbereich* von G, wenn $\alpha_n > 0$ und β_n existieren mit $F^n(\alpha_n x + \beta_n) \xrightarrow{L} G(x)$.

Unser Ziel ist, die Minimum-Anziehungsbereiche für W_1, W_2 und Λ und die Maximum-Anziehungsbereiche für W_1^*, W_2^* und Λ^* zu bestimmen. Wir benötigen das folgende Lemma.

3.2. Lemma. *Für die Gültigkeit von*

$$\overline{F}^n(\alpha_n x + \beta_n) \xrightarrow{L} \overline{G}(x) \tag{3.1}$$

ist es notwendig und hinreichend, daß

$$nF(\alpha_n x + \beta_n) \to -\ln \overline{G}(x) \tag{3.2}$$

in allen Stetigkeitspunkten x von G, für die $\overline{G}(x) \neq 0$ ist, gilt.

Beweis. Aus $1 - y \leqq -\ln y \leqq (1-y)/y$ folgt die Ungleichung

$$\lim_{n\to\infty} nF(\alpha_n x + \beta_n) \leqq \lim_{n\to\infty} [-n \ln \overline{F}(\alpha_n x + \beta_n)] \leqq \lim_{n\to\infty} \frac{nF(\alpha_n x + \beta_n)}{\overline{F}(\alpha_n x + \beta_n)}. \tag{3.3}$$

Wenn wir entweder (3.1) oder (3.2) annehmen, ergibt sich $\lim\limits_{n\to\infty} \overline{F}(\alpha_n x + \beta_n) = 1$, so daß oberer und unterer Grenzwert in (3.3) gleich sein müssen. Es folgt die Gleichung

$$\lim_{n\to\infty} [-n \ln \overline{F}(\alpha_n x + \beta_n)] = \lim_{n\to\infty} nF(\alpha_n x + \beta_n).$$

Also sind (3.1) und (3.2) äquivalent. ∎

Der Anziehungsbereich der Weibull-Verteilung. Der folgende Satz gibt notwendige und hinreichende Bedingungen dafür an, daß eine Verteilung zum Minimum-Anziehungsbereich der Weibull-Verteilung W_1 gehört.

3.3. Satz. *Eine Verteilung F gehört genau dann zum Minimum-Anziehungsbereich von $W_1(x) = 1 - e^{-x^\alpha}$, $x \geqq 0$, $\alpha > 0$, wenn*

(a) *Ein x_0 existiert, so daß $F(x_0) = 0$ und $F(x_0 + \varepsilon) > 0$ für alle $\varepsilon > 0$ gilt.*
(b) $\lim\limits_{t\downarrow 0} [F(xt + x_0)/F(t + x_0)] = x^\alpha$ *für $x > 0$, wobei $\alpha > 0$ ist.*

Beweis. Nehmen wir an, daß (a) und (b) gelten. Nach dem Fundamentallemma 1.6 können wir $x_0 = 0$ annehmen. Wir setzen $a_n = \sup\{x \mid F(x^-) \leqq 1/n \leqq F(x^+)\}$. Dann ist $a_n > 0$ und nach (b) gilt $a_n \to 0$. Aus der Definition ergibt sich $nF(a_n^-) \leqq 1 \leqq nF(a_n^+)$. Indem wir zu den Grenzwerten für $n \to \infty$ übergehen, erhalten wir

$$\lim (n+1)\, F(a_{n+1}) = \lim nF(a_{n+1}) \leqq \lim nF(a_n^-) \leqq 1 \leqq \lim nF(a_n^+) \leqq \lim nF(a_{n-1}) = \lim (n-1)\, F(a_{n-1}).$$

Folglich gilt

$$\lim_{n\to\infty} nF(a_n) = 1. \tag{3.4}$$

Wegen $\lim\limits_{t\downarrow 0} [F(xt)/F(t)] = x^\alpha$, $x > 0$ gilt nach (3.4) $x^\alpha = \lim\limits_{n\to\infty} [F(a_n x)/F(a_n)] = \lim\limits_{n\to\infty} [nF(a_n x)/nF(a_n)] = \lim\limits_{n\to\infty} nF(a_n x)$. Nach Lemma 3.2 ergibt sich

$$\lim_{n\to\infty} F^n(a_n x) = e^{-x^\alpha} \qquad \text{für } x \geqq 0.$$

Dies beweist die Hinlänglichkeit der Bedingungen (a) und (b). Für den Beweis der Notwendigkeit der Bedingungen (a) und (b) verweisen wir den Leser auf Gnedenko (1943). ∎

Obwohl die in (1.1*) definierte Verteilung $W_1^*(x)$ im Zusammenhang mit der Zuverlässigkeitstheorie nicht von großem Interesse ist, da ihr Definitionsbereich die negative Achse ist, geben wir der Vollständigkeit halber GNEDENKOS Charakterisierung des Maximum-Anziehungsbereichs von $W_1^*(x)$ an.

3.4. Korollar. *F gehört genau dann zum Maximum-Anziehungsbereich von* $W_1^*(x) = e^{-(-x)^\alpha}$ *für* $x \leqq 0$, *wobei* $\alpha > 0$ *ist, wenn*

(a) *Ein* x_0 *existiert, so daß* $F(x_0) = 1$ *und* $F(x_0 - \varepsilon) < 1$ *für alle* $\varepsilon > 0$ *ist.*

(b) $\lim_{t\uparrow 0} [\bar{F}(x_0 + xt)/\bar{F}(x_0 + t)] = x^\alpha$ *für* $x > 0$, *wobei* $\alpha > 0$ *ist.*

3.5. Beispiel. Sei F die Gammaverteilung mit der Dichte $f(y) = \lambda^\alpha y^{\alpha-1} e^{-\lambda y}/\Gamma(\alpha)$ für $x \geqq 0$. Um zu zeigen, daß F zum Minimum-Anziehungsbereich der WEIBULL-Verteilung W_1 gehört, benutzen wir Satz 3.3, indem wir beweisen:

(a) Für $x_0 = 0$ gilt $F(x_0) = 0$;

(b) $\lim_{t\downarrow 0} [F(xt)/F(t)] = \lim_{t\downarrow 0} [xf(xt)/f(t)]$ [nach der L'HOSPITALschen Regel] $= x^\alpha$.

Auf analoge Weise bewies GNEDENKO den folgenden Satz.

3.6. Satz. (a) *F gehört genau dann zum Minimum-Anziehungsbereich von* $W_2(x) = 1 - e^{-(-x)^{-\alpha}}$ *für* $x \leqq 0$, *wobei* $\alpha > 0$ *ist, wenn*

$$\lim_{t\to -\infty} \frac{F(t)}{F(tx)} = x^\alpha$$

für jedes $x > 0$ *gilt.*

(b) *F gehört genau dann zum Maximum-Anziehungsbereich von* $W_2^*(x) = e^{-x^{-\alpha}}$ *für* $x \geqq 0$, *wobei* $\alpha > 0$ *ist, wenn* $\lim_{t\to\infty} [\bar{F}(t)/\bar{F}(tx)] = x^\alpha$ *für jedes* $x > 0$ *gilt.*

Man beachte, daß $W_2(x)$ als Verteilung einer negativen Zufallsvariablen im Zusammenhang mit der Zuverlässigkeitstheorie nicht von Interesse ist.

Schließlich geben wir eine, von VON MISES (1939) hergeleitete hinreichende Bedingung dafür an, daß eine Verteilung zum Maximum-Anziehungsbereich von $\Lambda^*(x) = e^{-e^{-x}}$ gehört. Die Verteilung F besitze eine differenzierbare Dichte f und $r(x) = f(x)/\bar{F}(x)$ sei die Ausfallrate.

3.7. Satz. (a) *Sei* $F(x) < 1$ *für alle* x, *sowie* $\lim_{n\to\infty} [d/dx]\,[1/r(x)] = 0$. *Dann gehört F zum Maximum-Anziehungsbereich von* Λ^*. *Weiterhin gelte* $\lim_{n\to\infty} F^n((x - b_n)/a_n) = e^{-e^{-x}}$ *mit* $\bar{F}(b_n) = 1/n$ *und* $a_n = 1/nf(b_n)$.

(b) *Es existiere ein* x_0, *so daß für alle* $\varepsilon > 0$ *gilt* $G(x_0 - \varepsilon) < 1$, $G(x_0) = 1$, *und es sei* $\lim_{x\uparrow x_0} [d/dx]\,[1/r(x)] = 0$.

Dann gehört G zum Maximum-Anziehungsbereich von Λ^*.

Den *Beweis* kann man bei VON MISES (1939) und bei MARCUS und PINSKY (1969) finden.

In zuverlässigkeitstheoretischen Anwendungen interessieren wir uns oft für die Minimum-Anziehungsbereiche für Lebensdauerverteilungen, insbesondere wenn wir uns mit Seriensystemen beschäftigen. Aus diesem Grunde geben wir das Analogon zu Satz 3.7 für Minimum-Anziehungsbereiche an.

3.8. Satz. *Es existiere ein x_0 mit $F(x_0) = 0$ und $F(x_0 + \varepsilon) > 0$ für alle $\varepsilon > 0$, und es gelte* $\lim_{x \downarrow x_0} [d/dx]\,[1/\varphi'(x)] = 0$, *mit* $\varphi(x) = -\ln F(x)$. *Dann gehört F zum Minimum-Anziehungsbereich von* $\Lambda(x) = 1 - \mathrm{e}^{-\mathrm{e}^x}$.

Bemerkung. Gehört F zum Minimum-Anziehungsbereich von W_1, so sind nach Satz 3.3 die Normierungskonstanten gleich $b_n = x_0$ und $a_n = F^{-1}(1/n)$, so daß

$$\lim_{n\to\infty} P\left[\frac{\xi_n - x_0}{F^{-1}(1/n)} \leqq x\right] = W_1(x)$$

gilt.

Eine Verteilung muß nicht zum Anziehungsbereich irgendeines Verteilungsgesetzes gehören (es sei denn eines ausgearteten). Zum Beispiel hat GNEDENKO (1943) gezeigt, daß die POISSON-Verteilung zu keinem Anziehungsbereich gehört.

Übungen

1. Man zeige, daß die WEIBULL-Verteilung W_1 zum Maximum-Anziehungsbereich von Λ^* gehört.
2. Man zeige, daß die Verteilung $\Lambda(x) = 1 - \mathrm{e}^{-\mathrm{e}^x}$ zum Maximum-Anziehungsbereich von Λ^* gehört.
3. Man zeige, daß die Normalverteilung zum Maximum-Anziehungsbereich von Λ^* gehört.
4. Man zeige, daß die Normalverteilung zum Minimum-Anziehungsbereich von Λ gehört. [Hinweis: Man modifiziere die Bedingung (a) des Satzes 3.7, um ein entsprechendes Resultat für den Minimum-Anziehungsbereich von Λ zu erhalten.
5. Man zeige, daß die Lognormalverteilung zum Maximum-Anziehungsbereich von Λ^* gehört.
6. Es seien $X_1, \dots, X_n, \dots$ unabhängige identisch verteilte Zufallsvariablen mit der Verteilung F und
$$\eta_{k,n} = \max\left\{\frac{1}{k}(X_1 + \dots + X_k), \frac{1}{k}(X_{k+1} + \dots + X_{2k}), \dots, \frac{1}{k}(X_{n-k+1} + \dots + X_n)\right\}.$$
Es sei angenommen, daß die k-fache Faltung $F^{(k)}$ zum Maximum-Anziehungsbereich von Λ^* gehört. Man zeige, daß die Normierungskonstanten für $\eta_{k,n}$ (k fest) die Beziehungen $\overline{F^{(k)}}(kb_{k,n}) = 1/n$ und $a_{k,n} = 1/nf^{(k)}(kb_{k,n})$ erfüllen. Folglich gilt
$$\lim_{n\to\infty} P\left[\frac{\eta_{k,n} - b_{k,n}}{a_{k,n}} \leqq x\right] = \Lambda^*(x)$$
(Hinweis: Vgl. Satz 3.7).
7. F sei eine NBU-Verteilung. Man benutze die in Satz 3.2 des Kapitels 6 für $F^{(k)}$ angegebenen Schranken, um Schranken für die $b_{k,n}$ aus Übung 6 zu erhalten. Man beachte, daß $b_{k,n}$ als $(1/k)\, R_k^{-1}(\ln n)$ geschrieben werden kann mit $R_k \equiv -\ln \overline{F^{(k)}}$.
8. Eine Lebensdauerverteilung F hat eine Ausfallrate $r(t)$, die die Beziehung $\lim_{t\to\infty} tr(t) = \alpha > 0$ erfüllt. Man beweise $\lim_{t\to\infty} [\overline{F}(t)/\overline{F}(xt)] = x^\alpha$ für alle $x > 0$. Daraus folgt, daß die Bedingung $\lim_{t\to\infty} tr(t) = \alpha > 0$ zur Folge hat, daß F zum Maximum-Anziehungsbereich von $W_2^*(x) = \mathrm{e}^{-x^{-\alpha}}$ für $x \geqq 0$ gehört.
9. F gehöre zum Minimum-Anziehungsbereich von $W_{1,\alpha}(x) = 1 - \mathrm{e}^{-x^\alpha}$, $x \geqq 0$, $\alpha > 0$. Dann gehört $G(x) = F^\beta(x)$, $\beta < 0$, zum Minimum-Anziehungsbereich von $W_{1,\beta\alpha}$.
10. F sei eine Lebensdauerverteilung, die zum Minimum-Anziehungsbereich von $W_{1,\alpha}(x) = 1 - \mathrm{e}^{-x^\alpha}$, $x \geqq 0$, $\alpha > 0$, gehört und $G(x) = F^\beta(x^{1/\beta})$ mit $\beta > 0$. Dann gehört G zu demselben Bereich.

11. F gehöre zum Minimum-Anziehungsbereich der WEIBULL-Verteilung $W_{1,\alpha}$. Dann gehört die Lebensdauerverteilung eines jeden Parallelsystems aus unabhängigen Komponenten, von denen jede nach F verteilt ist, zum Anziehungsbereich von $W_{1,\alpha'}$, wobei α' ein ganzzahliges Vielfaches von α ist.
12. Man zeige, daß die Exponentialverteilung $1 - e^{-x}$ zum Maximum-Anziehungsbereich von $\Lambda^*(x) = e^{-e^{-x}}$ gehört.

§ 4. Grenzverteilungen für Seriensysteme mit Komponentenerneuerung

In den vorangegangenen Paragraphen dieses Kapitels bestimmten wir die Grenzverteilungen von Serien- und Parallelsystemen, wenn die Anzahl der Komponenten sehr groß wurde; die Komponenten wurden bei einem Ausfall nicht ersetzt. Jetzt nehmen wir an, daß die Komponenten bei ihrem Ausfall wieder ersetzt werden, und berechnen die Verteilung der Zeit zwischen den Systemausfällen, wenn die Anzahl von Komponenten unbeschränkt wächst. Wir werden zeigen, daß unter ziemlich schwachen Voraussetzungen die Grenzverteilung der Zeit zwischen den Systemausfällen die Exponentialverteilung ist, sogar dann, wenn die Lebensdauerverteilung der Komponenten nicht notwendigerweise exponentiell ist.

Wir machen folgende Annahmen über das System:

(a) Das System besteht aus n seriengeschalteten Positionen, jede Position enthält eine Komponente.
(b) Jede ausgefallene Komponente wird nach Ausfall sofort ersetzt.
(c) An der r-ten Komponentenposition hat die Anfangskomponente die Lebensdauerverteilung $\hat{F}_{nr}$, während alle nachfolgenden Komponenten die Lebensdauerverteilung F_{nr} besitzen; $r = 1, \ldots, n$.
(d) Alle Lebenszeiten sind untereinander unabhängig.

Sei $X_{nr}(t)$ die Anzahl von Ersetzungen, die an der r-ten Komponentenposition während $[0, t]$ vorkamen. Nach Cox (1962), S. 27—28, ist $\{X_{nr}(t), 0 \leqq t < \infty\}$ ein modifizierter Erneuerungsprozeß. Sei $X_n(t) = \sum_{r=1}^{n} X_{nr}(t)$ die Gesamtzahl der Ersetzungen in allen n Komponentenpositionen während $[0, t]$.

Unser Problem ist es, notwendige und hinreichende Bedingungen an die $\hat{F}_{nr}$ und F_{nr} zu bestimmen, so daß $\{X_n(t), 0 \leqq t < \infty\}$ für $n \to \infty$ gegen einen (nicht notwendig homogenen) POISSON-Prozeß konvergiert.

4.1. Definition. $\{X(t), 0 \leqq t < \infty\}$ ist ein *inhomogener* POISSON-*Prozeß mit der Erwartungswertfunktion* $\Lambda(t)$, wenn er unabhängige Zuwächse, die nur nichtnegative ganzzahlige Werte annehmen, besitzt, und für alle $0 \leqq t_1 < t_2$ gilt

$$P[X(t_2) - X(t_1) = k] = \frac{[\Lambda(t_2) - \Lambda(t_1)]^k}{k!} e^{-[\Lambda(t_2) - \Lambda(t_1)]} .$$

Dieses Problem hat eine lange Vorgeschichte. Es wurde zunächst von PALM (1943) auf eine etwas heuristische Weise behandelt. CHINTSCHIN (1956b) gab hinreichende Bedingungen für die Konvergenz von $\{X_n(t), 0 \leqq t < \infty\}$ gegen einen POISSON-Prozeß. OSOSKOW (1956) formulierte hinreichende und notwendige Konvergenzbedingungen. DRENICK (1960) gab hinreichende Bedingungen an und konzentrierte sich hauptsächlich auf Anwendungen in der Zuverlässigkeitstheorie. Unsere Darstellung beruht auf einer Arbeit von GRIGELIONIS (1964).

Da wir das Grenzverhalten von $X_n(t)$ für $n \to \infty$ untersuchen wollen, müssen wir sichern, daß keine Komponente im Grenzprozeß dominiert. Aus diesem Grunde wollen wir im Rest dieses Paragraphen annehmen, daß für jedes feste $t > 0$

$$\lim_{n\to\infty} \max_{1\leq r\leq n} \hat{F}_{nr}(t) = 0 = \lim_{n\to\infty} \max_{1\leq r\leq n} F_{nr}(t) \tag{4.1}$$

gilt. Zum Beispiel könnten wir $\hat{F}_{nr}(t) = \hat{F}_r(t/n)$ und $F_{nr}(t) = F_r(t/n)$ mit $\lim_{n\to\infty} \max_{1\leq r\leq n} F_r(t/n) = 0$ setzen, so daß sich das Verhalten der F_r auf das Verhalten im Nullpunkt beschränkt.

Unser Hauptergebnis kann nun wie folgt formuliert werden.

4.2. Satz (GRIGELIONIS). *Für die schwache Konvergenz* (vgl. BILLINGSLEY, 1968) *von* $\{X_n(t), 0 \leq t < \infty\}$ *gegen einen inhomogenen* POISSON-*Prozeß mit der Erwartungswertfunktion* $\Lambda(t)$ *ist notwendig und hinreichend, daß für jedes feste* $t > 0$

$$\lim_{n\to\infty} \sum_{r=1}^{n} \hat{F}_{nr}(t) = \Lambda(t) \tag{4.2}$$

gilt.

Es ist interessant festzustellen, daß außer der Forderung (4.1) den F_{nr} keine weiteren Bedingungen auferlegt werden. Bevor der Satz 4.2 bewiesen wird, geben wir einige Beispiele an.

4.3. Beispiel. Sei

$$\hat{F}_{nr}(t) = \frac{1}{\mu_{nr}} \int_0^t \bar{F}_{nr}(u)\, du\,, \tag{4.3}$$

wobei μ_{nr} der Erwartungswert von F_{nr} für $r = 1, \dots, n$; $n = 1, 2, \dots$ ist. Wie in Kapitel 6, § 3 ausgeführt wurde, stellt $\hat{F}_{nr}(t)$ die Wahrscheinlichkeit des Ausfalls in der r-ten Position im Zeitintervall $[0, t]$ dar, wenn der Erneuerungsprozeß mit der zugrundeliegenden Verteilung F_{nr} zum Zeitpunkt $-\infty$ begonnen hat. Somit ist die Voraussetzung (4.3) zu der Annahme, daß *sich das System im zeitlich stationären Zustand befindet*, äquivalent (d. h., das System hat vor unbestimmt langer Zeit, bevor wir mit der Beobachtung beginnen, zu arbeiten begonnen). Es gelte $\lim_{n\to\infty} \sum_{r=1}^{n} 1/\mu_{nr} = \Lambda < \infty$. Dann gilt

$$\sum_{r=1}^{n} \hat{F}_{nr}(t) = \sum_{r=1}^{n} \frac{t}{\mu_{nr}} - \sum_{r=1}^{n} \frac{1}{\mu_{nr}} \int_0^t F_{nr}(u)\, du \to \Lambda t$$

für $n \to \infty$, da nach (4.1) $\max_{1\leq r\leq n} F_{nr}(t) \to 0$ für $n \to \infty$ ist. Nach Satz 4.2 folgt, daß $\{X_n(t), 0 \leq t < \infty\}$ gegen einen homogenen POISSON-Prozeß mit dem Parameter Λ konvergiert.

4.4. Beispiel. Es sei $\hat{F}_{nr}(x) = F_{nr}(x) = F(\lambda_{nr}x)$ mit $F(x) = \Lambda_1 x^\alpha + o(x^\alpha)$ für $x \downarrow 0$, weiter Λ_1, α, $\lambda_{nr} > 0$ mit $\max_{1\leq r\leq n} \lambda_{nr} \to 0$ für $n \to \infty$. Nach Satz 4.2 konvergiert

$\{X_n(t), 0 \leqq t < \infty\}$ genau dann gegen einen Poisson-Prozeß mit der Erwartungswertfunktion $\Lambda(t) = \Lambda_1 \Lambda_2 t$, wenn $\lim_{n\to\infty} \sum_{r=1}^{n} \lambda_{nr} = \Lambda_2$ ist. Man beachte, daß der Poisson-Prozeß für $\alpha = 1$ homogen ist.

Eine Verteilung F der geforderten Form ist die Weibull-Verteilung $F(t) = 1 - e^{-\Lambda_1 t^\alpha}$ für $t \geqq 0$.

4.5. Beispiel. Sei $\hat{F}_{nr}(x) = F_{nr}(x) = F(x, \lambda_{nr}) = \int_0^\infty [\lambda_{nr}^\alpha u^{\alpha-1}/\Gamma(\alpha)]\, e^{-\lambda_{nr} u}\, du$ eine Gammaverteilung mit dem Formparameter $\alpha > 0$. Nach Satz 4.2 konvergiert $\{X_n(t), 0 \leqq t < \infty\}$ für $n \to \infty$ gegen einen Poisson-Prozeß mit der Erwartungswertfunktion $\Lambda(t) = \Lambda t^\alpha/\Gamma(\alpha + 1)$, falls $\sum_{r=1}^{n} \lambda_{nr} \to \Lambda$ für $n \to \infty$ gilt.

4.6. Beispiel. Es sei $\hat{F}_{nr}(x) = F_{nr}(x) = \int_0^x \sigma_{nr}^{-1} \sqrt{2/\pi}\, e^{-u^2/2\sigma_{nr}^2}\, du$ eine gestutzte Normalverteilung, und es gelte $\sum_{r=1}^{n} \sigma_{nr}^{-1} \to \sigma^{-1} > 0$ für $n \to \infty$. Dann ist

$$\sum_{r=1}^{n} \hat{F}_{nr}(x) = \sum_{r=1}^{n} \int_0^{x/\sigma_{nr}} \sqrt{2/\pi}\, e^{-u^2/2}\, du \to \sqrt{2/\pi} \cdot x/\sigma$$

für $n \to \infty$. Folglich konvergiert $\{X_n(t), 0 \leqq t < \infty\}$ nach Satz 4.2 gegen einen homogenen Poisson-Prozeß mit der Intensität $\sqrt{2/\pi}/\sigma$.

Das folgende Lemma benötigen wir im Beweis des Satzes 4.2.

4.7. Lemma. *$\{X_n(t), 0 \leqq t < \infty\}$ konvergiert genau dann für $n \to \infty$ gegen einen* Poisson-*Prozeß mit der Erwartungswertfunktion $\Lambda(t)$, wenn*

$$\lim_{n\to\infty} \sum_{r=1}^{n} P[X_{nr}(t_2) - X_{nr}(t_1) = 1] = \Lambda(t_2) - \Lambda(t_1) \tag{4.4}$$

für $0 \leqq t_1 < t_2$ und

$$\lim_{n\to\infty} \sum_{r=1}^{n} P[X_{nr}(t) \geqq 2] = 0 \tag{4.5}$$

für $t \geqq 0$ gilt.

Dieses Lemma ist ein Spezialfall des Lemmas 4.8 weiter unten.

Beweis des Satzes 4.2. *Notwendigkeit.* Es ist

$$\lim_{n\to\infty} \sum_{r=1}^{n} \hat{F}_{nr}(t) = \lim_{n\to\infty} \sum_{r=1}^{n} P[X_{nr}(t) \geqq 1]$$
$$= \lim_{n\to\infty} \sum_{r=1}^{n} P[X_{nr}(t) \geqq 2] + \lim_{n\to\infty} \sum_{r=1}^{n} P[X_{nr}(t) = 1]\,.$$

Nach (4.5) ist der erste Grenzwert gleich 0. Nach (4.4) ist der zweite Grenzwert gleich $\Lambda(t)$. Daraus folgt die Gleichung (4.2).

Hinlänglichkeit. Wenn wir $\lim_{n\to\infty} \sum_{r=1}^{n} \hat{F}_{nr}(t) = \Lambda(t)$ annehmen, genügt es nach Lemma 4.7, (4.4) und (4.5) nachzuweisen.

Die Erneuerungsfunktion $EX_{nr}(t)$ erfüllt die Erneuerungsgleichung (3.5) des Kapitels 6:

$$EX_{nr}(t) = \hat{F}_{nr}(t) + \int_0^t EX_{nr}(t-u)\,d\hat{F}_{nr}(u)\,.$$

Durch Summation erhalten wir

$$\sum_{r=1}^{n} EX_{nr}(t) = \sum_{r=1}^{n} \hat{F}_{nr}(t) + \sum_{r=1}^{n} \int_0^t EX_{nr}(t-u)\,d\hat{F}_{nr}(u)\,.$$

Aus $\sum_{r=1}^{n} \int_0^t EX_{nr}(t-u)\,d\hat{F}_{nr}(u) \leqq \max_{1\leqq r\leqq n} \hat{F}_{nr}(t) \sum_{r=1}^{n} EX_{nr}(t)$ folgt

$$\sum_{r=1}^{n} EX_{nr}(t)\,[1 - \max_{1\leqq r\leqq n} \hat{F}_{nr}(t)] \leqq \sum_{r=1}^{n} \hat{F}_{nr}(t)\,.$$

Nach (4.1) folgt

$$\lim_{n\to\infty} \sum_{r=1}^{n} EX_{nr}(t) \leqq \lim_{n\to\infty} \sum_{r=1}^{n} \hat{F}_{nr}(t)\,.$$

Da die umgekehrte Ungleichung trivialerweise erfüllt ist, gilt also

$$\lim_{n\to\infty} \sum_{r=1}^{n} EX_{nr}(t) = \lim_{n\to\infty} \sum_{r=1}^{n} \hat{F}_{nr}(t)\,.$$

Schließlich erhalten wir aus der Annahme (4.2)

$$\lim_{n\to\infty} \sum_{r=1}^{n} EX_{nr}(t) = \Lambda(t)\,. \tag{4.6}$$

Wir haben jedoch (4.4) noch nicht gezeigt. Dazu betrachten wir die restliche Lebensdauer der zum Zeitpunkt t in der Position r arbeitenden Komponente mit der Verteilungsfunktion $F_{t,nr}(.)$ (vgl. (3.9), Kapitels 6). Es ist leicht zu zeigen, daß für $0 \leqq t_1 < t_2$

$$EX_{nr}(t_2) - EX_{nr}(t_1) = F_{t_1,nr}(t_2 - t_1) + \int_0^{t_2-t_1} [EX_{nr}(t_2) - EX_{nr}(t_1 + z)]\,dF_{t_1,nr}(z)$$

gilt. Unter Benutzung von (4.1) erhalten wir für $n \to \infty$

$$F_{t_1,nr}(t_2 - t_1) = EX_{nr}(t_2) - EX_{n_r}(t_1) + o(1)\,. \tag{4.7}$$

Aufgrund der Definition gilt

$$\sum_{r=1}^{n} P[X_{nr}(t_2) - X_{nr}(t_1) = 1] = \sum_{r=1}^{n} [F_{t_1,n,r}(t_2 - t_1) - F_{t_1,n,r} * F_{nr}(t_2 - t_1)]$$

$$= \sum_{r=1}^{n} F_{t_1,n,r}(t_2 - t_1) + o(1)$$

für $n \to \infty$ (vgl. 4.1). Nach (4.7) ist

$$\sum_{r=1}^{n} P[X_{nr}(t_2) - X_{nr}(t_1) = 1] = EX_{nr}(t_2) - EX_{nr}(t_1) + o(1)\,.$$

Schließlich erhalten wir unter Benutzung von (4.6) die Gültigkeit von (4.4).

Zum Beweis der Hinlänglichkeit bleibt noch (4.5) zu zeigen. Es gilt

$$\sum_{r=1}^{n} P[X_{nr}(t) \geqq 2] = \sum_{r=1}^{n} \hat{F}_{nr} * F_{nr}(t) \leqq \max_{1\leqq r\leqq n} F_{nr}(t) \sum_{r=1}^{n} \hat{F}_{nr}(t)\,.$$

Nach (4.1) ist $\lim \sum_{r=1}^{n} P[X_{nr}(t) \geqq 2] \to 0$ für $n \to \infty$ also (4.5) erfüllt. Die Hinlänglichkeit im Satz 4.2 folgt nun aus Lemma 4.7. ∎

Wir formulieren und beweisen nun ein Resultat über treppenförmige Prozesse, das Lemma 4.7 als einen Spezialfall enthält. Wir nennen den stochastischen Prozeß $\{X(t), 0 \leqq t < \infty\}$ *treppenförmig*, wenn $X(0) = 0$ gilt und die Zuwächse $X(t_2) - X(t_1)$ für $0 \leqq t_1 < t_2$ nur nichtnegative ganzzahlige Werte annehmen. Folglich könnte $X(t)$ die Anzahl zufälliger Ereignisse, die im Intervall $[0, t]$ vorkamen, sein. Insbesondere ist der Prozeß $\{X_n(t), 0 \leqq t < \infty\}$ der die Gesamtzahl der Ersetzungen von Komponenten darstellt, ein treppenförmiger Prozeß, den man durch Überlagerung (d. h. Addition) von n unabhängigen treppenförmigen Prozessen $\{X_{nr}(t), 0 \leqq t < \infty\}$, $1 \leqq r \leqq n$, die die Anzahl der Ersetzungen in den verschiedenen Positionen darstellen, erhält.

4.8. Lemma. *Es seien $\{X_{nr}(t), 0 \leqq t < \infty\}$, $1 \leqq r \leqq n$, n unabhängige treppenförmige Prozesse, die*

$$\lim_{n\to\infty} \max_{1 \leqq r \leqq n} P[X_{nr}(t) \geqq 1] = 0 \qquad \textit{für jedes } t \geqq 0 \tag{4.8}$$

erfüllen. Sei $\{X_n(t), 0 \leqq t < \infty\}$ ihre Überlagerung, d. h. $X_n(t) = \sum_{r=1}^{n} X_{nr}(t)$. Dann konvergiert $\{X_n(t), 0 \leqq t < \infty\}$ genau dann für $n \to \infty$ gegen einen Poisson-*Prozeß mit der Erwartungswertfunktion $\Lambda(t)$, wenn für beliebige $0 \leqq t_1 < t_2$*

$$\lim_{n\to\infty} \sum_{r=1}^{n} P[X_{nr}(t_2) - X_{nr}(t_1) = 1] = \Lambda(t_2) - \Lambda(t_1) \tag{4.9}$$

und

$$\lim_{n\to\infty} \sum_{r=1}^{n} P[X_{nr}(t_2) - X_{nr}(t_1) \geqq 2] = 0 \tag{4.10}$$

gilt.

Beweis. Notwendigkeit. Die Notwendigkeit der Bedingungen (4.9) und (4.10) folgt aus der bekannten Theorie für Summen infinitesimal kleiner Zufallsvariablen, d. h. solchen, die (4.8) erfüllen. Man vergleiche dazu Gnedenko und Kolmogorov (1960).

Hinlänglichkeit. Unter Annahme von (4.9) und (4.10) werden wir (a) die asymptotische Unabhängigkeit der Zuwächse des Prozesses $\{X_n(t), 0 \leqq t < \infty\}$ und (b) die Konvergenz der eindimensionalen Verteilungen der Zuwächse gegen die entsprechende Poisson-Verteilung nachweisen. Wir werden dazu charakteristische Funktionen benutzen.

Es sei $f_{nr}(\boldsymbol{\alpha}, \boldsymbol{t}) = E \exp\left[i \sum_{\nu=1}^{s} \alpha_\nu \Delta_\nu(X_{nr})\right]$, $f_n(\boldsymbol{\alpha}, \boldsymbol{t}) = E \exp\left[i \sum_{\nu=1}^{s} \alpha_\nu \Delta_\nu(X_n)\right]$, wobei $\boldsymbol{\alpha} = (\alpha_1, \dots, \alpha_s)$ und $\boldsymbol{t} = (t_1, \dots, t_s)$, $0 \equiv t_0 \leqq t_1 \dots \leqq t_s$, $\Delta_\nu(X_{nr}) = X_{nr}(t_\nu) - X_{nr}(t_{\nu-1})$ und $\Delta_\nu(X_n) = X_n(t_\nu) - X_n(t_{\nu-1})$ gilt. Um die Konvergenz der Verteilungen der Zuwächse $\Delta_\nu(X_n)$ zu zeigen, genügt es, die Konvergenz ihrer charakteristischen Funktionen nachzuweisen.

Da die Prozesse $\{X_{nr}(t), 0 \leqq t < \infty\}$ unabhängig sind, gilt

$$f_n(\boldsymbol{\alpha}, \boldsymbol{t}) = \prod_{r=1}^{n} f_{nr}(\boldsymbol{\alpha}, \boldsymbol{t}) \,. \tag{4.11}$$

Wir können f_{nr} als

$$f_{nr}(\boldsymbol{\alpha}, \boldsymbol{t}) = \sum_{\boldsymbol{m}} P[\boldsymbol{\Delta}(X_{nr}) = \boldsymbol{m}] \exp\left[i \sum_{\nu=1}^{s} \alpha_\nu m_\nu\right]$$

Schreiben, wobei $\boldsymbol{\Delta}(X_{nr}) = (\Delta_1(X_{nr}), \dots, \Delta_s(X_{nr}))$ ist und $\boldsymbol{m} = (m_1, \dots, m_s)$ ein Vektor mit nichtnegativen ganzen Komponenten. Durch Entwicklung der rechten Seite erhalten wir

$$\begin{aligned} f_{nr}(\boldsymbol{\alpha}, \boldsymbol{t}) &= 1 + \sum_{\boldsymbol{m} \neq 0} P[\boldsymbol{\Delta}(X_{nr}) = \boldsymbol{m}] \left(\exp\left[i \sum_{\nu=1}^{s} \alpha_\nu m_\nu\right] - 1\right) \\ &= \exp\left\{\sum_{\boldsymbol{m} \neq 0} P[\boldsymbol{\Delta}(X_{nr}) = \boldsymbol{m}] \left(\exp\left[i \sum_{\nu=1}^{s} \alpha_\nu m_\nu\right] - 1\right)\right. \\ &\quad \left. + o\left(\left(\sum_{\boldsymbol{m} \neq 0} P[\boldsymbol{\Delta}(X_{nr}) = \boldsymbol{m}]\right)^2\right)\right\}. \end{aligned}$$

Nun gilt nach (4.8) und (4.9)

$$\sum_{r=1}^{n} \left(\sum_{\boldsymbol{m} \neq 0} P[\boldsymbol{\Delta}(X_{nr}) = \boldsymbol{m}]\right)^2 \leqq \max_{1 \leqq r \leqq n} P[X_{nr}(t_s) \geqq 1] \sum_{r=1}^{n} P[X_{nr}(t_s) = 1] \to 0$$

für $n \to \infty$.

Folglich ist

$$\begin{aligned} \lim_{n\to\infty} f_n(\boldsymbol{\alpha}, \boldsymbol{t}) &= \lim_{n\to\infty} \prod_{r=1}^{n} f_{nr}(\boldsymbol{\alpha}, \boldsymbol{t}) \\ &= \exp\left\{\lim_{n\to\infty} \sum_{r=1}^{n} \sum_{\boldsymbol{m} \neq 0} P[\boldsymbol{\Delta}(X_{nr}) = \boldsymbol{m}] \left(\exp\left[i \sum_{\nu=1}^{s} \alpha_\nu m_\nu\right] - 1\right)\right\}. \end{aligned}$$

Aber es ist

$$\lim_{n\to\infty} \sum_{r=1}^{n} \sum_{\boldsymbol{m} \neq 0} P[\boldsymbol{\Delta}(X_{nr}) = \boldsymbol{m}] = \lim_{n\to\infty} \sum_{r=1}^{n} \sum_{\nu=1}^{s} P[X_{nr}(t_\nu) - X_{nr}(t_{\nu-1}) = 1] + A\,,$$

wobei $A \leqq \lim_{n\to\infty} \sum_{r=1}^{n} P[X_{nr}(t_s) \geqq 2]$ ist. Dieser letzte Grenzwert ist nach (4.10) gleich 0.

Es folgt die Beziehung

$$\lim_{n\to\infty} f_n(\boldsymbol{\alpha}, \boldsymbol{t}) = \exp\left\{\sum_{\nu=1}^{s} [\Lambda(t_\nu) - \Lambda(t_{\nu-1})] \left(\exp\left[i \sum_{\nu=1}^{s} \alpha_\nu m_\nu\right] - 1\right)\right\},$$

die die Hinlänglichkeit des Lemmas 4.8 nach sich zieht. ∎

Übungen

1. Es sei $\{X(t), 0 \leqq t < \infty\}$ ein inhomogener Poisson-Prozeß mit der Erwartungswertfunktion $\Lambda(t)$. Dann ist $\{X(\Lambda^{-1}(t)), 0 \leqq t < \infty\}$ ein homogener Poisson-Prozeß mit der Intensität 1.
2. Es sei $F_{nr}(t) = F^n(t)$, $1 \leqq r \leqq n$, $n = 1, 2, \dots$, wobei $F(t) < 1$ für $0 \leqq t < \infty$. (a) Ist (4.1) erfüllt? (b) Was geschieht mit der Bedingung (4.2)? Gilt der Satz 3.2?
3. Die Folgen $\{\hat{F}_{nr}^{(i)}(t)\}$, $\{F_{nr}^{(i)}(t)\}$ mögen die Bedingungen (4.1) und (4.2) erfüllen und die entsprechenden Prozesse $\{X_n^{(i)}(t), 0 \leqq t \leqq \infty\}$ gegen einen Poisson-Prozeß mit der Erwartungswertfunktion $\Lambda^{(i)}(t)$, $i = 1, \dots, k$, konvergieren.

Sind $\hat{F}_{nr} = \sum_{i=1}^{k} p_i \hat{F}_{nr}^{(i)}$ und $F_{nr} = \sum_{i=1}^{k} p_i F_{nr}^{(i)}$ Mischungen mit positiven Gewichten, so konvergiert der entsprechende Prozeß $\{X_n(t),\ 0 \leqq t < \infty\}$ gegen einen POISSON-Prozeß mit der Erwartungswertfunktion $\Lambda(t) = \sum_{i=1}^{k} p_i \Lambda^{(i)}(t)$.

4. Die Folgen $\{\hat{F}_{nr}^{(i)}\}$, $\{\hat{F}_{nr}^{(i)}\}$ mögen (4.1) und (4.2) für $i = 1, 2$ erfüllen. Erfüllen die Faltungen $\{\hat{F}_{nr}^{(1)} * \hat{F}_{nr}^{(2)}\}$, $\{F_{nr}^{(1)} * F_{nr}^{(2)}\}$ die gleichen Bedingungen?
5. Die Folgen $\{\hat{F}_{nr}\}$, $\{F_{nr}\}$ mögen (4.1) und (4.2) erfüllen, und sei $\hat{G}_{nr} = \hat{F}_{nr} * G$, $G_{nr} = F_{nr} * G$, $r = 1, 2, \ldots, n$; $n = 1, 2, \ldots$, wobei G eine Lebensdauerverteilung ist. Dann erfüllen $\{\hat{G}_{nr}\}$, $\{G_{nr}\}$, die Beziehungen (4.1) und (4.2), und für den $\{\hat{G}_{nr}\}$, $\{G_{nr}\}$ entsprechenden Prozeß $X_n(t)$ gilt der Satz 4.2.
6. Angenommen (4.1) und (4.2) gelten. In jeder Position wird die Komponente durch ein Paar parallelgeschalteter gleichartiger Komponenten ersetzt. Gilt dann (4.1) noch? Wie lautet der Grenzwert $\lim_{n\to\infty} \sum_{r=1}^{n} \hat{F}_{nr}^2(t)$? Gilt der Satz 4.2 noch?

§ 5. Bemerkungen und Literaturhinweise

§ 1. Die Extremwerttheorie hat eine lange Geschichte. Die ersten Resultate erhielten FRÉCHET (1927), sowie FISHER und TIPPET (1928). Die vollständigsten Resultate, die diese Reihe von Untersuchungen zusammenfassen und abrunden, erhielt GNEDENKO (1943).

Ergebnisse für Ordnungsstatistiken mit festem und wachsendem Rang erhielt SMIRNOW (1952), der die Grenzverteilungstypen und ihre Anziehungsbereiche vollständig charakterisierte. Dies findet Anwendungen auf k-aus-n Strukturen. Verallgemeinerungen dieser Resultate für das Maximum einer Beobachtungsfolge machte JUNCOSA (1949), der die Annahme einer gemeinsamen Verteilung fallen ließ, sowie WATSON (1954), der bewies, daß, mit geringen Einschränkungen, die Grenzverteilung des Maximums einer stationären Folge aus m-abhängigen Zufallsvariablen die gleiche ist wie im unabhängigen Fall. Ein sehr allgemeines Modell wird in der Terminologie der Serienschemata in LOÈVE (1956) ausführlich behandelt. Eine Bibliographie und Diskussion der Anwendungen sind in GUMBEL (1958) enthalten.

HARRIS (1970) betrachtet die Extremwerttheorie im Zusammenhang mit Ersetzungsstrategien. In seinem Modell besteht ein System aus n unabhängigen und identischen, in Serie geschalteten Komponenten mit m Ersatzkomponenten zur unmittelbaren Ersetzung ausgefallener Komponenten. Wenn der Vorrat an Reserveelementen erschöpft ist, fällt das System beim nächsten Ausfall einer Komponente aus.

Seine Hauptresultate werden in den folgenden Sätzen zusammengestellt; der erste entspricht dem Fall, in dem m ein fester Wert ist, der zweite entspricht dem Fall, in dem m mit n gegen ∞ wächst.

5.1. Satz (HARRIS). *Es sei m für $n \to \infty$ fest. Dann haben die einzig möglichen Typen von Grenzverteilungen der Systemlebensdauer (bei geeigneter Normierung) die folgende Gestalt:*

$$G_{1m}(x) = \int_0^{x^\alpha} e^{-y} \frac{y^{m-1}}{(m-1)!}\, dy \qquad \text{für } x \geqq 0 \text{ und } \alpha > 0\,.$$

$$G_{2m}(x) = \int_0^{e^x} e^{-y} \frac{y^{m-1}}{(m-1)!}\, dy \qquad \text{für } -\infty < x < \infty\,.$$

5.2. Satz (HARRIS). *Es sei $m = O(n^\alpha)$ mit $0 < \alpha < \frac{1}{2}$. Dann haben die einzig möglichen Typen von Grenzverteilungen der Systemlebensdauer (bei geeigneter Normierung) die folgende*

Gestalt

$$G_3(x) = \Phi(x) \qquad \text{für } x \geqq 0\,,$$

$$G_4(x) = \Phi(\beta \ln x) \qquad \text{für } x > 0, \text{ wobei } \beta > 0\,.$$

Φ ist die Normalverteilung mit dem Erwartungswert 0 und der Varianz 1.

§ 2. Die Benutzung regulär variierender Funktionen, um die drei Grenzwertsätze für Minima (bzw. Maxima) zu erhalten, geht auf FELLER (1966, S. 268—272) zurück. Der § 2 ist die überarbeitete Fassung einer Vorlesung von ALBERT W. MARSHALL. Unlängst hat DE HAAN (1970) eine Monographie über reguläre Variation und Extremwerttheorie geschrieben.

In Übung 10 wird ein Ergebnis, das Verteilungen mit proportionalen Gefahrfunktionen und die möglichen Grenzverteilungen für Stichprobenminima betrifft, formuliert. Weitere Resultate werden in SETHURAMAN (1965) und DAVID (1970) diskutiert. Grenzverteilungen für die Synthese monotoner Strukturen wurden von R. HARRIS in seiner Dissertation behandelt.

§ 3. Die Anziehungsbereiche von Grenzverteilungen wurden von GNEDENKO (1943) behandelt. Jedoch war er mit seinem Ergebnis für die Grenzverteilung $\Lambda(x) = 1 - e^{-e^x}$, $-\infty < x < \infty$ nicht zufrieden. Vor kurzem haben MARCUS und PINSKY (1969) das Problem der Anziehungsbereiche für Λ und Λ^* unter Benutzung des Begriffes der regulären Variation befriedigender gelöst. VON MISES' Bedingung (vgl. Sätze 3.7 und 3.8) dafür, daß eine Verteilung zum Anziehungsbereich von Λ (oder Λ^*) gehört, scheint die brauchbarste zu sein. DE HAAN (1970) erhielt ebenfalls ein Resultat zu diesem Problem.

§ 4. Das Ergebnis von GRIGELIONIS (Satz 4.2) entspricht seiner Bedeutung nach dem zentralen Grenzwertsatz für die Zuverlässigkeitstheorie. Es stellt eine weitere wichtige Rechtfertigung der Benutzung der Exponentialverteilung dar. Die wesentlichen mathematischen Ideen gehen auf PALM (1943) und CHINTSCHIN (1956 a, b) zurück. Jedoch scheint die Behandlung durch GRIGELIONIS (1964) die bisher eleganteste zu sein[1]).

[1]) Eine ausgezeichnete Übersicht über weitere Resultate im Zusammenhang mit den im § 4 behandelten Problemen findet man in ÇINLAR (1972) (Anm. d. Red.).

ANHANG

ANWENDUNG DER THEORIE MONOTONER STRUKTUREN AUF KOMPLEXE SYSTEME

Der Ingenieur, der sich mit der Analyse eines sehr komplexen Systems beschäftigt, benötigt eine Methode zur Beschreibung seines Systems in der mathematischen Terminologie der vorangegangenen Kapitel. In Kapitel 1 wurden monotone Strukturen als Zweipol-Netzwerke charakterisiert (wobei das wiederholte Auftreten einer Komponente erlaubt war). In diesem Anhang betrachten wir eine weitere Darstellung einer monotonen Struktur, die *Ereignisbaum* genannt wird. Wenn anstelle des Funktionierens des Systems ein Systemausfall betrachtet wird, wird der Ereignisbaum gewöhnlich *Fehlerbaum* genannt. Die Konstruktion des Ereignisbaumes ist oft selbst eine nützliche Übung zum Verständnis eines Systems. Ist der Ereignisbaum erst einmal aufgestellt, ist es relativ einfach, die damit verbundene Information in einen Computer einzugeben, der die in den vorangegangenen Kapiteln formulierten Ergebnisse verwerten kann. Insbesondere können wir die minimalen Schnittmengen des Systems bestimmen und die Komponenten bezüglich ihrer strukturellen Wichtigkeit ordnen. Liegen zusätzliche Informationen vor, wie die Zuverlässigkeiten der Komponenten oder ihre Ausfallraten, so kann man die Systemzuverlässigkeit bestimmen und die Komponenten nach ihrer Wichtigkeit bezüglich der Zuverlässigkeit ordnen (vgl. Kapitel 2, § 1). Diese Art der Analyse ist bei der Systementwicklung sehr nützlich. Ereignisbäume werden im A. 1. beschrieben. Ein Algorithmus zum Auffinden der minimalen Pfadmengen eines Ereignisbaumes wird in § A. 2 dargestellt. In § A. 3 wird die Nützlichkeit von dualen Ereignisbäumen sichtbar gemacht. Die BOOLEsche Darstellung von Ereignisbäumen in A. 4 verdeutlicht die Verbindung zur Theorie der monotonen Strukturen. Numerische Beispiele, die die strukturelle Ordnung von Basisereignissen, sowie die Ordnung nach der Wichtigkeit bezüglich ihrer Wahrscheinlichkeiten illustrieren findet man in A. 5 und A. 6.

A.1. Ereignisbäume

Zur Konstruktion von Ereignisbäumen benutzen wir eine zweckmäßige, aber von der vorangegangenen sich unterscheidende Symbolik. Die Zustände einer Komponente, oder allgemeiner die *Basisereignisse*, werden durch Kreise oder Rhomben dargestellt. Ein Systemereignis mit einer größeren Bedeutung wird durch ein Rechteck dargestellt und *Hauptereignis* genannt, wobei es stets an der Spitze des Ereignisbaumes erscheint.

Dies kann zum Beispiel das Funktionieren des Systems oder der Systemausfall sein. Zwischen- oder Untersysteme werden ebenfalls durch Rechtecke bezeichnet. Unmittelbar unter jedem Rechteck befindet sich entweder ein UND-Glied, das durch

oder ein ODER-Glied, das durch

dargestellt wird.

Das Ausgangsereignis eines UND-Gliedes tritt genau dann ein, wenn alle Eingangsereignisse eintreten. Es ist nützlich, in das Innere eines UND-Gliedes einen Punkt zu setzen (für Produkt oder Durchschnitt von Mengen). Tritt z. B. das Ereignis E genau dann ein, wenn jedes der Ereignisse A, B, C und D eintritt, so würde man dies gemäß dem Diagramm in Abb. A. 1.1 darstellen.

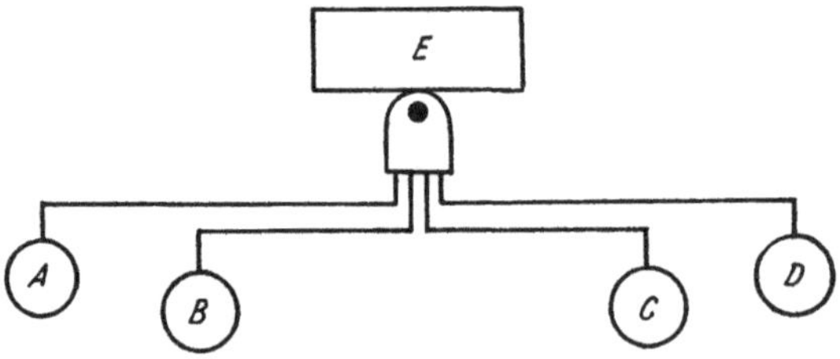

Abb. A.1.1. UND-Glied

Das Ausgangsereignis eines ODER-Gliedes tritt ein, falls mindestens eines der Eingangsereignisse eintritt. Es ist nützlich, ein Pluszeichen (für Summe oder Vereinigung von Mengen) in das Innere eines ODER-Gliedes zu setzen. Zum Beispiel tritt E ein, falls mindestens eines der Ereigniss A, B, C oder D in Abb. A. 1.2 eintritt.

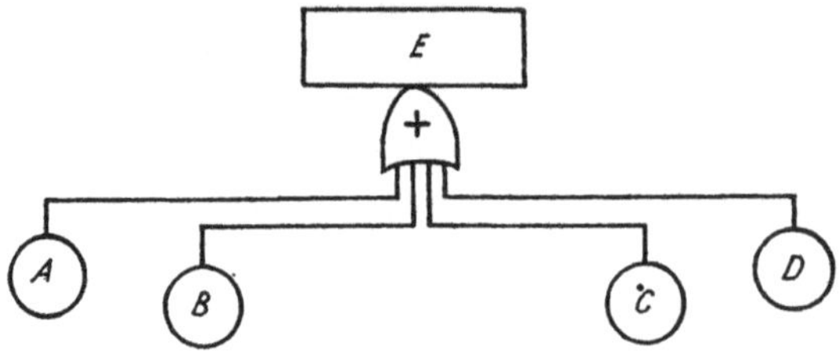

Abb. A.1.2. ODER-Glied

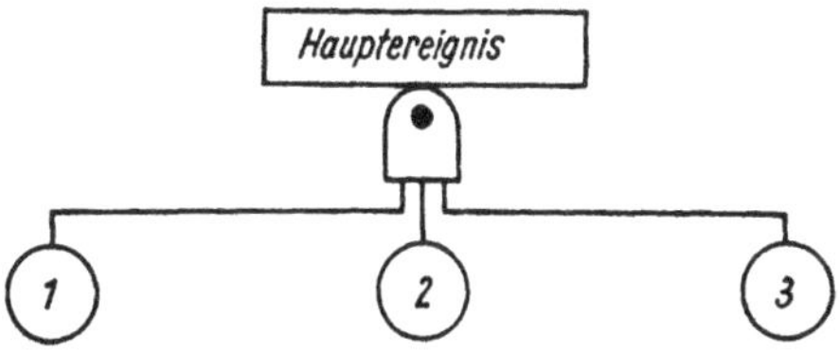

Beispiel 1

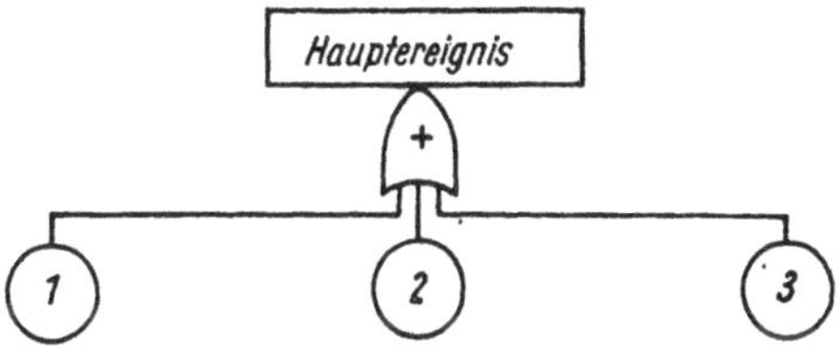

Beispiel 2

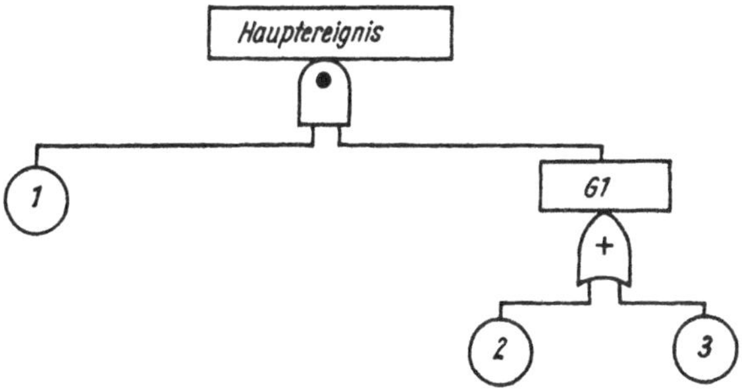

Beispiel 3

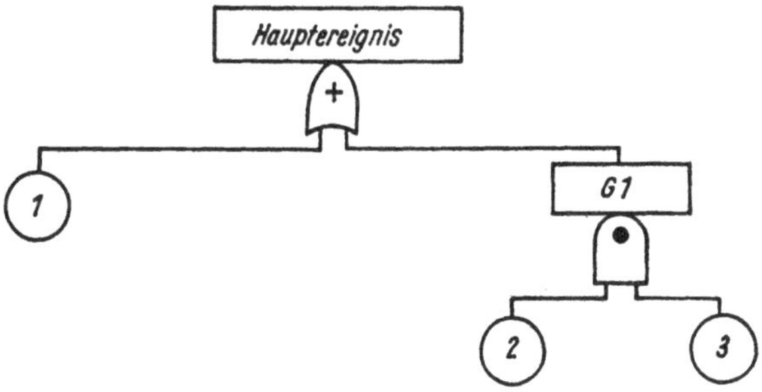

Beispiel 4

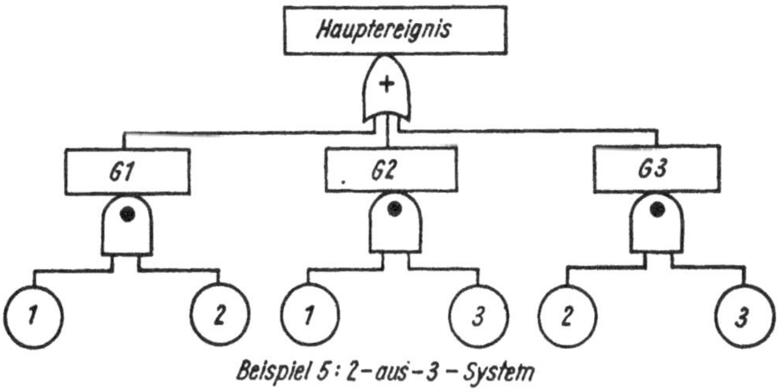

Beispiel 5: 2-aus-3-System

Alle möglichen Ereignisbäume (bis auf Permutationen der Bezeichnungen) mit drei Basisereignissen (dargestellt durch Kreise) sind auf S. 221 angegeben (vgl. Abb. 1.2.1 des Kapitels 1). Basisereignisse dürfen sich in Ereignisbäumen auch wiederholen (vgl. Beispiel 5).

Beispiel: 1-aus-2-Doppelsystem. In Abb. A. 1.3 ist ein System dargestellt, dessen Aufgabe es ist, ein Atomkraftwerk im Falle eines zu niedrigen Kühlwasserdrucks außer Betrieb zu setzen. Die 2-aus-2-Einheit erzeugt ein Fehlersignal (trip signal) voraus-

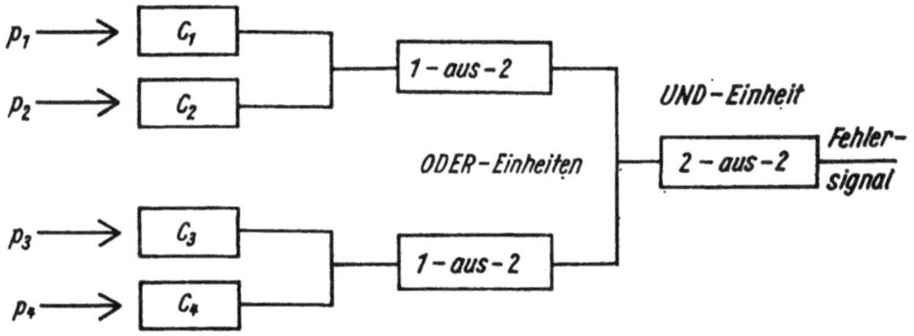

Abb. A.1.3. 1-aus-2-Doppelsystem

gesetzt, daß die ODER-Einheiten sowohl im oberen als auch im unteren Zweig gleichzeitig ein Ausgangssignal erzeugen. Eine solche Schaltung nennt man 1-*aus*-2-*Doppelsystem*. Die Elemente c_1 bis c_4 sind Druckschalter. Der i-te Schalter erzeugt ein Ausgangssignal (wir bezeichnen dies als Basisereignis i), falls der Druck p_i unter einen vorgeschriebenen Wert fällt, $i = 1, \dots, 4$. Ein Ereignisbaum für dieses System mit dem Hauptereignis „Fehler-Signal wird erzeugt" ist in Abb. A. 1.4 dargestellt.

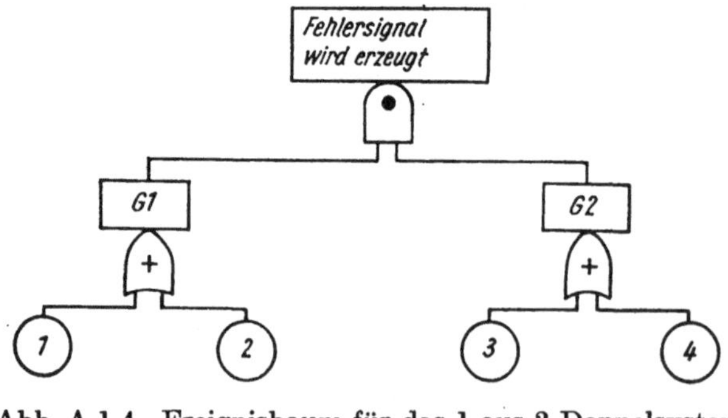

Abb. A.1.4. Ereignisbaum für das 1-aus-2-Doppelsystem

Beispiel: Druck-Tank-System. Betrachten wir das Druck-Tank-System, dessen Funktionsschema in Abb. A. 1.5 dargestellt ist. Als Hauptereignis (das wir verhindern wollen) nehmen wir „Bersten des Druck-Tanks". Zum Starten der Pumpe wird der Schalter $S1$ (Drucktaster) betätigt. Dadurch fließt im Steuerkreis ein Strom und aktiviert das Relais $K2$, wodurch der Pumpenmotor gestartet wird. Nach ca. 20 s öffnen sich die Druckschalterkontakte (da Überdruck durch den Druckschalter registriert wird) und der Steuerkreis wird entaktiviert, da durch die Relaisspule $K2$ kein Strom mehr fließt. Dann öffnen sich die Kontakte des Relais $K2$ und schalten den Motor ab. Wenn der Druckschalter eine Fehlfunktion aufweist, dann öffnen die Zeitrelaiskontakte nach 60 s und unterbrechen den Stromfluß durch die Relaisspule $K2$, wodurch die Pumpe abgeschaltet wird. Das Zeitrelais nimmt nach jedem Zyklus automatisch den Ausgangszustand ein.

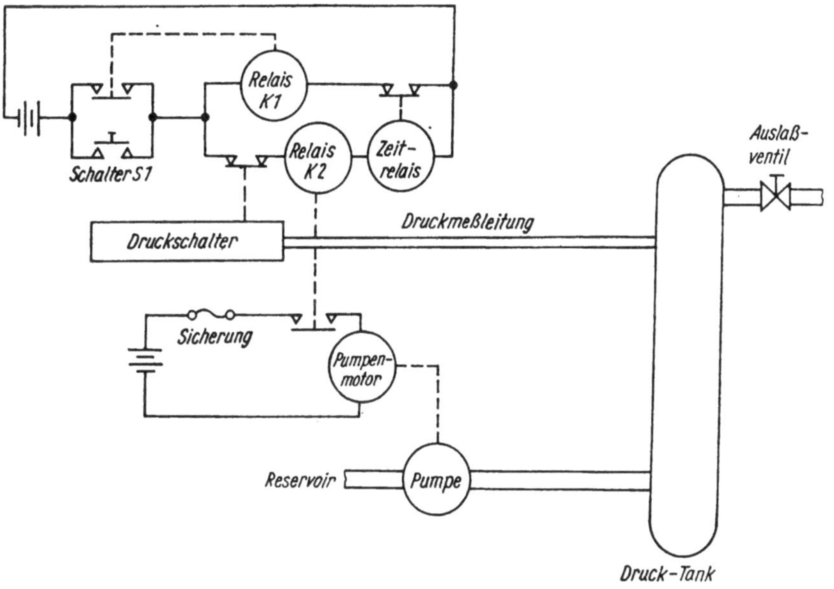

Abb. A.1.5. Druck-Tank-System

Abb. A. 1.6 zeigt einen Ereignisbaum, der auf einer Analyse der möglichen Fehlerarten des Systems basiert (wenn anstelle der Funktionstüchtigkeit des Systems der Ausfall interessiert, wird der Ereignisbaum gewöhnlich Fehlerbaum genannt). Kreise stellen primäre und Rhomben sekundäre Basisereignisse dar. Z. B. wird, wenn die Kontakte des Relais $K1$ (Abb. A. 1.5) unter normalen Arbeitsbedingungen (d. h. der beim Entwurf festgelegten Menge der Betriebsbedingungen) nicht öffnen, dies als primäres Basisereignis bezeichnet. Wenn das Relais $K1$ nicht öffnet, weil ein falsches Relais installiert wurde, dann wird dies als sekundäres Basisereignis angesehen. Eine systematische Methode für das Aufstellen von Fehlerbäumen ist von David Haasl (1965) entwickelt worden.

Beispiel: Kreislaufentlastungssystem. Eine Ereignisbaum-Analyse der Gefahr eines elektrischen Schocks für einen Patienten, der ein bestimmtes Kreislaufentlastungsgerät benutzt, wurde von Simonaitus, Anderson und Kaye (1972) durchgeführt. Ihr Ziel war es, die mit dem Gerät verbundenen potentiellen Ausfallmöglichkeiten herauszufinden und zu werten. Zum Verständnis der Konstruktion des Ereignisbaumes beschreiben wir zunächst die Vorrichtung. Das Intra-Aorta-Ballon-Kreislaufentlastungsgerät soll eine zeitweilige Kreislaufhilfe liefern, falls durch mangelhafte Herztätigkeit Störungen der Blutzirkulation auftreten. Bei seiner Anwendung wird ein in der Thorax-aorta befindlicher Ballon-Katheter synchron zur Herztätigkeit aufgeblasen, bzw. es wird aus ihm die Luft ausgelassen, woraus eine verminderte Beanspruchung der Herztätigkeit, sich erhöhender koronarer Blutfluß und eine Unterstützung des allgemeinen Kreislaufes resultieren.

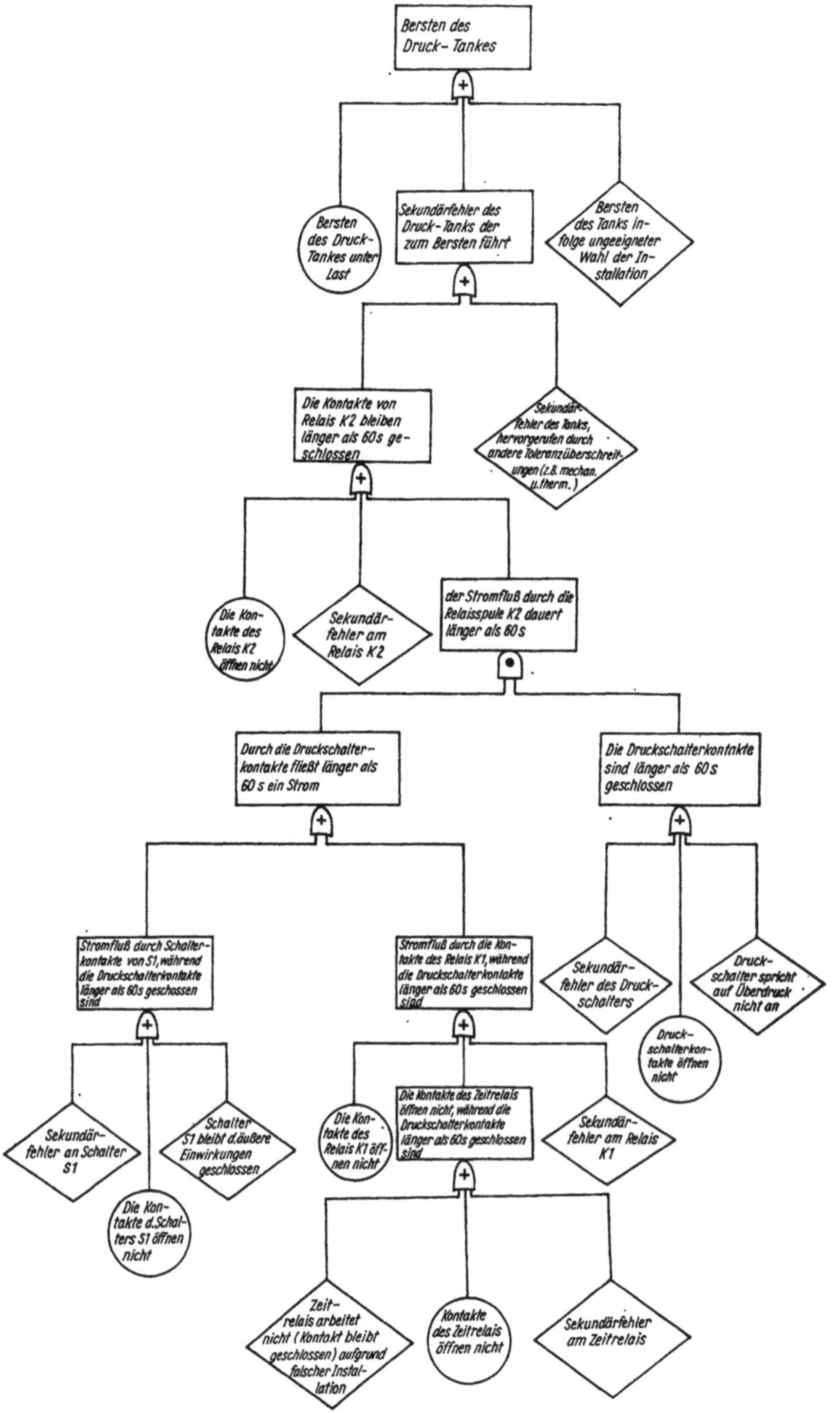

Abb. A.1.6. Druck-Tank-Ereignisbaum

Die Synchronisation des Ballons mit dem Herzen wird durch Überwachung des Elektrokardiogrammes (EKG) des Patienten auf einer Kontrolltafel erreicht. An dieser Kontrolltafel werden sämtliche zu überwachenden Funktionen, sowie mögliche Störungen des Gerätes angezeigt. Zusätzlich ist Vorsorge für das automatische Luftablassen aus dem Ballon im Falle einer Anomalie im EKG oder im Funktionieren des Ballons getroffen.

Eine Hauptgefahr für den Patienten ist ein elektrischer Schock, entweder ein Makroschock oder ein Mikroschock. Makroschocks können durch Ströme, die in den Körper durch Kontakt mit der Haut gelangen, einen Herzstillstand (ventrikuläre Fibrillation) hervorrufen. Mikroschocks können durch Ströme über einen leitenden Weg direkt in die Nähe des Herzens einen Herzausfall verursachen.

Andere Gefahren für den Patienten sind die Ballonaufblähung während der Kontraktionsperiode des Herzens und zu hoher Druck im Ballon. Diese Gefahren sind in dem folgenden Ereignisbaum angegeben, aber nicht weiter ausgeführt.

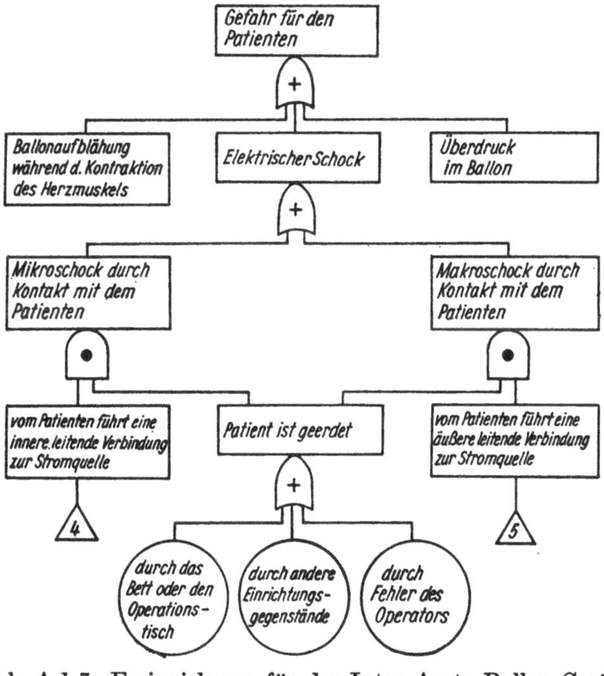

Abb. A.1.7. Ereignisbaum für das Intra-Aorta-Ballon-Gerät

Das Verbindungssymbol

wird benutzt um anzudeuten, daß ein Teil des Ereignisbaumes an anderer Stelle ausführlicher fortgesetzt wird.

Allgemein dienen Ereignisbäume drei Zielen:

(a) In der Theorie der Sicherheitssysteme dient ein Ereignisbaum (oder Fehlerbaum, wie er dort genannt wird) der Bestimmung möglicher Ursachen für einen Unfall. Wenn er richtig genutzt wird, führt der Ereignisbaum oft zur Entdeckung von Ausfallkombinationen, die man sonst möglicherweise nicht als Ursache des analysierten Ereignisses angesehen hätte.

(b) Der Ereignisbaum dient einer Zusammenstellung der Resultate. Wenn der Systementwurf nicht adäquat ist, kann der Ereignisbaum dazu benutzt werden, die Schwachstellen aufzuzeigen, und zu erklären wie sie zu unerwünschten Ereignissen führen. Wenn der Entwurf adäquat ist, kann der Ereignisbaum zum Nachweis, daß alle denkbaren Ursachen berücksichtigt wurden, benutzt werden.

(c) Der Ereignisbaum liefert ein bequemes und rationelles Mittel für die Berechnung der Wahrscheinlichkeit des Funktionierens des Systems (oder des Systemausfalls).

A.2. Ein Algorithmus zur Bestimmung der minimalen Schnittmengen für Ereignisbäume

Vom Standpunkt eines Systementwicklers aus ist es nützlich, eine Übersicht über die minimalen Schnittmengen und (oder) die minimalen Pfadmengen eines Ereignisbaumes zu besitzen. Eine *Schnittmenge* eines Ereignisbaumes ist eine Menge von Basisereignissen, deren Auftreten das Auftreten des Hauptereignisses bewirkt. Eine Schnittmenge ist minimal, wenn sie nicht mehr derart reduziert werden kann, daß sie noch das Auftreten des Hauptereignisses sichert. Wenn das Hauptereignis ein Systemausfall ist, und die Basisereignisse Komponentenausfällen entsprechen, stimmt diese Definition mit früheren Definitionen der Schnittmengen monotoner Strukturen überein.

Der einfachste und klarste Weg, den Algorithmus zur Bestimmung minimaler Schnittmengen zu erklären, ist die Veranschaulichung seiner Arbeitsweise an einem Beispiel. In der Abb. A. 2.1 wird der in Abb. A. 1.6 beschriebene Druck-Tank-Ereignisbaum wiedergegeben, wobei die Basisereignisse und die UND- und ODER-Glieder durchnumeriert werden. Der Algorithmus beginnt mit dem Glied unmittelbar unter dem Hauptereignis, welches wir mit G0 bezeichnen. Wenn G0 ein ODER-Glied ist, wird jeder Eingang in eine gesonderte Zeile einer listenförmigen Matrix eingetragen. Ist G0 ein UND-Glied, so wird jeder Eingang in die erste Zeile einer Matrix eingetragen. Da in Abb. A. 2.1 das Glied unmittelbar unter dem Hauptereignis ein ODER-Glied ist, beginnen wir die Konstruktion unserer Matrix durch die Eintragung der Eingänge 1, G1 und 2 in gesonderte Zeilen wie folgt:

1
G1
2

Da jedes dieser Eingangsereignisse das Auftreten des Hauptereignisses bewirken kann, ist jedes ein Element einer gesonderten Schnittmenge.

Die Idee des Algorithmus besteht darin, jedes Glied durch seine Eingangsglieder und Basisereignisse zu ersetzen bis eine Matrix konstruiert ist, deren sämtliche Elemente Basisereignisse sind. Die Zeilen entsprechen dann Schnittmengen.

Da G1 ein ODER-Glied ist, ersetzen wir G1 wieder durch seine Eingangsereignisse in gesonderten Zeilen wie folgt:

1
G2
3
2

Da G2 ebenfalls ein ODER-Glied ist, ersetzen wir G2 durch seine Eingangsereignisse wie folgt:

1
4
5
G3
3
2 .

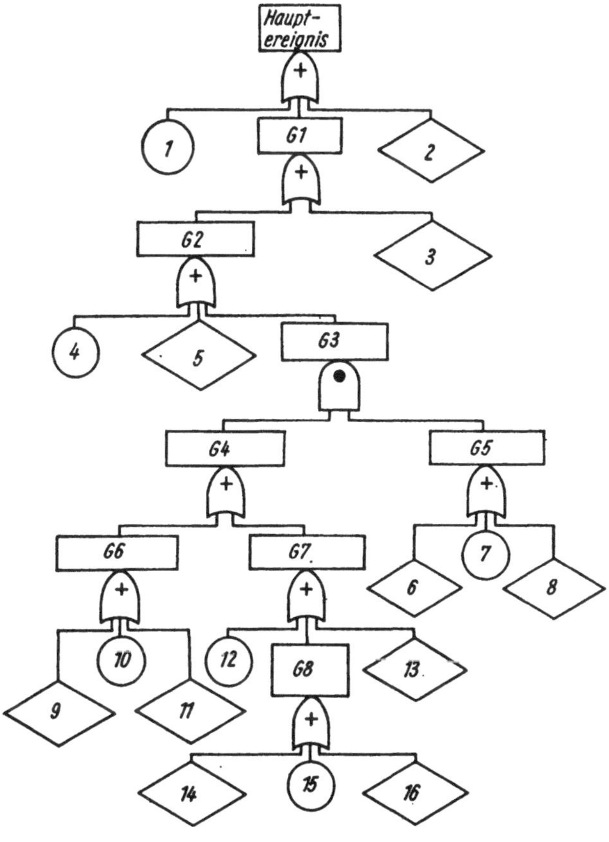

Abb. A.2.1. Druck-Tank-Ereignisbaum

Da G3 ein UND-Glied ist, ersetzen wir die Zeile, die G3 enthält durch seine Eingänge wie folgt:

1
4
5
G4, G5
3
2.

Da alle Eingänge eines UND-Gliedes auftreten müssen, um das entsprechende Zwischenereignis über dem UND-Glied zu bewirken, sehen wir, daß ein UND-Glied die Länge seiner Zeile vergrößert. Ein ODER-Glied hingegen vergrößert die Anzahl der Zeilen in unserer Matrix. Durch die Ersetzung von G4 durch seine Eingänge erhalten wir

1
4
5
G6, G5
G7, G5
3
2.

Indem wir in dieser Weise fortfahren erhalten wir schließlich eine Matrix mit 29 Zeilen. Dies sind (in einer anderen Anordnung)

1	7, 9	8, 9
2	7, 10	8, 10
3	7, 11	8, 11
4	7, 12	8, 12
5	7, 13	8, 13
6, 9	7, 14	8, 14
6, 10	7, 15	8, 15
6, 11	7, 16	8, 16
6, 12		
6, 13		
6, 14		
6, 15		
6, 16		

In dem Druck-Tank-Ereignisbaum (Abb. A. 2.1) wiederholen sich Basisereignisse nicht. Aus diesem Grunde sind alle unsere Schnittmengen minimale Schnittmengen; d. h., keine Schnittmenge ist in irgendeiner anderen Schnittmenge enthalten. Im allgemeinen werden wir bei Wiederholung von Basisereignissen im Ereignisbaum durch diesen Algorithmus nicht nur minimale Schnittmengen erhalten. Deshalb wird es im allgemeinen notwendig sein, die Liste zu überprüfen und die Schnittmengen dabei auszusondern, die andere Schnittmengen enthalten. Die dann entstehende Liste wird alle minimalen Schnittmengen für den Ereignisbaum enthalten.

A.3. Duale Ereignisbäume

In manchen Untersuchungen eines Ereignisbaumes (zum Beispiel einer monotonen Struktur oder eines Fehlerbaumes) sollte der *duale Ereignisbaum* betrachtet werden. Ein Grund dafür ist, daß die minimalen Pfadmengen eines Ereignisbaumes die minimalen Schnittmengen des dualen Ereignisbaumes sind. Wie wir in Kapitel 2, § 3 sahen, benötigen wir zur Bestimmung oberer und unterer Schranken für die Zuverlässigkeit, d. h. die Wahrscheinlichkeit des Funktionierens des Systems (oder die Wahrscheinlichkeit des Hauptereignisses im Falle eines Ereignisbaumes) sowohl minimale Schnittmengen als auch minimale Pfadmengen.

Um den dualen Ereignisbaum zu zeichnen, ersetzen wir im ursprünglichen Ereignisbaum ODER-Glieder durch UND-Glieder und UND-Glieder durch ODER-Glieder. Die Ereignisse werden ebenfalls durch die entsprechenden dualen ersetzt. Wenn das Hauptereignis wie in Abb. A. 1.6 „Bersten des Druck-Tanks“ ist, so ist das duale Ereignis „kein Bersten des Druck-Tanks“. Allgemein entsprechen die dualen Ereignisse dem Nichteintreten des ursprünglichen Ereignisses. Der duale Ereignisbaum für das Druck-Tank-Beispiel ist in Abb. A. 3.1 dargestellt. Es ist leicht zu zeigen, daß für den dualen Ereignisbaum nur zwei minimale Schnittmengen existieren. Dies sind

$$\{1', 2', 3', 4', 5', 6', 7', 8'\},$$

$$\{1', 2', 3', 4', 5', 9', 10', 11', 12', 13', 14', 15', 16'\}.$$

Die Striche deuten an, daß die Ereignisse als duale Ereignisse betrachtet werden.

Eine Pfadmenge ist eine Menge von Basisereignissen, deren Nichteintreten das Nichteintreten des Hauptereignisses bewirkt. Eine Pfadmenge ist minimal, wenn sie nicht derart reduziert werden kann, daß sie noch eine Pfadmenge bleibt. Um die minimalen Pfadmengen eines Ereignisbaumes zu finden, zeichne man den dualen Ereignisbaum und benutze den Algorithmus zur Bestimmung der minimalen Schnittmengen für diesen. Die minimalen Schnittmengen für den dualen Ereignisbaum aus Abb. A.3.1 sind minimale Pfadmengen für den Ereignisbaum aus Abb. A.2.1.

Wenn alle Basisereignisse einer beliebigen Pfadmenge nicht auftreten, tritt auch das Hauptereignis in Abb. A. 2.1 nicht auf, d. h., der Druck-Tank birst nicht. Wenn das Hauptereignis ein Systemausfall ist und die Basisereignisse Komponentenausfällen entsprechen, entspricht diese Definition der Pfadmenge den früheren Definitionen einer Pfadmenge einer monotonen Struktur.

Beispiel: 1-aus-2-Doppelsystem. Der Ereignisbaum des 1-aus-2-Doppelsystems ist in Abb. A. 1.4 dargestellt. Die minimalen Schnittmengen sind $\{1, 3\}$, $\{1, 4\}$, $\{2, 3\}$ und $\{2, 4\}$. Wenn der Kühlflüssigkeitsdruck *nicht* niedrig ist, erzeugt das Auftreten einer der vier minimalen Schnittmengen einen *falschen* Alarm.

Der duale Ereignisbaum ist in Abb. A. 3.2 dargestellt. Dieser Ereignisbaum hat zwei minimale Schnittmengen $\{1', 2'\}$ und $\{3', 4'\}$. Dies sind minimale Pfadmengen für den ursprünglichen Ereignisbaum, d. h., das Nichteintreten der beiden Ereignisse 1 und 2 (oder 3 und 4) hat zur Folge, daß kein Fehlersignal erzeugt wird. Es gibt folglich im ursprünglichen Ereignisbaum nur zwei minimale Pfadmengen, die den Ausfall eines Fehlersignals bei niedrigem Kühlwasserdruck bewirken könnten.

Aus dieser Untersuchung (die die Wahrscheinlichkeiten der Ereignisse außer Acht läßt) ersehen wir, daß das System dazu bestimmt ist, einen richtigen Alarm im Falle

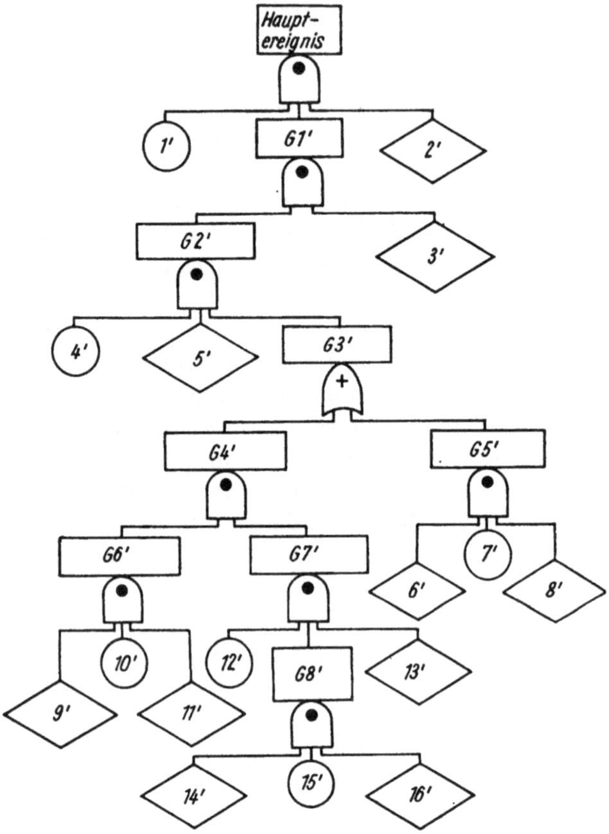

Abb. A.3.1. Dualer Ereignisbaum für das Druck-Tank-Beispiel

Abb. A.3.2. Dualer Ereignisbaum für das 1-aus-2-Doppelsystem

niedrigen Kühlwasserdrucks zu sichern. Jedoch liegt eine Tendenz zur Erzeugung eines falschen Alarms vor, da es vier minimale Schnittmengen gibt, wobei das Auftreten einer jeden von ihnen einen falschen Alarm verursachen kann. Ein 2-aus-3-System zum Beispiel wäre bezüglich eines falschen Alarms weniger anfällig.

A.4. BOOLEsche Darstellung von Ereignisbäumen

In der Zuverlässigkeitstheorie und insbesondere in der Theorie monotoner Strukturen wird von Erfolgsereignissen (d. h. vom Funktionieren der Komponenten und des Systems) ausgegangen. In der Theorie der Ereignisbäume kann das Systemereignis, das das Hauptereignis bildet, das Funktionieren eines Systems, ein Systemausfall oder irgendeine andere Aussage über das System sein. Das meiste der vorangegangenen acht Kapitel kann benutzt werden, wenn wir für Ereignisbäume die folgende BOOLEsche Darstellung benutzen.

Es sei $y_i = 1$, falls ein Basisereignis auftritt, und $y_i = 0$ sonst. Sei $\boldsymbol{y} = (y_1, \dots, y_n)$ der Vektor der Realisierungen der Basisereignisse. Wir definieren

$$\psi(\boldsymbol{y}) = \begin{cases} 1, & \text{falls im Vektor } \boldsymbol{y} \text{ der Realisierungen} \\ & \text{das Hauptereignis vorkommt,} \\ 0, & \text{sonst.} \end{cases} \qquad \text{(A 4.1)}$$

Angenommen, alle Basisereignisse seien relevant bezüglich des Ereignisbaumes, d. h., jedes Basisereignis kommt in der Vereinigung der minimalen Schnittmengen vor. Es läßt sich leicht zeigen, daß ψ der Strukturfunktion eines monotonen Systems (Definition 2.1 des Kapitels 1) mathematisch äquivalent ist. Wenn Basisereignisse den Komponentenausfällen und das Hauptereignis dem Systemausfall entsprechen, entspricht y_i dem Indikator $1 - x_i$, wobei $x_i = 1$ bedeutet, daß die i-te Komponente funktioniert, während $\psi(\boldsymbol{y})$ der Größe $1 - \varphi(\boldsymbol{x})$ entspricht, wobei φ die Strukturfunktion des monotonen Systems ist. Die Methoden des § 1 aus Kapitel 2 können zur Berechnung der Wahrscheinlichkeit des Hauptereignisses benutzt werden. Zur Untersuchung von großen komplexen Systemen ist vermutlich die Kombination des Algorithmus zur Bestimmung minimaler Schnittmengen mit dem Inklusions-Exklusions-Prinzip aus § 1, Kapitel 2, besonders effektiv. Die in § 1, Kapitel 2 definierte *Wichtigkeit bezüglich der Zuverlässigkeit* wird für Ereignisbäume *Wichtigkeit bezüglich der Wahrscheinlichkeit* (W-Wichtigkeit) genannt. Die Verteilung der Zeit bis zum Auftreten des Hauptereignisses kann unter Benutzung der Bezeichnungen des Kapitels 4 berechnet werden. Die Ergebnisse der Kapitel 5, 6 und 7 können leicht in die Sprache der Ereignisbäume übertragen werden.

Beispiel: Das Druck-Tank-System. Sei $\boldsymbol{Y} = (Y_1, \dots, Y_{16})$ der zufällige Vektor der Basisereignisse im Druck-Tank-Ereignisbaum in Abb. A. 2.1. Es sei $\psi(\boldsymbol{Y}) = 1$, falls das Hauptereignis für den Vektor $\boldsymbol{Y}$ vorkommt, d. h., der Druck-Tank birst, und $\psi(\boldsymbol{Y}) = 0$ sonst. Dann erhalten wir unter Benutzung der minimalen Pfadmengen

$$P_1 = \{1', 2', 3', 4', 5', 6', 7', 8'\}$$

und

$$P_2 = \{1', 2', 3', 4', 5', 9', 10', 11', 12', 13', 14', 15', 16'\}$$

sowie der minimalen Pfaddarstellung für ψ, daß

$$\psi(\boldsymbol{Y}) = \left(\coprod_{1 \leqq i \leqq 8} Y_i\right) \left(\coprod_{i \neq 6,7,8} Y_i\right) = \left[1 - \prod_{i=1}^{8} (1 - Y_i)\right] \left[1 - \prod_{i \neq 6,7,8} (1 - Y_i)\right], \qquad \text{(A 4.2)}$$

und P [Hauptereignis] $= E\psi(\boldsymbol{Y})$ gilt. Man beachte, daß sich (A 4.2) von der minimalen Pfaddarstellung (3.2) des Kapitels 1, § 3 unterscheidet. Dies ist so, weil die Y_i Indikatorvariablen bezüglich der Ausfallereignisse, und die X_i in (3.2) Indikatorvariablen bezüglich des Funktionierens bezeichnen. Ebenso ist $\psi(Y)$ der Indikator eines Systemausfalls.

Es sei $EY_i = q_i$, und die Basisereignisse seien *stochastisch unabhängig*. Angenommen, das Basisereignis 1 (d. h. der Druckbehälter selbst fällt aus) kommt durchschnittlich in 10^8 Belastungszyklen einmal vor, in anderen Worten, es ist $q_1 = 10^{-8}$.

Nehmen wir an, das Basisereignis i $(i \neq 1)$ komme durchschnittlich einmal in 10^5 Belastungszyklen vor, oder, in anderen Worten, es ist $q_i = 10^{-5}$ für $i \neq 1$. Dann gilt

$$\begin{aligned} E\psi(Y) &= 1 - \prod_{i=1}^{8}(1-q_i) - \prod_{i \neq 6,7,8}(1-q_i) + \prod_{i=1}^{16}(1-q_i) \\ &= 1 - (1-10^{-8})(1-10^{-5})^7 - (1-10^{-8})(1-10^{-5})^{12} \\ &\quad + (1-10^{-8})(1-10^{-5})^{15}. \end{aligned}$$

Folglich ist

$$E\psi(Y) \approx 4 \times 10^{-5}.$$

Wenn es nicht sinnvoll ist, die stochastische Unabhängigkeit der Basisereignisse anzunehmen, aber die Annahme ihrer Assoziiertheit sinnvoll ist (Kapitel 2, § 2), können wir die min-max-Schranken (bei geeigneter Interpretation) von § 3, Kapitel 2 [vgl. (3.12)] benutzen und erhalten

$$\begin{aligned} E\psi(Y) &\leqq \min_{1 \leqq r \leqq 2} \coprod_{i \in P_r} q_i = \\ &= \min\{1-(1-10^{-8})(1-10^{-5})^7, 1-(1-10^{-8})(1-10^{-5})^{12}\} \sim 7 \times 10^{-5}. \end{aligned}$$

Andererseits gilt

$$E\psi(Y) \geqq \max_{1 \leqq s \leqq 29} \prod_{i \in K_s} q_i = \max\{10^{-8}, 10^{-5}, 10^{-10}\} = 10^{-5}.$$

Die minimalen Schnittmengen K_s $(1 \leqq s \leqq 29)$ haben wir in A. 2 erhalten. Unter der Voraussetzung der Assoziiertheit ergibt sich

$$10^{-5} \leqq E\psi(Y) \leqq 7 \times 10^{-5}.$$

Die zufällige Anzahl von Zyklen bis zum Auftreten des Basisereignisses i sei T_i. Nehmen wir an, daß $ET_1 = 10^8$ und $ET_i = 10^5$ für $i \neq 1$. Sei T die zufällige Zeit bis zum Auftreten des Hauptereignisses. Da

$$T = \min_{1 \leqq s \leqq 29} \max_{i \in K_s} T_i = \max_{1 \leqq r \leqq 2} \min_{i \in P_r} T_i$$

ist, erhalten wir

$$\max_{1 \leqq r \leqq 2} E\left[\min_{i \in P_r} T_i\right] \leqq ET \leqq \min_{1 \leqq s \leqq 29} E\left[\max_{i \in K_s} T_i\right]$$

Nehmen wir an, die Variablen $T_1, \ldots, T_{16}$ seien assoziiert mit IFRA-Randverteilungen (vgl. Kapitel 4). Dann gilt

$$E\left[\min_{i \in P_r} T_i\right] \geqq \left[\sum_{i \in P_r} [ET_i]^{-1}\right]^{-1},$$

also

$$\begin{aligned} ET &\geqq \max\{[10^{-8} + 7 \times 10^{-5}]^{-1}, [10^{-8} + 12 \times 10^{-5}]^{-1}\} \\ &= [10^{-8} + 7 \times 10^{-5}]^{-1} \sim 7^{-1} \times 10^5 \text{ Zyklen.} \end{aligned}$$

A.5. Ordnung der Basisereignisse nach struktureller Wichtigkeit

In Kapitel 1, § 3, gaben wir ein Maß für die strukturelle Wichtigkeit der Komponenten eines monotonen Systems an. Ein ähnliches Maß kann man für die Wichtigkeit der Basisereignisse eines Ereignisbaumes definieren. Dieses Maß ist natürlich von den Wahrscheinlichkeiten der Basisereignisse unabhängig. In dem folgenden Paragraphen behandeln wir ein Maß für die Wichtigkeit bezüglich der Wahrscheinlichkeit (*W*-Wichtigkeit) von Basisereignissen.

Die Schnittmenge C_i ist eine *kritische Schnittmenge für das Basisereignis* i, falls sie eine Schnittmenge ist, die das Basisereignis i enthält, so daß jede ihrer minimalen Schnittmengen i enthält. Sei $n(i)$ die Anzahl der kritischen Schnittmengen für i. Dann definieren wir die *Ereignisbaum-Wichtigkeit des Basisereignisses* i durch

$$I(i) = 2^{-(n-1)} n(i) , \tag{A 5.1}$$

wobei n die Anzahl von Basisereignissen im Ereignisbaum bezeichnet.

Zur Berechnung von $n(i)$ nehmen wir an, daß die Y_i stochastisch unabhängig sind, $EY_i = E(1 - Y_i) = \frac{1}{2}$ für $i = 1, 2, \dots, n$ gilt und benutzen die Formel

$$n(i) = 2^{n-1} E[\psi(1_i, Y) - \psi(0_i, Y)]$$

[vgl. (3.9) in Kapiel 1].

Beispiel: Der Druck-Tank. Wir benutzen (A. 2) zur Berechnung von

$$E[\psi(1_j, Y) \mid EY_i = \tfrac{1}{2}, \ i = 1, 2, \dots, n]$$

und

$$E[\psi(0_j, Y) \mid EY_i = \tfrac{1}{2}, \ i = 1, 2, \dots, n] .$$

Für das Basisereignis 1 gilt

$$n(1) = 2^{15} \left\{ 1 - E\left[1 - \prod_{\substack{i=1 \\ i \neq 1}}^{8} (1 - Y_i) \right] \left[1 - \prod_{i \neq 1, 6, 7, 8} (1 - Y_i) \right] \right\}$$
$$= 2^{15}[(\tfrac{1}{2})^7 + (\tfrac{1}{2})^{12} - (\tfrac{1}{2})^{15}] = 263 .$$

Offensichtlich ist

$$n(1) = n(2) = n(3) = n(4) = n(5) = 263 .$$

Für das Basisereignis 6 gilt

$$n(6) = 2^{15} \left\{ E\left[1 - \prod_{i \neq 6, 7, 8} (1 - Y_i) \right] - E\left[1 - \prod_{\substack{i=1 \\ i \neq 6}}^{8} (1 - Y_i) \right] \left[1 - \prod_{i \neq 6, 7, 8} (1 - Y_i) \right] \right\}$$
$$= 2^{15}[(\tfrac{1}{2})^7 - (\tfrac{1}{2})^{15}] = 255 .$$

Somit gilt

$$n(6) = n(7) = n(8) = 255 .$$

Für das Basisereignis 9 gilt

$$n(9) = 2^{15} \left\{ E\left[1 - \prod_{i=1}^{8} (1 - Y_i) \right] - E\left[1 - \prod_{i=1}^{8} (1 - Y_i) \right] \left[1 - \prod_{i \neq 6, 7, 8, 9} (1 - Y_i) \right] \right\}$$
$$= 2^{15}\{(\tfrac{1}{2})^{12} - (\tfrac{1}{2})^{15}\} = 7 .$$

Man sieht leicht

$$n(9) = n(10) = n(11) = n(12) = n(13) = n(14) = n(15) = n(16) = 7 .$$

Die Ordnung der Ereignisse der Wichtigkeit nach ist daher

$$1 \sim 2 \sim 3 \sim 4 \sim 5 > 6 \sim 7 \sim 8 > 9 \sim 10 \sim 11 \sim 12 \sim 13 \sim 14 \sim 15 \sim 16 ,$$

wobei „$1 \sim 2$" bedeutet, daß 1 und 2 im Ereignisbaum bezüglich ihrer Wichtigkeit äquivalent sind, und „$5 > 6$" bedeutet, daß im Ereignisbaum 5 wichtiger ist als 6. Die Tab. A. 1 stellt eine Übersicht zum Originalbeispiel aus Abb. A. 1.5 dar. Zum Beispiel sehen wir, daß der Druck-Tank selbst und das Relais K2 strukturell am wichtigsten sind. Der Druckschalter ist der nächst wichtigste, während das Zeitrelais das Relais K1 und der Schalter S1 von der geringsten strukturellen Wichtigkeit sind.

Tabelle A. 1. Übersicht über das Druck-Tank-Beispiel

Basisereignis i	Anzahl $n(i)$ von kritischen Schnittmengen, die das Basisereignis i enthalten	Beschreibung der Basisereignisse
1	263	Ausfall des Druck-Tanks
2	263	Sekundärfehler des Druck-Tanks aufgrund ungeeigneter Wahl der Installation
3	263	Sekundärfehler des Druck-Tanks aufgrund des Nichteinhaltens der Toleranzgrenzen
4	263	Die Kontakte des Relais K2 öffnen nicht
5	263	Sekundärfehler am Relais K2
6	255	Sekundärfehler des Druckschalters
7	255	Die Kontakte des Druckschalters öffnen nicht
8	255	Druckschalter spricht auf Überdruck nicht an
9	7	Sekundärfehler des Schalters S1
10	7	Die Kontakte des Schalters S1 öffnen nicht
11	7	Schalter S1 bleibt durch äußere Einwirkungen geschlossen
12	7	Die Kontakte des Relais K1 öffnen nicht
13	7	Sekundärfehler am Relais K1
14	7	Zeitrelais arbeitet nicht (Kontakt bleibt geschlossen) aufgrund falscher Installation
15	7	Die Kontakte des Zeitrelais öffnen nicht
16	7	Sekundärfehler des Zeitrelais

A.6. Ordnung der Basisereignisse nach Wichtigkeit bezüglich der Wahrscheinlichkeit

In Analogie zu der in Kapitel 2, § 1, gegebenen Definition der Wichtigkeit bezüglich der Zuverlässigkeit definieren wir die *Wichtigkeit bezüglich der Wahrscheinlichkeit* eines Basisereignisses j als

$$I(j) = \sum_{y} [\psi(1_j, y) - \psi(0_j, y)]\, P[Y = y] = E[\psi(1_j, Y) - \psi(0_j, Y)] .$$

Wenn $P[Y = y] = 2^{-n}$ für alle Vektoren y gilt, dann ist natürlich

$$I(j) = 2^{-n} \sum_{y} [\psi(1_j, y) - \psi(0_j, y)] = 2^{-n+1}n(j) .$$

Beispiel: Druck-Tank. Im Druck-Tank-Beispiel ist der Fall des Ausfalls des Tanks selbst das am wenigsten wünschenswerte Ereignis. Für dieses durch 1 bezeichnete Ereignis gilt

$$I(1) = E\psi(1_1, Y) - E\psi(0_1, Y) = 1 - E\left[1 - \prod_{i=2}^{8} (1 - Y_i)\right]\left[1 - \prod_{i \neq 1,6,7,8} (1 - Y_i)\right]$$
$$\sim 1 - 4 \times 10^{-5} .$$

Für das durch 2 bezeichnete Ereignis erhalten wir

$$I(2) = 1 - E\left[1 - \prod_{\substack{i \neq 2 \\ i=1}}^{8} (1 - Y_i)\right]\left[1 - \prod_{i \neq 6,7,8,2} (1 - Y_i)\right] \sim 1 - 3 \times 10^{-5} .$$

Ebenso ist leicht zu sehen $I(2) = I(3) = I(4) = I(5)$. Für das als 6 bezeichnete Ereignis haben wir

$$I(6) = 1 - E\left[\prod_{i \neq 6,7,8} (1 - Y_i)\right] - E\left[1 - \prod_{\substack{i=1 \\ i \neq 6}}^{8} (1 - Y_i)\right]\left[1 - \prod_{i \neq 6,7,8} (1 - Y_i)\right]$$
$$\sim 9 \times 10^{-5} .$$

Es gilt $I(6) = I(7) = I(8)$.

Für das als 9 bezeichnete Ereignis gilt

$$I(9) = E\left[1 - \prod_{i=1}^{8} (1 - Y_i)\right] - E\left[1 - \prod_{i=1}^{8} (1 - Y_i)\right]\left[1 - \prod_{i \neq 6,7,8,9} (1 - Y_i)\right]$$
$$\sim 1 - 14 + 10^{-5} .$$

Folglich erhalten wir

$$I(2) = I(3) = I(4) = I(5) > I(1) > I(9) = I(10) = I(11) = I(12)$$
$$= I(13) = I(14) = I(15) = I(16) > I(6) = I(7) = I(8) .$$

Es ergibt sich, daß bezüglich der Ordnung nach der Wahrscheinlichkeit das Relais K2 die wichtigste Komponente ist, während der Druckbehälter selbst von zweitrangiger Wichtigkeit ist. Der Druckschalter ist bezüglich dieser Ordnung die unwichtigste Komponente.

A.7. Bemerkungen und Literaturhinweise

A. 1. Fehlerbaum ist die Bezeichnung, die gewöhnlich für Ausfall-orientierte Ereignisbäume benutzt wird. Wir haben den allgemeineren Ausdruck Ereignisbaum gebraucht um zu zeigen, daß monotone Strukturen ebenfalls auf diese Weise dargestellt werden können. Die Technik des Zeichnens von Fehlerbäumen wurde durch Sicherheitsingenieure der Bell Telephone Laboratories und der Boeing Company entwickelt. Das Druck-Tank-Beispiel stammt von David Haasl. Howard Lambert (1973) wies uns auf diesen interessanten, von Ingenieuren benutzten Zugang hin. Bezüglich der Methodik der Konstruktion von Fehlerbäumen vergleiche man Fussell (1973a) und (1973b).

A. 2. Der Algorithmus zum Auffinden minimaler Schnittmengen stammt von Fussell und Vesely (1972).

A. 5. Die Definition der strukturellen Wichtigkeit stammt von Birnbaum (1969). Eine weitere Definition wird in Barlow und Proschan (1974) behandelt.

A. 6. Die Definition der Wichtigkeit bezüglich der Wahrscheinlichkeit stammt von Birnbaum (1969).

LITERATURVERZEICHNIS

ARNOLD, B. C. 1967. A note on multivariate distributions with specified marginals. *J. Amer. Stat. Assoc.* 62: 1460—1461.

BARLOW, R. E. 1962. Repairman Problems. Chapter 2 in *Studies in Applied Probability and Management Science*, ed. Arrow, Karlin, and Scarf. Stanford, Calif.: Stanford University Press.

BARLOW, R. E. 1965. Bounds on integrals with applications to reliability problems. *Ann. Math. Statist.* 36: 565—574.

BARLOW, R. E., D. J. BARTHOLOMEW, J. M. BREMNER, and H. D. BRUNK. 1972. *Statistical Inference Under Order Restrictions*. New York: John Wiley and Sons.

BARLOW, R. E., and A. W. MARSHALL. 1964. Bounds for distributions with monotone hazard rate, I and II. *Ann. Math. Statist.* 35: 1234—1274.

BARLOW, R. E., and A. W. MARSHALL. 1965. Tables of bounds for distributions with monotone hazard rate. *J. Amer. Statist. Assoc.* 60: 872—890.

BARLOW, R. E., and A. W. MARSHALL. 1967. Bounds on interval probabilities for restricted families of distributions. *Proceedings of the Fifth Berkeley Symposium on Mathematical Statistics and Probability.* III: 229—257.

BARLOW, R. E., A. W. MARSHALL, and F. PROSCHAN. 1963. Properties of probability distributions with monotone hazard rate. *Ann. Math. Statist.* 34: 375—389.

BARLOW, R. E., and F. PROSCHAN. 1964. Comparison of replacement policies, and renewal theory implications. *Ann. Math. Statist.* 35: 577—589.

BARLOW, R. E., and F. PROSCHAN. 1965. *Mathematical Theory of Reliability*. New York: John Wiley and Sons.

BARLOW, R. E., and F. PROSCHAN. 1966a. Inequalities for linear combinations of order statistics from restricted families. *Ann. Math. Statist.* 37: 1574—1592.

BARLOW, R. E., and F. PROSCHAN. 1966b. Tolerance and confidence limits for classes of distributions based on failure rate. *Ann. Math. Statist.* 37: 1593—1601.

BARLOW, R. E., and F. PROSCHAN. 1973. Availability theory for multicomponent systems. *Multivariate Analysis—III*, ed. P. R. Krishnaiah, pp. 319—335. New York: Academic Press.

BARLOW, R. E., and F. PROSCHAN. 1974. Importance of system components and fault tree events. Operations Research Center Report 74—3. University of California, Berkeley. *Stoch. Proc. Applic.* 3: 153—173.

BAZOVSKY, I. 1961. *Reliability Theory and Practice*. Engelwood Cliffs, N.J.: Prentice-Hall.

BAZOVSKY, I., N. R. MACFARLANE, and R. WUNDERMAN. 1962. Study of maintenance cost optimization and reliability of shipboard machinery. United Control Report under ONR Contract Nonr 37400. Seattle, Washington.

BECKENBACH, E. F., and R. BELLMAN. 1961. *Inequalities*. Berlin: Springer-Verlag.

BESSLER, S. A., and A. F. VEINOTT, JR. 1966. Optimal policy for a dynamic multiechelon inventory model. *Naval Research Logistics Quarterly*. 13: 355—389.

BILLINGSLEY, P. 1968. *Convergence of Probability Measures*. New York: John Wiley and Sons.

BIRKHOFF, G., and S. MACLANE. 1953. *A Survey of Modern Algebra*. Rev. ed. New York: The Macmillan Co.

BIRNBAUM, Z. W. 1969. On the importance of different components in a multicomponent system. *Multivariate Analysis—II*, ed. P. R. Krishnaiah, pp. 581—592. New York: Academic Press.

BIRNBAUM, Z. W., and J. D. ESARY. 1965. Modules of coherent binary systems. *SIAM Journal on Applied Math.* 13: 444—462.

BIRNBAUM, Z. W., J. D. ESARY, and A. W. MARSHALL. 1966. Stochastic characterization of wearout for components and systems. *Ann. Math. Statist.* 37: 816—825.

BIRNBAUM, Z. W., J. D. ESARY, and S. C. SAUNDERS. 1961. Multicomponent systems and structures, and their reliability. *Technometrics* 3: 55—77.

BODIN, L. D. 1970. Approximations to system reliability using a modular decomposition. *Technometrics* 12: 335—344.

BRUCKNER, A. M., and E. OSTROW. 1962. Some function classes related to the class of convex functions. *Pacific J. Math.* 12: 1203—1215.

BRYSON, M. C., and M. M. SIDDIQUI. 1969. Some criteria for aging. *J. Amer. Statist. Assoc.* 64: 1472—1483.

BÜHLMANN, H. 1970. *Mathematical Methods in Risk Theory*. New York: Springer-Verlag.

CHERNOFF, H., and H. TEICHER. 1965. Limit distributions of the minimax of independent identically distributed random variables. *Trans. Amer. Math. Soc.* 116: 474—491.

CHINTSCHIN, A. J. 1956a (Хинчин, А. Я.). Потоки случайных событий без последействия, теория вероятн. и прим., I, 1: 3—17.

CHINTSCHIN, A. J. 1956b (Хинчин, А. Я.). О пуассоновских потоках случайных событий, Теория вероятн. и прим. I, 3: 320—327.

COX, D. R. 1962. *Renewal Theory*. New York: John Wiley and Sons.

COX, D. R., and P. A. W. LEWIS. 1966. *The Statistical Analysis of Series of Events*. New York: John Wiley and Sons.

COX, D. R., and W. L. SMITH. 1961. *Queues*. London: Methuen.

CRAMÉR, H. 1951. *Mathematical Methods of Statistics*. Princeton, N.J.: Princeton University Press.

DAVID, H. A. 1970. *Order Statistics*. New York: John Wiley and Sons.

DAVIS, D. J. 1952. An analysis of some failure data. *J. Amer. Statist. Assoc.* 47: 113—150.

DEHAAN, L. 1970. *On Regular Variation and Its Application to the Weak Convergence of Sample Eextremes*. Mathematical Center, Amsterdam.

DOOB, J. L. 1953. *Stochastic Processes*. New York: John Wiley and Sons.

DOWNTON, F. 1970. Bivariate exponential distributions in reliability theory. *J. Royal Statist. Soc.* (B) 32: 408—417.

DRENICK, R. F. 1960. The failure law of complex equipment. *J. Soc. Indust. Appl. Math.* 8: 680—690.

DWASS, M., and H. TEICHER. 1957. On infinitely divisible random vectors. *Ann. Math. Statist.* 28: 461—470.

EPSTEIN, B., and M. SOBEL. 1953. Life testing. *J. Amer. Statist. Assoc.* 48: 486—502.

EPSTEIN, B., and M. SOBEL. 1954. Some theorems relevant to life testing from an exponential distribution. *Ann. Math. Statist.* 25: 373—381.

ESARY, J. D., and Z. W. BIRNBAUM. 1965. Modules of coherent binary systems. *J. Soc. Indust. Appl. Math.* 13: 444—462.

ESARY, J. D., and A. W. MARSHALL. 1970. Coherent life functions. *SIAM. J. Appl. Math.* 18: 810—814.

ESARY, J. D., A. W. MARSHALL, and F. PROSCHAN. 1970. Some reliability applications of the hazard transform. *SIAM J. Appl. Math.* 18: 849—860.

ESARY, J. D., A. W. MARSHALL, and F. PROSCHAN. 1971. Determining an approximate constant failure rate for a system whose components have constant failure rates. *Operations Research and Reliability*, ed. D. Grouchko, pp. 195—212. London: Gordon and Breach.

ESARY, J. D., A. W. MARSHALL, and F. PROSCHAN. 1973. Shock models and wear processes. *Ann. Probability.* 1: 627—649.

ESARY, J. D., and F. PROSCHAN. 1962. The reliability of coherent systems. *Redundancy Techniques for Computing Systems*, ed. R. H. Wilcox and C. W. Mann, pp. 47—61. Washington, D.C.: Spartan Books.

ESARY, J. D., and F. PROSCHAN. 1963a. Coherent structures of nonidentical components. *Technometrics* 5: 191—209.

ESARY, J. D., and F. PROSCHAN. 1963b. Relationship between system failure rate and component failure rate. *Technometrics* 5: 183—189.

ESARY, J. D., and F. PROSCHAN. 1968. Generating associated random variables. Boeing Scientific Research Laboratories Document D1-82-0696. Seattle, Washington.

ESARY, J. D., and F. PROSCHAN. 1970. A reliability bound for systems of maintained, interdependent components. *J. Amer. Statist. Assoc.* 65: 329—338.

ESARY, J. D., and F. PROSCHAN. 1972. Relationships among some notions of bivariate dependence. *Ann. Math. Statist.* 43: 651—655.

ESARY, J. D., F. PROSCHAN, and D. W. WALKUP. 1967. Association of random variables, with applications. *Ann. Math. Statist.* 38: 1466—1474.

FELLER, W. 1966. *An Introduction to Probability Theory and Its Applications*, Vol. II. New York: John Wiley and Sons.

FELLER, W. 1968. *An Introduction to Prabability Theory and Its Applications*, Vol. I. 3rd ed. New York: John Wiley and Sons.

FISHER, R. A., and L. H. C. TIPPETT. 1928. Limiting forms of the frequency distribution of the largest or smallest member of a sample. *Proceedings Cambridge Philos. Soc. V.* XXIV: 180—190.

FLEHINGER, B. J. 1962. A general model for the reliability analysis of systems under various preventive maintenance policies. *Ann. Math. Statist.* 33: 137—156.

FRÉCHET, M. 1951. Sur les tableaux de corrélation dont les marges sont données. *Ann. Univ. Lyon Sect. A*, series 3, vol. 14, pp. 53—77.

FRÉCHET, M. 1927. Sur la loi de probabilité de l'écart maximum. *Ann. Soc. Polon. Math. Cracovie* 6: 93.

FUSSELL, J. B. 1973a. A formal methodology for fault tree construction. *Nuclear Science and Engineering*. 52: 421—432.

FUSSELL, J. B. 1973b. Fault tree analysis—concepts and techniques. *Proceedings NATO Advanced Study Institute on Generic Techniques of System Reliability Assessment.* Liverpool, England.

FUSSELL, J. B., and W. E. VESELY. 1972. A new methodology for obtaining cut sets for fault trees. *American Nuclear Society Transactions*, vol. 15, no. 1, pp. 262—263 (June).

GENERAL ELECTRIC Co. 1962. *Tables of the Individual and Cumulative Terms of the Poisson Distribution*. Princeton, N.J.: D. Van Nostrand.

GNEDENKO, B. V. 1943. Sur la distribution limite du terme maximum d'une série aléatoire. *Ann. of Math.* 44: 423—453.

GNEDENKO, B. W., J. K. BELJAJEW, und A. D. SOLOWJEW. 1968. *Mathematische Methoden der Zuverlässigkeitstheorie* I+II. Berlin: Akademie-Verlag.

GNEDENKO, B. W., und A. N. KOLMOGOROW. 1960. *Grenzverteilungen von Summen unabhängiger Zufallsgrößen*. Berlin: Akademie-Verlag.

GRIGELIONIS, B. I. 1964. (Григелионис, Б. И.). Предельные теоремы для сумм процессов восстановления, Кибернетику на службу коммунизму, T2, 246—265.

GUMBEL, E. J. 1958. *Statistics of Extremes*. New York: Columbia University Press.

GUMBEL, E. J. 1960. A bivariate extension of the exponential distribution. *J. Amer. Statist. Assoc.* 56: 971—977.

GURLAND, J. 1955. Distribution of the maxima of the arithmetic mean of correlated random variables. *Ann. Math. Statist.* 26: 294—300.

HAASL, D. 1965. Advanced concepts in fault tree analysis. *System Safety Symposium*, sponsored by the University of Washington and The Boeing Company. Seattle, Washington.

HAIGHT, F. A. 1967. *Handbook of the Poisson Distribution*. New York: John Wiley and Sons.

Handbook Reliability Engineering. 1968. NAVAIR 00-65-502, NAVORD OD-41146. Naval Air Systems Command.

HARDY, G. H., J. E. LITTLEWOOD, and G. PÓLYA. 1952. *Inequalities*. London: Cambridge University Press.

HARRIS, R. 1970. A multivariate definition for increasing hazard rate distributions. *Ann. Math. Statist.* 41: 713—717.

HARRIS, R. 1970. An application of extreme value theory to reliability theory. *Ann. Math. Statist.* 41: 1456—1465.

HEWITT, E., and K. STROMBERG. 1965. *Real and Abstract Analysis*. New York: Springer-Verlag.

HOLLANDER, M., and F. PROSCHAN. 1972. Testing whether new is better than used. *Ann. Math. Statist.* 43: 1136—1146.

JORDAN, C. 1950. *Calculus of Finite Differences*. New York: Chelsea Publishing Co.

JUNCOSA, M. L. 1949. On the distribution of the minimum in a sequence of mutually independent random variables. *Duke Math. J.* 16: 609—618.

KAMINS, M. 1962. Rules for planned replacement of aircraft and missile parts. RAND Memo, RM-2810-PR (abridged).

KAO, J. H. K. 1958. Computer methods for estimating Weibull parameters in reliability studies. *IRE Transactions on Reliability and Quality Control*, PGRQC 13: 15—22.

KARAMATA, J. 1930. Sur un mode de croissance régulire des functions. *Mathematica* (Clug) 4: 38—53.

KARLIN, S. 1964. Total positivity, absorption probabilities and applications. *Trans. Amer. Math. Soc.* III: 33—107.

KARLIN, S. 1968. *Total Positivity*, Vol. I. Stanford, Calif.: Stanford University Press.

KARLIN, S., and A. NOVIKOFF. 1963. Generalized convex inequalities. *Pacific J. Math.* 13: 1251—1279.

KARLIN, S., and F. PROSCHAN. 1960. Pólya type distributions of convolutions. *Ann. Math. Statist.* 31: 721—736.

KARLIN, S., F. PROSCHAN, and R. E. BARLOW. 1961. Moment inequalities of Pólya frequency functions. *Pacific J. Math.* 11: 1023—1033.

KETTELLE, J. D., JR. 1962. Least-cost allocation of reliability investment. *Operations Research* 10: 249—265.

LAMBERT, H. E. 1973. System safety analysis and fault tree analysis. Lawrence Livermore Laboratory Technical Report. Livermore, California.

LARRIBEAU, JR. 1969. The automatic calculation of the reliability of coherent structures. ORC 69-4. Operations Research Center. University of California, Berkeley.

LARSEN, R. I. 1969. A new mathematical model of air pollutant concentration averaging time and frequency. *J. of the Air Pollution Control Association* 19: 24—30.

LEADBETTER, M. R., and W. A. SMITH. 1963. On the renewal function for the Weibull distribution. *Technometrics* 5: 393—396.

LEHMANN, E. L. 1966. Some concepts of dependence. *Ann. Math. Statist.* 37: 1137—1153.

LIEBLEIN, J., and M. ZELEN. 1956. Statistical investigation of the fatigue life of deep-groove ball bearings. *J. Res. Nat. Bureau Stand.* 57: 273—316.

LOÈVE, M. 1956. Ranking limit problem. *Third Berkeley Symposium on Mathematical Statistics and Probability*, pp. 177—194. Berkeley, Calif.: University of California Press.

LOMNICKI, Z. A. 1966. A note on the Weibull renewal process. *Biometrika* 53: 375—381.

MARCUS, M., and M. PINSKY. 1969. On the domain of attraction of $e^{-e^{-x}}$. *J. of Math. Analysis and Applications* 28: 440—449.

MARSHALL, A. W., and I. OLKIN. 1967a. A multivariate exponential distribution. *J. Amer. Statist. Assoc.* 62: 30—44.

MARSHALL, A. W., and I. OLKIN. 1967b. A generalized bivariate exponential distribution. *J. Appl. Prob.* 4: 291—302.

MARSHALL, A. W., I. OLKIN, and F. PROSCHAN. 1967. Monotonicity of ratios of means and other applications of majorization. *Inequalities*, ed. O. Shisha, pp. 177—190. New York: Academic Press.

MARSHALL, A. W., and F. PROSCHAN. 1970. Mean life of series and parallel systems. *J. Appl. Prob.* 7: 165—174.

Marshall, A. W., and F. Proschan. 1972. Classes of distributions applicable in replacement, with renewal theory implications. *Proceedings of the 6th Berkeley Symposium on Mathematical Statistics and Probability*, vol. I, ed. L. LeCam, J. Neyman, and E. L. Scott, pp. 395–415. Berkeley, Calif.: University of California Press.

Mejzler, D. 1965. On a certain class of limit distributions and their domain of attraction. *Trans. Amer. Math. Soc.* 117: 205–236.

Molina, E. C. 1942. *Poisson's Exponential Binomial Limit.* Princeton, N.J.: D. Van Nostrand Co.

Mood, A. M. 1950. *Introduction to the Theory of Statistics.* New York: McGraw-Hill.

Moore, E. F., and C. E. Shannon. 1956. Reliable circuits using less reliable relays. *J. of the Franklin Institute*, vol. 262, part I, pp. 191–208, and vol. 262, part II, pp. 281 to 297.

Munroe, M. E. 1953. *Introduction to Measure and Integration.* Cambridge, Mass.: Addison-Wesley.

Ososkow, G. A. 1956 (Ососков, Г. А.). Одна Предельная Теорема для потоков однородных событий, теория вероятн. и прим. I, 2, 274—282.

Palm, C. 1943. Intensitätsschwankungen im Fernsprechverkehr. *Ericsson Technics* 44: 3–189.

Parzen, E. 1962. *Stochastic Processes.* San Francisco: Holden-Day, Inc.

Pearson, E. S., and H. O. Hartley. 1958. *Biometrika Tables for Statisticians*, Vol. I. 2d ed. London: Cambridge University Press.

Rényi, A. 1953. On the theory of order statistics. *Acta Math. Acad. Science Hungar.* 4: 191–206.

Ross, S. M. 1970. *Applied Probability Models with Optimization Applications.* San Francisco: Holden-Day, Inc.

Ross, S. M. 1972. *Introduction to Probability Models.* New York: Academic Press.

Sarkar, T. K. 1969. Some lower bounds of reliability. Technical Report No. 124. Departments of Operations Research and of Statistics, Stanford University. Stanford, California.

Saunders, S. C. 1957. Reliability, failure rate and life exceedence expectancies when the underlying distribution is Gamma. Boeing Mathematical Note No. 169. Seattle, Washington.

Seal, H. 1969. *Stochastic Theory of a Risk Business.* New York: John Wiley and Sons.

Sethuraman, J. 1965. On a characterization of the three limiting types of the extreme. *Sankhyā A*, pp. 357–364.

Simonaitus, D. F., R. T. Anderson, and M. P. Kaye. 1972. Reliability evaluation of a heart assist system. *Proceedings of the* 1972 *Annual Reliability and Maintainability Symposium.* San Francisco.

Smirnov, N. V. 1952. Limit distributions for the terms of a variational series. *Trans. Amer. Math. Soc. Series*, vol. 1, no. 67, pp. 1–64.

Smith, W. L. 1958. Renewal theory and its ramifications. *J. Roy. Statist. Soc.*, series B, vol. 20, pp. 243–302.

Smith, W. L., and M. R. Leadbetter. 1963. On the renewal function for the Weibull distribution. *Technometrics* 5: 393–396.

Solowjew, A. D. 1964. (Соловьев, А. Д.). О резервировании без восстановления, Кибернетику на службу коммунизму, Т2, 83—120.

Solowjew, A. D., und I. N. Uschakow. 1967 (Соловьев, А. Д., Ушаков, И. Н.). Некоторые оценки для систем со „стареющими" элементами. Авт. и вычисл. Техника 6: 38—44.

Straub, E. 1970. Application of reliability theory to insurance. ASTIN Colloquium. Randers, Denmark.

Sukhatme, P. V. 1936. On the analysis of k samples from exponential population with especial reference to the problem of random intervals. *Statist. Res. Mem.* 1: 94–112.

Sukhatme, P. V. 1937. Tests of significance for samples of the χ^2-population with two degrees of freedom. *Ann. Eugen. Lond.* 8: 52–56.

Teicher, H. 1954. On the multivariate Poisson distribution. *Skand. Aktuarietidskr.* 37: 1–9.

THOMPSON, W. A., and E. C. BRINDLEY, JR. 1972. Dependence and aging aspects of multivariate survival. *J. Amer. Stat. Assoc.* 67: 822—830.
TSCHIBISOW, D. M. 1964 (Чибисов, Д. М.). О предельных распределениях для членов вариационного ряда. Теория вероятн. и прим. IX, 1, 159—165.
VAN ZWET, W. R. 1964. *Convex Transformations of Random Variables*. Amsterdam: Mathematisch Centrum.
VEINOTT, A. F. 1965. Optimal policy in a dynamic, single product, nonstationary inventory model with several demand classes. *Operations Research* 13: 761—778.
VON MISES, R. 1964. La distribution de la plus grande de *n* valeurs. *Selected Papers of Richard von Mises, II*. Providence, R.I.: American Mathematical Society.
WATSON, G. S. 1954. Extreme values in samples from *m*-dependent stationary stochastic processes. *Ann. Math. Statist.* 25: 798—800.
WEIBULL, W. 1939. A statistical theory of the strength of materials. *Ing. Vetenskaps Akad. Handl.*, no. 151, pp. 1—45.

Anhang zum Literaturverzeichnis

(zusammengestellt von P. FRANKEN und B. M. KIRSTEIN)

A-HAMEED, M. S., and F. PROSCHAN, 1973. Nonstationary shock models. Stoch. Proc. Appl. 1: 383—404.
A-HAMEED, M. S., and F. PROSCHAN, 1975. Shock models with underlying birth process. J. of Appl. Prob. 12: 18—28.
A-HAMEED, M. S., and F. PROSCHAN, 1976. Preservation of geometric properties under an integral transformation SIAM J. Math. Anal. 7: 359—365.
ARNDT, K., und P. FRANKEN, 1977. Random point processes applied to availability analysis of redundant systems with repair. IEEE Trans. on Rel. R-26: 266—269.
ARNOLD, B. C., 1975. Multivariate exponential distributions based on hierarchical successive damage. J. of Appl. Prob. 12: 142.
ATKINSON, J. H., 1975. The set equation transformation system used in analysis of a typical naval weapon system. in: Reliability and Fault Tree Analysis R. E. Barlow, J. B. Fussell and N. Singpurwalla, editors, SIAM Philadelphia.
BARLOW, R. E., 1977. Coherent systems with multi-state components. University of California, Berkeley, ORC 77—5.
BARLOW, R. E., and H. E. LAMBERT, 1975. Introduction to fault tree analysis. in: Reliability and Fault Tree Analysis, R. E. Barlow, J. B. Fussell and N. Singpurwalla, editors, SIAM, Philadelphia.
BARLOW, R. E., and F. PROSCHAN, 1975a. Techniques for analyzing multivariate failure data. AFOSR Technical Report 85, Florida State University, Department of Statistics.
BARLOW, R. E., and F. PROSCHAN, 1975b. Importance of system components and fault tree events. Stoch. Proc. Applic. 3: 153—173.
BARLOW, R. E., and F. PROSCHAN, 1976. Multivariate life table analysis. AFOSR Technical Report 60, Florida State University, Department of Statistics.
BARLOW, R. E., and F. PROSCHAN, 1976. Theory of maintained systems: distribution of time to first system failure. Mathematics of Operation Research 1: 32—42.
BASS, L., H. W. WYNHOLDS, and W. R. PORTERFIELD, 1975. Fault tree graphics. in: Reliability and Fault Tree Analysis, R. E. Barlow, J. B. Fussell, and N. Singpurwalla, editors, SIAM, Philadelphia.
BLOCK, H. W., 1975. Continuous multivariate exponential extensions. in: Reliability and Fault Tree Analysis, R. E. Barlow, J. B. Fussell, and N. Singpurwalla, editors, SIAM, Philadelphia.
BLOCK, H., and T. M. SAVITS, 1976. The IFRA closure problem. Ann. Prob. 4: 1030—1032.
BROWN, M., 1975. The first passage time distribution for a parallel exponential system with repair. in: Reliability and Fault Tree Analysis, R.E. Barlow, J. B. Fussell, and N. Singpurwalla, editors, SIAM, Philadelphia.

CHATTERJEE, P., 1975. Modularization of fault trees: a method to reduce the cost of analysis. in: Reliability and Fault Tree Analysis, R. E. Barlow, J. B. Fussell, and N. Singpurwalla, editors, SIAM, Philadelphia.

ÇINLAR, E., 1972. Superposition of point processes. in: Stochastic Point Processes (ed. P. Lewis) New York: Wiley, pp. 549–606.

CROW, L. H., 1974. Reliability analysis for complexe, repairable systems. in: Reliability and Biometry, F. Proschan and R. Serfling, editors, SIAM, Philadelphia.

CUMMINGS, G. E., 1975. Application of the fault tree technique to a nuclear reactor containment system. in: Reliability and Fault Tree Analysis, R. E. Barlow, J. B. Fussell, and N. Singpurwalla, editors, SIAM, Philadelphia.

DERMAN, C., G. J. LIEBERMAN, and S. M. ROSS, 1975. Optimal allocation of resources in systems. in: Reliability and Fault Tree Analysis, R. E. Barlow, J. B. Fussell, and N. Singpurwalla, editors, SIAM, Philadelphia.

EL NEWEIHI, E., F. PROSCHAN and J. SETHURAMAN, 1977. Multistate coherent systems. Florida State University statistics M 434.

ESARY, J. D., and W. J. HAYNE, 1975. Properties of an approximate hazard transform. Naval Res. Logist. Quart. **22**: 41–53.

ESARY, J. D., A. W. MARSHALL, and F. PROSCHAN, 1973. Shock models and wear processes. Ann. of Prob. **1**: 627–649.

ESARY, J. D., and A. W. MARSHALL, 1974a. Some classes of distributions closed under the formation of coherent systems. in: Reliability and Biometry, F. Proschan and R. Serfling, editors, SIAM, Philadelphia.

ESARY, J. D., and A. W. MARSHALL, 1974b. Families of components and systems, exposed to a compound Poisson damage process. in: Reliability and Biometry, F. Proschan and R. Serfling, editors, SIAM, Philadelphia.

ESARY, J. D., and H. ZIEHMS, 1975. Reliability analysis of phased missions. in: Reliability and Fault Tree Analysis, R. E. Barlow, J. B. Fussell, and N. Singpurwalla, editors, SIAM, Philadelphia.

FELDMAN, R. M., 1976. Optimal replacement with Semi-Markov shock models. J. of Appl. Prob. **13**: 108–117.

FRANKEN, P., und B. M. KIRSTEIN, 1977. Zur Vergleichbarkeit zufälliger Prozesse. Math. Nachr. **78**: 197–205.

FRANKEN, P., und A. STRELLER, 1977. A general method for calculation of stationary interval reliability of complex systems with repair. Humboldt-Universität Berlin. preprint 12/77.

FUSSELL, J. B., 1975. Computer aided fault tree construction for electrical systems. in: Reliability and Fault Tree Analysis, R. E. Barlow, J. B. Fussell, and N. Singpurwalla, editors, SIAM, Philadelphia.

GREEN, A. E., and A. J. BOURNE, 1975. An approach to reliability assessment. in: Reliability and Fault Tree Analysis, R. E. Barlow, J. B. Fussell, and N. Singpurwalla, editors, SIAM, Philadelphia.

HAINES, A. L., and N. D. SINGPURWALLA, 1974. Some contributions to the stochastic characterization of wear. in: Reliability and Biometry, F. Proschan and R. Serfling, editors, SIAM, Philadelphia.

HOLLANDER, M., F. PROSCHAN, and J. SETHURAMAN, 1975. Functions decreasing in transposition and their applications in ranking problems. AFOSR Technical Report 53, Florida State University, Department of Statistics.

KEILSON, J., 1974. Monotonicity and convexity in system survival functions and metabolic disappearance curves. in: Reliability and Biometry, F. Proschan and R. Serfling, editors, SIAM, Philadelphia.

KEILSON, J., 1975. Systems of independent markov components and their transient behavior. in: Reliability and Fault Tree Analysis, R. E. Barlow, J. B. Fussell, and N. Singpurwalla, editors, SIAM, Philadelphia.

LAMBERT, H. E., 1975. Measures of importance of events and out sets in fault trees. in: Reliability and Fault Tree Analysis, R. E. Barlow, J. B. Fussell, and N. Singpurwalla, editors, SIAM, Philadelphia.

LANGBERG, N., F. PROSCHAN, and A. J. QUINZI, 1975. Converting dependent models into independent ones, with applications in reliability. AFOSR Technical Report 51, Florida State University, Department of Statistics.

LANGBERG, N., F. PROSCHAN, and A. J. QUINZI, 1976. Converting dependent models-into independent ones, preserving essential features. AFOSR Technical Report 61, Florida State University, Department of Statistics.

LEE L. and W. A. THOMPSON, 1976. Failure rate — a unified approach. J. of Appl. Prob. **13**: 176—182.

MANN, N. R., R. E. SCHAFER, and N. D. SINGPURWALLA, 1974. Methods for statistical analysis of reliability and life data. John Wiley and Sons, New York.

MARSHALL, A. W., 1975a. Multivariate distributions with monotone hazard rate. in: Reliability and Fault Tree Analysis, R. E. Barlow, J. B. Fussell, and N. Singpurwalla, editors, SIAM, Philadelphia.

MARSHALL, A. W., 1975b. Some comments on the hazard gradient Stoch. Proc. Applic. **3**: 293—300.

MARSHALL, A. W., and I. OLKIN, 1974. Majorization in multivariate distributions. Ann. of Statist. **2**: 1189—1200.

MAZUMDAR, M., 1975. Importance sampling in reliability estimation. in: Reliability and Fault Tree Analysis, R. E. Barlow, J. B. Fussell, and N. Singpurwalla, editors, SIAM, Philadelphia.

MOREY, R. C., 1966. Some stochastic properties of a compound-renewal damage model. Operations Research **14**: 902—908.

NEVIUS, S. E., F. PROSCHAN, and J. SETHURAMAN, 1974. Schur functions in statistics II: stochastic majorization. AFOSR Technical Report 32, Florida State University, Department of Statistics.

NEVIUS, S. E., F. PROSCHAN, J. SETHURAMAN, 1974. Schur functions in statistics III: a stochastic version of weak majorization, with applications. AFOSR Technical Report 33, Florida State University, Department of Statistics.

NIELSEN, D., 1975. Use of cause-consequence charts in practical system analysis. in: Reliability and Fault Tree Analysis, R. E. Barlow, J. B. Fussell, and N. Singpurwalla, editors, SIAM, Philadelphia.

PLEDGER, G., and F. PROSCHAN, 1973. Stochastic comparisons of random processes, with applications in reliability. J. of Appl. Prob. **10**: 572—585.

POWERS, G. J., F. C. TOMPKINS, and S. A. LAPP, 1975. A safety simulation language for chemical processes: a procedure for fault tree synthesis. in: Reliability and Fault Tree Analysis, R. E. Barlow, J. B. Fussell, and N. Singpurwalla, editors, SIAM, Philadelphia.

PROSCHAN, F., 1973. Reliability growth. Proceeding of the nineteenth conference on the design of experiments in army research development and testing, Rock Island, Illinois.

PROSCHAN, F., 1974. Applications of majorization and schur functions in reliability and life testing. AFOSR Technical Report 40, Florida State University, Department of Statistics.

PROSCHAN, F., 1975. Applications of majorization and schur functions in reliability and life testing. in: Reliability and Fault Tree Analysis, R. E. Barlow, J. B. Fussell, and N. Singpurwalla, editors, SIAM, Philadelphia.

PROSCHAN, F., and J. SETHURAMAN, 1973. Schur functions in statistics I: the preservation theorem. AFOSR Technical Report 7, Florida State University, Department of Statistics.

PROSCHAN, F., and J. SETHURAMAN, 1974. Stochastic comparison of sums, using majorization. AFOSR Technical Report 34, Florida State University, Department of Statistics.

PROSCHAN, F., and J. SETHURAMAN, 1974. Stochastic comparisons of order statistics from heterogeneous populations. AFOSR Technical Report 35, Florida State University, Department of Statistics.

PROSCHAN, F., and J. SETHURAMAN, 1975. Stochastic comparisons of order statistics from heterogeneous populations, with applications in reliability. AFOSR Technical Report 35-R, Florida State University, Department of Statistics.

PROSCHAN, F., and P. SULLO, 1974. Estimating the parameters of a bivariate exponential distribution in several sampling situations. in: Reliability and Biometry, F. Proschan and R. Serfling, editors, SIAM, Philadelphia.

PROSCHAN, F., and P. SULLO, 1976. Estimating the parameters of a multivariate exponential distribution. J. of the American Statistical Association 71: 465—472.

ROSENTHAL, A., 1975. A computer scientist looks at reliability computations. in: Reliability and Fault Tree Analysis, R. E. Barlow, J. B. Fussell, and N. Singpurwalla, editors SIAM, Philadelphia.

ROSS, S. M., 1975. On the calculation of asymptotic system reliability characteristics. in: Reliability and Fault Tree Analysis, R. E. Barlow, J. B. Fussell, and N. Singpurwalla, editors, SIAM, Philadelphia.

ROSS, S. M., 1976. On the time to first failure in multicomponent exponential reliability systems. Stoch. Proc. Applic. 4: 167—173.

ROSS, S., 1977. Multi-valued State component reliability systems. University of California, Berkeley, ORC 77—18.

SEVERINA, T. U., 1975. (Северина, Т. У.) Модель накопления повреждений техн. Кибернетика 2: 100—102.

TAYLOR, J. R., 1975. Sequential effects in failure mode analysis. in: Reliability and Fault Tree Analysis, R. E. Barlow, J. B. Fussell, and N. Singpurwalla, editors, SIAM, Philadelphia.

TAYLOR, H. M., 1975. Optimal replacement under additive damage and other failure models. Naval Res. Logist. Quart. 22: 1—18.

TILQUIN, C., and R. CLEROUX, 1975. Block replacement policies with general cost-structures. Technometrics 17: 291—298.

VESELY, W. E., 1975. Reliability quantification techniques used in the rasmussen study. in: Reliability and Fault Tree Analysis, R. E. Barlow, J. B. Fussell, and N. Singpurwalla, editors, SIAM, Philadelphia.

WALKUP, D. W., 1976. Polya sequences, binomial convolution and the union of random sets. J. of Appl. Prob. 13: 76—85.

WORRELL, R. B., 1975. Using the set equation transformation system in fault tree analysis. in: Reliability and Fault Tree Analysis, R. E. Barlow, J. B. Fussell, and N. Singpurwalla, editors, SIAM, Philadelphia.

YOUNG, J., 1975. Using the fault tree analysis technique. in: Reliability and Fault Tree Analysis, R. E. Barlow, J. B. Fussell, and N. Singpurwalla, editors, SIAM, Philadelphia.

BEZEICHNUNGEN

A^{CS}	Hülle von A bez. der Bildung monotoner Systeme, 71
A^{LD}	Klasse der Grenzverteilungen schwach konvergenter Folgen aus A, 72
$A(S, T)$	S und T sind assoziiert, 120
BVE	zweidimensionale Exp.-Verteilung (bivariate exponential distribution), 108
{deg}	Klasse der ausgearteten Verteilungen, 72
DFR	fallende Ausfallrate (decreasing failure rate), 45
DFRA	fallende mittlere Ausfallrate (decreasing failure rate average), 69
EFM	erzeugendeFunktion der Momente, 49
{exp}	Klasse der Exponentialverteilungen, 72
IFR	wachsende Ausfallrate (increasing failure rate), 45
IFRA	wachsende mittlere Ausfallrate (increasing failure rate average), 69
{IFRA}	Klasse der IFRA-Verteilungen, 72
LTD $(T\|S)$	T ist in S linksseitig fallend (left tail decreasing), 120
MDFR	mehrdimensionale Verteilung mit fallender Ausfallrate (multivariate decreasing failure rate distribution), 128
MIFR	mehrdimensionale Verteilung mit wachsender Ausfallrate (multivariate increasing failure rate distribution), 128
MVE	n-dimensionale Exp.-Verteilung (multivariate exponential distribution), 117
NBU	neu ist besser als gebraucht (new better than used), 133
NBUE	NBU im Mittel (new better than used in expectation), 134
NWU	neu ist schlechter als gebraucht (new worse than used), 133
NWUE	NWU im Mittel (new worse than used in expectation), 134
PF_2-Funktion	Pólya-Frequenzfunktion der Ordnung 2, 64
$PQD(S, T)$	S und T sind positively quadrant dependent, 120
$RCSI(S, T)$	S und T sind right corner set increasing, 122, 130
$RTI(T\|S)$	T ist in S rechtsseitig wachsend (right tail increasing), 120
$SI(T\|S)$	T ist in S stochastisch wachsend (stochastically increasing), 120
$TP_2(S, T)$	$f(s, t)$ ist total positiv der Ordnung 2, 120
TP_n	total positive Funktion der Ordnung n, 77
VKA	verallgemeinerter Ketelle-Algorithmus, 188
$S \uparrow st$ in T	S ist in T stochastisch wachsend, 124
$X \overset{st}{=} Y$	X und Y sind identisch verteilt, 93
$X \overset{fs}{=} Y$	$X = Y$ bis auf eine Menge der Wahrscheinlichkeit Null, 170
$y < x$	$y_i \leqq x_i$ für alle i, $y_i < x_i$ für wenigstens ein i, 8
$a \ll b$	$a_i < b_i$ für alle i, 19
$F \underset{c}{<} G$	F konvex bezüglich G, 88
$F \underset{*}{<} G$	F sternförmig bezüglich G, 89
$F \underset{su}{<} G$	F superadditiv bezüglich G, 91
$X \overset{st}{\geqq} Y$	$P[X > x] \geqq P[Y > x]$ für alle x, 93
$\boldsymbol{S} \underset{D}{\overset{st}{\leqq}} \boldsymbol{S}'$	$\boldsymbol{S}$ ist stochastisch kleiner als $\boldsymbol{S}'$, 124
$\boldsymbol{n} > \boldsymbol{n}'$	$\boldsymbol{n}$ dominiert die Aufteilung $\boldsymbol{n}'$, 180

NAMENVERZEICHNIS

SACHVERZEICHNIS

Bei Fragen zur Produktsicherheit wenden Sie sich bitte an:
If you have any questions regarding product safety,
please contact:

Walter de Gruyter GmbH
Genthiner Straße 13
10785 Berlin
productsafety@degruyterbrill.com